位相空間の道標

−基礎から位相不変量まで−

−From Foundation to Topological Invariant−

小池直之 著

共立出版

まえがき

位相空間論は，空間の連続的な繋がりや写像の連続性を議論するために必要となる，位相構造とよばれる構造を備えた空間に関する理論である．この理論は，集合論をベースとして組み立てられるため，各性質の視覚的な理解が疎かになりがちである．本書では，位相空間の様々な性質を定義した後，視覚的に捉えることができる例を多く挙げ，それらを図解する．それにより，その位相的性質の本質的意味を捉えることができるように工夫されている．もう少し詳しく述べてみよう．視覚的に捉えることのできる例とは何であろうか．私たちは，3 次元ユークリッド空間（本書では，この空間は $\mathbb{E}^3$ と表される）に住んでいるので，視覚的に捉えることのできる位相空間とは，3 次元ユークリッド空間 $\mathbb{E}^3$ の部分集合 A に自然に定まる位相構造を与えた，$\mathbb{E}^3$ の部分位相空間とよばれる位相空間のことである．ここで，3 次元ユークリッド空間 $\mathbb{E}^3$ とは，$\mathbb{R}^3$ $(= \mathbb{R} \times \mathbb{R} \times \mathbb{R})$ のユークリッド距離の定める位相構造を備えた位相空間を意味する．次元を上げて，一般に，n (≥ 4) 次元ユークリッド空間 $\mathbb{E}^n$ の部分位相空間も視覚的に捉えることのできる位相空間の仲間に入れることにする．本書では，位相空間の様々な性質（連結性，弧状連結性，コンパクト性，ハウスドルフ性等）を定義した後，その性質をもつ例，または，もたない例を，主に n 次元ユークリッド空間の部分位相空間として与えることにする．ただし，n 次元ユークリッド空間 $\mathbb{E}^n$ のすべての部分位相空間がもってしまう性質（例えば，ハウスドルフ性）もある．このような性質をもたない位相空間の例は，$\mathbb{E}^n$ の部分位相空間として与えることができないため，例えば，$\mathbb{E}^n$ の部分位相空間 A における同値関係 $\sim$ を考え，その同値関係に関する商集合 $A/\sim$ に自然に定まる位相構造を与えた位相空間（これは商位相空間とよばれる）として与えることにする．ここで，当然，そのような商位相空間は，視覚的に捉えることができるのかという質問が出るであろう．答えはYesである．そのような商位相空間は，視覚的に捉えることのできる位相空間を同値関係で割った空間（=クラス分けした空間）に，自然に定まる位相構造を与えたものなので，そのクラス分けを視覚的に眺めることにより，それがどのような位相空間であるかを捉えることができるわけである．Aにおける同値関係としては，Aへの群Gの作用によって定まる同値関係（つまり，その群作用によって，写り合う2点を同値であるとする関係）等を考える．この同値関係に関する商集合は，A/Gと表される．特に，離散群Γの（一般の）位相空間Xへの固有不連続とよばれる作用は重要であり，その作用によって定まる同値関係$\underset{G}{\sim}$に関する商写像π_Gは，XからX/Γへの被覆写像とよばれる写像になる．ここで，商写像π_Gとは，各$x \in X$に対し，xと関係$\underset{G}{\sim}$で結ばれるXの要素を集めたクラスを対応させる対応のことであり，$X, X/\Gamma$は各々，その被覆写像の全空間，底空間とよばれる．

2つの位相空間X_1, X_2に対し，X_1からX_2への同相写像とよばれる1対1対応が存在するとき，X_1とX_2は同相であるという．このとき，X_1とX_2は，位相空間として本質的に同じものであるとみなされる．また，位相空間Xと同相な位相空間全体からなる集合は，Xの属する同相類という．位相空間論における究極のテーマである「位相空間の同相類をすべて分類すること」において，2つの位相空間X_1, X_2が同相であることを示すためには，実際に，X_1からX_2への同相写像を構成すればよい．しかし，逆に，2つの位相空間X_1, X_2が同相でないことを示すためには，X_1からX_2への同相写像が存在しないことを示さなければならないが，これを示すのは難しい．そこで，それらの代数的位相不変量（ホモトピー群やホモロジー群）を比較して，それらが同型でないことを示すことが常套手段となっている．ここで，代数的位相不変量とは，各位相空間に付随して定義される代数的量で，2つの位相空間が同相である場合，それらが代数的量として同型になるようなもののことである．この意味で，位相空間論と1セットで，ホモトピー群やホモロジー群等の代数的位相不変量を学ぶことは重要である．本書は，視覚的に位相空間論を学んだ後，その必要性を感じながらスムーズに，基本群（=1次ホモトピー群）を始めとして，高次ホモトピー群，ホモロジー群，さらに，コホモロジー群を学ぶことができる．また，位相空間の構成において重要である上述の被覆写像（=

離散群の固有不連続な作用の定める同値関係に関する商写像）の全空間と底空間の基本群は，実は，その離散群により関連付けられることなど，前半部で学んだ（位相空間論に関する）内容へのフィードバックも行うように構成されている．

本書は，集合論を学んだ数学科の 2 年次以上の学生の皆様を主な読者対象としているが，1 年次後半からでも集合論を学びながら，同時進行で読みこなすことができるように工夫されている．

最後に，本書の編集にあたりいろいろとお世話になりました髙橋萌子さんをはじめ，共立出版編集部の皆様方に感謝の意を表します．

2025 年 3 月

小池直之

目　次

第1章

集合論概説

この章において，位相空間論を学ぶ上でベースとなる集合論に関する基礎概念，および基本的事実を概説する．基本的事実の証明は，一部を除いて省略することにする．

1.1 集合

この節において，集合間の2項関係，および演算等について述べることにする．ものの集まりを一般に，**集合** (set) とよび，集合を構成しているものの一つ一つをその集合の**要素または元** (element) とよぶ．a が集合 A の要素であることを **a は A に属する**ともいい，$a \in A$ と表す．また，a が集合 A の要素でないことを $a \notin A$ と表す．特に，要素を一つももたない集合を**空集合** (empty set) といい，$\emptyset$ と表す．

次に，集合間の基本的な2項関係を定義しよう．A, B を集合とする．$x \in A$ であることと $x \in B$ であることが同値であるとき，A と B は等しいといい，$A = B$ と表す．また，$x \in A$ ならば，$x \in B$ であるとき，A は B の**部分集合** (subset) である，または，**A は B に含まれる**といい，$A \subseteqq B$ と表す．$A = B$ でないとき，$A \neq B$ と表し，$A \subseteqq B$ でないとき，$A \nsubseteqq B$ と表す．また，$A \subseteqq B$ であるが，$A = B$ ではないとき，A を B の**真部分集合** (proper subset) といい，$A \subsetneqq B$ と表す．

いくつかの基本となる特別な集合の記号を表にまとめておく．

集合の2つの記法を説明しておく．集合 A が要素 $a_1, \ldots, a_n$ から構成されるとき，

$$A = \{a_1, \ldots, a_n\}$$

表 1.1.1

$\mathbb{N}$	自然数全体からなる集合
$\mathbb{Z}$	整数全体からなる集合
$\mathbb{R}$	実数全体からなる集合
$\mathbb{C}$	複素数全体からなる集合
$\mathbb{Q}$	有理数全体からなる集合
$\mathbb{Z}_+$	正の整数全体からなる集合
$\mathbb{R}_+$	正の実数全体からなる集合
$\mathbb{Z}_{\geqq 0}$	0 以上の整数全体からなる集合
$\mathbb{R}_{\geqq 0}$	0 以上の実数全体からなる集合
$[a,b]$ $(a<b)$	a,b を端点とする閉区間
(a,b) $(a<b)$	a,b を端点とする開区間
$[a,b)$ $(a<b)$	a,b を端点とする右半開区間
$(a,b]$ $(a<b)$	a,b を端点とする左半開区間

と表す．このような記法を**外延的記法** (**extensive notation**) という．一方，条件 ... を満たすものを集めてできる集合 A を，

$$A = \{a \,|\, a \text{ は条件 ... を満たす }\}$$

と表す．このような記法を**内包的記法** (**intensive notation**) という．

例 1.1.1

(i) $\{1,2,3,4\} = \{x \in \mathbb{Z} \,|\, 1 \leqq x \leqq 4\}$,

(ii) $[1,4] = \{x \in \mathbb{R} \,|\, 1 \leqq x \leqq 4\}$,

(iii) $(1,4) = \{x \in \mathbb{R} \,|\, 1 < x < 4\}$,

(iv) $[1,\infty) = \{x \in \mathbb{R} \,|\, x \geqq 1\}$,

(v) $(-\infty,1) = \{x \in \mathbb{R} \,|\, x < 1\}$.

次に，集合の間の演算をいくつか定義することにする．A, B を集合とする．A と B の双方に属するもの全体からなる集合を，A と B の**交わり** (**intersection**)，または，**共通部分**といい，$A \cap B$ と表す．一方，A, B の少

なくともいずれかに属するものの全体からなる集合を A と B の**和集合** (**union**) といい，$A \cup B$ と表す．集合の列 $A_1, \ldots, A_n$ に対し，$((\cdots((A_1 \cap A_2) \cap A_3) \cap \cdots \cap A_{n-1}) \cap A_n)$ を $A_1 \cap \cdots \cap A_n$，または，$\bigcap_{i=1}^{n} A_i$ と表す．また，$((\cdots((A_1 \cup A_2) \cup A_3) \cup \cdots \cup A_{n-1}) \cup A_n)$ を $A_1 \cup \cdots \cup A_n$，または，$\bigcup_{i=1}^{n} A_i$ と表す．同様に，集合の無限列 $\{A_i\}_{i=1}^{\infty}$ に対し，$A_1, A_2, \ldots$ のいずれにも属するものの全体からなる集合を $A_1, A_2, \ldots$ の**交わり**，または，**共通部分**といい $\bigcap_{i=1}^{\infty} A_i$ と表し，$A_1, A_2, \ldots$ のうち少なくとも一つに属するものの全体からなる集合を $A_1, A_2, \ldots$ の**和集合**といい $\bigcup_{i=1}^{\infty} A_i$ と表す．

各場面で考えている最も大きな集合を**全体集合** (**universal set**) という．X を全体集合とし，A を X の部分集合とする．このとき，A に属さない X の要素全体からなる集合を A の**補集合** (**complement**) といい，A^c と表す．X の部分集合 A, B に対し，$A \cap B^c$ を A から B を引いた**差集合** (**set difference**) といい，$A \setminus B$ と表す．

命題 1.1.1　全体集合 X の部分集合 $A, B, C, A_1, B_1, A_2, B_2, \ldots$ に対し，次の関係式が成り立つ：

(i)　$A \cup B = B \cup A, \quad A \cap B = B \cap A.$　（交換法則）

(ii)　$(A \cup B) \cup C = A \cup (B \cup C), \quad (A \cap B) \cap C = A \cap (B \cap C).$　（結合法則）

(iii)　$A \cup (B \cap C) = (A \cup B) \cap (A \cup C),$
$A \cap (B \cup C) = (A \cap B) \cup (A \cap C).$　（分配法則）

(iv)　$(A \cup B)^c = A^c \cap B^c, \quad (A \cap B)^c = A^c \cup B^c.$
（**ド・モルガンの法則** (**de Morgan's laws**)）

次に，直積集合を定義しよう．集合 X, Y に対し，

$$\{(x, y) \mid x \in X \text{ かつ } y \in Y\}$$

を，X と Y の**直積集合** (**product set**) または**積集合**といい，$X \times Y$ と表す．特に，$X \times X$ は X^2 と表される．一般に，集合列 $X_1, \ldots, X_n$ に対し，

$$\{(x_1, \ldots, x_n) \mid x_i \in X_i \quad (i = 1, \ldots, n)\}$$

を $X_1,\ldots,X_n$ の**直積集合**，または**積集合**といい，$X_1\times\cdots\times X_n$，または $\prod_{i=1}^{n} X_i$ と表す．特に，$\prod_{i=1}^{n} X$（n 個の X の直積）は X^n と表される．高校で学んだ平面は，

$$\{(x,y)\,|\,x,y\in\mathbb{R}\}$$

として捉えられるので，$\mathbb{R}^2$ と同一視され，また空間は，

$$\{(x,y,z)\,|\,x,y,z\in\mathbb{R}\}$$

として捉えられるので，$\mathbb{R}^3$ と同一視される．次に，集合の無限列 $\{X_i\}_{i=1}^{\infty}$ を考えよう．この集合の無限列に対し，無限点列の集合

$$\{\{x_i\}_{i=1}^{\infty}\,|\,x_i\in X_i\quad(i\in\mathbb{N})\}$$

を，$\{X_i\}_{i=1}^{\infty}$ の**直積集合**，または**積集合**といい，$\prod_{i=1}^{\infty} X_i$ と表す．特に，$\prod_{i=1}^{\infty} X$（可算個の X の直積）は X^{∞} と表される．さらに一般に，集合の無限族 $\{X_\lambda\}_{\lambda\in\Lambda}$ を考えよう．ここで，添え字の集合 Λ は，任意の無限集合でよい．この集合の無限族に対し，

$$\{\{x_\lambda\}_{\lambda\in\Lambda}\,|\,x_\lambda\in X_\lambda\quad(\lambda\in\Lambda)\}$$

を，$\{X_\lambda\}_{\lambda\in\Lambda}$ の**直積集合**，または**積集合**といい，$\prod_{\lambda\in\Lambda} X_\lambda$ と表す．

次に，直和集合を定義しよう．$X\cap Y=\emptyset$ となる集合 X,Y に対し，$X\cup Y$ を X と Y の**直和** (**direct sum**) といい，$X\amalg Y$ と表す．X の部分集合 A,B で $A\cap B\neq\emptyset$ となる組に対し，A と B を全く別世界のものとみて，それらの直和を考えたいとき，通常，$(\{1\}\times A)\amalg(\{2\}\times B)$ を考える．より一般に，X の部分集合 $A_1,\ldots,A_n$ で，ある $i,j\in\{1,\ldots,n\}$ に対し，$A_i\cap A_j\neq\emptyset$ となる列に対し，$A_1,\ldots,A_n$ を全く別世界のものとみて，それらの直和を考えたいとき，通常，$\coprod_{i=1}^{n}(\{i\}\times A_i)$ を考える．

1.2　論理

この節において，論理に関する基礎概念，および基本的事実についてまとめておく．文 P,Q に対し，文「P または Q」を $P\vee Q$（あるいは，P or Q）

と表し，文「P かつ Q」を $P \wedge Q$（または，$P \,\&\, Q$）と表す．また，文「P でない」を $\neg P$ と表し，「P ならば Q」を $P \Rightarrow Q$ と表す．$\neg$ は，**否定記号 (negation symbol)** とよばれる．また，「P ならば Q」かつ「Q ならば P」であるとき，**P と Q は同値である**といい，$P \Leftrightarrow Q$ と表す．文字 x を含んだ文を $P(x)$ という記号で表し，複数の文字 $x_1, \ldots, x_n$ を含んだ文を $P(x_1, \ldots, x_n)$ という記号で表すことにする．

X を全体集合とし，$x, y, x_1, \ldots, x_n$ を，X 内を変化するものとする．以下，X 内を変化するものを X の**変数 (variable)** とよぶ（X は数の集まりとは限らないが，変数とよんでしまう）．「すべての x に対し，$P(x)$ である」を $(\forall x)[P(x)]$ と表し，また「ある x に対し，$P(x)$ である」（この文は，文「$P(x)$ となる x が存在する」と同じ意味）を $(\exists x)[P(x)]$ と表す．$\forall$ は**全称記号 (universal symbol)** とよばれ，$\exists$ は**存在記号 (existence symbol)** とよばれる．A を X の部分集合とする．

「A に属するすべての x $(\in X)$ に対し，$P(x)$ である」

を $(\forall x \in A)[P(x)]$ と表し，

「ある $x \in A$ に対し，$P(x)$ である」

を $(\exists x \in A)[P(x)]$ と表す．また，

「$P(x)$ となるすべての x $(\in X)$ に対し，$Q(x)$ である」

を $(\forall x : P(x))[Q(x)]$ と表し，

「$P(x)$ となるある $x \in A$ に対し，$Q(x)$ である」

を $(\exists x : P(x))[Q(x)]$ と表す．多変数の文に対しても，同様である．

全称記号と存在記号の双方を含んだ文の例を挙げよう．文

「「すべての x に対し，$P(x, y)$」となる y が存在する」

を $(\exists y)[(\forall x)[P(x, y)]]$ と表し，文

「すべての x に対し，「$P(x, y)$ となる y が存在する」」

を $(\forall x)[(\exists y)[P(x,y)]]$ と表す．この2つの文の違いを説明しておこう．例として，X が $\mathbb{R}$ であり，$P(x,y)$ が「y は x 以上である」の場合を考えよう．このとき，$(\exists y)[(\forall x)[P(x,y)]]$ は，

「すべての実数 x に対し，同時に $y \geqq x$ が成り立つような y が存在する」

という意味であり，一方，$(\forall x)[(\exists y)[P(x,y)]]$ は，

「各実数 x ごとに，$y \geqq x$ が成り立つような実数 y が存在する」

という意味である．$(\exists y)[(\forall x)[P(x,y)]]$ は偽であり，$(\forall x)[(\exists y)[P(x,y)]]$ は真であることがわかる．

次に，否定記号と全称記号を含んだ文の例を挙げよう．文

「「すべての x に対し，$P(x)$」というわけではない」

は，$\neg((\forall x)[P(x)])$ と表され，文

「すべての x に対し，$P(x)$ ではない」

は，$(\forall x)(\neg(P(x))$ と表される．この2つの文の違いを説明しておこう．例として，X が $\mathbb{R}$ であり，$P(x)$ が「x は 0 より大きい」の場合を考えよう．このとき，$\neg((\forall x)[P(x)])$ は，

「すべての実数 x に対し，x は 0 より大きい」

を否定する文なので，文

「ある実数 x に対し，x は 0 以下である」

つまり，$(\exists x)[\neg(P(x))]$ に同値である．この文は真であることがわかる．一方，$(\forall x)(\neg(P(x))$ は，文

「すべての実数 x に対し，x は 0 以下である」

に同値であり，この文が偽であることがわかる．

文と文の同値性について，次の命題が成り立つ．

命題 1.2.1

(i) 文 $P \vee (Q \wedge R)$ と文 $(P \vee Q) \wedge (P \vee R)$ は，同値である．
（分配法則）

(ii) 文 $P \wedge (Q \vee R)$ と文 $(P \wedge Q) \vee (P \wedge R)$ は，同値である．
（分配法則）

(iii) 文 $\neg(P \vee Q)$ と文 $(\neg P) \wedge (\neg Q)$ は，同値である．
（ド・モルガンの法則）

(iv) 文 $\neg(P \wedge Q)$ と文 $(\neg P) \vee (\neg Q)$ は，同値である．
（ド・モルガンの法則）

(v) 文 $\neg((\forall x)[P(x)])$ と文 $(\exists x)[\neg(P(x))]$ は，同値である．

(vi) 文 $\neg((\exists x)[P(x)])$ と文 $(\forall x)[\neg(P(x))]$ は，同値である．

文 $P(x)$ に対し，集合 $\{x \in X \mid P(x)\}$ を，文 $P(x)$ の**真理集合** (**truth set**) といい，本書では，$T_{P(x)}$ と表すことにする．真偽が決まっている文を，**命題** (**proposition**) という．ここで，$P(x)$ が命題であることと $T_{P(x)} = X$ or $\emptyset$ であることは同値であることを注意しておく．

例 1.2.1 全体集合を $\mathbb{R}$ とし，x を $\mathbb{R}$ 内を動く変数とする．

(i) 文 $P_1(x)$ を “x^2 は 4 以上である” によって定義する．この文 $P_1(x)$ は命題ではなく，$T_{P_1(x)} = (-\infty, -2] \cup [2, \infty)$ となる．

(ii) 文 $P_2(x)$ を “x^2 は 0 以上である” によって定義する．この文 $P_2(x)$ は命題である ($T_{P_2(x)} = \mathbb{R}$)．

(iii) 文 $P_3(x)$ を “x^2 は 0 より小さい” によって定義する．この文 $P_3(x)$ は命題である ($T_{P_3(x)} = \emptyset$)．

例 1.2.2 全体集合を $\mathbb{C}$ とし，z を $\mathbb{C}$ 内を動く変数とする．

(i) 文 $P_1(z)$ を “z の絶対値 $|z|$ は z の実部の絶対値以上である” によって定義する．この文 $P_1(z)$ は命題である ($T_{P_1(z)} = \mathbb{C}$)．

(ii) 文 $P_2(z)$ を “z^3 は実数である” によって定義する．この文 $P_2(z)$ は命題ではなく，$T_{P_2(z)}$ は，

$$T_{P_2(z)} = \left\{ re^{\sqrt{-1}\theta} \;\middle|\; r \geqq 0 \;\&\; \theta = 0, \frac{\pi}{3}, \frac{2\pi}{3}, \pi, \frac{4\pi}{3}, \frac{5\pi}{3} \right\}$$

となる．

1.3　写像

この節において，2つの集合の間の対応付けである写像を定義する．X, Y を集合とする．X の各要素 x に対し，Y の要素を一つずつ対応させる対応 f を，X から Y への**写像** (mapping) といい，$f : X \to Y$ と表す．x $(\in X)$ に対応させる Y の要素は $f(x)$ と表される．X の部分集合 A に対し，Y の部分集合 $\{f(x) \,|\, x \in A\}$ を ***A* の *f* による像** (**the image of *A* by *f***) といい，$f(A)$ と表す．一方，Y の部分集合 B に対し，X の部分集合 $\{x \in X \,|\, f(x) \in B\}$ を ***B* の *f* による逆像** (**the inverse image of *B* by *f***) といい，$f^{-1}(B)$ と表す．特に，Y の1点集合 $\{b\}$ の逆像 $f^{-1}(\{b\})$ は，$f^{-1}(b)$ と表される．

写像の像と逆像について，次の事実が成り立つ．

命題 1.3.1　f を集合 X から集合 Y への写像とする．

(i)　X の部分集合 A_1, A_2 に対し，次の関係式が成り立つ：

$$f(A_1 \cup A_2) = f(A_1) \cup f(A_2),$$
$$f(A_1 \cap A_2) \subseteqq f(A_1) \cap f(A_2).$$

(ii)　X の部分集合族 $\{A_\lambda\}_{\lambda \in \Lambda}$ に対し，次の関係式が成り立つ：

$$f\left(\bigcup_{\lambda \in \Lambda} A_\lambda\right) = \bigcup_{\lambda \in \Lambda} f(A_\lambda), \qquad f\left(\bigcap_{\lambda \in \Lambda} A_\lambda\right) \subseteqq \bigcap_{\lambda \in \Lambda} f(A_\lambda).$$

(iii)　Y の部分集合 B_1, B_2 に対し，次の関係式が成り立つ：

$$f^{-1}(B_1 \cup B_2) = f^{-1}(B_1) \cup f^{-1}(B_2),$$
$$f^{-1}(B_1 \cap B_2) = f^{-1}(B_1) \cap f^{-1}(B_2).$$

(iv)　Y の部分集合族 $\{B_\lambda\}_{\lambda \in \Lambda}$ に対し，次の関係式が成り立つ：

$$f^{-1}\left(\bigcup_{\lambda\in\Lambda} B_\lambda\right) = \bigcup_{\lambda\in\Lambda} f^{-1}(B_\lambda),$$
$$f^{-1}\left(\bigcap_{\lambda\in\Lambda} B_\lambda\right) = \bigcap_{\lambda\in\Lambda} f^{-1}(B_\lambda).$$

【証明】 まず，(i) を示そう．

$$\begin{aligned} y \in f(A_1 \cup A_2) &\Leftrightarrow (\exists x \in A_1 \cup A_2)[y = f(x)] \\ &\Leftrightarrow ((\exists x \in A_1)[y = f(x)]) \vee ((\exists x \in A_2)[y = f(x)]) \\ &\Leftrightarrow (y \in f(A_1)) \vee (y \in f(A_2)) \\ &\Leftrightarrow y \in f(A_1) \cup f(A_2) \end{aligned}$$

となるので，$f(A_1 \cup A_2) = f(A_1) \cup f(A_2)$ が示される．

$$\begin{aligned} y \in f(A_1 \cap A_2) &\Leftrightarrow (\exists x \in A_1 \cap A_2)[y = f(x)] \\ &\Rightarrow ((\exists x \in A_1)[y = f(x)]) \wedge ((\exists x \in A_2)[y = f(x)]) \\ &\Leftrightarrow (y \in f(A_1)) \wedge (y \in f(A_2)) \\ &\Leftrightarrow y \in f(A_1) \cap f(A_2) \end{aligned}$$

となるので，$f(A_1 \cap A_2) \subseteqq f(A_1) \cap f(A_2)$ が示される．

次に，(ii) を示そう．

$$\begin{aligned} y \in f\left(\bigcup_{\lambda\in\Lambda} A_\lambda\right) &\Leftrightarrow (\exists x \in \bigcup_{\lambda\in\Lambda} A_\lambda)[y = f(x)] \\ &\Leftrightarrow (\exists \lambda \in \Lambda)((\exists x \in A_\lambda)[y = f(x)]) \\ &\Leftrightarrow (\exists \lambda \in \Lambda)[y \in f(A_\lambda)] \\ &\Leftrightarrow y \in \bigcup_{\lambda\in\Lambda} f(A_\lambda) \end{aligned}$$

となるので，$f\left(\bigcup_{\lambda\in\Lambda} A_\lambda\right) = \bigcup_{\lambda\in\Lambda} f(A_\lambda)$ が示される．

$$
\begin{aligned}
y \in f\left(\bigcap_{\lambda\in\Lambda} A_\lambda\right) &\Leftrightarrow (\exists\, x \in \bigcap_{\lambda\in\Lambda} A_\lambda)[y = f(x)] \\
&\Rightarrow (\forall\, \lambda \in \Lambda)((\exists\, x \in A_\lambda)[y = f(x)]) \\
&\Leftrightarrow (\forall\, \lambda \in \Lambda)[y \in f(A_\lambda)] \\
&\Leftrightarrow y \in \bigcap_{\lambda\in\Lambda} f(A_\lambda)
\end{aligned}
$$

となるので，$f\left(\bigcap_{\lambda\in\Lambda} A_\lambda\right) \subseteqq \bigcap_{\lambda\in\Lambda} f(A_\lambda)$ が示される．

次に，(iii) を示そう．

$$
\begin{aligned}
x \in f^{-1}(B_1 \cup B_2) &\Leftrightarrow f(x) \in B_1 \cup B_2 \Leftrightarrow (f(x) \in B_1) \vee (f(x) \in B_2) \\
&\Leftrightarrow (x \in f^{-1}(B_1)) \vee (x \in f^{-1}(B_2)) \\
&\Leftrightarrow x \in f^{-1}(B_1) \cup f^{-1}(B_2)
\end{aligned}
$$

となるので，$f^{-1}(B_1 \cup B_2) = f^{-1}(B_1) \cup f^{-1}(B_2)$ が示される．

$$
\begin{aligned}
x \in f^{-1}(B_1 \cap B_2) &\Leftrightarrow f(x) \in B_1 \cap B_2 \Leftrightarrow (f(x) \in B_1) \wedge (f(x) \in B_2) \\
&\Leftrightarrow (x \in f^{-1}(B_1)) \wedge (x \in f^{-1}(B_2)) \\
&\Leftrightarrow x \in f^{-1}(B_1) \cap f^{-1}(B_2)
\end{aligned}
$$

となるので，$f^{-1}(B_1 \cap B_2) = f^{-1}(B_1) \cap f^{-1}(B_2)$ が示される．

次に，(iv) を示そう．

$$
\begin{aligned}
x \in f^{-1}\left(\bigcup_{\lambda\in\Lambda} B_\lambda\right) &\Leftrightarrow f(x) \in \bigcup_{\lambda\in\Lambda} B_\lambda \\
&\Leftrightarrow (\exists\, \lambda \in \Lambda)[f(x) \in B_\lambda] \\
&\Leftrightarrow (\exists\, \lambda \in \Lambda)[x \in f^{-1}(B_\lambda)] \\
&\Leftrightarrow x \in \bigcup_{\lambda\in\Lambda} f^{-1}(B_\lambda)
\end{aligned}
$$

となるので，$f^{-1}\left(\bigcup_{\lambda\in\Lambda} B_\lambda\right) = \bigcup_{\lambda\in\Lambda} f^{-1}(B_\lambda)$ が示される．

$$\begin{aligned} x \in f^{-1}\left(\bigcap_{\lambda\in\Lambda} B_\lambda\right) &\Leftrightarrow f(x) \in \bigcap_{\lambda\in\Lambda} B_\lambda \\ &\Leftrightarrow (\forall\,\lambda \in \Lambda)[f(x) \in B_\lambda] \\ &\Leftrightarrow (\forall\,\lambda \in \Lambda)[x \in f^{-1}(B_\lambda)] \\ &\Leftrightarrow x \in \bigcap_{\lambda\in\Lambda} f^{-1}(B_\lambda) \end{aligned}$$

となるので，$f^{-1}\left(\bigcap_{\lambda\in\Lambda} B_\lambda\right) = \bigcap_{\lambda\in\Lambda} f^{-1}(B_\lambda)$ が示される． □

$X\times Y$ の部分集合 $\{(x,y) \in X\times Y \mid y = f(x)\}$ は，f の**グラフ** (**graph**) とよばれ，$G(f)$ と表される．写像 $f : X \to Y$ が $x_1 \neq x_2 \Rightarrow f(x_1) \neq f(x_2)$ を満たすとき，f を**単射** (**injection**) といい，$(\forall\, y \in Y)[(\exists\, x \in X)[f(x) = y]]$ を満たすとき，f を**全射** (**surjection**)，または，**上への写像** (**onto-mapping**) という．f が全射かつ単射であるとき，f を**全単射** (**bijection**)，または **1 対 1 対応** (**one-to-one correspondence**) という．

2 つの写像 $f : X \to Y$ と $g : Y \to Z$ を用いて，X から Z への写像を定義しよう．X の各要素 x に対し，Z の要素 $g(f(x))$ を対応させる対応として定義される X から Z への写像を $\boldsymbol{f}$ **と** $\boldsymbol{g}$ **の合成写像** (**the composition of** $\boldsymbol{f}$ **and** $\boldsymbol{g}$) といい，$g \circ f$ と表す．

写像の全単射性について，次の事実が成り立つ．

> **定理 1.3.2** f を集合 X から集合 Y への写像とし，g を Y から X への写像とする．このとき，$g \circ f = \mathrm{id}_X$，$f \circ g = \mathrm{id}_Y$ であるならば，f と g は各々，全単射であり，$g = f^{-1}$ が成り立つ．

【証明】 $g \circ f = \mathrm{id}_X$ より，f が単射であることがわかる．一方，$f \circ g = \mathrm{id}_Y$ より，f が全射であることがわかる．したがって，f は全単射である．同様に，g が全単射であることもわかる．さらに，明らかに，$g = f^{-1}$ が成り立つ． □

写像の全単射性について，次の**ベルンシュタインの定理** (**Bernstein's theorem**) が成り立つ．

定理 1.3.3（**ベルンシュタインの定理**）　X, Y を集合とする．X から Y への単射と Y から X への単射が存在するならば，X から Y への全単射が存在する．

【証明】　X から Y への単射 f と Y から X への単射 g が存在するとする．

$$Y_0 := Y \setminus f(X),\ X_1 := g(Y_0),\ Y_2 := f(X_1),\ X_3 := g(Y_2),$$
$$Y_4 := f(X_3),\ X_5 := g(Y_4), \ldots\ldots$$

により，$\{X_{2i+1} \,|\, i = 0, 1, 2, \ldots\}$，$\{Y_{2i} \,|\, i = 0, 1, 2, \ldots\}$ を定義し，

$$X_0 := X \setminus g(Y),\ Y_1 := f(X_0),\ X_2 := g(Y_1),\ Y_3 := f(X_2),$$
$$X_4 := g(Y_3),\ Y_5 := f(X_4), \ldots\ldots$$

により，$\{X_{2i} \,|\, i = 0, 1, 2, \ldots\}$，$\{Y_{2i+1} \,|\, i = 0, 1, 2, \ldots\}$ を定義する．f, g が単射であることより，X_i, Y_i $(i \in \mathbb{N} \cup \{0\})$ は互いに共通部分をもたないことが，容易に示される．さらに，X_∞, Y_∞ を

$$X_\infty := X \setminus \left(\coprod_{i \in \mathbb{N} \cup \{0\}} X_i \right), \quad Y_\infty := Y \setminus \left(\coprod_{i \in \mathbb{N} \cup \{0\}} Y_i \right)$$

によって定義し，写像 $h : X \to Y$ を

$$h(x) := \begin{cases} f(x) & \left(x \in \left(\coprod_{i \in \mathbb{N} \cup \{0\}} X_{2i} \right) \amalg X_\infty \right) \\ g^{-1}(x) & \left(x \in \coprod_{i \in \mathbb{N} \cup \{0\}} X_{2i+1} \right) \end{cases}$$

によって定義する（図 1.3.1 を参照）．このとき，

$$h(X_{2i}) = f(X_{2i}) = Y_{2i+1}, \quad h(X_{2i+1}) = g^{-1}(X_{2i+1}) = Y_{2i}$$
$$h(X_\infty) = f(X_\infty) = Y_\infty$$

となるので，

$$i \neq j \ \Rightarrow\ h(X_i) \cap h(X_j) = \emptyset$$

および，

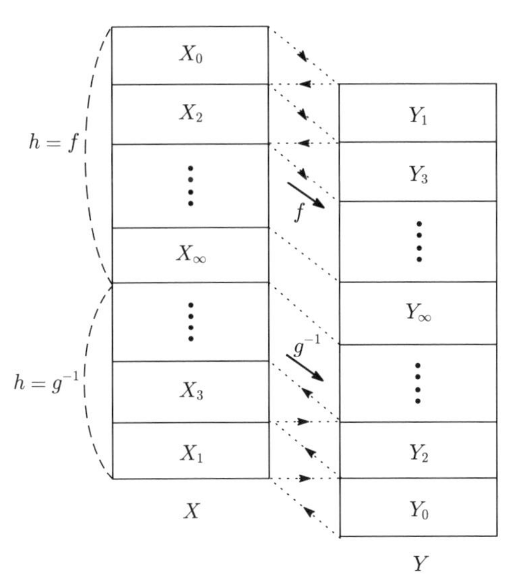

図 1.3.1 ベルンシュタインの定理の証明において構成される全単射 h

$$\begin{aligned} h(X) &= h\left(\left(\coprod_{i \in \mathbb{N} \cup \{0\}} X_i\right) \amalg X_\infty\right) \\ &= \left(\coprod_{i \in \mathbb{N} \cup \{0\}} h(X_i)\right) \amalg h(X_\infty) \\ &= \left(\coprod_{i \in \mathbb{N} \cup \{0\}} Y_i\right) \amalg Y_\infty = Y \end{aligned}$$

が示される．また，

$$h|_{X_{2i}} = f,\ h|_{X_\infty} = f,\ h|_{X_{2i+1}} = g^{-1}$$

となるので，h の各 X_i への制限は，単射となる．これらの事実から，h が全単射であることが示される． □

次に，いくつかの特殊な写像を定義しておく．X の各要素 x に対し，x 自身を対応させる対応として定義される，X からそれ自身への写像を，X の**恒等変換** (**identity transformation**) といい，id_X と表す．X の部分集合 A に対し，id_X の A への制限 $\mathrm{id}_X|_A$ として定義される，A から X への写像を，A から X への**包含写像** (**inclusion mapping**) といい，本書では ι_A と表す．

X の各要素 x に対し，X^n の要素 $(x, \ldots, x)$ を対応させる対応として定義される，X から X^n への写像を X の**対角写像** (**diagonal mapping**) といい，$\triangle_X$ と表す．$X_1 \times \cdots \times X_n$ の各要素 $(x_1, \ldots, x_n)$ に対し，X_i の要素 x_i を対応させる対応として定義される $X_1 \times \cdots \times X_n$ から X_i への写像を，$X_1 \times \cdots \times X_n$ から X_i への**自然な射影** (**natural projection**) といい，pr_{X_i}（または，pr_i）と表す．

1.4　同値関係・商集合

この節において，まず，同値関係，および，その商集合を定義する．大雑把に述べると，この節で述べる内容は，ある基準の下で，あるものの集まり X を種別（=クラス分け）する作業を数学的にきっちり定義しようとするものである．その基準に相当するのが同値関係であり，種別した各クラスは同値類とよばれ，そのクラスの全体が商集合である．

まず，ベキ集合を定義しておこう．集合 X の部分集合全体からなる集合を X の**ベキ集合** (**power set**) といい，2^X（または $\mathcal{P}(X)$）と表す．例えば，$X = \{1, 2, 3\}$ のとき，

$$2^X = \{\emptyset, \{1\}, \{2\}, \{3\}, \{1,2\}, \{1,3\}, \{2,3\}, \{1,2,3\}\}$$

となる．

R を $X \times X$ の部分集合とし，$(x, y) \in R$ のとき，$x \underset{R}{\sim} y$ と表すことにする．このとき，$\underset{R}{\sim}$ を，（R の定める）X における **2項関係** (**binary relation**) という．$\sim$ を X における2項関係とする．$\sim$ が次の3条件を満たしているとする：

（反射律）任意の $x \in X$ に対し，$x \sim x$ である；
（対称律）$x \sim y$ ならば，$y \sim x$ である；
（推移律）$x \sim y$ かつ $y \sim z$ ならば，$x \sim z$ である．

このとき，$\sim$ を X における**同値関係** (**equivalence relation**) という．$a \in X$ に対し，X の部分集合 $\{x \in X \,|\, x \sim a\}$ を，$\sim$ に関する a の属する**同値類** (**equivalence class**) といい，C_a，または，$[a]$ と表す．$\sim$ に関する同値類全体からなる集合を，X の $\sim$ に関する**商集合** (**quotient set**) といい，$X/\sim$ と

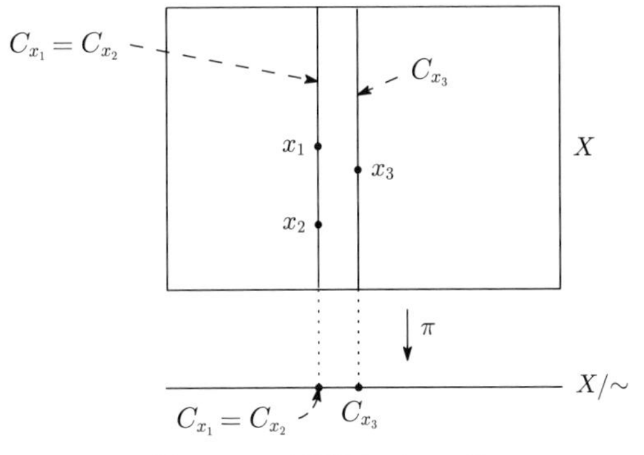

図 1.4.1　商写像のイメージ

表す．$X/\sim \subsetneqq 2^X$ であることを注意しておく．$\pi : X \to X/\sim$ を $\pi(x) := C_x$ $(x \in X)$ によって定義する．この写像 π を**商写像 (quotient map)** という (図 1.4.1 を参照)．

ここで，いくつかの同値関係に関する商集合の例を挙げておこう．

例 1.4.1　全体集合を $\mathbb{R}^2$ とし，$\mathbb{R}^2 \times \mathbb{R}^2$ $(= \mathbb{R}^4)$ の部分集合 R として，

$$R = \{((x_1, y_1), (x_2, y_2)) \in \mathbb{R}^2 \times \mathbb{R}^2 \mid x_1 = x_2\}$$

をとる．このとき，

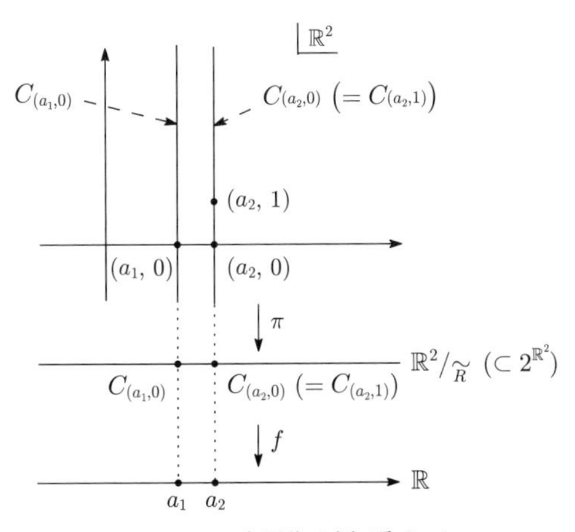

図 1.4.2　商写像の例 (その 1)

$$(x_1, y_1) \underset{R}{\sim} (x_2, y_2) \;\Leftrightarrow\; x_1 = x_2$$

となり，$C_{(a,b)} = \{(a,y) \,|\, y \in \mathbb{R}\} = \{a\} \times \mathbb{R}$ であり，

$$\mathbb{R}^2 / \underset{R}{\sim} = \{C_{(x,0)} \,|\, x \in \mathbb{R}\}$$

であることがわかる．また，x_1, x_2 が $\mathbb{R}$ の相異なる要素であるとき，$C_{(x_1,0)} \neq C_{(x_2,0)}$ であることに注意すると，$\mathbb{R}^2/\underset{R}{\sim}$ と $\mathbb{R}$ の間の1対1対応 f を

$$f(C_{(x,0)}) := x \quad (x \in \mathbb{R})$$

によって定義することができる（図1.4.2を参照）．

例 1.4.2　全体集合を $\mathbb{R}$ とし，$\mathbb{R} \times \mathbb{R}$ $(= \mathbb{R}^2)$ の部分集合 R として，

$$R = \{(x_1, x_2) \in \mathbb{R} \times \mathbb{R} \,|\, |x_1| = |x_2|\}$$

をとる．このとき，

$$x_1 \underset{R}{\sim} x_2 \;\Leftrightarrow\; |x_1| = |x_2|$$

となり，$C_0 = \{0\}$，$C_a = \{a, -a\}$ $(a \neq 0)$ であり，

$$\mathbb{R} / \underset{R}{\sim} = \{C_x \,|\, x \in [0, \infty)\}$$

であることがわかる．また，x_1, x_2 が $[0,\infty)$ の相異なる要素であるとき，$C_{x_1} \neq C_{x_2}$ であることに注意すると，$\mathbb{R}/\underset{R}{\sim}$ と $[0,\infty)$ の間の1対1対応 f を

$$f(C_x) := x \quad (x \in [0, \infty))$$

によって定義することができる．

例 1.4.3　全体集合を $\mathbb{R}$ とし，$\mathbb{R} \times \mathbb{R}$ $(= \mathbb{R}^2)$ の部分集合 R として，

$$R = \{(x_1, x_2) \in \mathbb{R} \times \mathbb{R} \,|\, x_1 - x_2 \in \mathbb{Z}\}$$

をとる．このとき，

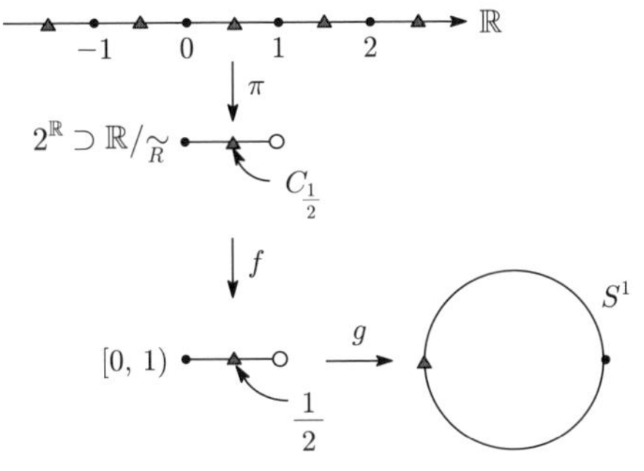

図 1.4.3 商写像の例（その 2）

$$x_1 \underset{R}{\sim} x_2 \iff x_1 - x_2 \in \mathbb{Z}$$

となり，$C_a = \{a + z \mid z \in \mathbb{Z}\}$ $(a \in \mathbb{R})$ であり，

$$\mathbb{R}/\underset{R}{\sim} = \{C_x \mid x \in [0, 1)\}$$

であることがわかる．また，x_1, x_2 が $[0, 1)$ の相異なる要素であるとき，$C_{x_1} \neq C_{x_2}$ であることに注意すると，$\mathbb{R}/\underset{R}{\sim}$ と $[0, 1)$ の間の 1 対 1 対応 f を

$$f(C_x) := x \quad (x \in [0, 1))$$

によって定義することができる．さらに，$[0, 1)$ と単位円 $S^1 = \{(x, y) \in \mathbb{R}^2 \mid x^2 + y^2 = 1\}$ の間の 1 対 1 対応 g を

$$g(x) := (\cos(2\pi x), \sin(2\pi x)) \quad (x \in [0, 1))$$

によって定義することができるので，$\mathbb{R}/\underset{R}{\sim}$ と S^1 の間の 1 対 1 対応 $g \circ f$ をえる（図 1.4.3 を参照）．

例 1.4.4 全体集合を $\mathbb{R}^2$ とし，$\mathbb{R}^2 \times \mathbb{R}^2$ $(= \mathbb{R}^4)$ の部分集合 R として，

$$R = \{(x_1, y_1, x_2, y_2) \in \mathbb{R}^4 \mid (x_2 - x_1, y_2 - y_1) \in \mathbb{Z}^2\}$$

をとる．このとき，

$$(x_1, y_1) \underset{R}{\sim} (x_2, y_2) \iff (x_2 - x_1, y_2 - y_1) \in \mathbb{Z}^2$$

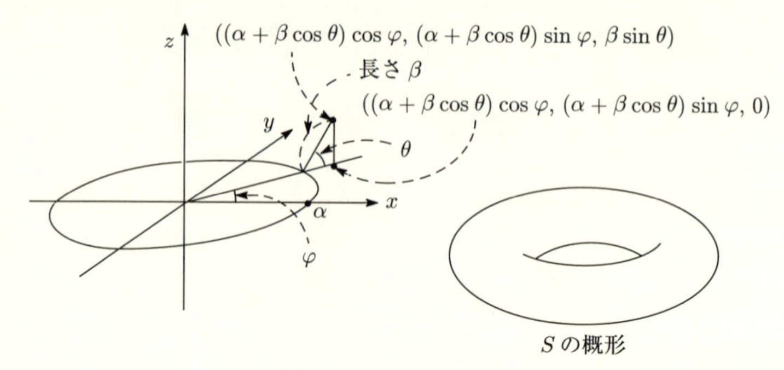

図 1.4.4　S のイメージ

となり，$C_{(a,b)} = \{(a+z_1, b+z_2) \mid z_1, z_2 \in \mathbb{Z}\}$ $((a,b) \in \mathbb{R}^2)$ であり，

$$\mathbb{R}^2/\underset{R}{\sim} = \{C_{(x,y)} \mid (x,y) \in [0,1)^2\}$$

であることがわかる．また，$(x_1, y_1), (x_2, y_2)$ が $[0,1)^2$ の相異なる要素であるとき，$C_{(x_1,y_1)} \neq C_{(x_2,y_2)}$ であることに注意すると，$\mathbb{R}^2/\underset{R}{\sim}$ と $[0,1)^2$ の間の 1 対 1 対応 f を

$$f(C_{(x,y)}) := (x,y) \quad ((x,y) \in [0,1)^2)$$

によって定義することができる．さらに，$[0,1)^2$ と 2 つの単位円の直積集合 $S^1 \times S^1$ の間の 1 対 1 対応 g を

$$g(x,y) := (\cos(2\pi x), \sin(2\pi x), \cos(2\pi y), \sin(2\pi y)) \quad ((x,y) \in [0,1)^2)$$

によって定義することができる．S $(\subseteqq \mathbb{R}^3)$ を

$$S := \{((\alpha+\beta\cos\theta)\cos\varphi, (\alpha+\beta\cos\theta)\sin\varphi, \beta\sin\theta) \\ \mid 0 \leqq \theta < 2\pi,\ 0 \leqq \varphi < 2\pi\}$$

$(\alpha > \beta)$ によって定義する（図 1.4.4 を参照）．このような曲面 S は**輪環面またはトーラス (torus)** とよばれる．このとき，1 対 1 対応 $h : S^1(1) \times S^1(1) \to S$ を

$$h((\cos\theta, \sin\theta), (\cos\varphi, \sin\varphi)) \\ := ((\alpha+\beta\cos\theta)\cos\varphi, (\alpha+\beta\cos\theta)\sin\varphi, \beta\sin\theta) \quad (0 \leqq \theta < 2\pi,\ 0 \leqq \varphi < 2\pi)$$

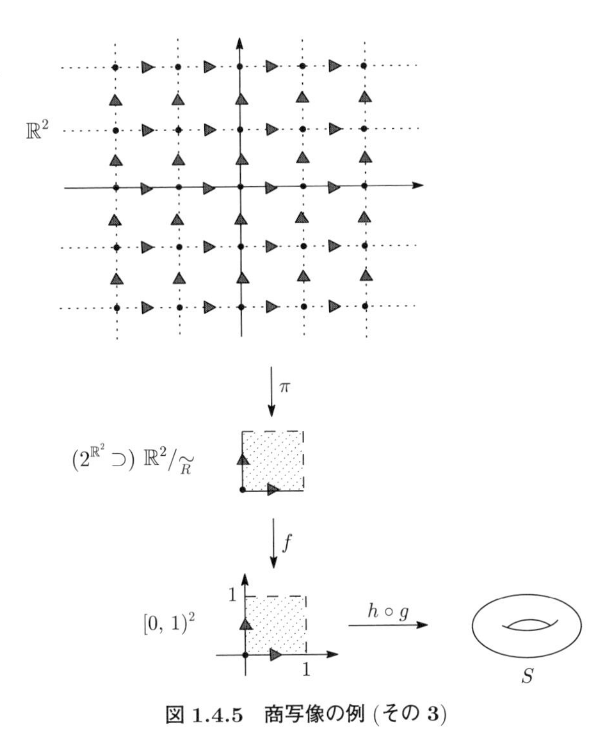

図 1.4.5 商写像の例 (その 3)

によって定義することができる．したがって，$\mathbb{R}^2/\underset{R}{\sim}$ と S の間の 1 対 1 対応 $h \circ g \circ f$ をえる（図 1.4.5 を参照）．

例 1.4.5 n 次元単位球面

$$S^n(1) = \left\{ \boldsymbol{x} = (x_1, \ldots, x_{n+1}) \;\middle|\; \sum_{i=1}^{n+1} x_i^2 = 1 \right\}$$

を全体集合とし，$S^n(1) \times S^n(1)$ の部分集合 R として，

$$R = \{(\boldsymbol{x}, \boldsymbol{y}) \in S^n(1) \times S^n(1) \,|\, \boldsymbol{y} = \pm \boldsymbol{x}\}$$
$$(\boldsymbol{x} = (x_1, \ldots, x_{n+1}),\ \boldsymbol{y} = (y_1, \ldots, y_{n+1}))$$

をとる．ここで，$-\boldsymbol{x}$ は $(-x_1, \ldots, -x_{n+1})$ を表す．このとき，

$$\boldsymbol{x} \underset{R}{\sim} \boldsymbol{y} \;\Leftrightarrow\; \boldsymbol{y} = \pm \boldsymbol{x}$$

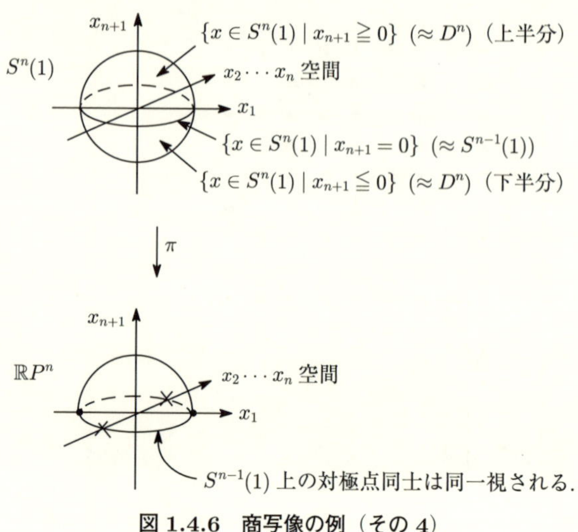

図 1.4.6　商写像の例（その 4）

となり，$C_{\boldsymbol{x}} = \{\boldsymbol{x}, -\boldsymbol{x}\}$ $(\boldsymbol{x} \in S^n(1))$ であり，

$$S^n(1)/\underset{R}{\sim} = \{C_{\boldsymbol{x}} \mid (\exists i \in \{1, \ldots, n\})[x_i > 0 \,\&\, x_{i+1} = \cdots = x_{n+1} = 0] \\ \text{or } [x_{n+1} > 0]\}$$

であることがわかる．また，$\boldsymbol{x}$, $\boldsymbol{y}$ が

$$A = \{\boldsymbol{x} \in S^n(1) \mid (\exists i \in \{1, \ldots, n\})[x_i > 0 \,\&\, x_{i+1} = \cdots = x_{n+1} = 0] \\ \text{or } [x_{n+1} > 0]\}$$

の相異なる要素であるとき，$C_{\boldsymbol{x}} \neq C_{\boldsymbol{y}}$ であることに注意すると，$S^n(1)/\underset{R}{\sim}$ と A の間の 1 対 1 対応 f を

$$f(C_{\boldsymbol{x}}) := \boldsymbol{x} \quad (\boldsymbol{x} \in A)$$

によって定義することができる．この商集合 $S^n(1)/\underset{R}{\sim}$ は，**n 次元射影空間** (**n-dimensional projective space**) とよばれ，$\mathbb{R}P^n$ と表される（図 1.4.6 を参照).

1.5　群作用・軌道空間

この節において，群の集合への作用，および，その軌道空間を定義する．まず，群という代数学における概念を定義しておく．"$\cdot$"を集合 G における演算，つまり，各 $(g_1, g_2) \in G \times G$ に対し，G の要素 $g_1 \cdot g_2$ を対応させる対応で，次の 3 条件を満たすようなものとする：

(i) $(\forall (g_1, g_2, g_3) \in G^3)[(g_1 \cdot g_2) \cdot g_3 = g_1 \cdot (g_2 \cdot g_3)]$;

(ii) $(\exists e \in G)[(\forall g \in G)[g \cdot e = e \cdot g = g]]$;

(iii) $(\forall g \in G)[(\exists g^{-1} \in G)[g \cdot g^{-1} = g^{-1} \cdot g = e]]$.

このとき，"$\cdot$"を G における**群演算** (**group operation**) といい，組 $(G, \cdot)$ を**群** (**group**) という．(ii) における e は一意に定まり，群 $(G, \cdot)$ の**単位元** (**identity element**) とよばれ，(iii) における g^{-1} は各 $g \in G$ ごとに一意に定まり，g の**逆元** (**inverse element**) とよばれる．さらに，次の条件が成り立つとき，$(G, \cdot)$ は，**可換群** (**commutative group**)，または，**アーベル群** (**abelian group**) とよばれる：

(iv) $(\forall (g_1, g_2) \in G^2)[g_1 \cdot g_2 = g_2 \cdot g_1]$.

基本的な群の例を挙げておこう．

- $\mathbb{R}$ と $\mathbb{R}$ における加法演算 $+$ の組 $(\mathbb{R}, +)$（これは，可換群である）.
- $\mathbb{R} \setminus \{0\}$ と $\mathbb{R} \setminus \{0\}$ における乗法演算 $\times$ の組 $(\mathbb{R} \setminus \{0\}, \times)$（これは，可換群である）.
- $\mathbb{C}$ と $\mathbb{C}$ における加法演算 $+$ の組 $(\mathbb{C}, +)$（これは，可換群である）.
- $\mathbb{C} \setminus \{0\}$ と $\mathbb{C} \setminus \{0\}$ における乗法演算 $\times$ の組 $(\mathbb{C} \setminus \{0\}, \times)$（これは，可換群である）.
- (m, n) 型の実行列の全体 $M(m, n; \mathbb{R})$ と $M(m, n; \mathbb{R})$ における加法 $+$（行列同士の和）の組 $(M(m, n; \mathbb{R}), +)$（これは，可換群である）.
- n 次実正則行列の全体 $GL(n, \mathbb{R})$ と $GL(n, \mathbb{R})$ における乗法"$\cdot$"（正則行列同士の積）の組 $(GL(n, \mathbb{R}), \cdot)$（これは，非可換群である）.
- (m, n) 型の複素行列の全体 $M(m, n; \mathbb{C})$ と $M(m, n; \mathbb{C})$ における加法 $+$（行列同士の和）の組 $(M(m, n; \mathbb{C}), +)$（これは，可換群である）.
- n 次複素正則行列の全体 $GL(n, \mathbb{C})$ と $GL(n, \mathbb{C})$ における乗法"$\cdot$"（正則行列同士の積）の組 $(GL(n, \mathbb{C}), \cdot)$（これは，非可換群である）.

群 $(G, \cdot)$ の部分集合 H が次の条件を満たすとする：

$$\text{(SG)} \qquad h_1, h_2 \in H \implies h_1 \cdot h_2 \in H.$$

このとき，H を群 $(G, \cdot)$ の**部分群 (subgroup)** という．$(H, \cdot)$ は，それ自身一つの群であることを注意しておく．上述の基本的な群の部分群の例を挙げておこう．

<群 $(\mathbb{R}, +)$ の部分群の例>

$$\mathbb{Z},\ \mathbb{Q},\ 2\mathbb{Z} := \{2z \mid z \in \mathbb{Z}\},\ \{\log x \mid x \in \mathbb{R}_+\},\ \{\log x \mid x \in \mathbb{Q}_+\}$$

（$\mathbb{R}_+$ は，正の実数全体からなる集合を表し，
$\mathbb{Q}_+$ は，正の有理数全体からなる集合を表す．）

<群 $(\mathbb{R} \setminus \{0\}, \times)$ の部分群の例>

$$\mathbb{R}_+,\ \mathbb{Q} \setminus \{0\},\ \mathbb{Q}_+,\ \{e^x \mid x \in \mathbb{R}\},\ \{e^z \mid z \in \mathbb{Z}\},\ \{e^x \mid x \in \mathbb{Q}\}$$

<群 $(M(n, n; \mathbb{R}), +)$ の部分群の例>

$$\mathfrak{sl}(n, \mathbb{R}) := \{A \in M(n, n; \mathbb{R}) \mid \mathrm{Tr}\, A = 0\},$$
$$\mathfrak{so}(n) := \{A \in M(n, n; \mathbb{R}) \mid {}^t A + A = O\}$$

（$\mathrm{Tr}\, A$ は A のトレースを表し，${}^t A$ は A の転置行列を表す．）

<群 $(GL(n, \mathbb{R}), \cdot)$ の部分群の例>

$$SL(n, \mathbb{R}) := \{A \in GL(n, \mathbb{R}) \mid \det A = 1\},$$
$$SO(n) := \{A \in GL(n, \mathbb{R}) \mid {}^t A A = E \ \&\ \det A = 1\}$$

（$\det A$ は A の行列式を表す．）

<群 $(M(n, n; \mathbb{C}), +)$ の部分群の例>

$$\mathfrak{sl}(n, \mathbb{C}) := \{A \in M(n, n; \mathbb{C}) \mid \mathrm{Tr}\, A = 0\},$$
$$\mathfrak{su}(n) := \{A \in M(n, n; \mathbb{C}) \mid A^* + A = O \ \&\ \mathrm{Tr}\, A = 0\}$$

（A^* は A の随伴行列を表す．）

＜群 $(GL(n,\mathbb{C}),\cdot)$ の部分群の例＞

$$SL(n,\mathbb{C}) := \{A \in GL(n,\mathbb{C}) \,|\, \det A = 1\},$$
$$SU(n) := \{A \in GL(n,\mathbb{C}) \,|\, A^*A = E \ \&\ \det A = 1\}$$

上述の群 $SL(n,\mathbb{R})$, $SL(n,\mathbb{C})$ は **n 次特殊線形群** (**special linear group of degree n**) とよばれ，$SO(n)$, $SU(n)$ は各々，**n 次特殊直交群** (**special orthogonal group of degree n**)，**n 次特殊ユニタリー群** (**special unitary group of degree n**) とよばれる．

群 $(G,\cdot)$ の部分群 H に対し，$gH := \{g\cdot h \,|\, h \in H\}$ $(\subseteqq G)$ を **g の属する H による左剰余類 (the left residue class of g modulo H)** といい，その全体 $\{gH \,|\, g \in G\}$ $(\subseteqq 2^G)$ を G/H と表す．また，$Hg := \{h\cdot g \,|\, h \in H\}$ $(\subseteqq G)$ を **g の属する H による右剰余類** (**the right residue class of g modulo H**) といい，その全体 $\{Hg \,|\, g \in G\}$ $(\subseteqq 2^G)$ を $H\backslash G$ と表す．

群 $(G,\cdot)$ の部分群 H が条件

$$(\forall\, g \in G)(\forall\, h \in H)[g\cdot h\cdot g^{-1} \in H]$$

を満たすとき，H を G の**正規部分群** (**normal subgroup**) という．H が G の正規部分群であるとき，G/H に次のように群演算 $\cdot$ を定義することができる：

$$g_1H\cdot g_2H := (g_1\cdot g_2)H \quad (g_1H,\, g_2H \in G/H).$$

この演算が well-defined であることを示そう．$g_iH = g_i'H$ $(i=1,2)$ とする．このとき，$(g_1\cdot g_2)H = (g_1'\cdot g_2')H$ が成り立つことを示さなければならない．$g_iH = g_i'H$ なので，$g_i' = g_i\cdot h_i$ となる $h_i \in H$ が存在する．このとき，

$$g_1'\cdot g_2' = (g_1\cdot h_1)\cdot(g_2\cdot h_2) = (g_1\cdot g_2)\cdot(g_2^{-1}\cdot h_1\cdot g_2)\cdot h_2$$

となるが，H は G の正規部分群なので，$g_2^{-1}\cdot h_1\cdot g_2 \in H$ となり，$(g_2^{-1}\cdot h_1\cdot g_2)\cdot h_2 \in H$ をえる．それゆえ，$(g_1\cdot g_2)H = (g_1'\cdot g_2')H$ が示され，この G/H における演算 $\cdot$ が well-defined であることが示される．この G/H における演算 $\cdot$ が群演算を与えることは，容易に示される．この群 $(G/H,\cdot)$ を G の H による**商群** (**quotient group**) という．商群の基本的な例を挙げておこう．加

法群 $(\mathbb{Z},+)$ の部分集合 $k\mathbb{Z}$ $(k\in\mathbb{N})$ を

$$k\mathbb{Z}:=\{kz\,|\,z\in\mathbb{Z}\}$$

によって定義する．この部分集合 $k\mathbb{Z}$ は，$\mathbb{Z}$ の正規部分群になることが容易に示される．よって，商群 $\mathbb{Z}/k\mathbb{Z}$ が定義される．この商群は，$\mathbb{Z}_k$ と表され，**位数 *k* の巡回群** (**cyclic group of order *k***) とよばれる．

次に，2つの群の直積集合に自然に定義される群演算について述べることにする．$(G_i,\cdot_i)$ $(i=1,2)$ を群とする．直積集合 $G_1\times G_2$ における演算 $\cdot$ を

$$(g_1,g_2)\cdot(g_1',g_2'):=(g_1\cdot_1 g_1',\ g_2\cdot_2 g_2')\quad((g_1,g_2),\,(g_1',g_2')\in G_1\times G_2)$$

によって定義する．この演算が $G_1\times G_2$ における群演算を与えることが容易に示される．この群 $(G_1\times G_2,\cdot)$ を群 $(G_1,\cdot_1)$ と群 $(G_2,\cdot_2)$ の**直積群** (**product group**) という．

次に，群を対象 (object) とする圏 (category) における射 (morphism) の役割を演ずる（群）準同型写像を定義しよう．群 $(G_1,\cdot_1)$ から群 $(G_2,\cdot_2)$ への写像 f が次の条件を満たしているとする：

$$f(g\cdot_1 g')=f(g)\cdot_2 f(g')\quad(g,g'\in G_1).$$

このとき，f を群 $(G_1,\cdot_1)$ から群 $(G_2,\cdot_2)$ への**準同型写像** (**homomorphism**)，または，**群準同型写像** (**group homomorphism**) という．さらに，f が全単射であるとき，f を群 $(G_1,\cdot_1)$ から群 $(G_2,\cdot_2)$ への**同型写像** (**isomorphism**)，または，**群同型写像** (**group isomorphism**) という．群 $(G_1,\cdot_1)$ から群 $(G_2,\cdot_2)$ への同型写像が存在するとき，群 $(G_1,\cdot_1)$ と群 $(G_2,\cdot_2)$ は，**同型** (**isomorphic**) である，または，**群同型** (**group isomorphic**) であるという．

次に，この節の主目的である群の集合への作用を定義しよう．$(G,\cdot)$ を群とし，X を集合とする．$G\times X$ から X への写像 Φ が与えられていて，次の2条件が成り立つとする（以下，$\Phi(g,x)$ を $g\cdot x$ と表す）：

(TG-i)　$e\cdot x=x\quad(x\in X)$;

(TG-ii)　$(g_1\cdot g_2)\cdot x=g_1\cdot(g_2\cdot x)\quad(g_1,\ g_2\in G,\ x\in X)$.

このとき，**群 *G* は *X* に作用する** (***G* acts on *X***) といい，$G\curvearrowright X$ と表す．

X からそれ自身への全単射（つまり，X の変換）全体からなる集合を $\mathcal{T}(X)$ と表す．この集合は，写像の合成 $\circ$ を群演算とする群になる．群 G が X に作用しているとき，写像 $\rho : G \to \mathcal{T}(X)$ を

$$\rho(g)(x) := g \cdot x \quad (x \in X,\, g \in G)$$

によって定義することができる．明らかに，この写像 ρ は，

$$\rho(g_1 \cdot g_2) = \rho(g_1) \circ \rho(g_2) \quad (g_1,\, g_2 \in G)$$

を満たす．この事実から，$\rho(g)$ の逆写像が $\rho(g^{-1})$ によって与えられること，および，ρ が群 $(G, \cdot)$ から群 $(\mathcal{T}(X), \circ)$ への（群）準同型写像になることが導かれる．特に，ρ が単射であるとき，G と $\rho(G)$ を同一視することにより，G を群 $(\mathcal{T}(X), \circ)$ の部分群とみなすことができる．この事実から，群 G が X に作用しているとき，G を **X の変換群 (transformation group of X)** とよぶ．

$G \cdot x := \{g \cdot x \,|\, g \in G\}$ を，**x を通る G 軌道 (the G-orbit through x)** といい，$G_x := \{g \in G \,|\, g \cdot x = x\}$ を，**x におけるイソトロピー部分群 (the isotropy subgroup at x)** という．また，G 軌道の全体 $\{G \cdot x \,|\, x \in X\}$ $(\subseteq 2^X)$ をこの G 作用の**軌道空間 (the orbit space)** といい，X/G と表す．写像 $\pi : X \to X/G$ を

$$\pi(x) = G \cdot x \quad (x \in X)$$

によって定義する．この写像を，この G 作用の**軌道写像 (orbit map)** という（図 1.5.1 を参照）．写像 $f : G/G_x \to G \cdot x$ を

$$f(gG_x) := g \cdot x \quad (g \in G)$$

によって定義する．G_x の定義より，この写像 f は矛盾なく定義されることがわかり，さらに，全単射であることが容易に示される．通常，この 1 対 1 対応 f を通じて，$G \cdot x$ は G/G_x と同一視される．

X における同値関係 $\sim$ を

$$x_1 \sim x_2 \;\Leftrightarrow\; (\exists\, g \in G)[x_2 = g \cdot x_1]$$

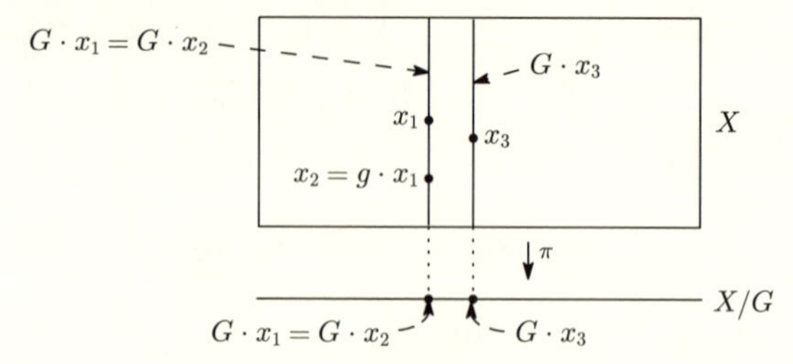

図 1.5.1　軌道写像のイメージ

によって定義することができる．このとき，$x \in X$ の属する同値類 C_x は，x を通る G 軌道 $G\cdot x$ と一致し，それゆえ，$\sim$ に関する商集合 $X/\sim$ は，軌道空間 X/G と一致する．

例 1.5.1　直交行列 A_θ $(0 \leqq \theta < 2\pi)$ を

$$A_\theta := \begin{pmatrix} \cos\theta & \sin\theta \\ -\sin\theta & \cos\theta \end{pmatrix}$$

によって定義し，その全体 $\{A_\theta \,|\, \theta \in [0, 2\pi)\}$ を考える．この集合は前述の群 $SO(2)$ に等しい．写像 $\Phi : SO(2) \times \mathbb{R}^2 \to \mathbb{R}^2$ を

$$\Phi(A_\theta, (x, y)) := (x, y)\cdot A_\theta \quad ((x, y) \in \mathbb{R}^2)$$

によって定義する．ここで，右辺は $(1, 2)$ 型の行列 (x, y) と行列 A_θ の積を表す．この写像は，$SO(2)$ の $\mathbb{R}^2$ への作用を与えることが容易に示される．点 (a, b) を通る $SO(2)$ 軌道 $SO(2)\cdot(a, b)$ は，

$$\begin{aligned} SO(2)\cdot(a, b) &= \{(a, b)\cdot A_\theta \,|\, \theta \in [0, 2\pi)\} \\ &= \{(x, y) \,|\, x^2 + y^2 = a^2 + b^2\} \ (\approx S^1(\sqrt{a^2 + b^2})) \end{aligned}$$

によって与えられ，この作用の軌道空間 $\mathbb{R}^2/SO(2)$ は，

$$\mathbb{R}^2/SO(2) = \{SO(2)\cdot(x, 0) \,|\, x \in [0, \infty)\}$$

によって与えられることがわかる．また，x_1, x_2 が $[0, \infty)$ の相異なる要素であるとき，$SO(2)\cdot(x_1, 0) \neq SO(2)\cdot(x_2, 0)$ であることに注意すると，

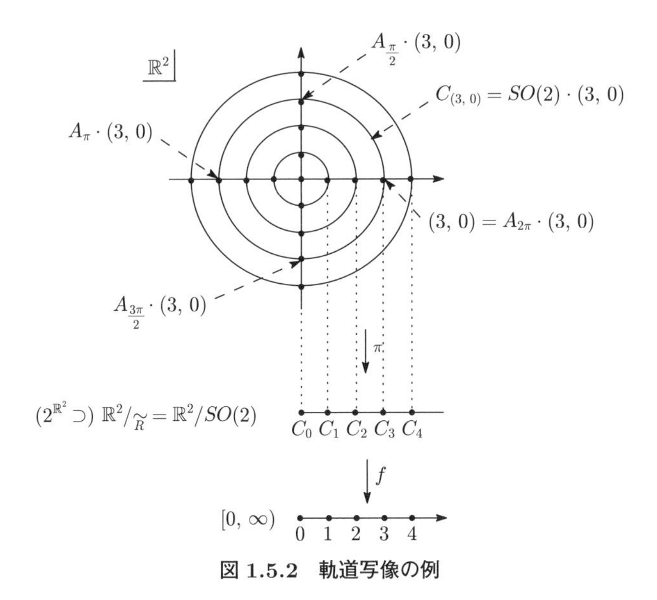

図 1.5.2　軌道写像の例

$\mathbb{R}^2/SO(2)$ と $[0,\infty)$ の間の 1 対 1 対応 f を

$$f(SO(2)\cdot(x,0)) := x \quad (x \in [0,\infty))$$

によって定義することができる（図 1.5.2 を参照）.

前節で紹介した例 1.4.1〜1.4.5 の商集合が，各々，群作用の軌道空間として捉えることができることを説明しておこう．例 1.4.1 における商空間 $\mathbb{R}^2/\underset{R}{\sim}$ は，

$$t\cdot(x,y) := (x, y+t) \quad (t \in \mathbb{R},\ (x,y) \in \mathbb{R}^2)$$

によって定義される群 $(\mathbb{R},+)$ の $\mathbb{R}^2$ への作用の軌道空間 $\mathbb{R}^2/\mathbb{R}$ として捉えられる．例 1.4.2 における商空間 $\mathbb{R}/\underset{R}{\sim}$ は，

$$C_z \cdot x := (-1)^z x \quad (C_z \in \mathbb{Z}_2,\ x \in \mathbb{R})$$

によって定義される商群 $\mathbb{Z}_2$ の $\mathbb{R}$ への作用の軌道空間 $\mathbb{R}/\mathbb{Z}_2$ として捉えられる．また，例 1.4.3 における商空間 $\mathbb{R}/\underset{R}{\sim}$ は，

$$z \cdot x := x + z \quad (z \in \mathbb{Z},\ x \in \mathbb{R})$$

によって定義される群 $(\mathbb{Z}, +)$ の $\mathbb{R}$ への作用の軌道空間 $\mathbb{R}/\mathbb{Z}$ として捉えられる．例 1.4.4 における商空間 $\mathbb{R}^2/\underset{R}{\sim}$ は，

$$(z_1, z_2) \cdot (x, y) := (x + z_1, y + z_2) \quad ((z_1, z_2) \in \mathbb{Z} \times \mathbb{Z},\ (x, y) \in \mathbb{R}^2)$$

によって定義される直積群 $(\mathbb{Z} \times \mathbb{Z}, +)$ の $\mathbb{R}^2$ への作用の軌道空間 $\mathbb{R}^2/(\mathbb{Z} \times \mathbb{Z})$ として捉えられる．最後に，例 1.4.5 における商空間 $S^n(1)/\underset{R}{\sim}$ は，

$$C_z \cdot (x_1, \ldots, x_{n+1}) := ((-1)^z x_1, \ldots, (-1)^z x_{n+1})$$
$$(C_z \in \mathbb{Z}_2,\ (x_1, \ldots, x_{n+1}) \in S^n(1))$$

によって定義される商群 $\mathbb{Z}_2$ の $S^n(1)$ への作用の軌道空間 $S^n(1)/\mathbb{Z}_2$ として捉えられる．

1.6　順序関係

この節において，$\mathbb{R}$ における大小関係 $\leqq$ や集合 X のベキ集合 2^X における包含関係 $\subseteqq$ の一般概念である，順序関係を定義する．$\leq$ を集合 X における 2 項関係とする．$\leq$ が次の 3 条件を満たしているとする：

（反射律）任意の $x \in X$ に対し，$x \leq x$ である；
（反対称律）$x \leq y$ かつ $y \leq x$ ならば，$x = y$ である；
（推移律）$x \leq y$ かつ $y \leq z$ ならば，$x \leq z$ である．

このとき，$\leq$ を X における**順序関係 (order relation)**，または，**半順序関係 (partial order relation)** といい，組 $(X, \leq)$ を**順序集合 (ordered set)**，または，**半順序集合 (partial ordered set)** という．特に，任意の $x, y \in X$ に対し，$x \leq y$ または $y \leq x$ のいずれかが成り立つ場合，$\leq$ を X における**全順序関係 (total order relation)** といい，組 $(X, \leq)$ を**全順序集合 (total ordered set)** という．$(\mathbb{R}, \leqq)$ は全順序集合であり，要素の個数が 2 以上の集合 X に対し，$(2^X, \subseteqq)$ は順序集合ではあるが，全順序集合ではない．実際，X の異なる 2 元 x, y に対し，2^X の元 $\{x\}$ と $\{y\}$ の間には，$\{x\} \subseteqq \{y\}$ も $\{y\} \subseteqq \{x\}$ も成り立たない．以下，$x \leq y$ かつ $x \neq y$ のとき，$x < y$ と表

すことにする．

$(X, \leq)$ を順序集合とし，A を X の空でない部分集合とする．すべての $x \in A$ に対し，$x \leq x_0$ となる $x_0 \in A$ が存在するとき，x_0 を A の**最大元** (**maximum element**) といい，$\max A$ と表す．また，すべての $x \in A$ に対し，$x_0 \leq x$ となる $x_0 \in A$ が存在するとき，x_0 を A の**最小元** (**minimum element**) といい，$\min A$ と表す．最大元と最小元の一意性を示そう．A が最大元をもつとする．x_0, x_0' を A の最大元とする．このとき，$x_0 \in A$ なので，x_0' が A の最大元であることより，$x_0 \leq x_0'$ が成り立つ．一方，$x_0' \in A$ なので，x_0 が A の最大元であることより，$x_0' \leq x_0$ も成り立つ．したがって，$x_0 = x_0'$ となり，最大元の一意性が示される．最小元の一意性も同様に示される．$x_0 \in A$ で，$x_0 < x$ となる $x \in A$ が存在しないとき，x_0 を A の**極大元** (**maximal element**) といい，$x_0 \in A$ で，$x < x_0$ となる $x \in A$ が存在しないとき，x_0 を A の**極小元** (**minimal element**) という．明らかに，A の最大元が存在する場合，それは A の極大元であり，A の最小元が存在する場合，それは A の極小元である．

すべての $x \in A$ に対し，$x \leq x_0$ となる $x_0 \in X$ が存在するとき，x_0 を A の**上界** (**upper bound**) といい，すべての $x \in A$ に対し，$x_0 \leq x$ となる $x_0 \in X$ が存在するとき，x_0 を A の**下界** (**lower bound**) という．A の上界が存在するとき，A は**上に有界である** (**bounded from above**) といい，A の下界が存在するとき，A は**下に有界である** (**bounded from below**) という．A が上に有界であるとき，A の上界全体からなる集合の最小元を A の**上限** (**supremum**) といい，$\sup A$ と表す．また，A が下に有界であるとき，A の下界全体からなる集合の最大元を A の**下限** (**infimum**) といい，$\inf A$ と表す．明らかに，A の最大元が存在する場合，それは A の上限でもあり，A の最小元が存在する場合，それは A の下限でもある．全順序集合 $(\mathbb{R}, \leqq)$ において，次の**実数の連続性の公理** (**the axiom of the continuity of real numbers**) が成り立つ．

命題 1.6.1（実数の連続性の公理）

(i) $(\mathbb{R}, \leqq)$ の部分集合 A が上に有界ならば，A の上限が存在する．

(ii)　$(\mathbb{R}, \leqq)$ の部分集合 A が下に有界ならば，A の下限が存在する．

順序集合の全順序部分集合を**鎖** (**chain**) という．次の**ツォルンの補題** (**Zorn's lemma**) は，様々な場面において，ある順序集合の極大元として捉えることのできる数学的対象の存在を示す際に，有力な道具となる．

命題 1.6.2（ツォルンの補題）　順序集合 $(X, \leq)$ の任意の鎖が，上に有界ならば，$(X, \leq)$ は極大元をもつ．

1.7　濃度

この節において，集合の大きさを表す概念である濃度について，述べることにする．あらゆる集合全体からなる集合を $\mathcal{S}$ と表す．$\mathcal{S}$ における同値関係 $\sim$ を

$$X \sim Y \quad \underset{\text{def}}{\iff} \quad X \text{ と } Y \text{ の間の 1 対 1 対応が存在する}$$

によって定義する．この同値関係に関する X の属する同値類を X の**濃度** (**cardinality**) といい，$\sharp X$ と表す．特に，X が n 個の要素からなる有限集合であるとき，$\sharp X = n$ と表し，n を X の**基数** (**cardinal number**) という．$\sharp \mathbb{N}$ を**可算濃度**といい，$\aleph_0$（アレフゼロ）で表し，$\sharp \mathbb{R}$ を**連続濃度**といい，$\aleph$（アレフ）で表す．集合 X から集合 Y への単射が存在するとき，$\sharp X \leq \sharp Y$ と表し，さらに，$\sharp X \neq \sharp Y$ であるとき，$\sharp X < \sharp Y$ と表す．$\sharp X = \aleph_0$ であるとき，X を**可算集合** (**countable set**) といい，$\sharp X \leq \aleph_0$ であるとき，X を**高々可算集合** (**at most countable set**) という．また，$\aleph_0 < \sharp X$ であるとき，X を**非可算無限集合** (**uncountable infinite set**) という．

ベルンシュタインの定理（定理 1.3.3）によれば，次の事実が成り立つ．

定理 1.7.1　$\sharp X \leq \sharp Y$ かつ $\sharp Y \leq \sharp X$ ならば，$\sharp X = \sharp Y$ である．

この定理を用いて，簡単に示される事実を紹介しておこう．

命題 1.7.2

(i)　$\mathbb{N}^2$ は可算集合である．

(ii)　$\mathbb{Z}$ は可算集合である．

(iii)　$\mathbb{Z}^2$ は可算集合である．

(iv)　$\mathbb{Q}$ は可算集合である．

【証明】　まず，(i) を示そう．単射 $f_1 : \mathbb{N} \to \mathbb{N}^2$ を $f_1(n) := (n, n)$ $(n \in \mathbb{N})$ によって定義することができ，逆に，単射 $g_1 : \mathbb{N}^2 \to \mathbb{N}$ を $g_1(m, n) := \sum_{k=1}^{m+n-1} k + m$ $((m, n) \in \mathbb{N}^2)$ によって定義することができる．したがって，$\sharp\mathbb{N} \leq \sharp\mathbb{N}^2$ と $\sharp\mathbb{N}^2 \leq \sharp\mathbb{N}$ が示されるので，定理 1.7.1 より，$\sharp\mathbb{N}^2 = \sharp\mathbb{N}$，つまり，$\mathbb{N}^2$ が可算集合であることが導かれる．

次に，(ii) を示そう．写像 $f_2 : \mathbb{Z} \to \mathbb{N}$ を

$$f_2(z) := \begin{cases} 1 & (z = 0) \\ 2z & (z > 0) \\ 1 - 2z & (z < 0) \end{cases}$$

によって定義する．明らかに，この写像は全単射なので，$\mathbb{Z}$ が可算集合であることが示される．

次に，(iii) を示そう．(ii) より，全単射 $f_3 : \mathbb{Z} \to \mathbb{N}$ が存在する．明らかに，$f_3 \times f_3 : \mathbb{Z}^2 \to \mathbb{N}^2$ は全単射なので，$\mathbb{Z}^2$ が可算集合であることが示される．

(iv) を示そう．単射 $f_4 : \mathbb{Z}^2 \to \mathbb{Q}$ を $f_4(m, n) := 2^m 3^n$ $((m, n) \in \mathbb{Z}^2)$ によって定義することができ，逆に，単射 $g_4 : \mathbb{Q} \to \mathbb{Z}^2$ を

$$g_4(q) := (m_q, n_q) \qquad \left(q = \frac{n_q}{m_q} \in \mathbb{Q} \right)$$

（ただし，$q = \dfrac{n_q}{m_q}$ は，有理数 q の既約分数表示 $(m_q > 0)$ を表す）によって定義することができる．したがって，$\sharp\mathbb{Z}^2 \leq \sharp\mathbb{Q}$ と $\sharp\mathbb{Q} \leq \sharp\mathbb{Z}^2$ が示されるので，定理 1.7.1 より，$\sharp\mathbb{Q} = \sharp\mathbb{Z}^2$ が導かれる．この事実と (iii) より，$\mathbb{Q}$ が可算集合であることが示される．　□

次に，連続濃度を超える濃度が無数に存在することを導く事実を紹介しておこう．

定理 1.7.3　空でない集合 X に対し，$\sharp X < \sharp\mathcal{P}(X)$ が成り立つ．

【証明】　X から $\mathcal{P}(X)$ への単射 f を

$$f(x) := \{x\} \qquad (x \in X)$$

によって定義することができる．よって，$\sharp X \leq \sharp\mathcal{P}(X)$ が示される．一方，X から $\mathcal{P}(X)$ への全射が存在しないことを示そう．仮に，全射 $g: X \to \mathcal{P}(X)$ が存在するとする．X の部分集合 A を $A := \{x \in X \mid x \notin g(x)\}$ によって定義する．g は全射なので，$g(x_0) = A$ となる x_0 $(\in X)$ が存在する．$x_0 \in A$ とすると，$x_0 \notin g(x_0) = A$ となり，矛盾が生ずる．また，$x_0 \notin A$ としても，$x_0 \in g(x_0) = A$ となり，矛盾が生ずる．それゆえ，X から $\mathcal{P}(X)$ への全射が存在しないことが示される．したがって，$\sharp X < \sharp\mathcal{P}(X)$ をえる．

□

この事実から，

$$\aleph = \sharp\mathbb{R} < \sharp\mathcal{P}(\mathbb{R}) < \sharp\mathcal{P}(\mathcal{P}(\mathbb{R})) < \sharp\mathcal{P}(\mathcal{P}(\mathcal{P}(\mathbb{R}))) < \cdots$$

が示され，連続濃度を超える濃度が，無限に多く存在することが導かれる．

第2章
距離空間

この章において，ユークリッド平面，ユークリッド空間の一般概念である距離空間について，述べることにする．大雑把に述べると，距離空間とは，集合 X と，その任意の 2 つの要素 x, y に対し，それらの距離とよばれる非負の実数値 $d(x, y)$ を対応させる対応 d でユークリッド距離関数と同じ性質をもつものとの組 (X, d) のことである．次節で述べる位相空間と同様，その空間内の点列の収束性，および，その空間の間の写像の収束性・連続性を定義することができる空間である．

2.1　距離空間

この節において，距離空間を定義し，その例をいくつか与えることにする．X を空でない集合とし，d を X^2 上の関数で，次の 3 条件を満たすようなものとする：

(D-i)　任意の $x, y \in X$ に対し，$d(x, y) = d(y, x)$ が成り立つ；

(D-ii)　任意の $x, y \in X$ に対し，$d(x, y) \geqq 0$ が成り立ち，等号が成立することと $x = y$ であることは同値である；

(D-iii)　任意の $x, y, z \in X$ に対し，$d(x, z) \leqq d(x, y) + d(y, z)$ が成り立つ．

（**三角不等式 (triangle inequality)**）

このとき，d を X 上の**距離関数 (distance function)** といい，組 (X, d) を**距離空間 (metric space)** という．距離空間の例をいくつか挙げることにする．

例 2.1.1（ユークリッド空間）　n を自然数とする．$\mathbb{R}^n \times \mathbb{R}^n$ 上の関数 $d_{\mathbb{E}}$ を

$$d_{\mathbb{E}}(\boldsymbol{x}, \boldsymbol{y}) := \sqrt{\sum_{i=1}^{n}(x_i - y_i)^2} \quad (\boldsymbol{x} = (x_1, \ldots, x_n),\ \boldsymbol{y} = (y_1, \ldots, y_n) \in \mathbb{R}^n)$$

によって定義する．明らかに，$d_{\mathbb{E}}$ は上述の条件 (D-i), (D-ii) を満たし，また，**シュワルツの不等式** (**Schwarz's inequality**)

$$\sqrt{\sum_{i=1}^{n} x_i^2} \cdot \sqrt{\sum_{i=1}^{n} y_i^2} \geqq \sum_{i=1}^{n} x_i y_i \qquad (x_i, y_i \in \mathbb{R})$$

を用いて，$d_{\mathbb{E}}$ が (D-iii) を満たすことが示される．それゆえ，$d_{\mathbb{E}}$ は，$\mathbb{R}^n$ 上の距離関数になる．$d_{\mathbb{E}}$ を $\mathbb{R}^n$ の**ユークリッド距離関数** (**Euclidean distance function**) といい，$(\mathbb{R}^n, d_{\mathbb{E}})$ を $\boldsymbol{n}$ **次元ユークリッド空間** ($\boldsymbol{n}$**-dimensional Euclidean space**) という．n を明記する必要があるときは，$d_{\mathbb{E}}$ を $d_{\mathbb{E}^n}$ と表す．本書では，$(\mathbb{R}^n, d_{\mathbb{E}})$ を $\mathbb{E}^n$ と略記することもある．

例 2.1.2（行列空間）　n を自然数とする．n 次実正方行列の全体を $M(n; \mathbb{R})$ と表す（これは，$\mathfrak{gl}(n, \mathbb{R})$ とも表される）．$M(n; \mathbb{R})^2$ 上の関数 d_M を

$$d_M(A, B) := \mathrm{Tr}({}^t AB) \quad (A = (a_{ij}),\ B = (b_{ij}) \in M(n; \mathbb{R}))$$

によって定義する．ここで，${}^t A$ は A の転置行列を表す．明らかに，d_M は上述の条件 (D-i), (D-ii) を満たし，また，シュワルツの不等式を用いて，d_M が (D-iii) を満たすことが示される．それゆえ，d_M は，$M(n; \mathbb{R})$ 上の距離関数になる．$M(n; \mathbb{R})$ には，通常，この距離が与えられる．

例 2.1.3（$\boldsymbol{l^p}$ 空間）　$p \geqq 1$ とする．無限実数列 $\{x_i\}_{i=1}^{\infty}$ で $\sum\limits_{i=1}^{\infty} |x_i|^p < \infty$ となるようなもの全体からなる集合を l^p と表す．$(l^p)^2$ 上の関数 d_{l^p} を

$$d_{l^p}(\{x_i\}_{i=1}^{\infty}, \{y_i\}_{i=1}^{\infty}) = \left(\sum_{i=1}^{\infty} |x_i - y_i|^p\right)^{\frac{1}{p}} \quad (\{x_i\}_{i=1}^{\infty},\ \{y_i\}_{i=1}^{\infty} \in l^p)$$

によって定義する．明らかに，d_{l^p} は上述の条件 (D-i), (D-ii) を満たし，また，以下に述べるミンコフスキーの不等式（命題 2.1.1）を用いて，d_{l^p} が

(D-iii) を満たすことが示される．それゆえ，d_{l^p} は，l^p 上の距離関数になる．この距離空間 (l^p, d_{l^p}) を $\boldsymbol{l^p}$ **空間** ($\boldsymbol{l^p}$**-space**) という．

次の不等式を**ミンコフスキーの不等式** (**Minkowski's inequality**) という．

命題 2.1.1（ミンコフスキーの不等式） $p \geqq 1$ とする．このとき，任意の $\{a_i\}_{i=1}^{\infty}$，$\{b_i\}_{i=1}^{\infty} \in l^p$ に対し，

$$\left(\sum_{i=1}^{\infty} |a_i + b_i|^p\right)^{\frac{1}{p}} \leqq \left(\sum_{i=1}^{\infty} |a_i|^p\right)^{\frac{1}{p}} + \left(\sum_{i=1}^{\infty} |b_i|^p\right)^{\frac{1}{p}}$$

が成り立つ．

ミンコフスキーの不等式を示すために，まず，**ヤングの不等式** (**Young's inequality**) を示すことにする．

命題 2.1.2（ヤングの不等式） p, q を $\dfrac{1}{p} + \dfrac{1}{q} = 1$ を満たす 1 より大きい実数とする．このとき，任意の実数 a, b に対し，

$$|ab| \leqq \frac{|a|^p}{p} + \frac{|b|^q}{q}$$

が成り立つ．

【証明】 $\log x$ は，$(0, \infty)$ 上で，上に凸なので，

$$\log\left(\frac{|a|^p}{p} + \frac{|b|^q}{q}\right) \geqq \frac{1}{p}\log|a|^p + \frac{1}{q}\log|b|^q = \log|ab|$$

が成り立ち，それゆえ，

$$|ab| \leqq \frac{|a|^p}{p} + \frac{|b|^q}{q}$$

をえる． □

次に，ヤングの不等式を用いて，**ヘルダーの不等式** (**Hölder's inequality**) を導くことにする．

命題 2.1.3（ヘルダーの不等式） p, q を $\frac{1}{p} + \frac{1}{q} = 1$ を満たす1より大きい実数とする．このとき，任意の $\{a_i\}_{i=1}^{\infty} \in l^p$ と $\{b_i\}_{i=1}^{\infty} \in l^q$ に対し，

$$\sum_{i=1}^{\infty} |a_i b_i| \leqq \left(\sum_{i=1}^{\infty} |a_i|^p \right)^{\frac{1}{p}} \cdot \left(\sum_{i=1}^{\infty} |b_i|^q \right)^{\frac{1}{q}}$$

が成り立つ．

【証明】 任意に $s > 0$ をとる．このとき，ヤングの不等式を用いて，

$$|a_i b_i| = \left| s a_i \cdot \frac{b_i}{s} \right| \leqq \frac{1}{p} \cdot (s|a_i|)^p + \frac{1}{q} \cdot \left(\frac{|b_i|}{s} \right)^q .$$

それゆえ，

$$\sum_{i=1}^{\infty} |a_i b_i| \leqq \sum_{i=1}^{\infty} \left(\frac{1}{p} \cdot (s|a_i|)^p + \frac{1}{q} \cdot \left(\frac{|b_i|}{s} \right)^q \right)$$

が示される．$(0, \infty)$ 上の関数 F を

$$F(s) := \sum_{i=1}^{\infty} \left(\frac{1}{p} \cdot (s|a_i|)^p + \frac{1}{q} \cdot \left(\frac{|b_i|}{s} \right)^q \right)$$

によって定義する．単純計算により，関数 F の最小値が

$$F\left(\left(\frac{\sum_{i=1}^{\infty} |b_i|^q}{\sum_{i=1}^{\infty} |a_i|^p} \right)^{\frac{1}{p+q}} \right) = \left(\sum_{i=1}^{\infty} |a_i|^p \right)^{\frac{1}{p}} \cdot \left(\sum_{i=1}^{\infty} |b_i|^q \right)^{\frac{1}{q}}$$

であることがわかる．したがって，

$$\sum_{i=1}^{\infty} |a_i b_i| \leqq \left(\sum_{i=1}^{\infty} |a_i|^p \right)^{\frac{1}{p}} \cdot \left(\sum_{i=1}^{\infty} |b_i|^q \right)^{\frac{1}{q}}$$

をえる． □

ヘルダーの不等式を用いて，ミンコフスキーの不等式を示そう．

【命題 2.1.1 の証明】 $p = 1$ のときは，明らかである．以下，$p > 1$ の場合に，主張における不等式を示す．関数 $F(x) = x^p$ が下に凸であることと $(p-1)q = p$ に注意して，

$$
\begin{aligned}
(|a_i| + |b_i|)^{(p-1)q} =& (|a_i| + |b_i|)^p = 2^p \left(\frac{|a_i|}{2} + \frac{|b_i|}{2} \right)^p \\
\leqq& 2^p \frac{1}{2} (|a_i|^p + |b_i|^p) = 2^{p-1} (|a_i|^p + |b_i|^p).
\end{aligned}
$$

それゆえ，

$$
\sum_{i=1}^{\infty} (|a_i| + |b_i|)^{(p-1)q} \leqq 2^{p-1} \left(\sum_{i=1}^{\infty} |a_i|^p + \sum_{i=1}^{\infty} |b_i|^p \right) < \infty
$$

をえる．したがって，$\{(a_i + b_i)^{(p-1)}\}_{i=1}^{\infty} \in l^q$ が示される．ヘルダーの不等式を用いて，

$$
\begin{aligned}
\sum_{i=1}^{\infty} |a_i + b_i|^p =& \sum_{i=1}^{\infty} |a_i + b_i|^{p-1} \cdot |a_i + b_i| \\
\leqq& \sum_{i=1}^{\infty} |a_i + b_i|^{p-1} \cdot |a_i| + \sum_{i=1}^{\infty} |a_i + b_i|^{p-1} \cdot |b_i| \\
\leqq& \left(\sum_{i=1}^{\infty} |a_i + b_i|^{(p-1)q} \right)^{\frac{1}{q}} \cdot \left(\sum_{i=1}^{\infty} |a_i|^p \right)^{\frac{1}{p}} \\
&+ \left(\sum_{i=1}^{\infty} |a_i + b_i|^{(p-1)q} \right)^{\frac{1}{q}} \cdot \left(\sum_{i=1}^{\infty} |b_i|^p \right)^{\frac{1}{p}} \\
=& \left(\sum_{i=1}^{\infty} |a_i + b_i|^p \right)^{\frac{1}{q}} \cdot \left(\left(\sum_{i=1}^{\infty} |a_i|^p \right)^{\frac{1}{p}} + \left(\sum_{i=1}^{\infty} |b_i|^p \right)^{\frac{1}{p}} \right)
\end{aligned}
$$

をえる．この両辺を $\left(\sum_{i=1}^{\infty} |a_i + b_i|^p \right)^{\frac{1}{q}}$ で割って，求めるべき式をえる．　□

$p \geqq 1$ とし，I を $\mathbb{R}$，または区間とする．I 上の可測関数 f でルベーグ積分 $\int_I |f(x)|^p \, dx$ が有限確定するようなもの全体からなる集合を $L^p(I)$ と表す（可測関数，およびルベーグ積分の定義については，[長澤] を参照のこと）．命題 2.1.1 と命題 2.1.3 の証明と同様の議論により，次の命題 2.1.4 と命題 2.1.5 が

示される.

命題 2.1.4（ミンコフスキーの不等式）　$p \geqq 1$ とする．このとき，任意の $f, g \in L^p(I)$ に対し，

$$\left(\int_I |f(x)+g(x)|^p\,dx\right)^{\frac{1}{p}} \leqq \left(\int_I |f(x)|^p\,dx\right)^{\frac{1}{p}} + \left(\int_I |g(x)|^p\,dx\right)^{\frac{1}{p}}$$

が成り立つ.

命題 2.1.5（ヘルダーの不等式）　p, q を $\dfrac{1}{p}+\dfrac{1}{q}=1$ を満たす1より大きい実数とする．このとき，任意の $f, g \in L^p(I)$ に対し，

$$\int_I |f(x)g(x)|\,dx \leqq \left(\int_I |f(x)|^p\,dx\right)^{\frac{1}{p}} \cdot \left(\int_I |g(x)|^q\,dx\right)^{\frac{1}{q}}$$

が成り立つ.

例 2.1.4（$\boldsymbol{L^p}$ 空間）　$p \geqq 1$ とする．$L^p(I)^2$ 上の関数 d_{L^p} を

$$d_{L^p}(f,g) = \left(\int_I |f-g|^p\,dx\right)^{\frac{1}{p}} \qquad (f, g \in L^p(I))$$

によって定義する．明らかに，d_{L^p} は上述の条件 (D-i), (D-ii) を満たし，また，命題 2.1.4 を用いて，d_{L^p} が (D-iii) を満たすことが示される．この距離空間 $(L^p(I), d_{L^p})$ を **$\boldsymbol{L^p}$ 空間** (**$\boldsymbol{L^p}$-space**) という．上述の l^p 空間は，L^p 空間の離散版と解釈できることを注意しておく.

次に，距離空間のいくつかの構成法について述べることにする．(X, d) を距離空間とし，A を X の部分集合とする．このとき，明らかに，d の A^2 への制限 $d|_{A^2}$ は，A の距離関数を与える．距離空間 $(A, d|_{A^2})$ を (X, d) の**部分距離空間** (**metric subspace**) という.

(X, d_X), (Y, d_Y) を距離空間とする．このとき，$(X \times Y)^2$ 上の関数 $d_X \times d_Y$ を

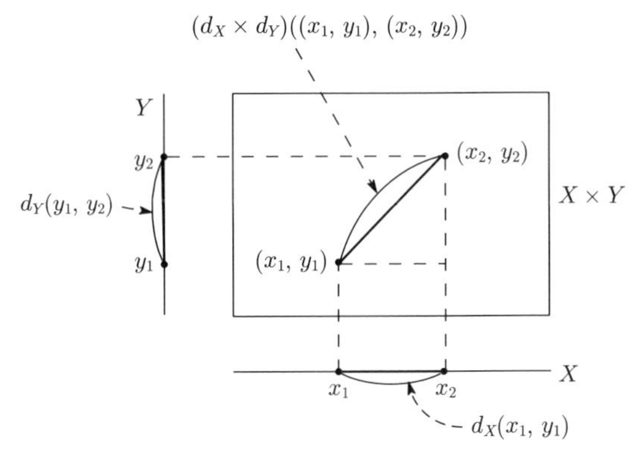

$$(d_X \times d_Y)((x_1, y_1), (x_2, y_2))^2 = d_X(x_1, y_1)^2 + d_Y(y_1, y_2)^2$$

図 2.1.1　直積距離空間

$$(d_X \times d_Y)((x_1, y_1), (x_2, y_2)) := \sqrt{d_X(x_1, x_2)^2 + d_Y(y_1, y_2)^2}$$
$$((x_1, y_1),\ (x_2, y_2) \in X \times Y)$$

によって定義する（図 2.1.1 を参照）．このとき，容易に $d_X \times d_Y$ が上述の条件 (D-i), (D-ii)，および (D-iii) を満たすことを示せる．この距離空間 $(X \times Y,$ $d_X \times d_Y)$ を (X, d_X) と (Y, d_Y) の**直積距離空間** (**product metric space**) という．ここで，$\mathbb{E}^n$ は $\mathbb{E}^k$ と $\mathbb{E}^{n-k}$ の直積距離空間であることを注意しておく $(1 \leqq k < n)$.

より一般に，(X_i, d_i) $(i = 1, \ldots, n)$ と $1 \leqq p < \infty$ に対し，$(X_1 \times \cdots \times X_n)^2$ 上の関数 d_{l^p} を

$$d_{l^p}(\boldsymbol{x}, \boldsymbol{y}) := \left(\sum_{i=1}^{n} d_i(x_i, y_i)^p \right)^{\frac{1}{p}}$$
$$(\boldsymbol{x} = (x_1, \ldots, x_n),\ \boldsymbol{y} = (y_1, \ldots, y_n) \in X_1 \times \cdots \times X_n)$$

によって定義する．このとき，容易に d_{l^p} が上述の条件 (D-i), (D-ii)，および (D-iii) を満たすことが示せる．この距離空間 $(X_1 \times \cdots \times X_n, d_{l^p})$ を $(X_1, d_i), \ldots, (X_n, d_n)$ の $\boldsymbol{p}$-**直積距離空間** ($\boldsymbol{p}$-**product metric space**) という．

同様に，距離空間の無限列 $\{(X_i, d_i)\}_{i=1}^{\infty}$ と $1 \leqq p < \infty$ に対して，基点列

$\{a_i\}_{i=1}^{\infty}$ をとり，$l^p(\{(X_i, d_i)\}_{i=1}^{\infty})$ を

$$l^p(\{(X_i, d_i)\}_{i=1}^{\infty}) := \left\{ \{x_i\}_{i=1}^{\infty} \in \prod_{i=1}^{\infty} X_i \;\middle|\; \sum_{i=1}^{\infty} d_i(a_i, x_i)^p < \infty \right\}$$

によって定義し，この集合上の関数 d_{l^p} を

$$d_{l^p}(\boldsymbol{x}, \boldsymbol{y}) := \left(\sum_{i=1}^{\infty} d_i(x_i, y_i)^p \right)^{\frac{1}{p}}$$
$$(\boldsymbol{x} = \{x_i\}_{i=1}^{\infty},\ \boldsymbol{y} = \{y_i\}_{i=1}^{\infty} \in l^p(\{(X_i, d_i)\}_{i=1}^{\infty}))$$

によって定義する．このとき，容易に d_{l^p} が上述の条件 (D-i), (D-ii), および (D-iii) を満たすことが示せる．この距離空間 $\left(\prod_{i=1}^{\infty} X_i, d_{l^p}\right)$ を $\{(X_i, d_i)\}_{i=1}^{\infty}$ の $\boldsymbol{p}$**-直積距離空間**という．

2.2　内積空間・ノルム空間

この節において，線形代数学で学ぶ内積空間（= 内積を備えたベクトル空間）から，解析学で学ぶノルム空間が定義され，さらに，ノルム空間から距離空間が定義されることを述べることにする．

まず，ベクトル空間を定義しよう．集合 V に加法演算 $+$ と実数倍 ($\alpha\boldsymbol{v}$ ($\alpha \in \mathbb{R}, \boldsymbol{v} \in V$)) が定義されていて，次の 8 つの条件が成り立っているとする：

(i) $\boldsymbol{v}_1 + \boldsymbol{v}_2 = \boldsymbol{v}_2 + \boldsymbol{v}_1 \quad (\forall\, \boldsymbol{v}_1, \boldsymbol{v}_2 \in V)$;

(ii) $(\boldsymbol{v}_1 + \boldsymbol{v}_2) + \boldsymbol{v}_3 = \boldsymbol{v}_1 + (\boldsymbol{v}_2 + \boldsymbol{v}_3) \quad (\forall\, \boldsymbol{v}_1, \boldsymbol{v}_2, \boldsymbol{v}_3 \in V)$;

(iii) $\alpha(\boldsymbol{v}_1 + \boldsymbol{v}_2) = \alpha\boldsymbol{v}_1 + \alpha\boldsymbol{v}_2 \quad (\forall\, \boldsymbol{v}_1, \boldsymbol{v}_2 \in V,\ \forall\, \alpha \in \mathbb{R})$;

(iv) $(\alpha_1 + \alpha_2)\boldsymbol{v} = \alpha_1\boldsymbol{v} + \alpha_2\boldsymbol{v} \quad (\forall\, \boldsymbol{v} \in V,\ \forall\, \alpha_1, \alpha_2 \in \mathbb{R})$;

(v) $(\alpha_1\alpha_2)\boldsymbol{v} = \alpha_1(\alpha_2\boldsymbol{v}) \quad (\forall\, \boldsymbol{v} \in V,\ \forall\, \alpha_1, \alpha_2 \in \mathbb{R})$;

(vi) ある $\boldsymbol{0} \in V$ に対し，$\boldsymbol{v} + \boldsymbol{0} = \boldsymbol{v}$ $(\forall\, \boldsymbol{v} \in V)$ が成り立つ；

(vii) 各 $\boldsymbol{v} \in V$ ごとに，$\boldsymbol{v} + \boldsymbol{w} = \boldsymbol{0}$ となる $\boldsymbol{w} \in V$ が存在する；

(viii) $1\boldsymbol{v} = \boldsymbol{v} \quad (\forall\, \boldsymbol{v} \in V)$.

このとき，V は**実ベクトル空間** (**real vector space**) とよばれる．(vi) における $\boldsymbol{0}$ は**零ベクトル**とよばれ，(vii) における $\boldsymbol{w}$ は $\boldsymbol{v}$ の**逆ベクトル** (**inverse**

vector) とよばれ，$-\boldsymbol{v}$ と表される．

注意 実数全体からなる集合 $\mathbb{R}$ や複素数全体からなる集合 $\mathbb{C}$ は，加法演算と乗法演算に関して体とよばれるものになる．上述の定義における $\mathbb{R}$ を一般の体 $\mathbb{F}$ に変えて，$\mathbb{F}$ 上のベクトル空間という概念が定義される．特に，$\mathbb{F} = \mathbb{C}$ のとき，複素ベクトル空間とよばれる．

以下，簡単のため，実ベクトル空間をベクトル空間とよぶことにする．最も基本的なベクトル空間の例を挙げる．

例 2.2.1 V として n 個の $\mathbb{R}$ の直積集合 $\mathbb{R}^n$ を考える．$\boldsymbol{v} = (v_1, \ldots, v_n)$，$\boldsymbol{w} = (w_1, \ldots, w_n) \in \mathbb{R}^n$ に対し，それらの和 $\boldsymbol{v} + \boldsymbol{w}$ を

$$\boldsymbol{v} + \boldsymbol{w} := (v_1 + w_1, \ldots, v_n + w_n)$$

によって定義し，$\boldsymbol{v}$ の α 倍 $\alpha\boldsymbol{v}$ を

$$\alpha\boldsymbol{v} := (\alpha v_1, \ldots, \alpha v_n)$$

によって定義する．このとき，この和と実数倍が上述の 8 つの条件を満たす，つまり，$\mathbb{R}^n$ がこの和と実数倍に関してベクトル空間になることが示される．ここで，$(0, \ldots, 0)$ が零ベクトルであり，$(-v_1, \ldots, -v_n)$ が $\boldsymbol{v} = (v_1, \ldots, v_n)$ の逆ベクトルであることを注意しておく．このベクトル空間 $\mathbb{R}^n$ は $\boldsymbol{n}$ **次元数ベクトル空間** (**numerial vector space**) とよばれる．

次に，内積空間を定義しよう．V をベクトル空間とし，関数 $\cdot : V^2 \to \mathbb{R}$ を次の 3 つの性質を満たすようなものとする：

(I-i) $(\alpha_1 \boldsymbol{v}_1 + \alpha_2 \boldsymbol{v}_2) \cdot \boldsymbol{w} = \alpha_1(\boldsymbol{v}_1 \cdot \boldsymbol{w}) + \alpha_2(\boldsymbol{v}_2 \cdot \boldsymbol{w})$ $(\forall\, \boldsymbol{v}_1, \boldsymbol{v}_2, \boldsymbol{w} \in V,\ \alpha_1, \alpha_2 \in \mathbb{R})$;

(I-ii) $\boldsymbol{v} \cdot \boldsymbol{w} = \boldsymbol{w} \cdot \boldsymbol{v}$ $(\forall\, \boldsymbol{v}, \boldsymbol{w} \in V)$;

(I-iii) 任意の $\boldsymbol{v} \in V$ に対し，$\boldsymbol{v} \cdot \boldsymbol{v} \geqq 0$ が成り立ち，等号成立は $\boldsymbol{v} = \boldsymbol{0}$ のときに限る．

ここで，$\boldsymbol{x} \cdot \boldsymbol{y}$ は $(\boldsymbol{x}, \boldsymbol{y})$ を関数 $\cdot$ で写したものを表す．性質 (I-ii) は**対称性** (**symmetry**) とよばれ，性質 (I-iii) は**正定値性** (**positive definiteness**) と

よばれる．このような関数 $\cdot$ を V における**内積** (inner product) といい，組 $(V, \cdot)$ を**内積空間** (inner product space) という．

例 2.2.2 (ユークリッド空間)　n を自然数とする．$\mathbb{R}^n \times \mathbb{R}^n$ から $\mathbb{R}$ への写像 $\cdot$ を

$$\boldsymbol{x} \cdot \boldsymbol{y} := \sum_{i=1}^{n} x_i y_i \quad (\boldsymbol{x} = (x_1, \ldots, x_n),\ \boldsymbol{y} = (y_1, \ldots, y_n) \in \mathbb{R}^n)$$

によって定義する．容易に，この写像 $\cdot$ が内積であることが示される．この内積 $\cdot$ を**ユークリッド内積** (Euclidean inner product) といい，$(\mathbb{R}^n, \cdot)$ を $\boldsymbol{n}$ **次元ユークリッド空間** ($\boldsymbol{n}$-dimensional Euclidean space) といい，$\mathbb{E}^n$ と表す．

次に，ノルム空間を定義しよう．V をベクトル空間とし，関数 $\|\cdot\| : V \to \mathbb{R}$ を次の3つの性質を満たすようなものとする：

(N-i)　$\|\alpha \boldsymbol{v}\| = |\alpha| \, \|\boldsymbol{v}\| \quad (\forall \boldsymbol{v} \in V,\ \alpha \in \mathbb{R})$;

(N-ii)　$\|\boldsymbol{v} + \boldsymbol{w}\| \leqq \|\boldsymbol{v}\| + \|\boldsymbol{w}\| \quad (\forall \boldsymbol{v}, \boldsymbol{w} \in V)$;

(N-iii)　任意の $\boldsymbol{v} \in V$ に対し，$\|\boldsymbol{v}\| \geqq 0$ が成り立ち，等号成立は $\boldsymbol{v} = \boldsymbol{0}$ のときに限る．

性質 (N-ii) は**三角不等式** (triangle inequality) とよばれる．このような関数 $\|\cdot\|$ を V の**ノルム** (norm) といい，組 $(V, \|\cdot\|)$ を**ノルム空間** (normed space) という．

次に，ベクトル空間 V 上の内積から V 上のノルムが定義され，V 上のノルムから V 上の距離関数が定義されることを説明しよう．$\cdot$ を（実）ベクトル空間 V 上の内積とする．このとき，V 上のノルム $\|\cdot\|$ を

$$\|\boldsymbol{v}\| := \sqrt{\boldsymbol{v} \cdot \boldsymbol{v}} \quad (\boldsymbol{v} \in V)$$

によって定義することができる．さらに，V 上のノルム $\|\cdot\|$ から，V 上の距離関数 d を

$$d(\boldsymbol{v}, \boldsymbol{w}) := \|\boldsymbol{v} - \boldsymbol{w}\| \quad (\boldsymbol{v}, \boldsymbol{w} \in V)$$

により定義することができる．

例 2.2.2 で述べた $\mathbb{R}^n$ のユークリッド内積 $\cdot$ から上述のように定義されるノルムを，**ユークリッドノルム** (**Euclidean norm**) といい，$\|\cdot\|_{\mathbb{E}}$ と表す．このノルム $\|\cdot\|_{\mathbb{E}}$ から定まる距離関数は，例 2.1.1 で述べたユークリッド距離関数 $d_{\mathbb{E}}$ と一致する．

内積空間の例をいくつか与えよう．

例 2.2.3 例 2.1.3 で，l^p 空間 $(p \geqq 1)$ を定義した．l^p 空間は，自然な和と実数倍の下にベクトル空間になる．l^p 空間の距離関数 d_{l^p} が，l^p 空間のあるノルムから定まる距離関数であることを説明しよう．$\boldsymbol{x} := \{x_i\}_{i=1}^{\infty} \in l^p$ に対し，$\|\boldsymbol{x}\|_{l^p}$ を $\|\boldsymbol{x}\|_{l^p} := \left(\sum_{i=1}^{\infty} |x_i|^p\right)^{\frac{1}{p}}$ によって定義する．このとき，容易に，$\|\cdot\|_{l^p}$ が l^p のノルムになることが示され，このノルムは，**$\boldsymbol{l_p}$ ノルム** (**$\boldsymbol{l^p}$-norm**) とよばれる．距離関数 d_{l^p} に対し，

$$d_{l^p}(\boldsymbol{x}, \boldsymbol{y}) = \left(\sum_{i=1}^{\infty} |x_i - y_i|^p\right)^{\frac{1}{p}} = \|\boldsymbol{x} - \boldsymbol{y}\|_{l^p}$$

が示され，d_{l^p} がノルム $\|\cdot\|_{l^p}$ から定まる距離関数であることがわかる．$\boldsymbol{x}\cdot\boldsymbol{y}$ を $\boldsymbol{x} \cdot \boldsymbol{y} := \sum_{i=1}^{\infty} x_i y_i$ によって定義する．このとき，容易に，$\cdot$ が l^2 の内積になることが示され，また，$\sqrt{(\boldsymbol{x} - \boldsymbol{y}) \cdot (\boldsymbol{x} - \boldsymbol{y})} = \|\boldsymbol{x} - \boldsymbol{y}\|_{l^2}$ が示される．このように，ノルム $\|\cdot\|_{l^2}$ が，この内積 $\cdot$ から定まるノルムであることがわかる．

例 2.2.4 例 2.1.4 で，L^p 空間 $L^p(I)$ $(p \geqq 1)$ を定義した．$L^p(I)$ は，関数同士の和と関数の実数倍の下にベクトル空間になる．$L^p(I)$ の距離関数 d_{L^p} が，$L^p(I)$ のあるノルムから定まる距離関数であることを説明しよう．$f \in L^p(I)$ に対し，$\|f\|_{L^p}$ を $\|f\|_{L^p} := \left(\int_I |f(x)|^p \, dx\right)^{\frac{1}{p}}$ によって定義する．このとき，容易に，$\|\cdot\|_{L^p}$ が $L^p(I)$ のノルムになることが示され，このノルムは **$\boldsymbol{L^p}$ ノルム** (**$\boldsymbol{L^p}$-norm**) とよばれる．前節で述べた距離関数 d_{L^p} について，

$$d_{L^p}(f, g) = \left(\int_I |f(x) - g(x)|^p \, dx\right)^{\frac{1}{p}} = \|f - g\|_{L^p}$$

が示される．このように，d_{L^p} が，ノルム $\|\cdot\|_{L^p}$ から定まる距離関数であることがわかる．$f, g \in L^2(I)$ に対し，$f \cdot g$ を $f \cdot g := \int_I f(x)g(x)\,dx$ によって定義する．このとき，容易に $\cdot$ が $L^2(I)$ の内積になること，さらに，$\sqrt{(f-g)\cdot(f-g)} = \|f-g\|_{L^2}$ が示される．よって，ノルム $\|\cdot\|_{L^2}$ が，この内積 $\cdot$ から定まるノルムであることがわかる．

発展　ユークリッド平面 $\mathbb{E}^2$ やユークリッド空間 $\mathbb{E}^3$ 内の曲面 S（球面，輪環面（= トーラス），回転放物面など）は，2次元リーマン多様体とよばれるものである．その一般次元版として，任意の自然数 n に対し，n 次元リーマン多様体とよばれる空間が定義される．n 次元ユークリッド空間 $\mathbb{E}^n$ は，その一例である．リーマン多様体とは，多様体とよばれる微分積分学が展開できる空間 M に，リーマン計量とよばれる内積の場 g を与えたものである．ここで，内積の場 g とは，M の各点 p に対し，M の点 p における接空間とよばれるベクトル空間 T_pM（これは，M の点 p での無限小化と解釈されるものである）の内積 g_p を対応させる対応で，p の連続的な変化に準じて連続的に変化するものである（リーマン多様体の正確な定義については，[小池 1], [小池 2] 等を参照のこと）．リーマン多様体 (M, g) 上の C^1 曲線 $c : [0,1] \to M$ に対し，その長さ $L_g(c)$ が，

$$L_g(c) := \int_0^1 \sqrt{g_{c(t)}(c'(t), c'(t))}\,dt$$

によって定義される．ここで，$c'(t)$ は，c の速度ベクトルを表す（これは，$T_{c(t)}M$ の元である）．

$$\mathcal{C}_{p,q} := \{c : M \text{ 上の } C^1 \text{ 曲線} \mid c(0) = p \;\&\; c(1) = q\}$$

として，$M \times M$ 上の関数 d_g を

$$d_g(p,q) := \inf_{c \in \mathcal{C}_{p,q}} L_g(c) \quad (p, q \in M)$$

によって定義する．このとき，d_g が M の距離関数であることが示される．d_g をリーマン計量 g の定める**リーマン距離関数 (Riemannian distance function)** という．このように，各リーマン多様体に付随して，距離空間が定義される．前述のユークリッド距離関数 $d_{\mathbb{E}}$ は，$\mathbb{R}^n$（これは，n 次元多様体）のユークリッド計量 $g_{\mathbb{E}}$（これは，$\mathbb{R}^n$ のリーマン計量）のリーマン距離関数とみなされることを注意しておく．ここで，ユークリッド計量 $g_{\mathbb{E}}$ の定義を述べておこう．多様体 $\mathbb{R}^n$ の各接空間 $T_{\boldsymbol{v}}\mathbb{R}^n$ $(\boldsymbol{v} \in \mathbb{R}^n)$ は $\mathbb{R}^n$ 自身と自然に同一視され，その同一視の下，ユークリッド計

量 $g_{\mathbb{E}}$ は,

$$(g_{\mathbb{E}})_{\boldsymbol{v}}(\boldsymbol{w}_1, \boldsymbol{w}_2) = \boldsymbol{w}_1 \cdot \boldsymbol{w}_2 \quad (\boldsymbol{w}_1, \boldsymbol{w}_2 \in T_{\boldsymbol{v}}\mathbb{R}^n(\approx \mathbb{R}^n))$$

によって定義される.

2.3 距離空間の完備性

この節において, 距離空間の完備性を定義し, 完備な距離空間と完備でない距離空間の例を与えることにする. 大雑把に述べると, 距離空間 (X, d) の完備性とは, X 内の無限点列 $\{x_i\}_{i=1}^{\infty}$ が $i \to \infty$ のとき互いに近寄っていく (つまり, 互いの距離が 0 に限りなく近づく) ならば, その点列は $i \to \infty$ のとき X のある点に集まるというような性質のことである. 例えば, n 次元ユークリッド空間 $\mathbb{E}^n = (\mathbb{R}^n, d_{\mathbb{E}})$ はこの性質をもつが, $\mathbb{E}^n$ から 1 点 $\boldsymbol{x}_0$ を除いた部分距離空間 $(\mathbb{R}^n \setminus \{\boldsymbol{x}_0\}, d_{\mathbb{E}}|_{(\mathbb{R}^n \setminus \{\boldsymbol{x}_0\})^2})$ はこの性質をもたない. 実際, $\boldsymbol{x}_0$ に近づいていく点列は互いに近寄っていくが, その点列が集まっていくはずの点 $\boldsymbol{x}_0$ が除外されているため, $(\mathbb{R}^n \setminus \{\boldsymbol{x}_0\}, d_{\mathbb{E}}|_{(\mathbb{R}^n \setminus \{\boldsymbol{x}_0\})^2})$ 上には, この点列が集まっていく点が実在しない.

最初に, 距離空間における収束列を定義する. (X, d) を距離空間とし, $\{x_i\}_{i=1}^{\infty}$ を (X, d) 上の無限点列とし, a を X の点とする. 任意の $\varepsilon > 0$ ごとに,

$$i \geqq i_0 \ \Rightarrow \ d(x_i, a) < \varepsilon$$

となるような $i_0 \in \mathbb{N}$ が存在する, つまり,

$$\text{(SL)} \qquad (\forall \varepsilon > 0)[(\exists i_0 \in \mathbb{N})[i \geqq i_0 \ \Rightarrow \ d(x_i, a) < \varepsilon]]$$

が成り立つとき, **$\{x_i\}_{i=1}^{\infty}$ は a に収束する** (**$\{x_i\}_{i=1}^{\infty}$ converges to a**) といい, $\lim_{i\to\infty} x_i = a$, または, $x_i \to a \ (i \to \infty)$ と表す (図 2.3.1 を参照).
(X, d) の点 a と正の数 r に対し, $U_r(a)$ を

$$U_r(a) := \{x \in X \mid d(x, a) < r\}$$

によって定義する. $U_r(a)$ は, **a の r 近傍** (**r-neighborhood of a**) とよばれる. $U_r(a)$ が距離関数 d に関するものであることを強調する場合は, $U_r^d(a)$

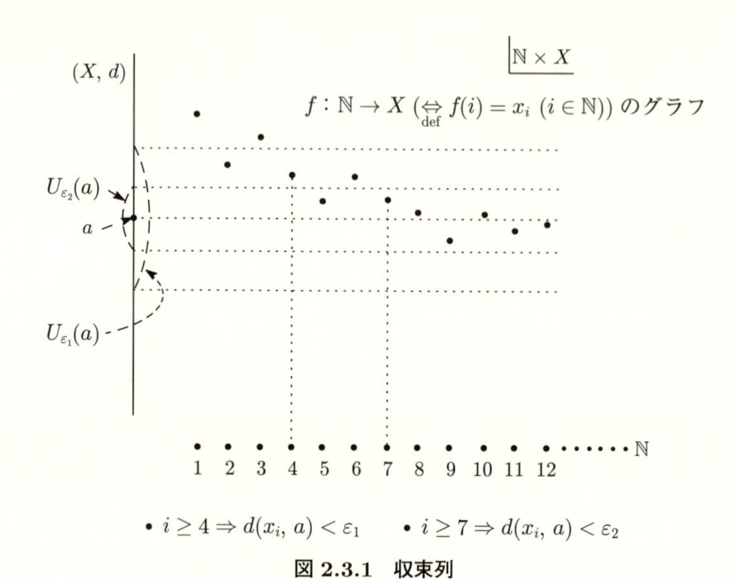

図 2.3.1　収束列

と表すことにする．主張 (SL) は，次の主張と同値である：

$$(\mathrm{SL}') \qquad (\forall \varepsilon > 0)[(\exists i_0 \in \mathbb{N})[i \geqq i_0 \ \Rightarrow \ x_i \in U_\varepsilon(a)]].$$

独り言　主張 (SL) は，

「どんな小さな $\varepsilon > 0$ に対しても，

$$i \geqq i_0 \ \Rightarrow \ d(x_i, a) < \varepsilon$$

となるような $i_0 \in \mathbb{N}$（ε に依存してよい）が存在する」

と読めば，その本質が摑みやすいような気がする！

次に，距離空間におけるコーシー列を定義することにする．$\{x_i\}_{i=1}^\infty$ を (X, d) 上の無限点列とする．任意の $\varepsilon > 0$ ごとに，$i, j \geqq i_0 \ \Rightarrow \ d(x_i, x_j) < \varepsilon$ となるような $i_0 \in \mathbb{N}$ が存在する，つまり，

$$(\mathrm{C}) \qquad (\forall \varepsilon > 0)[(\exists i_0 \in \mathbb{N})[i, j \geqq i_0 \ \Rightarrow \ d(x_i, x_j) < \varepsilon]]$$

が成り立つとき，$\{x_i\}_{i=1}^\infty$ を**コーシー列 (Cauchy sequence)** という（図 2.3.2 を参照）．

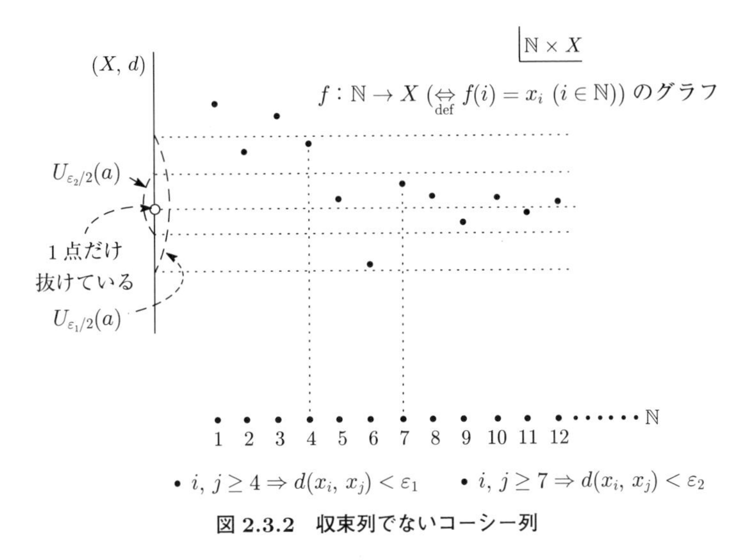

図 2.3.2 収束列でないコーシー列

> **命題 2.3.1** 収束列はコーシー列である．

【証明】 $\{x_i\}_{i=1}^{\infty}$ が a に収束するとする．このとき，任意に $\varepsilon > 0$ をとるとき，$\{x_i\}_{i=1}^{\infty}$ が a に収束するので，

$$i \geqq i_0 \;\Rightarrow\; d(x_i, a) < \frac{\varepsilon}{2}$$

となる $i_0 \in \mathbb{N}$ が存在する．三角不等式を用いて，

$$i, j \geqq i_0 \;\Rightarrow\; d(x_i, x_j) \leqq d(x_i, a) + d(a, x_j) < \frac{\varepsilon}{2} + \frac{\varepsilon}{2} = \varepsilon$$

が示される．したがって，$\{x_i\}_{i=1}^{\infty}$ がコーシー列である． □

この命題の主張の逆は成り立たない，つまり，コーシー列でも収束列とは限らない．コーシー列だが，収束列でない例を挙げることにする．1次元ユークリッド空間 $(\mathbb{R}, d_{\mathbb{E}})$ の部分距離空間 $(\mathbb{R} \setminus \{0\}, d_{\mathbb{E}}|_{(\mathbb{R}\setminus\{0\})})$ 上の無限点列 $\{x_i\}_{i=1}^{\infty}$ を $x_i = \dfrac{1}{i}$ $(i = 1, 2, \ldots)$ によって定義する．任意に $\varepsilon > 0$ をとる．アルキメデスの原理によると，$i_0 > \dfrac{1}{\varepsilon}$ となる自然数 i_0 が存在する．ここで，**アルキメデスの原理** (**Archimedes' principle**) とは，「どんな大きな実数に対して

も，それより大きい自然数が存在する」という主張であることを注意しておく．$i, j \geqq i_0$ とすると，

$$d_{\mathbb{E}}(x_i, x_j) = \left| \frac{1}{i} - \frac{1}{j} \right| < \frac{1}{i_0} < \varepsilon$$

となる．それゆえ，$\{x_i\}_{i=1}^{\infty}$ がコーシー列であることがわかる．一方，$i \geqq i_0$ とすると，

$$d_{\mathbb{E}}(x_i, 0) = \frac{1}{i} \leqq \frac{1}{i_0} < \varepsilon$$

となる．ゆえに，$\{x_i\}_{i=1}^{\infty}$ が $(\mathbb{R}, d_{\mathbb{E}})$ において，0 に収束する収束列であることがわかる．しかしながら，0 は $\mathbb{R}\setminus\{0\}$ に属さないため，$\{x_i\}_{i=1}^{\infty}$ は $(\mathbb{R}\setminus\{0\}, d_{\mathbb{E}}|_{(\mathbb{R}\setminus\{0\})})$ においては，収束列でないことがわかる．

距離空間 (X, d) 上の任意のコーシー列が収束列であるとき，(X, d) は**完備** (**complete**) であるという．

例 2.3.1　$(\mathbb{R}^n, d_{\mathbb{E}})$ は完備である．この事実を示そう．$\{\boldsymbol{x}_i\}_{i=1}^{\infty}$ $(\boldsymbol{x}_i = (x_{i1}, \ldots, x_{in}))$ を $(\mathbb{R}^n, d_{\mathbb{E}})$ におけるコーシー列とする．このとき，

$$i, j \geqq i_0 \;\Rightarrow\; d_{\mathbb{E}}(\boldsymbol{x}_i, \boldsymbol{x}_j) < 1$$

となる $i_0 \in \mathbb{N}$ が存在する．任意の $i \geqq i_0$ に対し，$d_{\mathbb{E}}(\boldsymbol{x}_i, \boldsymbol{x}_{i_0}) < 1$ なので，任意の $i \geqq i_0$ に対し，$\boldsymbol{x}_i \in \prod_{j=1}^{n} [x_{i_0 j} - 1, x_{i_0 j} + 1]$ $(=: D_1)$ が成り立つ．便宜上，$a_{1j} := x_{i_0 j} - 1$, $b_{1j} := x_{i_0 j} + 1$ とおき，$I_{1j} := [a_{1j}, b_{1j}]$ とおく．また，$c_{1j} := \dfrac{a_{1j} + b_{1j}}{2}$ とおいて，

$$I_{1j}^{-} := [a_{1j}, c_{1j}], \quad I_{1j}^{+} := [c_{1j}, b_{1j}],$$

$$D_{1;\alpha_1 \cdots \alpha_n} := \prod_{j=1}^{n} I_{1j}^{\alpha_j} \quad ((\alpha_1, \ldots, \alpha_n) \in \{+, -\}^n)$$

とおく．

$$\bigcup_{\alpha_1 \in \{+,-\}} \cdots \bigcup_{\alpha_n \in \{+,-\}} D_{1;\alpha_1 \cdots \alpha_n} = D_1$$

なので，$D_{1;\alpha_1 \cdots \alpha_n}$ $((\alpha_1, \ldots, \alpha_n) \in \{+, -\}^n)$ のうち，少なくとも一つは，$\{\boldsymbol{x}_i\}_{i=1}^{\infty}$ を無限個含んでいる．その無限個含んでいるものの一つを D_2 と表

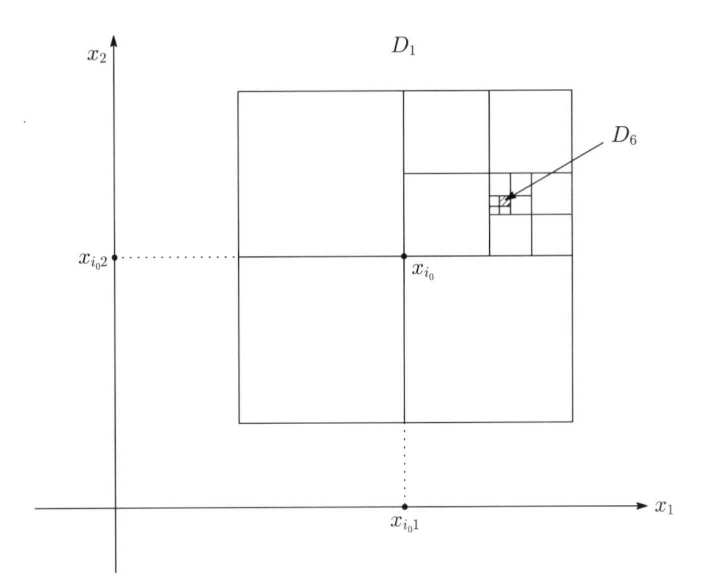

$D_2 = D_{1;++}$, $D_3 = D_{2;+-}$, $D_4 = D_{3;-+}$, $D_5 = D_{4;--}$, $D_6 = D_{5;++}$ のとき

図 2.3.3　$\boldsymbol{D_k}$ $(\boldsymbol{k = 1, 2, \dots})$ の様子

す．$D_2 = \prod_{j=1}^{n} [a_{2j}, b_{2j}]$ とする．ここで，$b_{2j} - a_{2j} = 1$ であることを注意しておく．$c_{2j} := \dfrac{a_{2j} + b_{2j}}{2}$ とおいて，

$$I_{2j}^{-} := [a_{2j}, c_{2j}], \quad I_{2j}^{+} := [c_{2j}, b_{2j}],$$

$$D_{2;\alpha_1 \cdots \alpha_n} := \prod_{j=1}^{n} I_{2j}^{\alpha_j} \quad ((\alpha_1, \dots, \alpha_n) \in \{+, -\}^n)$$

とおく．

$$\bigcup_{\alpha_1 \in \{+,-\}} \cdots \bigcup_{\alpha_n \in \{+,-\}} D_{2;\alpha_1 \cdots \alpha_n} = D_2$$

なので，$D_{2;\alpha_1 \cdots \alpha_n}$ $((\alpha_1, \dots, \alpha_n) \in \{+, -\}^n)$ のうち，少なくとも一つは，$\{\boldsymbol{x}_i\}_{i=1}^{\infty}$ を無限個含んでいる．その無限個含んでいるものの一つを D_3 と表す．$D_3 = \prod_{j=1}^{n} [a_{3j}, b_{3j}]$ とする．ここで，$b_{3j} - a_{3j} = \dfrac{1}{2}$ であることを注意しておく．以下，帰納的に，D_k, a_{kj}, b_{kj} $(k \geqq 4,\ j = 1, \dots, n)$ を定義していく（図 2.3.3 を参照）．構成法から，$\{a_{kj}\}_{k=1}^{\infty}$ は増加列で，$\{b_{kj}\}_{k=1}^{\infty}$ は減

少列であり，$b_{kj} - a_{kj} = \frac{1}{2^{k-2}}$，それゆえ，$\lim_{k\to\infty}(b_{kj} - a_{kj}) = 0$ なので，$\lim_{k\to\infty} a_{kj}$ と $\lim_{k\to\infty} b_{kj}$ は共に存在し，これらの極限値は一致する．この極限値を c_j とし，$\boldsymbol{c} := (c_1, \ldots, c_n)$ とする．$\{\boldsymbol{x}_i\}_{i=1}^{\infty}$ が $\boldsymbol{c}$ に収束することを示そう．任意に，$\varepsilon > 0$ をとる．$\{\boldsymbol{x}_i\}_{i=1}^{\infty}$ はコーシー列なので，

$$i, j \geqq i_1 \ \Rightarrow\ d_{\mathbb{E}}(\boldsymbol{x}_i, \boldsymbol{x}_j) < \frac{\varepsilon}{2}$$

となる $i_1 \in \mathbb{N}$ が存在する．アルキメデスの原理により，$m > \log_2\left(\frac{2\sqrt{n}}{\varepsilon}\right) + 2$ となる $m \in \mathbb{N}$ が存在する．D_m に含まれる $\boldsymbol{x}_i$ $(i \in \mathbb{N})$ は無限個あるので，$i_2 \geqq i_1$ かつ $\boldsymbol{x}_{i_2} \in D_m$ となる $i_2 \in \mathbb{N}$ が存在する．このとき，$i \geqq i_2$ とすると，

$$\begin{aligned} d_{\mathbb{E}}(\boldsymbol{x}_i, \boldsymbol{c}) &\leqq d_{\mathbb{E}}(\boldsymbol{x}_i, \boldsymbol{x}_{i_2}) + d_{\mathbb{E}}(\boldsymbol{x}_{i_2}, \boldsymbol{c}) \\ &< \frac{\varepsilon}{2} + \frac{\sqrt{n}}{2^{m-2}} < \frac{\varepsilon}{2} + \frac{\varepsilon}{2} = \varepsilon \end{aligned}$$

となる．したがって，$\{\boldsymbol{x}_i\}_{i=1}^{\infty}$ が $\boldsymbol{c}$ に収束することがわかる．このように，任意にとったコーシー列 $\{\boldsymbol{x}_i\}_{i=1}^{\infty}$ が収束列であることがわかったので，$(\mathbb{R}^n, d_{\mathbb{E}})$ は完備であることが示された．

例 2.3.2 $(\mathbb{R}^1, d_{\mathbb{E}})$ の部分距離空間

$$((a,b), d_{\mathbb{E}}|_{(a,b)^2}),\ ([a,b), d_{\mathbb{E}}|_{[a,b)^2}),\ ((a,b], d_{\mathbb{E}}|_{(a,b]^2})$$

$(-\infty < a < b < \infty)$ は，完備でない．代表として，$((a,b), d_{\mathbb{E}}|_{(a,b)^2})$ が完備でないことを示す．$((a,b), d_{\mathbb{E}}|_{(a,b)^2})$ 内の点列 $\{\boldsymbol{x}_i\}_{i=1}^{\infty}$ を $x_i = b - \frac{b-a}{i+1}$ $(i = 1, 2, \ldots)$ によって定義する．このとき，明らかに，$\{\boldsymbol{x}_i\}_{i=1}^{\infty}$ はコーシー列である．しかし，この数列の $(\mathbb{R}^1, d_{\mathbb{E}})$ における極限は b であるが，それは (a,b) に属さないため，この数列は $((a,b), d_{\mathbb{E}}|_{(a,b)^2})$ においては，収束列ではないことがわかる．したがって，$((a,b), d_{\mathbb{E}}|_{(a,b)^2})$ は完備でない．同様に，$([a,b), d_{\mathbb{E}}|_{[a,b)^2})$ と $((a,b], d_{\mathbb{E}}|_{(a,b]^2})$ が完備でないことも示される．

例 2.3.3 半径 r (> 0) の n 次元開球体

$$\mathring{B}^n(r) := \left\{ (x_1, \ldots, x_n) \in \mathbb{R}^n \;\middle|\; \sum_{i=1}^{n} x_i^2 < r^2 \right\}$$

を考える．$(\mathbb{R}^n, d_{\mathbb{E}})$ の部分距離空間 $(\mathring{B}^n(r), d_{\mathbb{E}}|_{\mathring{B}^n(r)})$ は完備でない．実際，$(\mathring{B}^n(r), d_{\mathbb{E}}|_{\mathring{B}^n(r)})$ 内の点列 $\left\{ \left(1 - \dfrac{1}{i+1}, 0, \ldots, 0 \right) \right\}_{i=1}^{\infty}$ はコーシー列であるが，収束列ではない．

2.4 距離空間の間の写像の連続性・一様連続性

この節において，距離空間の間の写像の連続性，および一様連続性について述べることにする．大雑把に述べると，距離空間の間の写像 $f : (X, d_X) \to (Y, d_Y)$ が連続であるとは，(X, d_X) 上の動点 x がある点 a に限りなく近づく（つまり，$d_X(x, a)$ が 0 に収束する）とき，それに伴って，(Y, d_Y) 上の点 $f(x)$ は点 $f(a)$ に限りなく近づく（つまり，$d_Y(f(x), f(a))$ が 0 に近づく）ことを意味する．一方，$f : (X, d_X) \to (Y, d_Y)$ が一様連続であるとは，(X, d_X) 上の 2 つの動点 x, x' が限りなく近づく（つまり，$d_X(x, x')$ が 0 に近づく）とき，それに伴って，(Y, d_Y) 上の 2 点 $f(x), f(x')$ も限りなく近づく（つまり，$d_Y(f(x), f(x'))$ が 0 に近づく）ことを意味する．

まず，距離空間の間の写像 $f : (X, d_X) \to (Y, d_Y)$ の収束性を定義しよう．$x_0 \in X$，$y_0 \in Y$ とする．次の主張が成り立つとする：

$$\text{(L)} \qquad (\forall\, \varepsilon > 0)\, [(\exists\, \delta_\varepsilon > 0)[0 < d_X(x, x_0) < \delta_\varepsilon \implies d_Y(f(x), y_0) < \varepsilon]].$$

このとき，**$x \to x_0$ のとき，$f(x)$ は y_0 に収束する**（**$f(x)$ converges to y_0 as $x \to x_0$**）といい，$\lim_{x \to x_0} f(x) = y_0$（または，$f(x) \to y_0 \ (x \to x_0)$）と表す．

独り言 主張 (L) は，「どんな小さな $\varepsilon > 0$ に対しても，$0 < d_X(x, x_0) < \delta_\varepsilon \implies d_Y(f(x), y_0) < \varepsilon$ となるような $\delta_\varepsilon > 0$ が存在する．」と読めば，その本質が摑みやすいような気がする！

$\lim_{x \to x_0} f(x)$ が存在する場合と存在しない場合を視覚的に理解するためには，図 2.4.1 と図 2.4.2 を参照するとよいであろう．

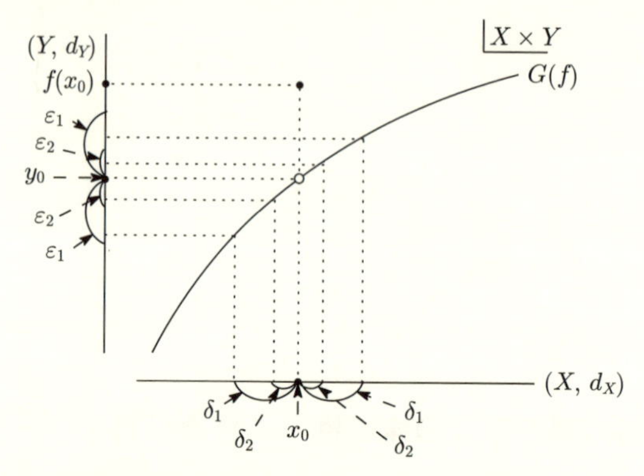

• $0 < d_X(x, x_0) < \delta_i \Rightarrow d_Y(f(x), y_0) < \varepsilon_i \quad (i = 1, 2)$

図 2.4.1　$\lim_{x \to x_0} f(x)$ が存在する場合

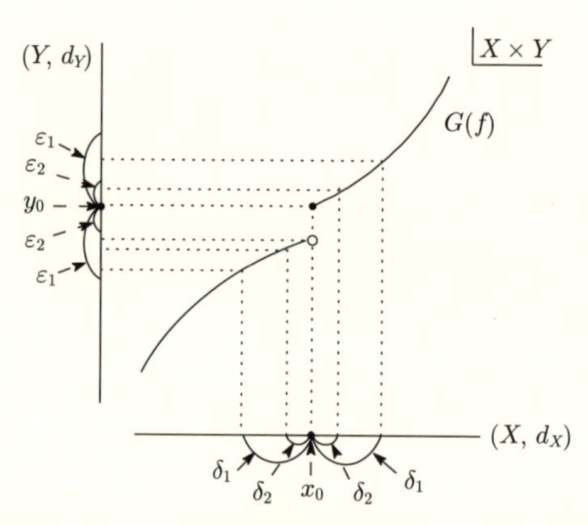

• $0 < d_X(x, x_0) < \delta_1 \Rightarrow d_Y(f(x), y_0) < \varepsilon_1$ となる $\delta_1 > 0$ は存在するが，
$0 < d_X(x, x_0) < \delta_2 \Rightarrow d_Y(f(x), y_0) < \varepsilon_2$ となる $\delta_2 > 0$ は存在しない．

図 2.4.2　$\lim_{x \to x_0} f(x)$ が存在しない場合

次に，距離空間の間の写像 $f : (X, d_X) \to (Y, d_Y)$ の連続性を定義しよう．$x_0 \in X$ をとり，固定する．$\lim_{x \to x_0} f(x) = f(x_0)$ である，つまり，次の主張が成り立つとする：

$$\text{(C)} \quad (\forall \varepsilon > 0)\,[(\exists\, \delta_\varepsilon > 0)[d_X(x, x_0) < \delta_\varepsilon \implies d_Y(f(x), f(x_0)) < \varepsilon]].$$

このとき，**f は x_0 で連続である** (**f is continuous at x_0**) という．f が

(X, d_X) の各点で連続であるとき，f を (X, d_X) から (Y, d_Y) への**連続写像** (**continuous mapping**) という．

次に，距離空間の間の写像 $f:(X, d_X) \to (Y, d_Y)$ の一様連続性を定義しよう．次の主張が成り立つとする：

$$\text{(UC)} \qquad (\forall\, \varepsilon > 0)\, [(\exists\, \delta_\varepsilon > 0)[d_X(x_1, x_2) < \delta_\varepsilon \implies d_Y(f(x_1), f(x_2)) < \varepsilon]].$$

このとき，$\boldsymbol{f}$ **は一様連続である** ($\boldsymbol{f}$ **is uniformly continuous**) という．明らかに，$f:(X, d_X) \to (Y, d_Y)$ が一様連続ならば，連続である．逆が成り立たないことを説明しよう．f が連続であるとする．このとき，

$$(\forall\, x_1 \in X)(\forall\, \varepsilon > 0)[(\exists\, \delta_{\varepsilon, x_1} > 0)[d_X(x_1, x) < \delta_{\varepsilon, x_1} \implies d_Y(f(x_1), f(x)) < \varepsilon]]$$

が成り立つ．$\delta_\varepsilon := \inf_{x_1 \in X} \delta_{\varepsilon, x_1}$ とおく．$\delta_\varepsilon > 0$ のときは，

$$(\forall\, \varepsilon > 0)\, [d_X(x_1, x_2) < \delta_\varepsilon \implies d_Y(f(x_1), (x_2)) < \varepsilon]]$$

が成り立つ．しかし，$\delta_\varepsilon = 0$ となる可能性があり，そのときは，f が一様連続であることを示すことができない．連続であるが一様連続ではない写像の例を挙げよう．

例 2.4.1 写像 $f:\left(\left[0, \frac{\pi}{2}\right), d_{\mathbb{E}^1}|_{(0, \frac{\pi}{2})^2}\right) \to (\mathbb{R}, d_{\mathbb{E}^1})$ を

$$f(x) := \tan x \qquad \left(x \in \left[0, \frac{\pi}{2}\right)\right)$$

によって定義する．明らかに，この写像は連続である．しかしながら，この写像は一様連続ではない．この事実を示そう．任意に，$\varepsilon > 0$ をとる．このとき，任意の $\delta > 0$ に対し，$\lim_{x \to \frac{\pi}{2}} f(x) = \infty$ なので，$f(x_0) - f\left(\frac{\pi}{2} - \delta\right) > \varepsilon$ となるような $x_0 \in \left(\frac{\pi}{2} - \delta, \frac{\pi}{2}\right)$ が存在する（図 2.4.3 を参照）．このように，$d_{\mathbb{E}^1}\left(x_0, \frac{\pi}{2} - \delta\right) < \delta$ であるが，$d_{\mathbb{E}^1}\left(f(x_0), f\left(\frac{\pi}{2} - \delta\right)\right) > \varepsilon$ となってしまう．したがって，

$$d_{\mathbb{E}^1}(x_1, x_2) < \delta \implies d_{\mathbb{E}^1}(f(x_1), f(x_2)) < \varepsilon$$

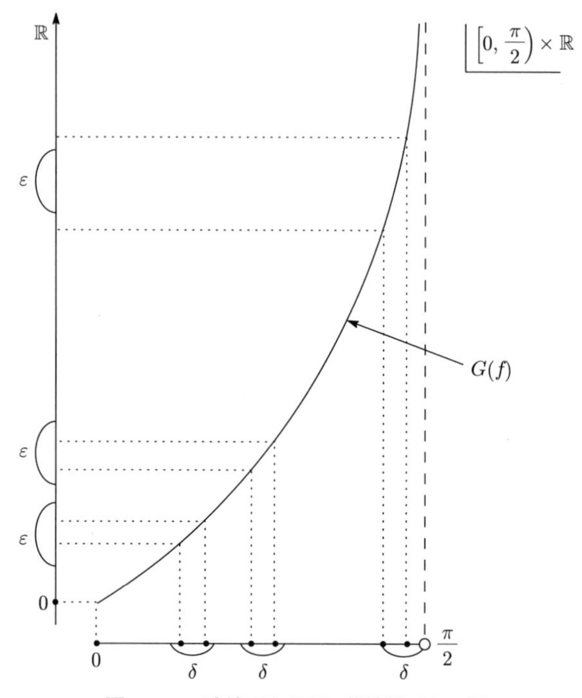

図 2.4.3　連続であるが一様連続でない例

となるような $\delta > 0$ は存在しない．つまり，f が一様連続でないことが示される．

一様連続な写像について，次の事実が成り立つ．

命題 2.4.1　$f : (X, d_X) \to (Y, d_Y)$ を一様連続な写像とし，$\{x_i\}_{i=1}^{\infty}$ を (X, d_X) におけるコーシー列とする．このとき，$\{f(x_i)\}_{i=1}^{\infty}$ は (Y, d_Y) におけるコーシー列になる．

【証明】　任意に $\varepsilon > 0$ をとる．このとき，f の一様連続性から，

$$d_X(x, x') < \delta \implies d_Y(f(x), f(x')) < \varepsilon$$

となる $\delta > 0$ が存在する．また，$\{x_i\}_{i=1}^{\infty}$ はコーシー列なので，

$$i, j \geqq i_0 \implies d_X(x_i, x_j) < \delta$$

となる $i_0 \in \mathbb{N}$ が存在する．したがって，

$$i, j \geqq i_0 \implies d_Y(f(x_i), f(x_j)) < \varepsilon$$

が成り立つ．このように，$\{f(x_i)\}_{i=1}^{\infty}$ がコーシー列であることが示される．□

A を (X, d_X) の部分集合とする．任意の点 $x \in X$ に対し，x に収束する A 内の点列が存在するとき，A を (X, d_X) の**稠密な部分集合** (**dense subset**) という．一様連続な写像の拡張可能性について，次の事実が成り立つ．

> **命題 2.4.2** A を距離空間 (X, d_X) の稠密な部分集合とし，(Y, d_Y) を完備な距離空間とする．このとき，$(A, d_X|_{A^2})$ から (Y, d_Y) への一様連続な写像は，一意的に，(X, d_X) から (Y, d_Y) への一様連続な写像に拡張される．

【証明】 写像 $f : (A, d_X|_{A^2}) \to (Y, d_Y)$ を一様連続な写像とする．写像 $\widetilde{f} : (X, d_X) \to (Y, d_Y)$ を

$$\widetilde{f}(x) := \lim_{i\to\infty} f(a_i) \quad (x \in X)$$

$$(\{a_i\}_{i=1}^{\infty} : x \text{ に収束する } A \text{ 内の点列})$$

によって定義する．$\widetilde{f}$ が well-defined であることを示そう．まず，$\{f(a_i)\}_{i=1}^{\infty}$ が収束列であることを示そう．$\{a_i\}_{i=1}^{\infty}$ が $(A, d_X|_{A^2})$ 内のコーシー列で，$f : (A, d_X|_{A^2}) \to (Y, d_Y)$ が一様連続なので，命題 2.4.1 により，$\{f(a_i)\}_{i=1}^{\infty}$ は，(Y, d_Y) におけるコーシー列である．それゆえ，(Y, d_Y) は完備なので，$\{f(a_i)\}_{i=1}^{\infty}$ は，(Y, d_Y) における収束列である．$\{a_i\}_{i=1}^{\infty}$，$\{a'_i\}_{i=1}^{\infty}$ を x に収束する A 内の点列とし，$\alpha := \lim_{i\to\infty} f(a_i)$，$\alpha' := \lim_{i\to\infty} f(a'_i)$ とおく．$\alpha = \alpha'$ であることを示そう．任意に，$\varepsilon > 0$ をとる．このとき，f は一様連続なので，

$$d_X(x', x'') < \delta \implies d_Y(f(x'), f(x'')) < \frac{\varepsilon}{3} \tag{2.4.1}$$

となるような $\delta > 0$ が存在する．一方，$\lim_{i\to\infty} a_i = \lim_{i\to\infty} a'_i = x$ なので，

$$i \geqq i_0 \implies d_X(a_i, x) < \frac{\delta}{2} \ \wedge\ d_X(a_i', x) < \frac{\delta}{2}$$

となるような i_0 が存在する．したがって，

$$i \geqq i_0 \implies d_X(a_i, a_i') \leqq d_X(a_i, x) + d_X(x, a_i') < \delta \tag{2.4.2}$$

が示される．(2.4.1), (2.4.2) から，

$$i \geqq i_0 \implies d_Y(f(a_i), f(a_i')) < \frac{\varepsilon}{3}$$

が導かれる．また，$\lim_{i\to\infty} f(a_i) = \alpha$，$\lim_{i\to\infty} f(a_i') = \alpha'$ なので，

$$i \geqq i_1 \implies d_Y(f(a_i), \alpha) < \frac{\varepsilon}{3} \ \wedge\ d_Y(f(a_i'), \alpha') < \frac{\varepsilon}{3}$$

となるような $i_1 \in \mathbb{N}$ が存在する．したがって，$i_2 := \max\{i_0, i_1\}$ として，

$$d_Y(\alpha, \alpha') \leqq d_Y(\alpha, f(a_{i_2})) + d_Y(f(a_{i_2}), f(a_{i_2}')) + d_Y(f(a_{i_2}'), \alpha') < \varepsilon$$

をえる．したがって，ε の任意性により，$d_Y(\alpha, \alpha') = 0$，つまり，$\alpha = \alpha'$ をえる．このように，$\widetilde{f}$ が well-defined であることが示される．

$\widetilde{f}$ が f の拡張になっていることは明らかである．$\widetilde{f}$ が一様連続であることを示そう．任意に，$\varepsilon > 0$ をとる．このとき，f の一様連続性から，

$$d_X(a, a') < \delta \implies d_Y(f(a), f(a')) < \frac{\varepsilon}{2}$$

となるような $\delta > 0$ が存在する．$d_X(x, x') < \dfrac{\delta}{3}$ とし，$\lim_{i\to\infty} a_i = x$，$\lim_{i\to\infty} a_i' = x'$ となる A 内の点列 $\{a_i\}_{i=1}^{\infty}$，$\{a_i'\}_{i=1}^{\infty}$ をとる．このとき，

$$i \geqq i_0 \implies d_X(a_i, x) < \frac{\delta}{3} \ \wedge\ d_X(a_i', x') < \frac{\delta}{3}$$

となるような $i_0 \in \mathbb{N}$ が存在する．

$$\begin{aligned} i \geqq i_0 &\implies d_X(a_i, a_i') \leqq d_X(a_i, x) + d_X(x, x') + d_X(x', a_i') < \delta \\ &\implies d_Y(f(a_i), f(a_i')) < \frac{\varepsilon}{2} \end{aligned}$$

となるので，

$$d_Y(\widetilde{f}(x), \widetilde{f}(x')) = \lim_{i\to\infty} d_Y(f(a_i), f(a'_i)) \leqq \frac{\varepsilon}{2} < \varepsilon$$

をえる．まとめると，

$$(\forall\,\varepsilon > 0)[(\exists\,\delta > 0)[d_X(x, x') < \frac{\delta}{3} \implies d_Y(\widetilde{f}(x), \widetilde{f}(x')) < \varepsilon]]$$

が示させた．つまり，$\widetilde{f} : (X, d_X) \to (Y, d_Y)$ は一様連続である．拡張の一意性は，明らかである．□

命題 2.4.2 において，(Y, d_Y) の完備性が必要不可欠であることを示そう．主張における距離空間 (X, d_X) として $\mathbb{E}^1$ の部分距離空間 $([0,1], d_{\mathbb{E}}|_{[0,1]^2})$ をとり，この稠密な部分集合として開区間 $(0,1)$ をとる．また，主張における (Y, d_Y) として完備でない距離空間 $((0,2), d_{\mathbb{E}}|_{(0,2)^2})$ をとる．このとき，$((0,1), d_{\mathbb{E}}|_{(0,1)^2})$ から $((0,2), d_{\mathbb{E}}|_{(0,2)^2})$ への写像 $f(x) := 2x\ (x \in (0,1))$ は一様連続であるが，それを一様連続な写像として $([0,1], d_{\mathbb{E}}|_{[0,1]^2})$ へ拡張したもの $\widetilde{f}$ は存在しない．実際，そのような拡張 $\widetilde{f}$ が存在するとすると，その連続性から

$$\widetilde{f}(0) = \lim_{i\to\infty} f\left(\frac{1}{i}\right) = 0, \quad \widetilde{f}(1) = \lim_{i\to\infty} f\left(1 - \frac{1}{i}\right) = 2$$

となってしまうが，$0, 2$ は $((0,2), d_{\mathbb{E}}|_{(0,2)^2})$ の元ではないので，この写像 $\widetilde{f}$ は $((0,2), d_{\mathbb{E}}|_{(0,2)^2})$ への写像ではない．したがって，f は $([0,1], d_{\mathbb{E}}|_{[0,1]^2})$ から $((0,2), d_{\mathbb{E}}|_{(0,2)^2})$ への一様連続な写像に拡張することはできないことがわかる．この例から，命題 2.4.2 において，(Y, d_Y) の完備性が必要不可欠であることがわかる．

次に，命題 2.4.2 の主張において，“一様連続” の部分を “連続” に変えた主張が成り立たないことを示そう．主張における距離空間 (X, d_X) として $\mathbb{E}^1$ の部分距離空間 $([0,1], d_{\mathbb{E}}|_{[0,1]^2})$ をとり，この稠密な部分集合として開区間 $(0,1)$ をとる．また，主張における完備な距離空間 (Y, d_Y) として $\mathbb{E}^1$ をとる．このとき，$((0,1), d_{\mathbb{E}}|_{(0,1)^2})$ から $\mathbb{E}^1$ への写像 $f(x) := \tan\dfrac{\pi x}{2}\ (x \in (0,1))$ は連続だが（一様連続ではない），それを連続な写像として $([0,1], d_{\mathbb{E}}|_{[0,1]^2})$ へ拡張したもの $\widetilde{f}$ が存在すると仮定すると，その連続性から $\widetilde{f}(1) = \lim_{i\to\infty} f(1 - \frac{1}{i})$

$= \infty$ となってしまう．よって，f を連続な写像として $([0,1], d_{\mathbb{E}}|_{[0,1]^2})$ へ拡張することはできないことがわかる．この例から，命題 2.4.2 の主張において，"一様連続" の部分を "連続" に変えた主張が成り立たないことがわかる．

2.5　完備化

この節において，距離空間の完備化について述べることにする．大雑把に述べると，距離空間 (X,d) の完備化とは，(X,d) が完備であるときは，それ自身のことであり，(X,d) が完備でないときは，それを稠密な部分距離空間として含む完備な距離空間のことである．

まず，距離空間の間の等距離写像を定義しよう．(X,d_X), (Y,d_Y) を距離空間とし，f を X から Y への写像とする．任意の $x_1, x_2 \in X$ に対して，$d_Y(f(x_1), f(x_2)) = d_X(x_1, x_2)$ が成り立つとき，f を (X,d_X) から (Y,d_Y) への**等距離写像 (equidistant map)** という．$f : (X,d_X) \to (Y,d_Y)$ を等距離写像とする．このとき，$x_1 \neq x_2$ ならば，$d_Y(f(x_1), f(x_2)) = d_X(x_1, x_2) \neq 0$ となり，$f(x_1) \neq f(x_2)$ となるので，f は単射であることがわかる．また，明らかに，等距離写像は一様連続である．

例 2.5.1　$(n+r)$ 次直交行列 $A = (a_{ij})$ を用いて，$f : (\mathbb{R}^n, d_{\mathbb{E}^n}) \to (\mathbb{R}^{n+r}, d_{\mathbb{E}^{n+r}})$ を

$$f(x_1, \ldots, x_n) := (x_1, \ldots, x_n, 0, \ldots, 0)A \quad ((x_1, \ldots, x_n) \in \mathbb{R}^n)$$

によって定義する．このとき，$(x_1, \ldots, x_n), (y_1, \ldots, y_n) \in \mathbb{R}^n$ に対し，

$$\begin{aligned}
&d_{\mathbb{E}^{n+r}}(f(x_1, \ldots, x_n), f(y_1, \ldots, y_n)) \\
=&\|f(x_1, \ldots, x_n) - f(y_1, \ldots, y_n)\|_{\mathbb{E}^{n+r}} \\
=&\|(x_1, \ldots, x_n, 0, \ldots, 0)A - (y_1, \ldots, y_n, 0, \ldots, 0)A\|_{\mathbb{E}^{n+r}} \\
=&\|(x_1 - y_1, \ldots, x_n - y_n, 0, \ldots, 0)A\|_{\mathbb{E}^{n+r}} \\
=&\|(x_1 - y_1, \ldots, x_n - y_n, 0, \ldots, 0)\|_{\mathbb{E}^{n+r}} \\
=&\|(x_1 - y_1, \ldots, x_n - y_n)\|_{\mathbb{E}^n} \\
=&d_{\mathbb{E}^n}((x_1, \ldots, x_n), (y_1, \ldots, y_n))
\end{aligned}$$

となるので，f が $(\mathbb{R}^n, d_{\mathbb{E}^n})$ から $(\mathbb{R}^{n+r}, d_{\mathbb{E}^{n+r}})$ への等距離写像であることがわかる．

例 2.5.2 $f : (\mathbb{R}^n, d_{\mathbb{E}^n}) \to (\mathbb{R}^{n+1}, d_{\mathbb{E}^{n+1}})$ を

$$f(x_1, \ldots, x_n) := \left(x_1, \ldots, x_n, \sum_{i=1}^{n} x_i^2 \right) \qquad ((x_1, \ldots, x_n) \in \mathbb{R}^n)$$

によって定義する．このとき，異なる $(x_1, \ldots, x_n), (y_1, \ldots, y_n) \in \mathbb{R}^n$ に対し，

$$\begin{aligned}
& d_{\mathbb{E}^{n+1}}(f(x_1, \ldots, x_n), f(y_1, \ldots, y_n))^2 \\
=& \|f(x_1, \ldots, x_n) - f(y_1, \ldots, y_n)\|_{\mathbb{E}^{n+1}}^2 \\
=& \left\| \left(x_1, \ldots, x_n, \sum_{i=1}^{n} x_i^2 \right) - \left(y_1, \ldots, y_n, \sum_{i=1}^{n} y_i^2 \right) \right\|_{\mathbb{E}^{n+1}}^2 \\
=& \left\| \left(x_1 - y_1, \ldots, x_n - y_n, \sum_{i=1}^{n} (x_i^2 - y_i^2) \right) \right\|_{\mathbb{E}^{n+1}}^2 \\
=& \sum_{i=1}^{n} (x_i - y_i)^2 + \left(\sum_{i=1}^{n} (x_i^2 - y_i^2) \right)^2 \\
=& d_{\mathbb{E}^n}((x_1, \ldots, x_n), (y_1, \ldots, y_n))^2 + \left(\sum_{i=1}^{n} (x_i^2 - y_i^2) \right)^2 \\
>& d_{\mathbb{E}^n}((x_1, \ldots, x_n), (y_1, \ldots, y_n))^2
\end{aligned}$$

となるので，f が $(\mathbb{R}^n, d_{\mathbb{E}^n})$ から $(\mathbb{R}^{n+1}, d_{\mathbb{E}^{n+1}})$ への等距離写像でないことがわかる．

例 2.5.3 $f : (\mathbb{R}, d_{\mathbb{E}^1}) \to (\mathbb{R}^2, d_{\mathbb{E}^2})$ を

$$f(t) := (\cos t, \sin t) \qquad (t \in \mathbb{R})$$

によって定義する．このとき，異なる $t_1, t_2 \in \mathbb{R}$ に対し，

$$d_{\mathbb{E}^2}(f(t_1), f(t_2))^2 = \|f(t_1) - f(t_2)\|_{\mathbb{E}^2}^2 = \|(\cos t_1 - \cos t_2,\ \sin t_1 - \sin t_2)\|_{\mathbb{E}^2}^2$$
$$= (\cos t_1 - \cos t_2)^2 + (\sin t_1 - \sin t_2)^2$$
$$\neq (t_1 - t_2)^2 = d_{\mathbb{E}^1}(t_1, t_2)^2$$

となるので，f が $(\mathbb{R}, d_{\mathbb{E}^1})$ から $(\mathbb{R}^2, d_{\mathbb{E}^2})$ への等距離写像でないことがわかる．

次に，距離空間の完備化を定義しよう．距離空間 (X, d) から完備距離空間 $(\widehat{X}, \widehat{d})$ への等距離写像 f で，$f(X)$ が $(\widehat{X}, \widehat{d})$ の稠密な部分集合になるようなものが存在するとき，$(\widehat{X}, \widehat{d})$（または，組 $((\widehat{X}, \widehat{d}), f)$）を (X, d) の**完備化** (**completion**) という．完備化の一つの基本的な構成法を紹介しよう．

【完備化の基本的な構成法】　距離空間 (X, d) が完備でない場合，コーシー列だが収束列でない (X, d) における点列 $\{x_i\}_{i=1}^{\infty}$ が存在する．$\boldsymbol{x} := \{x_i\}_{i=1}^{\infty}$，$\boldsymbol{y} := \{y_i\}_{i=1}^{\infty}$ を (X, d) におけるコーシー列とする．このとき，各 $\varepsilon > 0$ に対し，

$$i, j \geqq i(\varepsilon) \implies d(x_i, x_j) < \varepsilon \ \wedge \ d(y_i, y_j) < \varepsilon$$

となる $i(\varepsilon) \in \mathbb{N}$ が存在する．$j, k \geqq i(\frac{\varepsilon}{2})$ とするとき，三角不等式から，

$$d(x_j, y_j) \leqq d(x_j, x_k) + d(x_k, y_k) + d(y_k, y_j).$$

つまり，

$$d(x_j, y_j) - d(x_k, y_k) \leqq d(x_j, x_k) + d(y_k, y_j) < \varepsilon$$

が導かれる．同様に，

$$d(x_k, y_k) - d(x_j, y_j) \leqq d(x_k, x_j) + d(y_j, y_k) < \varepsilon$$

が導かれる．それゆえ，

$$|d(x_j, y_j) - d(x_k, y_k)| < \varepsilon$$

が示される．このように，$\{d(x_j, y_j)\}_{j=1}^{\infty}$ が $(\mathbb{R}, d_{\mathbb{E}^1})$ におけるコーシー列，そ

れゆえ，収束列であることが示される．極限 $\lim_{j\to\infty} d(x_j, y_j)$ は，点列 $\boldsymbol{x}, \boldsymbol{y}$ の極限が存在すると想定して，それらを x_∞，y_∞ と表した場合，それらの距離 $d(x_\infty, y_\infty)$ を与える．それゆえ，$\lim_{j\to\infty} d(x_j, y_j) = 0$ となる場合，点列 $\boldsymbol{x}, \boldsymbol{y}$ の極限が存在すると想定すると，それらの極限は等しくなる．この事実から，(X, d) におけるコーシー列全体からなる集合を $\mathcal{C}(X, d)$ として，この集合における同値関係 $\sim$ を

$$\{x_i\}_{i=1}^{\infty} \sim \{y_i\}_{i=1}^{\infty} \underset{\text{def}}{\iff} \lim_{i\to\infty} d(x_i, y_i) = 0$$

と定義し，この同値関係 $\sim$ に関する商集合 $\mathcal{C}(X, d)/\sim$ を (X, d) の完備化の候補の土台となる集合として選ぶことは自然である．さらに，$\mathcal{C}(X, d)/\sim$ 上の距離関数 $\widehat{d}$ として

$$\widehat{d}\,([\{x_i\}_{i=1}^{\infty}], [\{y_i\}_{i=1}^{\infty}]) := \lim_{i\to\infty} d(x_i, y_i) \quad ([\{x_i\}_{i=1}^{\infty}], [\{y_i\}_{i=1}^{\infty}] \in \mathcal{C}(X, d)/\sim)$$

によって定義されるものを選ぶことは自然である．ここで，$[\bullet]$ は，同値関係 $\sim$ に関する $\bullet$ の属する同値類を表す．まず，$\widehat{d}$ が well-defined であることを示そう．$[\{x_i\}_{i=1}^{\infty}] = \left[\{x_i'\}_{i=1}^{\infty}\right]$，$[\{y_i\}_{i=1}^{\infty}] = \left[\{y_i'\}_{i=1}^{\infty}\right]$ として，

$$\lim_{i\to\infty} d(x_i, y_i) = \lim_{i\to\infty} d(x_i', y_i')$$

が成り立つことを示さなければならない．$d(x_i, y_i) \leqq d(x_i, x_i') + d(x_i', y_i') + d(y_i', y_i)$ より，$\lim_{i\to\infty} d(x_i, y_i) \leqq \lim_{i\to\infty} d(x_i', y_i')$ をえる．同様に，$d(x_i', y_i') \leqq d(x_i', x_i) + d(x_i, y_i) + d(y_i, y_i')$ より，$\lim_{i\to\infty} d(x_i', y_i') \leqq \lim_{i\to\infty} d(x_i, y_i)$ となる．それゆえ，$\lim_{i\to\infty} d(x_i, y_i) = \lim_{i\to\infty} d(x_i', y_i')$ となる．したがって，$\widehat{d}$ が well-defined であることがわかる．任意の $[\{x_i\}_{i=1}^{\infty}]$，$[\{y_i\}_{i=1}^{\infty}] \in \mathcal{C}(X, d)/\sim$ に対し，

$$\widehat{d}([\{x_i\}_{i=1}^{\infty}], [\{y_i\}_{i=1}^{\infty}]) = \widehat{d}([\{y_i\}_{i=1}^{\infty}], [\{x_i\}_{i=1}^{\infty}])$$

および，

$$\widehat{d}([\{x_i\}_{i=1}^{\infty}], [\{y_i\}_{i=1}^{\infty}]) \geqq 0$$

が成り立つことは明らかである．また，この不等式において，等号が成立す

ることと，$[\{x_i\}_{i=1}^{\infty}] = [\{y_i\}_{i=1}^{\infty}]$ が成り立つことが同値であることが，$\sim$ と $\widehat{d}$ の定義から直接導かれる．明らかに，$\widehat{d}$ は三角不等式も満たす．よって，$\widehat{d}$ は $\mathcal{C}(X,d)/\sim$ の距離関数を与えることが示される．

$f : X \to \mathcal{C}(X,d)/\sim$ を

$$f(x) := [\{x_i\}_{i=1}^{\infty}] \qquad (x \in X)$$

（$\{x_i\}_{i=1}^{\infty}$ は，x に収束する点列）によって定義する．f が well-defined であることを示そう．もう一つ，x に収束する点列 $\{x'_i\}_{i=1}^{\infty}$ をとる．

$$0 \leqq d(x_i, x'_i) \leqq d(x_i, x) + d(x, x'_i) \ \to \ 0 \quad (i \to \infty)$$

なので，$\lim_{i\to\infty} d(x_i, x'_i) = 0$，それゆえ，$[\{x_i\}_{i=1}^{\infty}] = \left[\{x'_i\}_{i=1}^{\infty}\right]$ をえる．したがって，f が well-defined であることが示される．次に，f が (X,d) から $(\mathcal{C}(X,d)/\sim, \widehat{d})$ への等距離写像であることを示そう．任意に $x, y \in X$ をとり，さらに，x, y に収束する点列 $\{x_i\}_{i=1}^{\infty}$, $\{y_i\}_{i=1}^{\infty}$ をとる．このとき，

$$\widehat{d}(f(x), f(y)) = \widehat{d}([\{x_i\}_{i=1}^{\infty}], [\{y_i\}_{i=1}^{\infty}]) = \lim_{i\to\infty} d(x_i, y_i) = d(x, y)$$

が示されるので，f が (X,d) から $(\mathcal{C}(X,d)/\sim, \widehat{d})$ への等距離写像を与えることがわかる．

次に，$f(X)$ が $(\mathcal{C}(X,d)/\sim, \widehat{d})$ において稠密であることを示そう．任意に $[\{x_i\}_{i=1}^{\infty}] \in \mathcal{C}(X,d)/\sim$ をとる．$\lim_{j\to\infty} \widehat{d}(f(x_j), [\{x_i\}_{i=1}^{\infty}])$ を調べよう．x_j に収束する点列として，x_j に停留した点列をとる．これを $\{(\overline{x_j})_i\}_{i=1}^{\infty}$ と表す（つまり，$(\overline{x_j})_i = x_j$）．このとき，$f(x_j) = [\{(\overline{x_j})_i\}_{i=1}^{\infty}]$ なので，

$$\lim_{j\to\infty} \widehat{d}(f(x_j), [\{x_i\}_{i=1}^{\infty}]) = \lim_{j\to\infty}\lim_{i\to\infty} d((\overline{x_j})_i, x_i) = \lim_{j\to\infty}\lim_{i\to\infty} d(x_j, x_i) = 0.$$

つまり，$\lim_{j\to\infty} f(x_j) = [\{x_i\}_{i=1}^{\infty}]$ がえられる．このように，$f(X)$ 内の点列 $\{f(x_i)\}_{i=1}^{\infty}$ は，$(\mathcal{C}(X,d)/\sim, \widehat{d})$ において $[\{x_i\}_{i=1}^{\infty}]$ に収束する．したがって，$f(X)$ が $(\mathcal{C}(X,d)/\sim, \widehat{d})$ において稠密であることが示される．

次に，$(\mathcal{C}(X,d)/\sim, \widehat{d})$ が完備であることを示そう．$\mathcal{C}(X,d)/\sim$ におけるコーシー列 $\{\boldsymbol{x}_i\}_{i=1}^{\infty}$ ($\boldsymbol{x}_i = \left[\{x_j^i\}_{j=1}^{\infty}\right]$) を任意にとる．各 $\{x_j^i\}_{j=1}^{\infty}$ は (X,d) におけるコーシー列なので，任意の自然数 n に対し，

$$j, k \geqq i(n) \implies d(x^i_j, x^i_k) < \frac{1}{n}$$

となるような $i(n) \in \mathbb{N}$ が存在する．$\{x^i_{i(i)}\}_{i=1}^{\infty}$ が (X, d) におけるコーシー列であり，$(\mathcal{C}(X,d)/\sim, \widehat{d})$ におけるコーシー列 $\{\boldsymbol{x}_i\}_{i=1}^{\infty}$ が $\boldsymbol{x}_{\infty} := \left[\{x^i_{i(i)}\}_{i=1}^{\infty}\right]$ に収束することを示そう．まず，$\{x^i_{i(i)}\}_{i=1}^{\infty}$ が (X, d) におけるコーシー列であることを示そう．$m(i,j) := \max\{i(i), j(j)\}$ とおく．このとき，任意の $l \geqq m(i,j)$ に対して，

$$d(x^i_{i(i)}, x^j_{j(j)}) \leqq d(x^i_{i(i)}, x^i_l) + d(x^i_l, x^j_l) + d(x^j_l, x^j_{j(j)}) < \frac{1}{i} + d(x^i_l, x^j_l) + \frac{1}{j}$$

が成り立つので，

$$d(x^i_{i(i)}, x^j_{j(j)}) \leqq \frac{1}{i} + \lim_{l\to\infty} d(x^i_l, x^j_l) + \frac{1}{j} = \frac{1}{i} + \widehat{d}(\boldsymbol{x}_i, \boldsymbol{x}_j) + \frac{1}{j}$$

をえる．それゆえ，$\lim_{i,j\to\infty} d(x^i_{i(i)}, x^j_{j(j)}) = 0$ をえる．このように，$\{x^i_{i(i)}\}_{i=1}^{\infty}$ は，(X, d) におけるコーシー列である．次に，$\lim_{i\to\infty} \boldsymbol{x}_i = \boldsymbol{x}_{\infty}$ が成り立つことを示そう．

$$\begin{aligned}
\lim_{i\to\infty} \widehat{d}(\boldsymbol{x}_i, \boldsymbol{x}_{\infty}) &= \lim_{i\to\infty}\lim_{j\to\infty} d(x^i_j, x^j_{j(j)}) \\
&\leqq \lim_{i\to\infty}\lim_{j\to\infty} (d(x^i_j, x^i_{i(i)}) + d(x^i_{i(i)}, x^j_{j(j)})) \\
&= 0.
\end{aligned}$$

したがって，$(\mathcal{C}(X,d)/\sim, \widehat{d})$ における点列 $\{\boldsymbol{x}_i\}_{i=1}^{\infty}$ は，$\boldsymbol{x}_{\infty}$ に収束する．このように，$(\mathcal{C}(X,d)/\sim, \widehat{d})$ における任意にとったコーシー列 $\{\boldsymbol{x}_i\}_{i=1}^{\infty}$ が収束列であることが示せたので，$(\mathcal{C}(X,d)/\sim, \widehat{d})$ は完備である．以上より，$(\mathcal{C}(X,d)/\sim, \widehat{d})$ が (X, d) の完備化であることがわかる．

(X, d) が単位開円板 $(\mathring{B}^2(1), d_{\mathbb{E}^2}|_{\mathring{B}^2(1)^2})$ の場合，$\mathcal{C}(X,d)/\sim$，および，距離関数 $\widehat{d}$ は，図 2.5.1 のように視覚的に捉えることができる．

完備化について，次の一意性定理が成り立つ．

定理 2.5.1 $((\widehat{X}_i, \widehat{d}_i), f_i)$ $(i = 1, 2)$ が (X, d) の完備化であるならば，$(\widehat{X}_1, \widehat{d}_1)$ から $(\widehat{X}_2, \widehat{d}_2)$ への上への等距離写像 F で，$F \circ f_1 = f_2$ となる

ようなものが存在する．

【証明】 写像

$$f_2 \circ f_1^{-1} : (f_1(X), \widehat{d_1}|_{f_1(X)^2}) \to (\widehat{X}_2, \widehat{d_2})$$

は等距離写像なので，一様連続である．また，$f_1(X)$ は $(\widehat{X}_1, \widehat{d_1})$ の稠密な部分集合であり，$(\widehat{X}_2, \widehat{d_2})$ は完備である．したがって，命題 2.4.2 により，$f_2 \circ f_1^{-1}$ は，$(\widehat{X}_1, \widehat{d_1})$ から $(\widehat{X}_2, \widehat{d_2})$ への一様連続写像に一意的に拡張される．この拡張された写像を F と表す．

同様に，$f_1 \circ f_2^{-1}$ は，$(\widehat{X}_2, \widehat{d_2})$ から $(\widehat{X}_1, \widehat{d_1})$ への一様連続写像に一意的に拡張される．この拡張された写像を G と表す．このとき，F, G の定義から，明らかに，$(F \circ G)|_{f_2(X)} = \mathrm{id}_{f_2(X)}$，$(G \circ F)|_{f_1(X)} = \mathrm{id}|_{f_1(X)}$ が成り立つ．この事実から，$F \circ G = \mathrm{id}_{\widehat{X}_2}$，$G \circ F = \mathrm{id}_{\widehat{X}_1}$ が導かれる．それゆえ，ベルンシュタインの定理（定理 1.3.3）より，F, G は全単射であり，$G = F^{-1}$ が成り立つ．したがって，F が $(\widehat{X}_1, \widehat{d_1})$ から $(\widehat{X}_2, \widehat{d_2})$ への上への等距離写像であることが示される．また，明らかに，$F \circ f_1 = f_2$ が成り立つ．それゆえ，F が求めるべき写像である． □

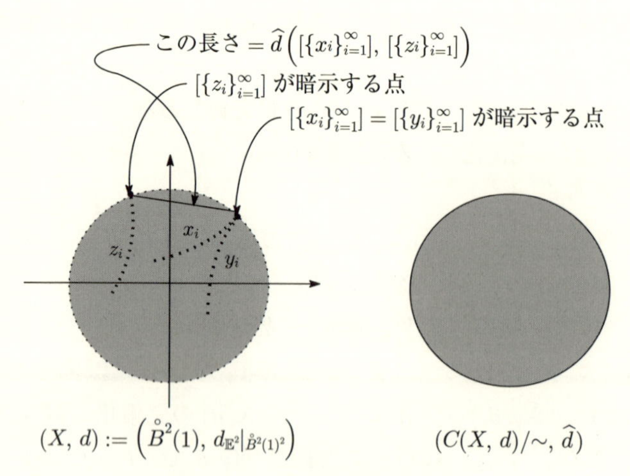

図 2.5.1　単位開円板の完備化

第3章 位相空間

この章において，点列の収束性，および，写像の収束性・連続性を定義することのできる最も一般的な空間である位相空間について述べることにする．前章で述べた距離空間は，距離関数に付随した自然な位相が定義されるため，位相空間とみなせる．

3.1 位相空間

この節において，位相空間を定義し，その例をいくつか与えることにする．集合 X の部分集合族 $\mathcal{O}$ $(\subseteqq 2^X)$ が次の3条件を満たすとする：

(O-i) $\emptyset, X \in \mathcal{O}$ が成り立つ；

(O-ii) $U, V \in \mathcal{O} \Rightarrow U \cap V \in \mathcal{O}$ が成り立つ；

(O-iii) X の部分集合族 $\mathcal{U} = \{U_\lambda \mid \lambda \in \Lambda\}$ に対し，

$$(\forall \lambda \in \Lambda)[U_\lambda \in \mathcal{O}] \Rightarrow \bigcup_{\lambda \in \Lambda} U_\lambda \in \mathcal{O}$$

が成り立つ．

このとき，$\mathcal{O}$ を X の**位相** (**topology**) といい，組 $(X, \mathcal{O})$ を**位相空間** (**topological space**) という．また，$\mathcal{O}$ の各要素を位相空間 $(X, \mathcal{O})$ の**開集合** (**open set**) という．それゆえ，$\mathcal{O}$ は，**開集合族** (**family of open sets**) ともよばれる．以下，位相空間の各要素を点とよぶことにする．A を X の部分集合とする．$A^c \in \mathcal{O}$ であるとき，A を $(X, \mathcal{O})$ の**閉集合** (**closed set**) という．$\mathcal{C}$ を $(X, \mathcal{O})$ の閉集合全体からなる集合とする．これを $(X, \mathcal{O})$ の**閉集合族** (**family of closed sets**) という．$\mathcal{C}$ は，次の3条件を満たす：

(C-i)　$\emptyset, X \in \mathcal{C}$ が成り立つ；

(C-ii)　$A, B \in \mathcal{C} \Rightarrow A \cup B \in \mathcal{C}$ が成り立つ；

(C-iii)　X の部分集合族 $\mathcal{A} = \{A_\lambda \mid \lambda \in \Lambda\}$ に対し,

$$(\forall \lambda \in \Lambda)[A_\lambda \in \mathcal{C}] \Rightarrow \bigcap_{\lambda \in \Lambda} A_\lambda \in \mathcal{C}$$

が成り立つ.

(C-i) が成り立つことは，明らかである．(C-ii) が成り立つことを示そう．$A, B \in \mathcal{C}$ とする．このとき，$A^c, B^c \in \mathcal{O}$ なので，$A^c \cap B^c \in \mathcal{O}$ である．一方，ド・モルガンの法則（命題 1.1.1-(iv)）により，$A \cup B = (A^c \cap B^c)^c$ が成り立つ．それゆえ，$A \cup B \in \mathcal{C}$ が示される．このように，(C-ii) が示される．次に，(C-iii) が成り立つことを示そう．X の部分集合族 $\mathcal{A} = \{A_\lambda \mid \lambda \in \Lambda\}$ に対し，

$$(\forall \lambda \in \Lambda)[A_\lambda \in \mathcal{C}]$$

が成り立つとする．このとき，$A_\lambda^c \in \mathcal{O}\ (\lambda \in \Lambda)$ なので，$\bigcup_{\lambda \in \Lambda} A_\lambda^c \in \mathcal{O}$ が成り立つ．それゆえ，ド・モルガンの法則（命題 1.1.1-(iv)）により，

$$\left(\bigcap_{\lambda \in \Lambda} A_\lambda\right)^c = \bigcup_{\lambda \in \Lambda} A_\lambda^c \in \mathcal{O},$$

つまり，$\bigcap_{\lambda \in \Lambda} A_\lambda \in \mathcal{C}$ が示される．このように，(C-iii) が従う．

逆に，(C-i), (C-ii)，および (C-iii) を満たす X の部分集合族 $\widehat{\mathcal{C}}$ が与えられたとき，$\widehat{\mathcal{O}}$ を

$$\widehat{\mathcal{O}} := \{U\ (\subseteqq X) \mid U^c \in \widehat{\mathcal{C}}\}$$

によって定義すると，この族が (O-i), (O-ii)，および (O-iii) を満たすこと，つまり，X の位相を与えることが同様に示される．このように，(C-i), (C-ii)，および (C-iii) を満たす族から X の位相が定まる．一般に，(C-i), (C-ii)，および (C-iii) を満たす族を X の**閉集合族**とよぶ．この事実から，X の位相を閉集合族を与えることで定義してもよいことがわかる．

A を位相空間 $(X, \mathcal{O})$ の部分集合とし，x を $(X, \mathcal{O})$ の点とする．$x \in U \subseteqq A$ となる $(X, \mathcal{O})$ の開集合 U が存在するとき，x を A の**内点** (**interior**

point) という．また，A の内点全体からなる集合を A の**内部** (**interior**) といい，$\mathring{A}$ または，$\mathrm{Int}(A)$ と表す．一方，$x \in U$ となる任意の開集合 U に対し，$U \cap A \neq \emptyset$ が成り立つとき，x を A の**触点** (**closure point**) という．また，A の触点全体からなる集合を，A の**閉包** (**closure**) といい，$\overline{A}$ または，$\mathrm{Cl}(A)$ と表す．A の触点であるが A の内点でない点を，A の**境界点** (**boundary point**) という．また，A の境界点全体からなる集合を，A の**境界** (**boundary**) といい，∂A と表す．点 $x \in X$ に対し，$x \in U$ となる $(X, \mathcal{O})$ の開集合 U（つまり，$x \in U \in \mathcal{O}$）を，x の**開近傍** (**open neighborhood**) といい，$x \in \mathring{V}$ となる X の部分集合 V を，x の**近傍** (**neighborhood**) という．$x \in X$ の任意の近傍 V に対し，$V \cap (A \setminus \{x\}) \neq \emptyset$ が成り立つとき，x を A の**集積点** (**accumulation point**) という．一方，$a \in A$ の近傍 V で $V \cap A = \{a\}$ となるようなものが存在するとき，a を A の**孤立点** (**isolated point**) という．

命題 3.1.1 A を位相空間 $(X, \mathcal{O})$ の部分集合とする．

(i) $\mathring{A}$ は開集合である．

(ii) $\overline{A}$ は閉集合である．

(iii) A が開集合であることと $\mathring{A} = A$ が成り立つことは同値である．

(iv) A が閉集合であることと $\overline{A} = A$ が成り立つことは同値である．

【証明】 まず，(i) を示そう．各点 $x \in \mathring{A}$ に対し，x は A の内点なので，x の開近傍 U_x で A に含まれるようなものが存在する．このとき，明らかに，$\mathring{A} = \bigcup_{x \in \mathring{A}} U_x$ が成り立つ．右辺は，開集合たちの和集合なので開集合である．それゆえ，$\mathring{A}$ が開集合であることが示される．

次に，(ii) を示そう．$x \in \overline{A}^c$ を任意にとる．x は A の触点でないので，x の開近傍 U で，$U \cap A = \emptyset$ となるようなものが存在する．$U \cap A = \emptyset$ は，$U \subseteqq A^c$ を意味するので，$x \in U \subseteqq A^c$ となり，x は A^c の内点であることが示される．x の任意性から，$\overline{A}^c \subseteqq (A^c)^\circ$ が示される．一方，$\hat{x} \in (A^c)^\circ$ とすると，$\hat{x}$ の開近傍 V で $V \subset A^c$，つまり，$V \cap A = \emptyset$ となるようなものが存在する．それゆえ，$\hat{x}$ は A の触点でないこと，つまり，$\hat{x} \in \overline{A}^c$ が示される．そ

れゆえ，$(A^c)^\circ \subseteqq \overline{A}^c$ が導かれる．したがって，$\overline{A}^c = (A^c)^\circ$ が示される．(i) によれば，$(A^c)^\circ$ は開集合なので，$\overline{A}^c$ が開集合であること，つまり，$\overline{A}$ が閉集合であることが示される．

次に，(iii) を示そう．A が開集合であるとする．このとき，$x \in A$ とすると，A は x の開近傍で A に含まれるものなので，$x \in \mathring{A}$ が成り立つ．それゆえ，$A \subseteqq \mathring{A}$ が示される．一方，$\mathring{A}$ の定義より，$\mathring{A} \subseteqq A$ が成り立つ．したがって，$\mathring{A} = A$ が示される．逆に，$\mathring{A} = A$ が成り立つとすると，(i) より $\mathring{A}$ は開集合なので，A は開集合である．

(iv) を示そう．A が閉集合であるとする．$x \notin A$ とすると，A^c は開集合なので，x の開近傍 U で $U \subset A^c$ となるようなものが存在する．$U \subset A^c$ は $U \cap A = \emptyset$ を意味するので，$x \notin \overline{A}$ が導かれる．したがって，$A^c \subseteqq \overline{A}^c$，つまり，$\overline{A} \subseteqq A$ が示される．一方，$\overline{A}$ の定義より，$A \subseteqq \overline{A}$ が成り立つ．したがって，$\overline{A} = A$ が示される．逆に，$\overline{A} = A$ とすると，(ii) より $\overline{A}$ は閉集合なので，A は閉集合である．□

A を位相空間 $(X, \mathcal{O})$ の部分集合とする．$\overline{A} = X$ が成り立つとき，A を $(X, \mathcal{O})$ の**稠密な部分集合** (**dense subset**) という．$(X, \mathcal{O})$ の稠密な高々可算部分集合が存在するとき，$(X, \mathcal{O})$ は**可分** (**separable**) であるという．

位相空間の最も基本的（しかし，特異）な例を紹介しよう．集合 X に対し，$\{\emptyset, X\}$ や 2^X は，条件 (O-i), (O-ii), および (O-iii) を満たし，X の位相になる．前者を**密着位相** (**indiscrete topology**) といい，後者を**離散位相** (**discrete topology**) という．

各距離空間に付随して，位相空間が定義されることを述べよう．(X, d) を距離空間とする．$x_0 \in X$ と $\varepsilon > 0$ に対し，$U_\varepsilon(x_0)$ を

$$U_\varepsilon(x_0) := \{x \in X \mid d(x_0, x) < \varepsilon\}$$

によって定義する．この集合を x_0 の $\boldsymbol{\varepsilon}$ **近傍** ($\boldsymbol{\varepsilon}$**-neighborhood**) という．X の部分集合族 $\mathcal{O}_d$ を

$$\mathcal{O}_d := \{V \ (\subseteqq X) \mid (\forall x \in V)[(\exists \varepsilon > 0)[U_\varepsilon(x) \subseteqq V]]\}$$

によって定義する．$\mathcal{O}_d$ は，X の位相を与えることが示される．この位相 $\mathcal{O}_d$

を **d の定める距離位相** (**distance topology**) という．以下，$\mathcal{O}_d$ が X の位相を与えることを示そう．$\mathcal{O}_d$ が条件 (O-i) を満たすことは，明らかである．$\mathcal{O}_d$ が条件 (O-ii) を満たすことを示そう．$V, W \in \mathcal{O}_d$ を任意にとる．このとき，各点 $x \in V \cap W$ に対し，$U_{\varepsilon_1}(x) \subseteqq V$ となる $\varepsilon_1 > 0$ と $U_{\varepsilon_2}(x) \subseteqq W$ となる $\varepsilon_2 > 0$ が存在する．$\varepsilon := \min\{\varepsilon_1, \varepsilon_2\}$ とおく．このとき，

$$U_\varepsilon(x) = U_{\varepsilon_1}(x) \cap U_{\varepsilon_2}(x) \subseteqq V \cap W$$

をえる．したがって，$V \cap W \in \mathcal{O}_d$ が示される．このように，$\mathcal{O}_d$ が条件 (O-ii) を満たすことが示される．次に，$\mathcal{O}_d$ が条件 (O-iii) を満たすことを示そう．$V_\lambda \in \mathcal{O}_d$ $(\lambda \in \Lambda)$ とする．$x \in \bigcup_{\lambda \in \Lambda} V_\lambda$ を任意にとる．$x \in V_{\lambda_0}$ となる $\lambda_0 \in \Lambda$ が存在する．$V_{\lambda_0} \in \mathcal{O}_d$ なので，$U_\varepsilon(x) \subseteqq V_{\lambda_0}$ となる $\varepsilon > 0$ が存在する．

$$x \in U_\varepsilon(x) \subseteqq V_{\lambda_0} \subseteqq \bigcup_{\lambda \in \Lambda} V_\lambda$$

なので，$\bigcup_{\lambda \in \Lambda} V_\lambda \in \mathcal{O}_d$ が示される．このように，$\mathcal{O}_d$ は，条件 (O-iii) も満たす．したがって，$\mathcal{O}_d$ は X の位相である．

位相空間 $(X, \mathcal{O})$ に対し，$\mathcal{O}_d = \mathcal{O}$ となる X 上の距離関数 d が存在するとき，$(X, \mathcal{O})$ は**距離付け可能** (**metrizable**) であるという．

ここで，可分な位相空間の例を挙げよう．

例 3.1.1 有理数全体からなる集合 $\mathbb{Q}$ は可算なので，$\mathbb{Q}^n$ も可算である．$\mathbb{Q}^n$ が $(\mathbb{R}^n, \mathcal{O}_{d_{\mathbb{E}^n}})$ の稠密な部分集合であることを示そう．任意に $(a_1, \ldots, a_n) \in \mathbb{R}^n$ をとり，固定する．また，任意に $(a_1, \ldots, a_n)$ の近傍 V をとる．明らかに a_i の近傍 V_i $(i = 1, \ldots, n)$ で，$V_1 \times \cdots \times V_n \subset V$ となるようなものが存在する．有理数の稠密性より，各 $i \in \{1, \ldots, n\}$ に対し，V_i に属する有理数 q_i が存在する．このとき，$(q_1, \ldots, q_n) \in V_1 \times \cdots \times V_n \subset V$ となり，$V \cap \mathbb{Q}^n \neq \emptyset$ が示される．したがって，$(a_1, \ldots, a_n) \in \overline{\mathbb{Q}^n}$ が示され，それゆえ，$(a_1, \ldots, a_n)$ の任意性より，$\overline{\mathbb{Q}^n} = \mathbb{R}^n$ が示される．このように，$\mathbb{Q}^n$ は $(\mathbb{R}^n, \mathcal{O}_{d_{\mathbb{E}^n}})$ の稠密な可算部分集合なので，$(\mathbb{R}^n, \mathcal{O}_{d_{\mathbb{E}^n}})$ は可分である．

次に，開集合，閉集合，内点，触点，および境界点を視覚的に理解するため

に，$\mathbb{R}^n$ $(n = 2, 3)$ のユークリッド距離関数 $d_{\mathbb{E}}$ の定める位相 $\mathcal{O}_{d_{\mathbb{E}}}$ を備えた位相空間 $(\mathbb{R}^n, \mathcal{O}_{d_{\mathbb{E}}})$ 内で，これらの概念を眺めてみることにする．

例 3.1.2　位相空間 $(\mathbb{R}^2, \mathcal{O}_{d_{\mathbb{E}}})$ を考える．連続写像 $c : [0,1] \to \mathbb{R}^2$ で $c(0) = c(1)$ かつ $c|_{(0,1)}$ が単射であるようなものを，$\mathbb{R}^2$ 上の**単純閉曲線** (**simple closed curve**) という．また，連続な単射 $\hat{c} : (-1,1) \to \mathbb{R}^2$ で $\lim_{t\to -1} \|\hat{c}(t)\|_{\mathbb{E}} = \lim_{t\to 1} \|\hat{c}(t)\|_{\mathbb{E}} = \infty$ となるようなものを，本書では，$\mathbb{R}^2$ 上の**無限遠に延びる単純曲線** (**simple curve reaching the infinity**) とよぶことにする．単純閉曲線 c に対し，$c([0,1])$ で囲まれる領域を U_c^I と表し，$c([0,1])$ の外側の領域を U_c^O と表すことにする．また，無限遠に延びる単純曲線 $\hat{c}$ に対し，$\mathbb{R}^2$ は $\hat{c}((-1,1))$ によって，2つの領域に分けられるが，その片方の領域を $U_{\hat{c}}^L$，もう一方の領域を $U_{\hat{c}}^R$ と表すことにする．ここで，各領域はその境界線（つまり，$c([0,1])$ や $\hat{c}((-1,1))$）を含まないことを注意しておく．$U_c^I, U_c^O, U_{\hat{c}}^L, U_{\hat{c}}^R$ は，$(\mathbb{R}^2, \mathcal{O}_{d_{\mathbb{E}}})$ の開集合であり，それゆえ，これらの補集合は閉集合である．実際，U_c^I が開集合であることを示そう．$\boldsymbol{x}_0 \in U_c^I$ を任意にとる．$\boldsymbol{x}_0$ から $c([0,1])$ までの最短距離 $\inf_{\boldsymbol{x}\in c([0,1])} d_{\mathbb{E}}(\boldsymbol{x}, \boldsymbol{x}_0)$（これは，正になる）を r と表すとき，$U_{\frac{r}{2}}(\boldsymbol{x}_0) \subset U_c^I$ が成り立つ（図 3.1.1 を参照）．それゆえ，$\boldsymbol{x}_0$ は U_c^I の内点である．$\boldsymbol{x}_0$ の任意性から，$U_c^I \subseteqq \mathring{U}_c^I$ がわかる．明らかに $\mathring{U}_c^I \subseteqq U_c^I$ が成り立つので，$U_c^I = \mathring{U}_c^I$，それゆえ，U_c^I が開集合であることがわかる．同様に，$U_c^O, U_{\hat{c}}^L, U_{\hat{c}}^R$ が開集合であることが示される（図 3.1.1, 3.1.2 を参照）．

また，これらの開集合の閉包，および，境界は各々，次のように与えられる：

$$\overline{U_c^I} = U_c^I \amalg c([0,1]), \qquad \overline{U_c^O} = U_c^O \amalg c([0,1]),$$
$$\overline{U_{\hat{c}}^L} = U_{\hat{c}}^L \amalg \hat{c}((-1,1)), \qquad \overline{U_{\hat{c}}^R} = U_{\hat{c}}^R \amalg \hat{c}((-1,1)),$$
$$\partial U_c^I = \partial U_c^O = c([0,1]), \qquad \partial U_{\hat{c}}^L = \partial U_{\hat{c}}^R = \hat{c}((-1,1)).$$

代表として，$\overline{U_c^I} = U_c^I \amalg c([0,1])$, $\partial U_c^I = c([0,1])$ を示そう．

$$\mathbb{R}^2 \setminus (U_c^I \amalg c([0,1])) = U_c^O$$

なので，$\mathbb{R}^2 \setminus (U_c^I \amalg c([0,1]))$ は開集合である．それゆえ，$\mathbb{R}^2 \setminus (U_c^I \amalg c([0,1]))$

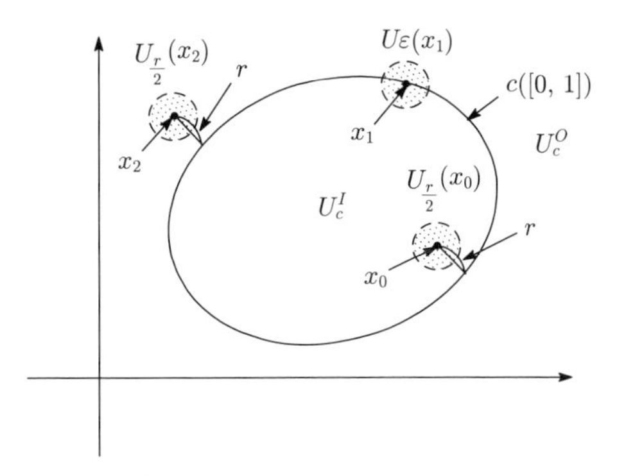

図 3.1.1　$(\mathbb{R}^2, \mathcal{O}_{d_{\mathbb{E}}})$ の開集合（その 1）

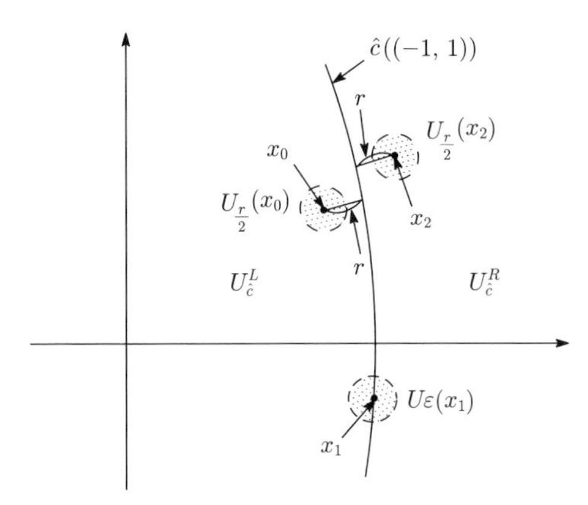

図 3.1.2　$(\mathbb{R}^2, \mathcal{O}_{d_{\mathbb{E}}})$ の開集合（その 2）

の点は，すべて U_c^I の触点ではない．$c([0,1])$ 上の点 $\boldsymbol{x}_1$ を任意にとる．任意の $\varepsilon > 0$ に対し，$U_\varepsilon(\boldsymbol{x}_1) \cap U_c^I \neq \emptyset$ となる（図 3.1.1 を参照）ので，$\boldsymbol{x}_1$ が U_c^I の触点であることがわかる．それゆえ，$c([0,1]) \subsetneqq \overline{U_c^I}$ が示される．これらの事実から，$\overline{U_c^I} = U_c^I \amalg c([0,1])$ が導かれる．一方，U_c^I は開集合なので，$\mathring{U}_c^I = U_c^I$ となる．それゆえ，$\partial U_c^I = \overline{U_c^I} \setminus \mathring{U}_c^I = c([0,1])$ が示される．

例 3.1.3　位相空間 $(\mathbb{R}^3, \mathcal{O}_{d_{\mathbb{E}}})$ を考える．$S^2(1)$ を単位球面，つまり，

$$S^2(1) := \{(x_1, x_2, x_3) \mid x_1^2 + x_2^2 + x_3^2 = 1\}$$

とする．連続な単射 $f : S^2(1) \to \mathbb{R}^3$ に対し，その像 $S := f(S^2(1))$ を

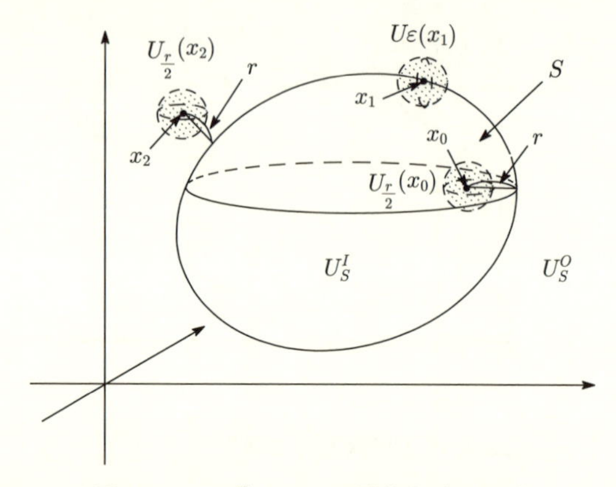

図 3.1.3　$(\mathbb{R}^3, \mathcal{O}_{d_{\mathbb{E}}})$ の開集合（その 1）

$\mathbb{R}^3$ 内の**閉曲面** (closed surface) とよぶことにする．また，連続な単射 $\hat{f}$: $\mathbb{R}^2 \to \mathbb{R}^3$ で，各 $\boldsymbol{x} \in \mathbb{R}^2 \setminus \{(0,0)\}$ に対し，$\lim_{t\to\infty} \|\hat{f}(t\boldsymbol{x})\|_{\mathbb{E}} = \infty$ となるようなものに対し，その像 $\hat{S} := \hat{f}(\mathbb{R}^2)$ を $\mathbb{R}^3$ 内の**無限遠に延びる曲面** (**surface reaching the infinity**) とよぶことにする．$\mathbb{R}^3$ 内の閉曲面 S に対し，S で囲まれる領域を U_S^I と表し，S の外側の領域を U_S^O と表すことにする．また，無限遠に延びる曲面 $\hat{S}$ に対し，$\mathbb{R}^3$ は，$\hat{S}$ によって 2 つの領域に分けられるが，その片方の領域を $U_{\hat{S}}^L$，もう一方の領域を $U_{\hat{S}}^R$ と表すことにする．ここで，各領域はその境界面（つまり，S や $\hat{S}$）を含まないことを注意しておく．$U_S^I, U_S^O, U_{\hat{S}}^L, U_{\hat{S}}^R$ は，$(\mathbb{R}^3, \mathcal{O}_{d_{\mathbb{E}}})$ の開集合であり，それゆえ，これらの補集合は閉集合である．実際，U_S^I が開集合であることを示そう．$\boldsymbol{x}_0 \in U_S^I$ を任意にとる．$\boldsymbol{x}_0$ から S までの最短距離 $\inf_{\boldsymbol{x}\in S} d_{\mathbb{E}}(\boldsymbol{x}, \boldsymbol{x}_0)$（これは，正になる）を r と表すとき，$U_{\frac{r}{2}}(\boldsymbol{x}_0) \subset U_S^I$ が成り立つ（図 3.1.3 を参照）．それゆえ，U_S^I は開集合である．同様に，$U_S^O, U_{\hat{S}}^L, U_{\hat{S}}^R$ が開集合であることが示される（図 3.1.3, 3.1.4 を参照）．

また，これらの開集合の閉包，および，境界は各々，次のように与えられる：

$$\overline{U_S^I} = U_S^I \amalg S,\ \overline{U_S^O} = U_S^O \amalg S,\ \overline{U_{\hat{S}}^L} = U_{\hat{S}}^L \amalg \hat{S},\ \overline{U_{\hat{S}}^R} = U_{\hat{S}}^R \amalg \hat{S},$$

$$\partial U_S^I = \partial U_S^O = S,\ \partial U_{\hat{S}}^L = \partial U_{\hat{S}}^R = \hat{S}.$$

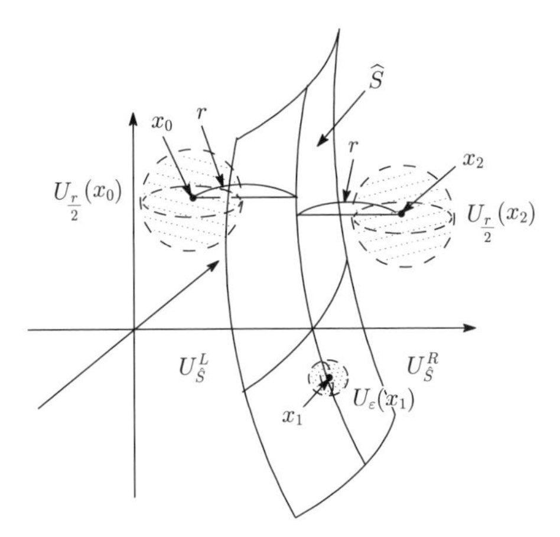

図 3.1.4 $(\mathbb{R}^3, \mathcal{O}_{d_{\mathbb{E}}})$ の開集合（その 2）

代表として，$\overline{U_S^I} = U_S^I \amalg S$, $\partial U_S^I = S$ を示そう．$\mathbb{R}^3 \setminus (U_S^I \amalg S) = U_S^O$ なので，$\mathbb{R}^3 \setminus (U_S^I \amalg S)$ は開集合である．それゆえ，$\mathbb{R}^3 \setminus (U_S^I \amalg S)$ の点は，すべて U_S^I の触点ではない．S 上の点 $\boldsymbol{x}_1$ を任意にとる．任意の $\varepsilon > 0$ に対し，$U_\varepsilon(\boldsymbol{x}_1) \cap U_S^I \neq \emptyset$ となる（図 3.1.3 を参照）ので，$\boldsymbol{x}_1$ が U_S^I の触点であることがわかる．それゆえ，$S \subseteqq \overline{U_S^I}$ が示される．これらの事実から，$\overline{U_S^I} = U_S^I \amalg S$ が導かれる．一方，U_S^I は開集合なので，$\mathring{U}_S^I = U_S^I$ となる．それゆえ，$\partial U_S^I = \overline{U_S^I} \setminus \mathring{U}_S^I = S$ が示される．

3.2 部分位相空間

この節において，部分位相空間について述べることにする．$(X, \mathcal{O})$ を位相空間とし，A を X の部分集合とする．$\mathcal{O}|_A$ を

$$\mathcal{O}|_A := \{U \cap A \,|\, U \in \mathcal{O}\}$$

によって定義する．$\mathcal{O}|_A$ は，A の位相になる．この事実を示そう．X, A の空部分集合を各々，$\emptyset_X, \emptyset_A$ と表すことにする．$\emptyset_A = \emptyset_X \cap A$, $A = X \cap A$ なので，$\emptyset_A$, A は，$\mathcal{O}|_A$ の要素であり，$\mathcal{O}|_A$ が条件 (O-i) を満たすことがわかる．$V_1, V_2 \in \mathcal{O}|_A$ とする．このとき，$U_i \cap A = V_i$ となる $U_i \in \mathcal{O}$ $(i = 1, 2)$ が存在する．$V_1 \cap V_2 = (U_1 \cap U_2) \cap A$ となり，$U_1 \cap U_2 \in \mathcal{O}$ なので，$V_1 \cap V_2 \in \mathcal{O}|_A$ と

なる．それゆえ，$\mathcal{O}|_A$ は，条件 (O-ii) を満たす．$V_\lambda \in \mathcal{O}|_A$ $(\lambda \in \Lambda)$ とする．このとき，$U_\lambda \cap A = V_\lambda$ となる $U_\lambda \in \mathcal{O}$ $(\lambda \in \Lambda)$ が存在する．

$$\bigcup_{\lambda\in\Lambda} V_\lambda = \bigcup_{\lambda\in\Lambda} (U_\lambda \cap A) = \left(\bigcup_{\lambda\in\Lambda} U_\lambda\right) \cap A$$

であり，$\bigcup_{\lambda\in\Lambda} U_\lambda \in \mathcal{O}$ なので，$\bigcup_{\lambda\in\Lambda} V_\lambda \in \mathcal{O}|_A$ がわかる．よって $\mathcal{O}|_A$ は，条件 (O-iii) も満たす．したがって，$\mathcal{O}|_A$ は A の位相である．この位相 $\mathcal{O}|_A$ を A の**相対位相** (**relative topology**) といい，$(A, \mathcal{O}|_A)$ を $(X, \mathcal{O})$ の**部分位相空間** (**topological subspace**) という．

例 3.2.1　$(\mathbb{R}^n, \mathcal{O}_{d_\mathbb{E}})$ の部分位相空間 $(\mathbb{Z}^n, \mathcal{O}_{d_\mathbb{E}}|_{\mathbb{Z}^n})$ は，離散位相空間である．この事実を示しておこう．任意に，$\boldsymbol{z} = (z_1, \ldots, z_n) \in \mathbb{Z}^n$ をとる．明らかに，$U_{1/2}(\boldsymbol{z}) \cap \mathbb{Z}^n = \{\boldsymbol{z}\}$ であり，$\{\boldsymbol{z}\} \in \mathcal{O}_{d_\mathbb{E}}|_{\mathbb{Z}^n}$ であることがわかる．この事実から，$\mathcal{O}_{d_\mathbb{E}}|_{\mathbb{Z}^n} = 2^{\mathbb{Z}^n}$ であることが示される（$\mathcal{O}_{d_\mathbb{E}}|_A$ が条件 (O-iii) を満たすことに注意する）．このように，$(\mathbb{Z}^n, \mathcal{O}_{d_\mathbb{E}}|_{\mathbb{Z}^n})$ が離散位相空間であることがわかる．ここで，

$$\inf_{(\boldsymbol{x},\boldsymbol{y})\in(\mathbb{Z}^n)^2\setminus\Delta(\mathbb{Z}^n)} d_\mathbb{E}(\boldsymbol{x}, \boldsymbol{y}) = 1 \ (>0)$$

であることを注意しておく．

例 3.2.2　$(\mathbb{R}^2, \mathcal{O}_{d_\mathbb{E}})$ の部分集合 A を

$$A = \{(0, j) \mid j \in \mathbb{Z}\} \cup \left\{ \left(\frac{1}{i}, j\right) \,\middle|\, (i, j) \in \mathbb{N} \times \mathbb{Z} \right\}$$

によって定義する．部分位相空間 $(A, \mathcal{O}_{d_\mathbb{E}}|_A)$ は，離散位相空間ではない．この事実を示しておこう．任意の $\varepsilon > 0$ に対し，

$$U_\varepsilon((0, j)) \cap A \supsetneqq \left\{ \left(\frac{1}{i}, j\right) \,\middle|\, i > \frac{1}{\varepsilon} \right\}$$

となり，$U_\varepsilon((0, j)) \cap A$ が無限集合であることがわかる．この事実から，$\{(0, j)\}$ は，$\mathcal{O}_{d_\mathbb{E}}|_A$ の要素ではないことが示される．それゆえ，$\mathcal{O}_{d_\mathbb{E}}|_A \neq 2^A$ なので，$(A, \mathcal{O}_{d_\mathbb{E}}|_A)$ は離散位相空間ではない．ここで，

$$\inf_{(\boldsymbol{x},\boldsymbol{y})\in A^2\setminus\Delta(A)} d_\mathbb{E}(\boldsymbol{x}, \boldsymbol{y}) = 0$$

であることを注意しておく．

一般に，次の事実が示される．

> **命題 3.2.1**　距離付け可能な位相空間 $(X, \mathcal{O}_d)$ の部分集合 A で，$\inf_{(x,y)\in A^2\setminus\Delta(A)} d(x,y) > 0$ ならば，部分位相空間 $(A, \mathcal{O}_d|_A)$ は，離散位相空間である．

【証明】　$r := \inf_{(x,y)\in A^2\setminus\Delta(A)} d(x,y)\ (>0)$ とおく．任意に，$x \in A$ をとる．このとき，$U_{r/2}(x) \cap A = \{x\}$ となり，$\{x\} \in \mathcal{O}_d|_A$ がわかる．この事実から，容易に $\mathcal{O}_d|_A = 2^A$ が示される．□

注意　この命題における条件 $\inf_{(x,y)\in A^2\setminus\Delta(A)} d(x,y) > 0$ は，A の各点が他の点と一定の距離だけ離れていること，つまり，A の点たちが $(X, \mathcal{O}_d)$ 内で離散的に分布することを意味する．そのとき，$\mathcal{O}_d|_A = 2^A$ が成り立つので，“離散” という言葉が用いられたのではないかと筆者は推測している．

例 3.2.3　正の数 r に対し，

$$S^n(r) := \left\{ (x_1, \ldots, x_{n+1}) \in \mathbb{R}^{n+1} \;\middle|\; \sum_{i=1}^{n+1} x_i^2 = r^2 \right\}$$

は，**半径 r の n 次元球面** (**n-dimensional sphere of radius r**) とよばれる．通常，$S^n(r)$ には，$(\mathbb{R}^{n+1}, \mathcal{O}_{d_{\mathbb{E}}})$ の相対位相 $\mathcal{O}_{d_{\mathbb{E}}}|_{S^n(r)}$ が与えられる．本書では，$\mathcal{O}_{d_{\mathbb{E}}}|_{S^n(r)}$ を $\mathcal{O}_{S^n(r)}$ と表すことにする．この部分位相空間

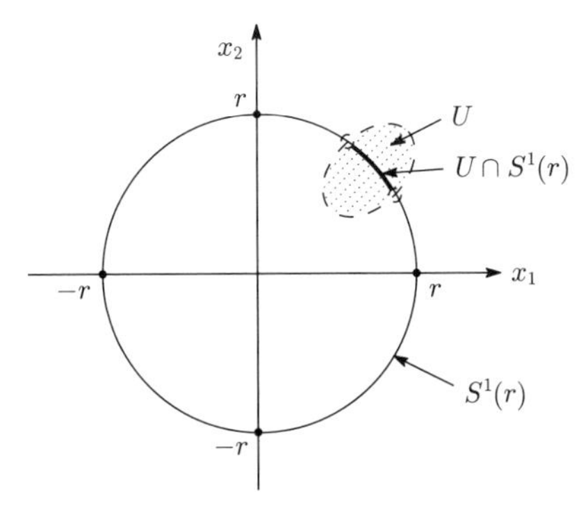

図 3.2.1　$(S^1(r), \mathcal{O}_{S^1(r)})$ の開集合

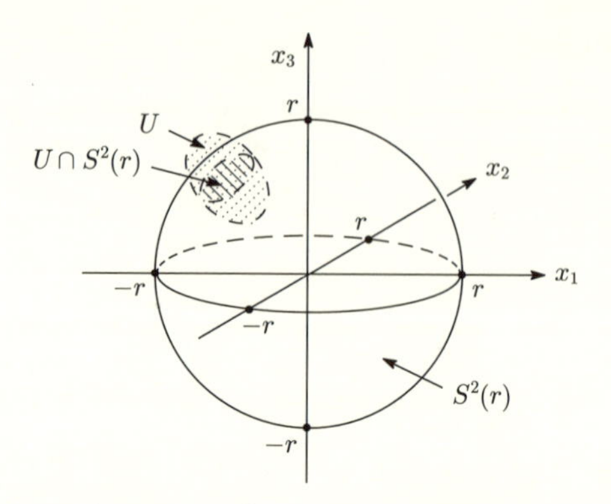

図 3.2.2　$(S^2(r), \mathcal{O}_{S^2(r)})$ の開集合

$(S^n(r), \mathcal{O}_{S^n(r)})$ の開集合は，$(\mathbb{R}^{n+1}, \mathcal{O}_{d_{\mathbb{E}}})$ の開集合 U を用いて，$U \cap S^n(r)$ という形で与えられるので，例えば，$(S^1(r), \mathcal{O}_{S^1(r)})$ の開集合は，図 3.2.1 のように，両端を含まない円弧，および，それらの和集合になる．また，$(S^2(r), \mathcal{O}_{S^2(r)})$ の開集合は，図 3.2.2 のように，球面 $S^2(r)$ 上の（自己交差しない）閉曲線で囲まれた領域，および，それらの和集合になる．

3.3　点列の収束性，および写像の収束性・連続性

この節において，位相空間上の点列の収束性，および，位相空間の間の写像の収束性・連続性を定義することにする．まず，位相空間上の点列の収束性を定義しよう．$(X, \mathcal{O})$ を位相空間，$\{x_i\}_{i=1}^{\infty}$ を $(X, \mathcal{O})$ 上の無限点列とし，a を X の点とする．a の任意の開近傍 U に対し，$i \geqq i_0 \Rightarrow x_i \in U$ となるような $i_0 \in \mathbb{N}$ が存在する，つまり，

$$\text{(SL)} \qquad (\forall U : a \text{ の開近傍})[(\exists i_0 \in \mathbb{N})[i \geqq i_0 \Rightarrow x_i \in U]]$$

が成り立つとき，**$\{x_i\}_{i=1}^{\infty}$ は a に収束する**といい，$\lim_{i \to \infty} x_i = a$，または，$x_i \to a \quad (i \to \infty)$ と表す．

命題 3.3.1　A を距離付け可能な位相空間 $(X, \mathcal{O}_d)$ の部分集合とする．このとき，$x_0 \ (\in X)$ が A の触点であることと A 内の点列 $\{a_i\}_{i=1}^{\infty}$ で x_0 に収束するようなものが存在することは同値である．

【証明】 x_0 が A の触点であるとする．このとき，任意の自然数 k に対し，$U_{\frac{1}{k}}(x_0) \cap A \neq \emptyset$ なので，$a_k \in U_{\frac{1}{k}}(x_0) \cap A$ をとることができる．このような a_k からなる A における点列 $\{a_k\}_{k=1}^{\infty}$ を考える．このとき，$d(a_k, x_0) < \frac{1}{k}$ なので，$d(a_k, x_0) \to 0$ $(k \to \infty)$ が示される．それゆえ，この点列 $\{a_k\}_{k=1}^{\infty}$ は x_0 に収束することがわかる．

逆を示そう．x_0 に収束する A 内の点列 $\{a_k\}_{k=1}^{\infty}$ が存在するとする．このとき，x_0 の任意の開近傍 U に対し，$k \geqq k_0 \;\Rightarrow\; a_k \in U$ となる自然数 k_0 が存在する．それゆえ，$U \cap A \neq \emptyset$ が示される．したがって，x_0 は A の触点である． □

例 3.3.1 位相空間 $(\mathbb{R}^2, \mathcal{O}_{d_{\mathbb{E}}})$ の部分集合 A を

$$A := \left\{ \left(x, \sin\frac{1}{x} \right) \,\middle|\, x > 0 \right\}$$

によって定義する．このとき，

$$\overline{A} = A \amalg \{(0, x_2) \mid -1 \leqq x_2 \leqq 1\}$$

が成り立つ．この事実を示そう．簡単のため，

$$L := \{(0, x_2) \mid -1 \leqq x_2 \leqq 1\}$$

とおく．L から任意に 1 点 $(0, b)$ をとる．$a := \sin^{-1} b$ とおく．ここで，$\sin^{-1}$ は，$\sin : \left[-\frac{\pi}{2}, \frac{\pi}{2}\right] \to [-1, 1]$ の逆関数を表す．このとき，

$$\left(\frac{1}{a + 2k\pi}, \sin(a + 2k\pi) \right) = \left(\frac{1}{a + 2k\pi}, b \right) \longrightarrow (0, b) \quad (k \to \infty)$$

となり，A 上の点列 $\left\{ \left(\frac{1}{a + 2k\pi}, \sin(a + 2k\pi) \right) \right\}_{k=1}^{\infty}$ が $(0, b)$ に収束することがわかる（図 3.3.1 を参照）．よって，命題 3.3.1 により，$(0, b)$ は A の触点である（さらに，この点列は相異なる点からなるので，A の集積点であることも示される）．よって，$L \subseteqq \overline{A}$，それゆえ，$A \amalg L \subseteqq \overline{A}$ が示される．一方，$A \amalg L$ 以外の点と A との距離が正であることが示されるので，$(A \amalg L)^c \cap \overline{A} = \emptyset$，つまり，$\overline{A} \subseteqq A \amalg L$ が示される．したがって，$\overline{A} = A \amalg L$ をえる．

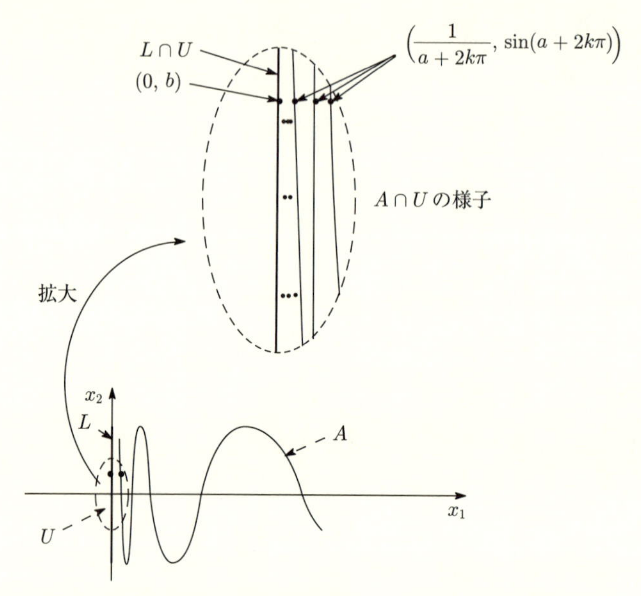

図 3.3.1　鉛直線分を集積点の集まりとしてもつ平面曲線の例

次に，位相空間の間の写像の収束性，および連続性を定義することにする．f を位相空間 $(X, \mathcal{O}_X)$ から位相空間 $(Y, \mathcal{O}_Y)$ への写像とし，$x_0 \in X$, $y_0 \in Y$ とする．y_0 の任意の近傍 V に対し，$f(U \setminus \{x_0\}) \subseteqq V$ となる x_0 の近傍 U が存在する，つまり，

(L)　$(\forall V:\ y_0$ の近傍$)[(\exists U:\ x_0$ の近傍$)[f(U \setminus \{x_0\}) \subseteqq V)]]$

が成り立つとき，**$x \to x_0$ のとき，$f(x)$ は y_0 に収束する** (**f converges to y_0 as $x \to x_0$**) といい，$\lim_{x \to x_0} f(x) = y_0$（または，$f(x) \to y_0$ $(x \to x_0)$）と表す（図 3.3.2, 3.3.3 を参照）．

位相空間 $(X, \mathcal{O}_X)$, $(Y, \mathcal{O}_Y)$ が距離付け可能な場合を考える．$\mathcal{O}_X = \mathcal{O}_{d_X}$, $\mathcal{O}_Y = \mathcal{O}_{d_Y}$ とする．このとき，主張 (L) は，次の主張と同値である：

任意の $\varepsilon > 0$ に対し，$f(U_\delta(x_0) \setminus \{x_0\}) \subseteqq U_\varepsilon(y_0)$ となる $\delta > 0$ が存在する，

つまり，

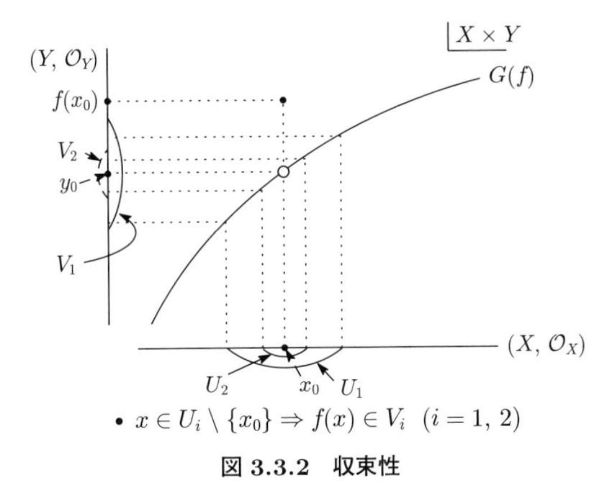

• $x \in U_i \setminus \{x_0\} \Rightarrow f(x) \in V_i \ \ (i = 1, 2)$

図 3.3.2　収束性

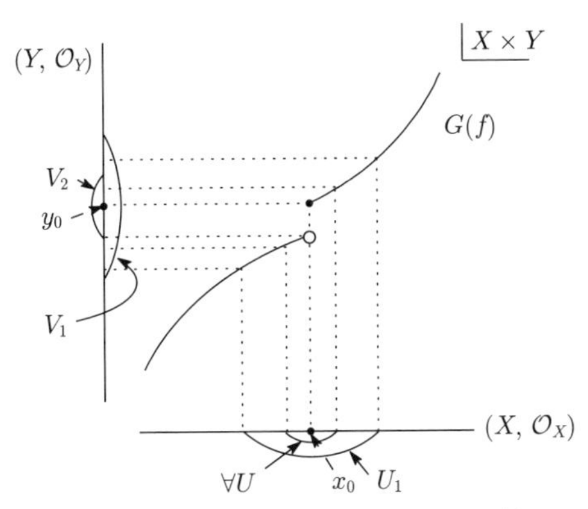

• $x \in U_1 \setminus \{x_0\} \Rightarrow f(x) \in V_1$ となる x_0 の開近傍 U_1 は存在するが，
$x \in U_2 \setminus \{x_0\} \Rightarrow f(x) \in V_2$ となる x_0 の開近傍 U_2 は存在しない．

図 3.3.3　非収束性

$$\text{(L}'\text{)} \qquad (\forall\, \varepsilon > 0)[(\exists\, \delta > 0)[f(U_\delta(x_0) \setminus \{x_0\}) \subseteqq U_\varepsilon(y_0)]].$$

これらの主張が同値であることを示そう．主張 (L) が成り立つとする．このとき，任意の $\varepsilon > 0$ に対し，

$$(\exists\, U' \colon\ x_0 \text{ の近傍 })[f(U' \setminus \{x_0\}) \subseteqq U_\varepsilon(y_0)]$$

が成り立つ．一方，$x_0 \in U' \in \mathcal{O}_{d_X}$ なので，$U_\delta(x_0) \subseteqq U'$ となる $\delta > 0$ が存在する．この δ に対し，

$$f(U_\delta(x_0) \setminus \{x_0\}) \subsetneqq f(U' \setminus \{x_0\}) \subsetneqq U_\varepsilon(y_0)$$

が成り立つので，主張 (L′) が導かれる．逆に，主張 (L′) が成り立つとする．任意に，y_0 の近傍 V をとる．このとき，$y_0 \in V \in \mathcal{O}_{d_Y}$ なので，$U_\varepsilon(y_0) \subsetneqq V$ となるような $\varepsilon > 0$ が存在する．主張 (L′) が成り立つとしているので，$f(U_\delta(x_0) \setminus \{x_0\}) \subsetneqq U_\varepsilon(y_0)$ となる $\delta > 0$ が存在する．

$$f(U_\delta(x_0) \setminus \{x_0\}) \subsetneqq U_\varepsilon(y_0) \subsetneqq V$$

なので，主張 (L) が導かれる．

独り言　収束性の定義文 (L) は，

「y_0 の どんな小さな 近傍 V に対しても，$f(U \setminus \{x_0\}) \subsetneqq V$
となる x_0 の近傍 U（これは V に依存してよい）が存在する」

と読めば，その本質が摑みやすいような気がする！

また，上述の ε, δ を用いた定義文 (L′) は，

「どんな小さな$\varepsilon > 0$ に対しても，
$$0 < d_X(x, x_0) < \delta \Rightarrow d_Y(f(x), y_0) < \varepsilon$$
となるような $\delta > 0$（これは ε に依存してよい）が存在する」

と読めば，その本質が摑みやすいような気がする！

f を位相空間 $(X, \mathcal{O}_X)$ から位相空間 $(Y, \mathcal{O}_Y)$ への写像とし，$x_0 \in (X, \mathcal{O}_X)$ を一つとり，固定する．$\lim_{x \to x_0} f(x) = f(x_0)$ が成り立つとき，**$\boldsymbol{f}$ は $\boldsymbol{x_0}$ で連続である** (**$\boldsymbol{f}$ is continuous at $\boldsymbol{x_0}$**) という．f が $(X, \mathcal{O}_X)$ の各点で連続であるとき，f を **$(\boldsymbol{X}, \boldsymbol{\mathcal{O}_X})$ から $(\boldsymbol{Y}, \boldsymbol{\mathcal{O}_Y})$ への連続写像** (continuous map) という．写像の連続性に関して，次の事実が成り立つ．

命題 3.3.2　位相空間 $(X, \mathcal{O}_X)$, $(Y, \mathcal{O}_Y)$ の閉集合族を，各々，$\mathcal{C}_X, \mathcal{C}_Y$ と表す．$(X, \mathcal{O}_X)$ から $(Y, \mathcal{O}_Y)$ への写像 f に対し，次の3つの主張は同値である：

(i)　f は連続である；

(ii)　任意の $V \in \mathcal{O}_Y$ に対し，$f^{-1}(V) \in \mathcal{O}_X$ である；

(iii)　任意の $A \in \mathcal{C}_Y$ に対し，$f^{-1}(A) \in \mathcal{C}_X$ である．

【証明】 まず，(i) $\Rightarrow$ (ii) を示そう．f が連続であるとする．任意に，$V \in \mathcal{O}_Y$ をとる．f は連続なので，各 $x \in f^{-1}(V)$ に対し，x の開近傍 U_x で $f(U_x) \subseteqq V$ が成り立つようなものが存在する．$U_x \subseteqq f^{-1}(V)$ なので，$\bigcup_{x \in f^{-1}(V)} U_x = f^{-1}(V)$ が示される．それゆえ，$f^{-1}(V) \in \mathcal{O}_X$ が示される．このように，(ii) が導かれる．

次に，(ii) と (iii) の同値性を示そう．(ii) が成り立つとする．任意に，$A \in \mathcal{C}_Y$ をとる．このとき，$A^c \in \mathcal{O}_Y$ なので，$f^{-1}(A^c) \in \mathcal{O}_X$ が導かれる．一方，$f^{-1}(A^c) = f^{-1}(A)^c$ が成り立つので，$f^{-1}(A)^c \in \mathcal{O}_X$, $f^{-1}(A) \in \mathcal{C}_X$ が導かれる．このように，(iii) が成り立つことが示されるので，(ii) $\Rightarrow$ (iii) が示された．逆も同様である．

次に，(ii) $\Rightarrow$ (i) を示そう．(ii) が成り立つとする．任意に $x \in X$ をとり，V を $f(x)$ の開近傍とする．このとき，(ii) を仮定しているので，$f^{-1}(V) \in \mathcal{O}_X$ となる．また，明らかに，$x \in f^{-1}(V)$ である．そゆえれ，$f^{-1}(V)$ は x の開近傍であり，$f(f^{-1}(V)) \subseteqq V$ なので，f が x で連続であることが示される．したがって，x の任意性より，f が連続写像である．　□

次に同相写像を定義しよう．f を位相空間 $(X, \mathcal{O}_X)$ から位相空間 $(Y, \mathcal{O}_Y)$ への全単射とする，f とその逆写像 f^{-1} が，共に連続であるとき，f を $(X, \mathcal{O}_X)$ から $(Y, \mathcal{O}_Y)$ への**同相写像** (**homeomorphism**)，または，**位相同型写像** (**homeomorphic isomorphism**) という．$(X, \mathcal{O}_X)$ から $(Y, \mathcal{O}_Y)$ への同相写像が存在するとき，$(X, \mathcal{O}_X)$ は $(Y, \mathcal{O}_Y)$ と**同相** (**homeomorhic**)，または，**位相同型** (**homeomorphically isomorphic**) であるという．2つの位相空間が同相であるとき，それらの位相空間は位相空間として本質的に同じものであると解釈される．

例 3.3.2　$[0, 2\pi]$ 上の正値連続関数 r で $r(0) = r(2\pi)$ となるようなものに対し，$(\mathbb{R}^2, \mathcal{O}_{d_{\mathbb{E}}})$ の部分集合 S_r を

$$S_r := \{(r(\theta)\cos\theta, r(\theta)\sin\theta) \mid \theta \in [0, 2\pi)\}$$

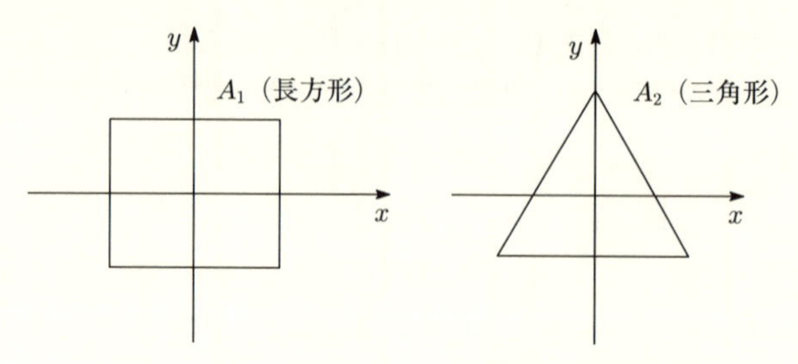

図 3.3.4　$(S^1(1), \mathcal{O}_{d_{\mathbb{E}}}|_{S^1(1)})$ と同相な位相空間の例

によって定義する．このとき，$(\mathbb{R}^2, \mathcal{O}_{d_{\mathbb{E}}})$ の部分位相空間 $(S_r, \mathcal{O}_{d_{\mathbb{E}}}|_{S_r})$ と $(S^1(1), \mathcal{O}_{d_{\mathbb{E}}}|_{S^1(1)})$ は同相である．ここで，$S^1(1)$ は単位円 $\{(x,y) \mid x^2+y^2=1\}$ を表す．実際，

$$f(\cos\theta, \sin\theta) := (r(\theta)\cos\theta, r(\theta)\sin\theta) \quad (0 \leq \theta < 2\pi)$$

で定義される写像 $f: S^1(1) \to S_r$ は，$(S^1(1), \mathcal{O}_{d_{\mathbb{E}}}|_{S^1(1)})$ から $(S_r, \mathcal{O}_{d_{\mathbb{E}}}|_{S_r})$ への同相写像を与える．

注意　この例により，図 3.3.4 におけるような $\mathbb{R}^2$ の部分集合 A_1（四角形）と A_2（三角形）に対し，部分位相空間 $(A_i, \mathcal{O}_{d_{\mathbb{E}}}|_{A_i})$ $(i = 1, 2)$ は部分位相空間 $(S^1(1), \mathcal{O}_{d_{\mathbb{E}}}|_{S^1(1)})$ と同相である．

例 3.3.3　$(\mathbb{R}^3, \mathcal{O}_{d_{\mathbb{E}}})$ の部分位相空間 $(S^2(1), \mathcal{O}_{d_{\mathbb{E}}}|_{S^2(1)})$ 上の正値連続関数 r に対し，$(\mathbb{R}^3, \mathcal{O}_{d_{\mathbb{E}}})$ の部分集合 S_r を

$$S_r := \{(r(x,y,z)x, r(x,y,z)y, r(x,y,z)z) \mid (x,y,z) \in S^2(1)\}$$

によって定義する．ここで，$S^2(1)$ は単位球面 $\{(x,y,z) \mid x^2+y^2+z^2=1\}$ を表す．このとき，部分位相空間 $(S_r, \mathcal{O}_{d_{\mathbb{E}}}|_{S_r})$ と $(S^2(1), \mathcal{O}_{d_{\mathbb{E}}}|_{S^2(1)})$ は同相である．実際，

$$f(x,y,z) := (r(x,y,z)x, r(x,y,z)y, r(x,y,z)z) \qquad ((x,y,z) \in S^2(1))$$

で定義される写像 $f: S^2(1) \to S_r$ は，$(S^2(1), \mathcal{O}_{d_{\mathbb{E}}}|_{S^2(1)})$ から $(S_r, \mathcal{O}_{d_{\mathbb{E}}}|_{S_r})$ への同相写像を与える．

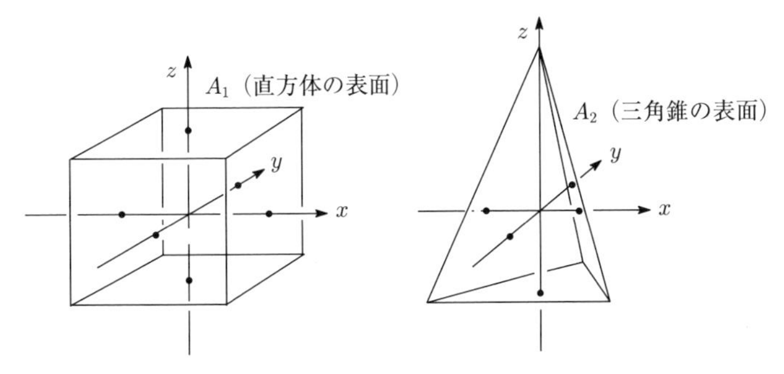

図 3.3.5　$(S^2(1), \mathcal{O}_{d_{\mathbb{E}}}|_{S^2(1)})$ と同相な位相空間の例

注意　この例により，図 3.3.5 におけるような $\mathbb{R}^3$ の部分集合 A_1（直方体の表面）と A_2（三角錐の表面）に対し，部分位相空間 $(A_i, \mathcal{O}_{d_{\mathbb{E}}}|_{A_i})$ $(i = 1, 2)$ は部分位相空間 $(S^2(1), \mathcal{O}_{d_{\mathbb{E}}}|_{S^2(1)})$ と同相である．

この節の最後に，開写像と閉写像という概念を定義しておく．f を位相空間 $(X, \mathcal{O}_X)$ から位相空間 $(Y, \mathcal{O}_Y)$ への写像とする．$(X, \mathcal{O}_X)$ の任意の開集合 U に対し，その像 $f(U)$ が $(Y, \mathcal{O}_Y)$ の開集合になるとき，f を $(X, \mathcal{O}_X)$ から $(Y, \mathcal{O}_Y)$ への**開写像** (**open map**) という．また，$(X, \mathcal{O}_X)$ の任意の閉集合 A に対し，その像 $f(A)$ が $(Y, \mathcal{O}_Y)$ の閉集合になるとき，f を $(X, \mathcal{O}_X)$ から $(Y, \mathcal{O}_Y)$ への**閉写像** (**closed map**) という．

例 3.3.4　$\rho : \mathbb{R} \to \mathbb{R}$ を連続関数とし，写像 $f : \mathbb{R} \to \mathbb{R}^2$ を

$$f(x) := (x, \rho(x)) \quad (x \in \mathbb{R})$$

によって定義する．この写像 f は，ρ の定める**グラフはめ込み** (**graph immersion**) とよばれる．グラフはめ込み f は，$(\mathbb{R}, \mathcal{O}_{d_{\mathbb{E}}})$ から $(\mathbb{R}^2, \mathcal{O}_{d_{\mathbb{E}}})$ への連続写像かつ閉写像であるが，開写像ではない．この事実を示そう．まず，f が $x_0 \in \mathbb{R}$ で連続であることを示そう．$\varepsilon > 0$ をとる．ρ は連続なので，

$$d_{\mathbb{E}}(x, x_0) < \delta \Rightarrow d_{\mathbb{E}}(\rho(x), \rho(x_0)) < \frac{\varepsilon}{\sqrt{2}}$$

となる $\delta > 0$ が存在する．$\hat{\delta} := \min\left\{\delta, \dfrac{\varepsilon}{\sqrt{2}}\right\}$ とおく．このとき，$d_{\mathbb{E}}(x, x_0) < \hat{\delta}$ とすると，

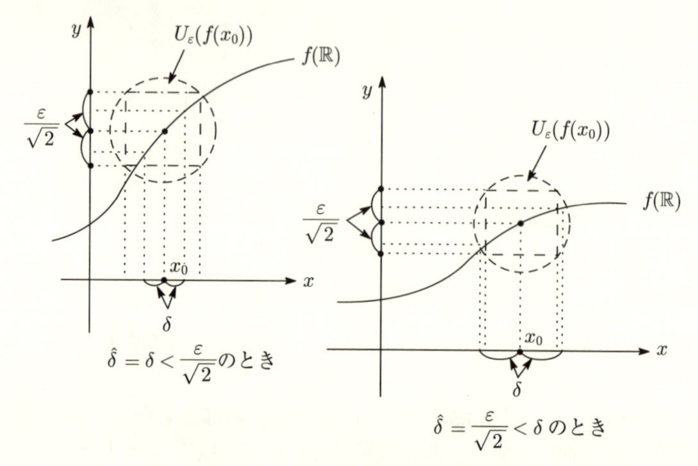

図 3.3.6　グラフはめ込みの連続性

$$\begin{aligned} d_{\mathbb{E}}(f(x), f(x_0)) = \|f(x)-f(x_0)\|_{\mathbb{E}} &= \sqrt{(x-x_0)^2+(\rho(x)-\rho(x_0))^2} \\ &< \sqrt{\frac{\varepsilon^2}{2}+\frac{\varepsilon^2}{2}} = \varepsilon \end{aligned}$$

となる（図 3.3.6 を参照）．したがって，f は x_0 で連続である．x_0 の任意性から，f は連続である．

次に，f が閉写像であることを示そう．A を $(\mathbb{R}, \mathcal{O}_{d_{\mathbb{E}}})$ の閉集合とする．(x_0, y_0) を $f(A)$ の触点とする．仮に，$y_0 \neq \rho(x_0)$ とする．$r_0 := |\,y_0 - \rho(x_0)|$ (>0) とおく．ρ は連続なので，

$$|x-x_0|<\delta \ \Rightarrow\ |\rho(x)-\rho(x_0)|<\frac{r_0}{2}$$

となる $\delta > 0$ が存在する．$r_1 := \min\left\{\dfrac{r_0}{2}, \delta\right\}$ とおくと，$U_{r_1}((x_0, y_0)) \cap f(A) = \emptyset$ となる．これは，(x_0, y_0) が $f(A)$ の触点であることに反する．それゆえ，$y_0 = \rho(x_0)$，つまり，$(x_0, y_0) = (x_0, \rho(x_0)) \in f(A)$ が導かれる．したがって，$\overline{f(A)} \subseteqq f(A)$，ゆえに，$\overline{f(A)} = f(A)$ が示される．このように，$f(A)$ は閉集合になるので，f は閉写像である．

$f(\mathbb{R})$ 上の任意の点の任意の開近傍は，$f(\mathbb{R})$ に含まれない．それゆえ，$f(\mathbb{R})$ 上の任意の点は，$f(\mathbb{R})$ の内点でない．よって，$f(\mathring{\mathbb{R}}) = \emptyset$ となり，$f(\mathbb{R})$ が $(\mathbb{R}^2, \mathcal{O}_{d_{\mathbb{E}}})$ の開集合でないことがわかる．したがって，f は開写像

でない．

例 3.3.5　写像 $f:(0,\infty)\to\mathbb{R}^2$ を

$$f(x) := \left(x, \sin\frac{1}{x}\right) \qquad (x\in(0,\infty))$$

によって定義する．この写像 f は，$(\mathbb{R},\mathcal{O}_{d_{\mathbb{E}}})$ の部分位相空間 $((0,\infty), \mathcal{O}_{d_{\mathbb{E}}}|_{(0,\infty)})$ から $(\mathbb{R}^2,\mathcal{O}_{d_{\mathbb{E}}})$ への連続写像であるが，閉写像でも開写像でもない．この事実を示そう．f が連続であることは，例 3.3.4 における写像 f の連続性の証明を模倣して示される．f が閉写像でないことは，例 3.3.1 で示したように $f((0,\infty))$ が $(\mathbb{R}^2,\mathcal{O}_{d_{\mathbb{E}}})$ の閉集合でないことから導かれる．f が開写像でないことを示そう．$f((0,\infty))$ 上の任意の点の任意の開近傍は，$f((0,\infty))$ に含まれない．それゆえ，$f((0,\infty))$ 上の任意の点は，$f((0,\infty))$ の内点ではない．よって，$f((0,\infty))^{\circ}=\emptyset$ となり，$f((0,\infty))$ が $(\mathbb{R}^2,\mathcal{O}_{d_{\mathbb{E}}})$ の開集合でないことがわかる．したがって，f は開写像でない．

例 3.3.6　写像 $f:\mathbb{R}^2\to\mathbb{R}$ を

$$f(x,y) := x \qquad ((x,y)\in\mathbb{R}^2)$$

によって定義する．このような写像は，$\mathbb{R}^2$ から $\mathbb{R}$ への**自然な射影** (**natural projection**) とよばれる．この写像 f は，$(\mathbb{R}^2,\mathcal{O}_{d_{\mathbb{E}}})$ から $(\mathbb{R},\mathcal{O}_{d_{\mathbb{E}}})$ への連続写像かつ開写像ではあるが閉写像ではない．この事実を示そう．まず，f が連続であることを示す．$(\mathbb{R},\mathcal{O}_{d_{\mathbb{E}}})$ の開集合 V に対し，$f^{-1}(V)=V\times\mathbb{R}$ となり，$f^{-1}(V)$ が $(\mathbb{R}^2,\mathcal{O}_{d_{\mathbb{E}}})$ の開集合になることがわかる．それゆえ，命題 3.3.2 により，f が連続であることがわかる．次に，f が開写像であることを示そう．U を $(\mathbb{R}^2,\mathcal{O}_{d_{\mathbb{E}}})$ の開集合であるとする．点 $x_0\in f(U)$ を任意にとる．このとき，$(x_0,y_0)\in U$ となる $\mathbb{R}$ の点 y_0 が存在する．U は (x_0,y_0) の開近傍なので，$U_\delta(x_0,y_0)\subsetneqq U$ となる $\delta>0$ が存在する．このとき，

$$\left(x_0-\frac{\delta}{\sqrt{2}}, x_0+\frac{\delta}{\sqrt{2}}\right)\times\left(y_0-\frac{\delta}{\sqrt{2}}, y_0+\frac{\delta}{\sqrt{2}}\right)\subsetneqq U_\delta(x_0,y_0)\subsetneqq U$$

となるので，

$$\left(x_0-\frac{\delta}{\sqrt{2}}, x_0+\frac{\delta}{\sqrt{2}}\right)\subsetneqq f(U)$$

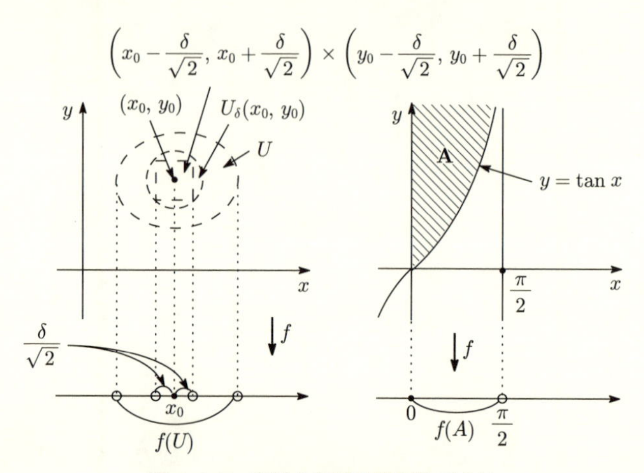

図 3.3.7　自然な射影は開写像である

をえる（図 3.3.7 を参照）．それゆえ，$x_0 \in f(\mathring{U})$ が示される．x_0 の任意性より，$f(U) \subseteqq f(\mathring{U})$ ゆえ，$f(\mathring{U}) = f(U)$ が示され，$f(U)$ が開集合であることがわかる．したがって，f は開写像である．

次に，f が閉写像ではないことを示そう．$\mathbb{R}^2$ の部分集合 A を

$$A := \left\{(x, y) \,\middle|\, 0 \leqq x < \frac{\pi}{2},\ \ y \geqq \tan x\right\}$$

によって定義する．明らかに，この集合は $(\mathbb{R}^2, \mathcal{O}_{d_{\mathbb{E}}})$ の閉集合である．しかし，$f(A) = \left[0, \frac{\pi}{2}\right)$ となり（図 3.3.7 を参照），$f(A)$ は $(\mathbb{R}^2, \mathcal{O}_{d_{\mathbb{E}}})$ の閉集合ではないことが示される．したがって，f は閉写像ではない．

3.4　開基・準開基

この節において，開基（= 開集合の基底），および準開基（= 開集合の準基底）を定義し，さらに，第 2 可算公理を定義する．

まず，開基を定義することにする．位相空間 $(X, \mathcal{O})$ に対し，$\mathcal{O}$ の部分集合族 $\mathcal{B}$ が次の条件を満たすとする：

- 任意の $U \in \mathcal{O}$ に対し，$U = \bigcup_{\lambda \in \Lambda} V_\lambda$ となる $\mathcal{B}$ の部分集合族 $\{V_\lambda\}_{\lambda \in \Lambda}$ が存在する．

このとき，$\mathcal{B}$ を $(X,\mathcal{O})$ の**開基** (base)（または，**開集合の基底**）という．

> **命題 3.4.1** $\mathcal{B} = \{U_\lambda \mid \lambda \in \Lambda\}$ が $(X,\mathcal{O})$ の開基ならば，次の (B-i), (B-ii) が成り立つ：
>
> (B-i) $\bigcup_{\lambda\in\Lambda} U_\lambda = X$ となる；
>
> (B-ii) $x \in U_{\lambda_1} \cap U_{\lambda_2}$ ならば，$x \in U_{\lambda_3} \subsetneqq U_{\lambda_1} \cap U_{\lambda_2}$ となる $\lambda_3 \in \Lambda$ が存在する．

【証明】 $X \in \mathcal{O}$ なので，開基の定義より，(B-i) における関係式が成り立つことがわかる．$x \in U_{\lambda_1} \cap U_{\lambda_2}$ とする．$U_{\lambda_1} \cap U_{\lambda_2} \in \mathcal{O}$ なので，開基の定義より，$\bigcup_{\lambda\in\Lambda'} U_\lambda = U_{\lambda_1} \cap U_{\lambda_2}$ となる Λ' $(\subsetneqq \Lambda)$ が存在する．明らかに，$x \in U_{\lambda_3}$ となる $\lambda_3 \in \Lambda'$ が存在する．$x \in U_{\lambda_3} \subsetneqq U_{\lambda_1} \cap U_{\lambda_2}$ となり，(B-ii) の主張が成り立つことがわかる． □

逆に，次の事実が成り立つ．

> **命題 3.4.2** 集合 X の部分集合族 $\mathcal{B} = \{U_\lambda \mid \lambda \in \Lambda\}$ が，上述の (B-i), (B-ii) を満たすならば，
>
> $$\mathcal{O} := \left\{ \bigcup_{\lambda\in\Lambda'} U_\lambda \;\middle|\; \Lambda' \subsetneqq \Lambda \right\} \tag{3.4.1}$$
>
> は，X の位相を与える（明らかに，$\mathcal{B}$ は $(X,\mathcal{O})$ の開基である）．

【証明】 $\emptyset_X \in \mathcal{O}$ が成り立つことは，明らかである．条件 (B-i) より，各 $x \in X$ に対し，$x \in U_x$ となる $U_x \in \mathcal{B}$ が存在する．$\mathcal{O}$ の定義より，$\bigcup_{x\in X} U_x \in \mathcal{O}$ であり，一方，明らかに $\bigcup_{x\in X} U_x = X$ である．したがって，$X \in \mathcal{O}$ が示される．このように，(O-i) が示される．

$V, W \in \mathcal{O}$ とする．$\mathcal{O}$ の定義より，$V = \bigcup_{\lambda\in\Lambda_V} U_\lambda$, $W = \bigcup_{\lambda\in\Lambda_W} U_\lambda$ となる Λ の部分集合 Λ_V, Λ_W が存在する．このとき，

$$V \cap W = \left(\bigcup_{\lambda \in \Lambda_V} U_\lambda \right) \cap \left(\bigcup_{\mu \in \Lambda_W} U_\mu \right) = \bigcup_{\lambda \in \Lambda_V} \bigcup_{\mu \in \Lambda_W} (U_\lambda \cap U_\mu)$$

が示される．一方，(B-ii) より，$U_\lambda \cap U_\mu \neq \emptyset$ のとき，各 $x \in U_\lambda \cap U_\mu$ に対し，$x \in U_{\nu(\lambda,\mu,x)} \subseteqq U_\lambda \cap U_\mu$ となる $U_{\nu(\lambda,\mu,x)} \in \mathcal{B}$ が存在することがわかる．このとき，

$$V \cap W = \bigcup_{\lambda \in \Lambda_V} \bigcup_{\mu \in \Lambda_W} \bigcup_{x \in U_\lambda \cap U_\mu} U_{\nu(\lambda,\mu,x)} \in \mathcal{O}$$

となるので，(O-ii) が示される．

$\mathcal{O}$ の部分族 $\{V_\mu\}_{\mu \in \mathcal{M}}$ を任意にとる．各 $\mu \in \mathcal{M}$ に対し，$V_\mu \in \mathcal{O}$ なので，$V_\mu = \bigcup_{\lambda \in \Lambda_\mu} U_\lambda$ となる Λ_μ $(\subseteqq \Lambda)$ が存在する．このとき，

$$\bigcup_{\mu \in \mathcal{M}} V_\mu = \bigcup_{\mu \in \mathcal{M}} \bigcup_{\lambda \in \Lambda_\mu} U_\lambda \in \mathcal{O}$$

が示され，(O-iii) が成り立つことがわかる．したがって，$\mathcal{O}$ は X の位相を与える． □

集合 X の部分集合族 $\mathcal{B} := \{U_\lambda \mid \lambda \in \Lambda\}$ が，上述の条件 (B-i), (B-ii) を満たすとき，$\mathcal{B}$ を**集合 $\boldsymbol{X}$ の開集合の基底**，または，**開基**という．命題 3.4.2 によれば，X の開基 $\mathcal{B}$ から (3.4.1) のように X の位相 $\mathcal{O}$ $(\supseteqq \mathcal{B})$ を構成できる．この位相 $\mathcal{O}$ を，**開基 $\boldsymbol{\mathcal{B}}$ の定める位相**という．

位相空間 $(X, \mathcal{O})$ が，高々可算個からなる開基を許容するとき，$(X, \mathcal{O})$ を，**第2可算公理を満たす空間** (**the second-countable space** or **the space satisfying the second axiom of countability**) という．

例 3.4.1　$\mathbb{E}^n = (\mathbb{R}^n, \mathcal{O}_{d_\mathbb{E}})$ は，第2可算公理を満たす．この事実を示そう．$\mathcal{O}_{d_\mathbb{E}}$ の部分集合族 $\mathcal{B}$ を

$$\mathcal{B} := \left\{ U_{\frac{1}{k}}(\boldsymbol{x}) \mid \boldsymbol{x} \in \mathbb{Q}^n,\ k \in \mathbb{N} \right\}$$

によって定義する．$\mathbb{Q}^n$ も $\mathbb{N}$ も可算集合なので，$\mathcal{B}$ は可算族である．任意に，$V \in \mathcal{O}_{d_\mathbb{E}}$ をとる．各 $\boldsymbol{x} \in V \cap \mathbb{Q}^n$ に対し，$U_{\varepsilon_{\boldsymbol{x}}}(\boldsymbol{x}) \subseteqq V$ となる $\varepsilon_{\boldsymbol{x}}$ が存在する．$\dfrac{1}{\varepsilon_{\boldsymbol{x}}}$ よりも大きい自然数 $k_{\boldsymbol{x}}$ をとる．このとき，$U_{\frac{1}{k_{\boldsymbol{x}}}}(\boldsymbol{x}) \subseteqq U_{\varepsilon_{\boldsymbol{x}}}(\boldsymbol{x}) \subseteqq V$ なので，$\bigcup_{\boldsymbol{x} \in V \cap \mathbb{Q}^n} U_{\frac{1}{k_{\boldsymbol{x}}}}(\boldsymbol{x}) \subseteqq V$ が成り立つ．また，明らかに，$V \cap \mathbb{Q}^n$

$\subseteq \bigcup_{\boldsymbol{x}\in V\cap\mathbb{Q}^n} U_{\frac{1}{k_{\boldsymbol{x}}}}(\boldsymbol{x})$ が成り立つ．一方，有理数の稠密性から，V が $V\cap\mathbb{Q}^n$ を含む最小の開集合であることがわかる．それゆえ，$V \subseteq \bigcup_{x\in V\cap\mathbb{Q}^n} U_{\frac{1}{k_{\boldsymbol{x}}}}(\boldsymbol{x})$ が導かれる．したがって，$\bigcup_{\boldsymbol{x}\in V\cap\mathbb{Q}^n} U_{\frac{1}{k_{\boldsymbol{x}}}}(\boldsymbol{x}) = V$ が示される．これらの事実から，$\mathcal{B}$ が $(\mathbb{R}^n, \mathcal{O}_{d_{\mathbb{E}}})$ の可算開基であることがわかる．したがって，$(\mathbb{R}^n, \mathcal{O}_{d_{\mathbb{E}}})$ は第 2 可算公理を満たす．

例 3.4.2 一般に，距離付け可能な位相空間 $(X, \mathcal{O}_d)$ に対し，

$$\mathcal{B} := \{U_r(x) \mid x \in X,\ r > 0\}$$

（$U_r(x)$ は，d に関する x の r 開近傍を表す）が $(X, \mathcal{O}_d)$ の開基になることが，直接，$\mathcal{O}_d$ の定義より示される．

次に，準開基を定義することにする．位相空間 $(X, \mathcal{O})$ に対し，$\mathcal{O}$ の部分集合族 $\mathcal{B}$ が次の条件を満たすとする：

- 任意の $U \in \mathcal{O}$ に対し，$U = \bigcup_{\lambda\in\Lambda}(V_{\lambda,1} \cap \cdots \cap V_{\lambda,k_\lambda})$ となる $\mathcal{B}$ の部分集合族 $\{V_{\lambda,i} \mid 1 \leqq i \leqq k_\lambda,\ \lambda \in \Lambda\}$ が存在する．

このとき，$\mathcal{B}$ を $(X, \mathcal{O})$ の**準開基 (subbase)**（または，**部分開基**）という．明らかに，準開基 $\mathcal{B}$ は次の条件を満たす：

(SB) 任意の $x \in X$ に対し，$x \in U$ となる $U \in \mathcal{B}$ が存在する．

逆に，次の事実が成り立つ．

命題 3.4.3 集合 X の部分集合族 $\mathcal{B} = \{U_\lambda \mid \lambda \in \Lambda\}$ が，上述の条件 (SB) を満たすならば，

$$\mathcal{O} := \left\{ \bigcup_{\mu\in\mathcal{M}} (U_{\mu_1} \cap \cdots \cap U_{\mu_{k_\mu}}) \,\middle|\, \mu = (\mu_1, \ldots, \mu_{k_\mu}) \in \Lambda^{k_\mu},\ \mathcal{M} \subset \coprod_{k=1}^{\infty} \Lambda^k \right\} \tag{3.4.2}$$

は，X の位相を与える（明らかに，$\mathcal{B}$ は $(X,\mathcal{O})$ の準開基である）．

【証明】 $\emptyset_X \in \mathcal{O}$ が成り立つことは，明らかである．条件 (SB) より，各 $x \in X$ に対し，$x \in U_x$ となる $U_x \in \mathcal{B}$ が存在する．$\mathcal{O}$ の定義より，$\bigcup_{x\in X} U_x \in \mathcal{O}$ であり，一方，明らかに $\bigcup_{x\in X} U_x = X$ である．したがって，$X \in \mathcal{O}$ が示される．このように，(O-i) が示される．

$V, W \in \mathcal{O}$ とする．$\mathcal{O}$ の定義より，

$$V = \bigcup_{\mu\in\mathcal{M}_V} (U_{\mu_1} \cap \cdots \cap U_{\mu_{k_\mu}}) \quad (\mathcal{M}_V \subset \coprod_{k=1}^{\infty} \Lambda^k),$$
$$W = \bigcup_{\nu\in\mathcal{M}_W} (U_{\nu_1} \cap \cdots \cap U_{\nu_{k_\nu}}) \quad (\mathcal{M}_W \subset \coprod_{k=1}^{\infty} \Lambda^k)$$

という形で表される．このとき，

$$V \cap W = \bigcup_{\mu\in\mathcal{M}_V} \bigcup_{\nu\in\mathcal{M}_W} (U_{\mu_1} \cap \cdots \cap U_{\mu_{k_\mu}} \cap U_{\nu_1} \cap \cdots \cap U_{\nu_{k_\nu}}) \in \mathcal{O}$$

となるので，(O-ii) が示される．

$\mathcal{O}$ の部分集合族 $\{V_\mu \,|\, \mu \in \mathcal{M}\}$ を任意にとる．各 $\mu \in \mathcal{M}$ に対し，$V_\mu \in \mathcal{O}$ なので，

$$V_\mu = \bigcup_{\nu\in\mathcal{M}_\mu} (U_{\nu_1} \cap \cdots \cap U_{\nu_{k_\nu}}) \quad (\mathcal{M}_\mu \subset \coprod_{k=1}^{\infty} \Lambda^k)$$

という形で表される．このとき，

$$\bigcup_{\mu\in\mathcal{M}} V_\mu = \bigcup_{\mu\in\mathcal{M}} \bigcup_{\nu\in\mathcal{M}_\mu} (U_{\nu_1} \cap \cdots \cap U_{\nu_{k_\nu}}) \in \mathcal{O}$$

が示されるので，(O-iii) が成り立つことがわかる．したがって，$\mathcal{O}$ は X の位相を与える．　□

集合 X の部分集合族 $\mathcal{B} := \{U_\lambda \,|\, \lambda \in \Lambda\}$ が，上述の条件 (SB) を満たすとき，$\mathcal{B}$ を**集合 X の準開基**，または，**部分開基**という．命題 3.4.3 によれば，X の準開基 $\mathcal{B}$ から (3.4.2) のように X の位相 $\mathcal{O}$ $(\supseteqq \mathcal{B})$ を構成できる．この位相 $\mathcal{O}$ を，**準開基 $\mathcal{B}$ の定める位相**という．

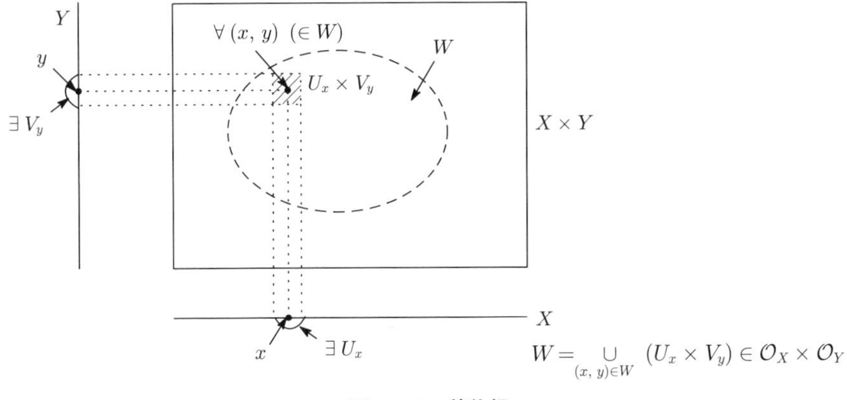

図 3.5.1　積位相

3.5　積位相空間

この節において，まず，2 つの位相空間の直積集合に自然に与えられる位相について，述べることにする．$(X, \mathcal{O}_X)$, $(Y, \mathcal{O}_Y)$ を位相空間とする．$\mathcal{B}$ を

$$\mathcal{B} := \{U \times V \mid U \in \mathcal{O}_X,\ V \in \mathcal{O}_Y\}$$

によって定義する．$\mathcal{B}$ が $X \times Y$ の開基であることを示そう．$X \in \mathcal{O}_X, Y \in \mathcal{O}_Y$ なので，$X \times Y \in \mathcal{B}$ となる．それゆえ，(B-i) が成り立つことがわかる．$U_i \times V_i \in \mathcal{B}\ (i = 1, 2)$ とし，$(x, y) \in (U_1 \times V_1) \cap (U_2 \times V_2)$ とする．このとき，$(x, y) \in (U_1 \cap U_2) \times (V_1 \cap V_2)$ であり，一方，$U_1 \cap U_2 \in \mathcal{O}_X$，$V_1 \cap V_2 \in \mathcal{O}_Y$ であるので，$(U_1 \cap U_2) \times (V_1 \cap V_2) \in \mathcal{B}$ である．それゆえ，(B-ii) が成り立つことがわかる．したがって，$\mathcal{B}$ は，$X \times Y$ の開基である．この開基 $\mathcal{B}$ の定める位相を $\mathcal{O}_X \times \mathcal{O}_Y$ と表し，$\mathcal{O}_X$ と $\mathcal{O}_Y$ の**積位相** (**product topology**) という．また，$(X \times Y, \mathcal{O}_X \times \mathcal{O}_Y)$ を $(X, \mathcal{O}_X)$ と $(Y, \mathcal{O}_Y)$ の**積位相空間** (**product topological space**) という（図 3.5.1 を参照）．

$\pi_X : X \times Y \to X$ を $\pi(x, y) := x\ ((x, y) \in X \times Y)$ によって定義し，$\pi_Y : X \times Y \to Y$ を $\pi(x, y) := y\ ((x, y) \in X \times Y)$ によって定義する．これらの写像は，各々，$X \times Y$ から X, Y への**自然な射影** (**natural projection**) とよばれる．

定理 3.5.1

(i)　$\pi_X : (X \times Y, \mathcal{O}_X \times \mathcal{O}_Y) \to (X, \mathcal{O}_X)$ は連続写像である.

(ii)　$\pi_X : (X \times Y, \mathcal{O}_X \times \mathcal{O}_Y) \to (X, \mathcal{O}_X)$ は開写像である.

【証明】　まず，主張 (i) を示そう．任意に，$(X, \mathcal{O}_X)$ の開集合 V をとる．このとき，積位相の定義によれば，$\pi_X^{-1}(V) = V \times Y$ は $(X \times Y, \mathcal{O}_X \times \mathcal{O}_Y)$ の開集合である．それゆえ，命題 3.3.2 により，$\pi_X : (X \times Y, \mathcal{O}_X \times \mathcal{O}_Y) \to (X, \mathcal{O}_X)$ は連続写像である.

次に，主張 (ii) を示そう．任意に $(X \times Y, \mathcal{O}_X \times \mathcal{O}_Y)$ の開集合 W をとる．また，任意に $x_0 \in \pi_X(W)$ をとる．このとき，$x_0 \in \pi_X(W)$ なので，$(x_0, y_0) \in W$ となる $y_0 \in Y$ がとれる．積位相の定義より，x_0 の（$(X, \mathcal{O}_X)$ における）開近傍 U と y_0 の（$(Y, \mathcal{O}_Y)$ における）開近傍 V で，$U \times V \subsetneqq W$ となるようなものが存在する（図 3.5.2 を参照）．このとき，$x_0 \in U = \pi_X(U \times V) \subsetneqq \pi_X(W)$ となるので，$x_0 \in (\pi_X(W))^\circ$ が示される．それゆえ，x_0 の任意性から，$\pi_X(W) \subsetneqq (\pi_X(W))^\circ$．ゆえに，$(\pi_X(W))^\circ = \pi_X(W)$ が示される．このように，$\pi_X(W)$ は $(X, \mathcal{O}_X)$ の開集合であるので，$\pi_X : (X \times Y, \mathcal{O}_X \times \mathcal{O}_Y) \to (X, \mathcal{O}_X)$ が開写像であることが示される.　□

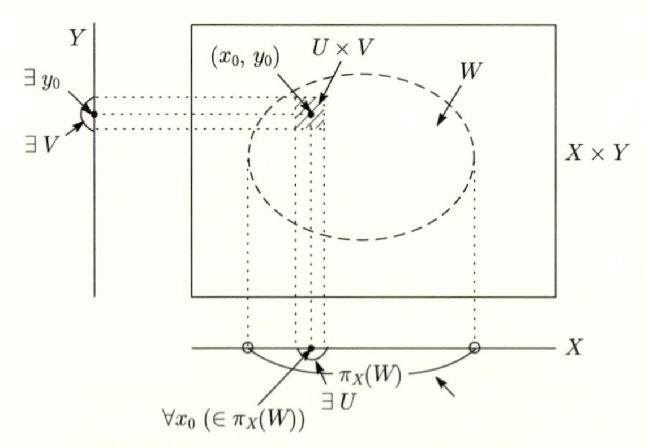

図 3.5.2　π_X が開写像であることの証明法

例 3.5.1　$(\mathbb{R}^m, \mathcal{O}_{d_{\mathbb{E}^m}})$ と $(\mathbb{R}^n, \mathcal{O}_{d_{\mathbb{E}^n}})$ の積位相空間 $(\mathbb{R}^m \times \mathbb{R}^n, \mathcal{O}_{d_{\mathbb{E}^m}} \times \mathcal{O}_{d_{\mathbb{E}^n}})$ は，$(\mathbb{R}^{m+n}, \mathcal{O}_{d_{\mathbb{E}^{m+n}}})$ と同相である．この事実を示そう．写像 $f : \mathbb{R}^m \times \mathbb{R}^n$

$\to \mathbb{R}^{m+n}$ を

$$f((x_1,\ldots,x_m),(y_1,\ldots,y_n)) := (x_1,\ldots,x_m,y_1,\ldots,y_n)$$
$$(((x_1,\ldots,x_m),(y_1,\ldots,y_n)) \in \mathbb{R}^m \times \mathbb{R}^n)$$

によって定義する．明らかに，この写像 f は全単射である．

$$f : (\mathbb{R}^m \times \mathbb{R}^n, \mathcal{O}_{d_{\mathbb{E}^m}} \times \mathcal{O}_{d_{\mathbb{E}^n}}) \to (\mathbb{R}^{m+n}, \mathcal{O}_{d_{\mathbb{E}^{m+n}}})$$

が同相写像であることを示そう．任意に $V \in \mathcal{O}_{d_{\mathbb{E}^{m+n}}}$ をとる．各 $f(\boldsymbol{x},\boldsymbol{y}) \in V$ $(\boldsymbol{x} \in \mathbb{R}^m,\ \boldsymbol{y} \in \mathbb{R}^n)$ に対し，$U^{d_{\mathbb{E}^{m+n}}}_{\varepsilon(\boldsymbol{x},\boldsymbol{y})}(f(\boldsymbol{x},\boldsymbol{y})) \subseteqq V$ となる $\varepsilon(\boldsymbol{x},\boldsymbol{y}) > 0$ が存在する．このとき，

$$f\left(U^{d_{\mathbb{E}^m}}_{\varepsilon(\boldsymbol{x},\boldsymbol{y})/\sqrt{2}}(\boldsymbol{x}) \times U^{d_{\mathbb{E}^n}}_{\varepsilon(\boldsymbol{x},\boldsymbol{y})/\sqrt{2}}(\boldsymbol{y})\right) \subseteqq U^{d_{\mathbb{E}^{m+n}}}_{\varepsilon(\boldsymbol{x},\boldsymbol{y})}(f(\boldsymbol{x},\boldsymbol{y}))$$

が成り立つので，

$$f\left(U^{d_{\mathbb{E}^m}}_{\varepsilon(\boldsymbol{x},\boldsymbol{y})/\sqrt{2}}(\boldsymbol{x}) \times U^{d_{\mathbb{E}^n}}_{\varepsilon(\boldsymbol{x},\boldsymbol{y})/\sqrt{2}}(\boldsymbol{y})\right) \subseteqq V$$

が示される．それゆえ，

$$f\left(\bigcup_{(\boldsymbol{x},\boldsymbol{y})\in V}\left(U^{d_{\mathbb{E}^m}}_{\varepsilon(\boldsymbol{x},\boldsymbol{y})/\sqrt{2}}(\boldsymbol{x}) \times U^{d_{\mathbb{E}^n}}_{\varepsilon(\boldsymbol{x},\boldsymbol{y})/\sqrt{2}}(\boldsymbol{y})\right)\right) = V$$

が示され，

$$f^{-1}(V) = \bigcup_{(\boldsymbol{x},\boldsymbol{y})\in V}\left(U^{d_{\mathbb{E}^m}}_{\varepsilon(\boldsymbol{x},\boldsymbol{y})/\sqrt{2}}(\boldsymbol{x}) \times U^{d_{\mathbb{E}^n}}_{\varepsilon(\boldsymbol{x},\boldsymbol{y})/\sqrt{2}}(\boldsymbol{y})\right) \in \mathcal{O}_{d_{\mathbb{E}^m}} \times \mathcal{O}_{d_{\mathbb{E}^n}}$$

をえる．したがって，命題 3.3.2 により，f が連続であることがわかる．

任意に，$W \in \mathcal{O}_{d_{\mathbb{E}^m}} \times \mathcal{O}_{d_{\mathbb{E}^n}}$ をとる．各 $(\boldsymbol{x},\boldsymbol{y}) \in W$ $(\boldsymbol{x} \in \mathbb{R}^m,\ \boldsymbol{y} \in \mathbb{R}^n)$ に対し，

$$U^{d_{\mathbb{E}^m}}_{\varepsilon(\boldsymbol{x},\boldsymbol{y})}(\boldsymbol{x}) \times U^{d_{\mathbb{E}^n}}_{\varepsilon(\boldsymbol{x},\boldsymbol{y})}(\boldsymbol{y}) \subseteqq W$$

となる $\varepsilon(\boldsymbol{x},\boldsymbol{y}) > 0$ が存在する．このとき，

$$U^{d_{\mathbb{E}^{m+n}}}_{\varepsilon(\boldsymbol{x},\boldsymbol{y})}(f(\boldsymbol{x},\boldsymbol{y})) \subseteqq f\left(U^{d_{\mathbb{E}^m}}_{\varepsilon(\boldsymbol{x},\boldsymbol{y})}(\boldsymbol{x}) \times U^{d_{\mathbb{E}^n}}_{\varepsilon(\boldsymbol{x},\boldsymbol{y})}(\boldsymbol{y})\right)$$

が成り立つので，

$$f^{-1}\left(U^{d_{\mathbb{E}^{m+n}}}_{\varepsilon(\boldsymbol{x},\boldsymbol{y})}(f(\boldsymbol{x},\boldsymbol{y}))\right) \subseteqq U^{d_{\mathbb{E}^m}}_{\varepsilon(\boldsymbol{x},\boldsymbol{y})}(\boldsymbol{x}) \times U^{d_{\mathbb{E}^n}}_{\varepsilon(\boldsymbol{x},\boldsymbol{y})}(\boldsymbol{y}) \subseteqq W$$

が示される．それゆえ，

$$f^{-1}\left(\bigcup_{(\boldsymbol{x},\boldsymbol{y})\in W} U^{d_{\mathbb{E}^{m+n}}}_{\varepsilon(\boldsymbol{x},\boldsymbol{y})}(f(\boldsymbol{x},\boldsymbol{y}))\right) = W$$

が示され，

$$(f^{-1})^{-1}(W) = \bigcup_{(\boldsymbol{x},\boldsymbol{y})\in W} U^{d_{\mathbb{E}^{m+n}}}_{\varepsilon(\boldsymbol{x},\boldsymbol{y})}(f(\boldsymbol{x},\boldsymbol{y})) \in \mathcal{O}_{d_{\mathbb{E}^{m+n}}}$$

をえる．それゆえ，命題 3.3.2 により，f^{-1} が連続であることがわかる．したがって，

$$f : (\mathbb{R}^m \times \mathbb{R}^n, \mathcal{O}_{d_{\mathbb{E}^m}} \times \mathcal{O}_{d_{\mathbb{E}^n}}) \to (\mathbb{R}^{m+n}, \mathcal{O}_{d_{\mathbb{E}^{m+n}}})$$

は同相写像である．

例 3.5.2　$S\ (\subseteqq \mathbb{R}^3)$ を

$$S := \{((a+b\cos\theta)\cos\varphi, (a+b\cos\theta)\sin\varphi, b\sin\theta) \mid 0 \leqq \theta < 2\pi,\ 0 \leqq \varphi < 2\pi\}$$

$(a > b > 0)$ によって定義し，$f : S^1(1) \times S^1(1) \to S$ を

$$\begin{aligned} &f((\cos\theta, \sin\theta), (\cos\varphi, \sin\varphi)) \\ &:= ((a+b\cos\theta)\cos\varphi, (a+b\cos\theta)\sin\varphi, b\sin\theta) \quad (0 \leqq \theta < 2\pi,\ 0 \leqq \varphi < 2\pi) \end{aligned}$$

によって定義する．f は積位相空間 $(S^1(1) \times S^1(1), \mathcal{O}_{d_{\mathbb{E}^2}}|_{S^1(1)} \times \mathcal{O}_{d_{\mathbb{E}^2}}|_{S^1(1)})$ から部分位相空間 $(S, \mathcal{O}_{d_{\mathbb{E}^3}}|_S)$ への同相写像になる．この事実を示そう．命題 3.3.2 によれば，この事実を示すためには，

$$\{f(U) \mid U \in \mathcal{O}_{d_{\mathbb{E}^2}}|_{S^1(1)} \times \mathcal{O}_{d_{\mathbb{E}^2}}|_{S^1(1)}\} = \mathcal{O}_{d_{\mathbb{E}^3}}|_S \tag{3.5.1}$$

を示せばよい．$U \in \mathcal{O}_{d_{\mathbb{E}^2}}|_{S^1(1)} \times \mathcal{O}_{d_{\mathbb{E}^2}}|_{S^1(1)}$ とする．正の数 $\varepsilon > 0$ に対し，$\mathbb{R}^3$ の部分集合 $W_{U,\varepsilon}$ を

$$\begin{aligned} W_{U,\varepsilon} := \{&((a+t\cos\theta)\cos\varphi, (a+t\cos\theta)\sin\varphi, t\sin\theta) \mid \\ &((\cos\theta, \sin\theta), (\cos\varphi, \sin\varphi)) \in U,\ \ b-\varepsilon < t < b+\varepsilon\} \end{aligned}$$

によって定義する．ε が十分小さな正の数のとき，$W_{U,\varepsilon} \in \mathcal{O}_{d_{\mathbb{E}^3}}$，および，$W_{U,\varepsilon} \cap S = f(U)$ が示される（図 3.5.3 を参照）．よって，$f(U) \in \mathcal{O}_{d_{\mathbb{E}^3}}|_S$ が示される．それゆえ，(3.5.1) の左辺の集合が $\mathcal{O}_{d_{\mathbb{E}^3}}|_S$ に含まれることが示される．

逆に，$V \in \mathcal{O}_{d_{\mathbb{E}^3}}|_S$ とし，$U' := f^{-1}(V)$ とおく．簡単のため，

$$p_{\theta,\varphi} := (\cos\theta, \sin\theta, \cos\varphi, \sin\varphi)$$

とおく．各 $p_{\theta_0,\varphi_0} \in U'$ に対して，部分位相と距離位相の定義より，$U_\varepsilon(f(p_{\theta_0,\varphi_0})) \cap S \subsetneqq V$ となる $\varepsilon > 0$ が存在する．ここで，$U_\varepsilon(f(p_{\theta_0,\varphi_0}))$ は，$f(p_{\theta_0,\varphi_0})$ の $(\mathbb{R}^3, \mathcal{O}_{d_{\mathbb{E}^3}})$ における ε 近傍を表す．このとき，容易に，$f(U_1 \times U_2) \subsetneqq U_\varepsilon(f(p_{\theta_0,\varphi_0})) \cap S$ となる，$(\cos\theta_0, \sin\theta_0)$ の $(S^1, \mathcal{O}_{d_{\mathbb{E}^2}}|_{S^1})$ における開近傍 U_1 と，$(\cos\varphi_0, \sin\varphi_0)$ の $(S^1, \mathcal{O}_{d_{\mathbb{E}^2}}|_{S^1})$ における開近傍 U_2 が存在することが示される．

$$p_{\theta_0,\varphi_0} \in U_1 \times U_2 \subsetneqq f^{-1}(U_\varepsilon(f(p_{\theta_0,\varphi_0})) \cap S) \subsetneqq f^{-1}(V) = U'$$

から，$p_{\theta_0,\varphi_0} \in \mathring{U}'$ がわかる．ここで，$\mathring{U}'$ は，位相空間 $(S^1 \times S^1, \mathcal{O}_{d_{\mathbb{E}^2}}|_{S^1} \times \mathcal{O}_{d_{\mathbb{E}^2}}|_{S^1})$ の部分集合 U' の内部を表す．よって，$U' \subsetneqq \mathring{U}'$，それゆえ，$\mathring{U}' = U'$ となり，$U' \in \mathcal{O}_{d_{\mathbb{E}^2}}|_{S^1(1)} \times \mathcal{O}_{d_{\mathbb{E}^2}}|_{S^1(1)}$ が示される．ゆえに，$V = f(U')$ が (3.5.1) の左辺の集合の元であることが示されるので，$\mathcal{O}_{d_{\mathbb{E}^3}}|_S$ が (3.5.1) の左辺の集合に含まれることがわかる．したがって，(3.5.1) の関係式が示される．

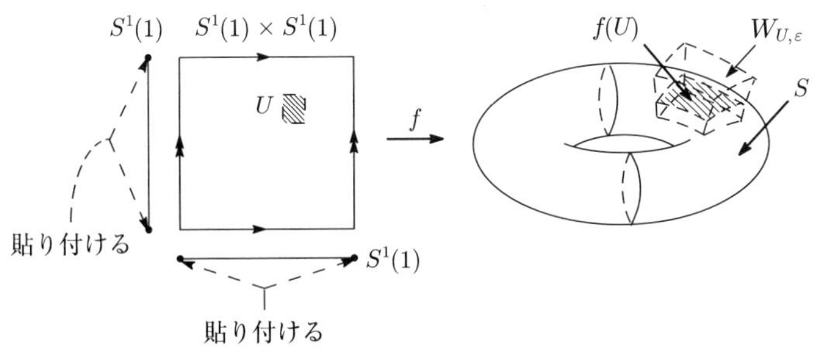

図 3.5.3　$W_{U,\varepsilon}$ の形状

注意　$\mathbb{E}^3$ の部分集合 S は，積位相空間 $(S^1(1) \times S^1(1), \mathcal{O}_{d_{\mathbb{E}^2}}|_{S^1(1)} \times \mathcal{O}_{d_{\mathbb{E}^2}}|_{S^1(1)})$ を $\mathbb{E}^3$ 内で視覚的に捉えたものと解釈される．

一般に，位相空間の族の直積集合に自然に与えられる位相について，述べることにする．$\{(X_\lambda, \mathcal{O}_\lambda) \,|\, \lambda \in \Lambda\}$ を位相空間の族とする．このとき，X_λ $(\lambda \in \Lambda)$ たちの直積集合 $\prod_{\lambda\in\Lambda} X_\lambda$ の位相を定義しよう．$\mathcal{B}$ を

$$\mathcal{B} := \left\{ \prod_{\lambda\in\Lambda} U_\lambda \,\middle|\, (\forall\,\lambda \in \Lambda)[U_\lambda \in \mathcal{O}_\lambda] \right.$$
$$\left. \wedge\ (\exists\,\Lambda_0 : \Lambda\text{の有限集合})[(\forall\,\lambda \in \Lambda \setminus \Lambda_0)[U_\lambda = X_\lambda] \right\}$$

によって定義する．この族 $\mathcal{B}$ が，$\prod_{\lambda\in\Lambda} X_\lambda$ の開基になることを示そう．$X_\lambda \in \mathcal{O}_\lambda$ $(\lambda \in \Lambda)$ なので，$\prod_{\lambda\in\Lambda} X_\lambda \in \mathcal{B}$ が示される．それゆえ，$\mathcal{B}$ が条件 (B-i) を満たす．$V_i = \prod_{\lambda\in\Lambda} U_{i,\lambda} \in \mathcal{B}$ $(i = 1, 2)$ とし，$(x_\lambda)_{\lambda\in\Lambda} \in V_1 \cap V_2$ とする．このとき，$(x_\lambda)_{\lambda\in\Lambda} \in V_1 \cap V_2 = \prod_{\lambda\in\Lambda}(U_{1,\lambda} \cap U_{2,\lambda})$ である．一方，$U_{1,\lambda} \cap U_{2,\lambda} \in \mathcal{O}_{X_\lambda}$ $(\lambda \in \Lambda)$ であり，有限個の λ を除いて，$U_{1,\lambda} \cap U_{2,\lambda} = X_\lambda$ となるので，$\prod_{\lambda\in\Lambda}(U_{1,\lambda} \cap U_{2,\lambda}) \in \mathcal{B}$ が示され，それゆえ，$V_1 \cap V_2 \in \mathcal{B}$ をえる．この事実から，$\mathcal{B}$ が条件 (B-ii) を満たすことが示される．したがって，$\mathcal{B}$ が $\prod_{\lambda\in\Lambda} X_\lambda$ の開基であることがわかる．この開基 $\mathcal{B}$ の定める位相を $\prod_{\lambda\in\Lambda} \mathcal{O}_\lambda$ と表し，$\mathcal{O}_\lambda$ $(\lambda \in \Lambda)$ たちの**積位相**といい，$\left(\prod_{\lambda\in\Lambda} X_\lambda, \prod_{\lambda\in\Lambda} \mathcal{O}_\lambda\right)$ を $(X_\lambda, \mathcal{O}_\lambda)$ $(\lambda \in \Lambda)$ たちの**積位相空間**という．

各 $\lambda_0 \in \Lambda$ に対し，$\pi_{X_{\lambda_0}} : \prod_{\lambda\in\Lambda} X_\lambda \to X_{\lambda_0}$ を

$$\pi_{X_{\lambda_0}}((x_\lambda)_{\lambda\in\Lambda}) := x_{\lambda_0} \qquad \left((x_\lambda)_{\lambda\in\Lambda} \in \prod_{\lambda\in\Lambda} X_\lambda\right)$$

によって定義する．この写像は，$\prod_{\lambda\in\Lambda} X_\lambda$ から X_{λ_0} への**自然な射影** (**natural projection**) とよばれる．

定理 3.5.1 の証明を模倣して，次の事実が示される．

定理 3.5.2

(i) $\pi_{X_{\lambda_0}} : \left(\prod_{\lambda\in\Lambda} X_\lambda, \prod_{\lambda\in\Lambda} \mathcal{O}_\lambda\right) \to (X_{\lambda_0}, \mathcal{O}_{X_{\lambda_0}})$ は連続写像である．

(ii) $\pi_{X_{\lambda_0}} : \left(\prod_{\lambda \in \Lambda} X_\lambda,\ \prod_{\lambda \in \Lambda} \mathcal{O}_\lambda \right) \to (X_{\lambda_0}, \mathcal{O}_{X_{\lambda_0}})$ は開写像である．

この節の最後に，便利な記法を定義しておく．本書では，便宜上，

$$\prod_{\lambda \in \Lambda} U_\lambda \in \prod_{\lambda} \mathcal{O}_\lambda$$
$$\begin{pmatrix} U_\lambda \subsetneqq X_\lambda & (\lambda \in \{\lambda_1, \ldots, \lambda_k\}) \\ U_\lambda = X_\lambda & (\lambda \notin \{\lambda_1, \ldots, \lambda_k\}) \end{pmatrix}$$

を，$W(U_{\lambda_1}, \ldots, U_{\lambda_k})$ と表すことにする．ここで，

$$W(U_{\lambda_1}, \ldots, U_{\lambda_k}) = W(U_{\lambda_1}) \cap \cdots \cap W(U_{\lambda_k})$$

が成り立つことに注意することにより，$\left(\prod_{\lambda \in \Lambda} X_\lambda,\ \prod_{\lambda \in \Lambda} \mathcal{O}_\lambda \right)$ の閉集合が，一般に

$$\bigcap_{i \in \mathcal{I}} \left(W(U_{\lambda_1^i})^c \cup \cdots \cup W(U_{\lambda_{l_i}^i})^c \right) \tag{3.5.2}$$

（$\mathcal{I}$ はある集合を表す）という形で表されることがわかる．

3.6　商位相空間

この節において，集合 X からある位相空間への写像に付随して定義される X の弱位相と，ある位相空間から集合 Y への写像に付随して定義される Y の強位相について述べる．その後，強位相の特別なものとして，位相空間における同値関係に付随して定義される商位相について述べることにする．

まず，位相の強弱を定義しておこう．集合 X の位相全体からなる集合を $\mathcal{T}(X)$ と表そう．1.6 節で述べたように，包含関係 $\subseteqq$ は，2^X の順序関係である．それゆえ，$\mathcal{T}(X) \subseteqq 2^X$ であることに注意することにより，$\subseteqq$ が，$\mathcal{T}(X)$ の順序関係であることがわかる．X の位相 $\mathcal{O}_1, \mathcal{O}_2$ に対し，$\mathcal{O}_1 \subseteqq \mathcal{O}_2$，かつ，$\mathcal{O}_1 \neq \mathcal{O}_2$ が成り立つとき，**$\mathcal{O}_2$ は $\mathcal{O}_1$ よりも強い位相** (**$\mathcal{O}_2$ is a topology stronger than $\mathcal{O}_1$**)，または，**$\mathcal{O}_1$ は $\mathcal{O}_2$ よりも弱い位相** (**$\mathcal{O}_1$ is a topology weaker than $\mathcal{O}_1$**) という．

f を集合 X から位相空間 $(Y, \mathcal{O})$ への写像とする．f を通じて，$\mathcal{O}$ から X

に自然に誘導される位相を定義しよう．X の部分集合族 $\mathcal{O}_f^{-1}$ を

$$\mathcal{O}_f^{-1} := \{f^{-1}(V) \mid V \in \mathcal{O}\}$$

によって定義する．このとき，$\mathcal{O}_f^{-1}$ は X の位相になる．この事実を示そう．$\emptyset_X = f^{-1}(\emptyset_Y)$, $X = f^{-1}(Y)$ であり，$\emptyset_Y, Y \in \mathcal{O}$ なので，$\emptyset_X, X \in \mathcal{O}_f^{-1}$ がわかる．このように，$\mathcal{O}_f^{-1}$ は条件 (O-i) を満たす．$U_1, U_2 \in \mathcal{O}_f^{-1}$ とする．このとき，$U_i = f^{-1}(V_i)$ $(i = 1, 2)$ となる $V_i \in \mathcal{O}$ が存在する．

$$U_1 \cap U_2 = f^{-1}(V_1) \cap f^{-1}(V_2) = f^{-1}(V_1 \cap V_2)$$

となり，$V_1 \cap V_2 \in \mathcal{O}$ となるので，$U_1 \cap U_2 \in \mathcal{O}_f^{-1}$ が示される．このように，$\mathcal{O}_f^{-1}$ が条件 (O-ii) を満たすことが示される．$\{U_\lambda\}_{\lambda \in \Lambda}$ を $\mathcal{O}_f^{-1}$ の部分集合族とする．このとき，$U_\lambda = f^{-1}(V_\lambda)$ $(\lambda \in \Lambda)$ となる $V_\lambda \in \mathcal{O}$ が存在する．

$$\bigcup_{\lambda \in \Lambda} U_\lambda = \bigcup_{\lambda \in \Lambda} f^{-1}(V_\lambda) = f^{-1}\left(\bigcup_{\lambda \in \Lambda} V_\lambda\right)$$

となり，$\bigcup_{\lambda \in \Lambda} V_\lambda \in \mathcal{O}$ となるので，$\bigcup_{\lambda \in \Lambda} U_\lambda \in \mathcal{O}_f^{-1}$ が示される．よって，$\mathcal{O}_f^{-1}$ が条件 (O-iii) を満たすことがわかる．したがって，$\mathcal{O}_f^{-1}$ は，X の位相である．

この位相に関して，次の事実が成り立つ．

命題 3.6.1　$\mathcal{T}(f, \mathcal{O}) := \{\widehat{\mathcal{O}} \in \mathcal{T}(X) \mid f : (X, \widehat{\mathcal{O}}) \to (Y, \mathcal{O})$: 連続 $\}$ とおく．$\mathcal{O}_f^{-1}$ は，順序集合 $(\mathcal{T}(f, \mathcal{O}), \subseteqq)$ の最小元である．

【証明】　まず，$\mathcal{O}_f^{-1} \in \mathcal{T}(f, \mathcal{O})$ を示す．任意に，$V \in \mathcal{O}$ をとる．このとき，$\mathcal{O}_f^{-1}$ の定義より，$f^{-1}(V) \in \mathcal{O}_f^{-1}$ が成り立つ．それゆえ，命題 3.3.2 により，$f : (X, \mathcal{O}_f^{-1}) \to (Y, \mathcal{O})$ が連続であること，つまり，$\mathcal{O}_f^{-1} \in \mathcal{T}(f, \mathcal{O})$ が示される．任意に，$\widehat{\mathcal{O}} \in \mathcal{T}(f, \mathcal{O})$ をとる．$U \in \mathcal{O}_f^{-1}$ とすると，$\mathcal{O}_f^{-1}$ の定義より，$U = f^{-1}(V)$ となる $V \in \mathcal{O}$ が存在する．f は，$(X, \widehat{\mathcal{O}})$ から $(Y, \mathcal{O})$ への連続写像で，$V \in \mathcal{O}$ なので，命題 3.3.2 により，$U = f^{-1}(V) \in \widehat{\mathcal{O}}$ となる．このように，$\mathcal{O}_f^{-1} \subseteqq \widehat{\mathcal{O}}$ が示される．したがって，$\widehat{\mathcal{O}}$ の任意性により，$\mathcal{O}_f^{-1}$ が，順序集合 $(\mathcal{T}(f, \mathcal{O}), \subseteqq)$ の最小元であることが示される．　□

この命題によれば，$\mathcal{O}_f^{-1}$ は，$f(X,\widehat{\mathcal{O}}) \to (Y,\mathcal{O})$ が連続写像になるような X の位相 $\widehat{\mathcal{O}}$ の中で，最も弱いものである．この事実から，$\mathcal{O}_f^{-1}$ を，**$\boldsymbol{\mathcal{O}}$ から $\boldsymbol{f}$ によって誘導される弱位相** (the weak topology induced from $\boldsymbol{\mathcal{O}}$ by $\boldsymbol{f}$) という．

f を位相空間 $(X,\mathcal{O})$ から集合 Y への写像とする．f を通じて，$\mathcal{O}$ から Y に自然に誘導される位相を定義しよう．Y の部分集合族 $\mathcal{O}_f$ を

$$\mathcal{O}_f := \{V\ (\in 2^Y) \mid f^{-1}(V) \in \mathcal{O}\}$$

によって定義する．このとき，$\mathcal{O}_f$ は，Y の位相になる．この事実を示そう．$f^{-1}(\emptyset_Y) = \emptyset_X \in \mathcal{O}$, $f^{-1}(Y) = X \in \mathcal{O}$ なので，$\emptyset_Y, Y \in \mathcal{O}_f$ が示される．このように，$\mathcal{O}_f$ は条件 (O-i) を満たす．$V_1, V_2 \in \mathcal{O}_f$ とする．このとき，$f^{-1}(V_1), f^{-1}(V_2) \in \mathcal{O}$ となるので，$f^{-1}(V_1) \cap f^{-1}(V_2) \in \mathcal{O}$ となる．一方，$f^{-1}(V_1 \cap V_2) = f^{-1}(V_1) \cap f^{-1}(V_2)$ が示されるので，$f^{-1}(V_1 \cap V_2) \in \mathcal{O}$．それゆえ，$V_1 \cap V_2 \in \mathcal{O}_f$ が導かれる．このように，$\mathcal{O}_f$ が条件 (O-ii) を満たすことが示される．$\{V_\lambda\}_{\lambda\in\Lambda}$ を $\mathcal{O}_f$ の部分集合族とする．このとき，$f^{-1}(V_\lambda) \in \mathcal{O}$ $(\lambda \in \Lambda)$ なので，$\bigcup_{\lambda\in\Lambda} f^{-1}(V_\lambda) \in \mathcal{O}$ となる．一方，

$$f^{-1}\left(\bigcup_{\lambda\in\Lambda} V_\lambda\right) = \bigcup_{\lambda\in\Lambda} f^{-1}(V_\lambda)$$

が成り立つので，$f^{-1}\left(\bigcup_{\lambda\in\Lambda} V_\lambda\right) \in \mathcal{O}$，つまり，$\bigcup_{\lambda\in\Lambda} V_\lambda \in \mathcal{O}_f$ が示される．このように，$\mathcal{O}_f$ が条件 (O-iii) を満たすことがわかる．したがって，$\mathcal{O}_f$ は，Y の位相である．

この位相に関して，次の事実が成り立つ．

命題 3.6.2 $\mathcal{T}(\mathcal{O},f) := \{\widehat{\mathcal{O}} \in \mathcal{T}(Y) \mid f : (X,\mathcal{O}) \to (Y,\widehat{\mathcal{O}})$: 連続 $\}$ とおく．$\mathcal{O}_f$ は，順序集合 $(\mathcal{T}(\mathcal{O},f), \subseteqq)$ の最大元である．

【証明】 まず，$\mathcal{O}_f \in \mathcal{T}(\mathcal{O},f)$ を示す．任意に，$V \in \mathcal{O}_f$ をとる．このとき，$\mathcal{O}_f$ の定義より，$f^{-1}(V) \in \mathcal{O}$ となる．それゆえ，命題 3.3.2 により，$f : (X,\mathcal{O}) \to (Y,\mathcal{O}_f)$ が連続であること，つまり，$\mathcal{O}_f \in \mathcal{T}(\mathcal{O},f)$ が示される．任意に，$\widehat{\mathcal{O}} \in \mathcal{T}(\mathcal{O},f)$ をとる．$V \in \widehat{\mathcal{O}}$ とすると，f が $(X,\mathcal{O})$ から $(Y,\widehat{\mathcal{O}})$ への

連続写像であることから，命題3.3.2により，$f^{-1}(V) \in \mathcal{O}$，つまり，$V \in \mathcal{O}_f$ が示される．それゆえ，$\widehat{\mathcal{O}} \subseteqq \mathcal{O}_f$ が示される．$\widehat{\mathcal{O}}$ の任意性により，$\mathcal{O}_f$ が順序集合 $(\mathcal{T}(\mathcal{O}, f), \subseteqq)$ の最大元であることが導かれる．　□

この命題によれば，$\mathcal{O}_f$ は，$f(X, \mathcal{O}) \to (Y, \widehat{\mathcal{O}})$ が連続写像になるような Y の位相 $\widehat{\mathcal{O}}$ の中で，最も強いものである．この事実から，$\mathcal{O}_f$ を **$\mathcal{O}$ から f によって誘導される強位相** (**the strong topology induced from $\mathcal{O}$ by f**) という．

次に，商位相を定義しよう．$\sim$ を位相空間 $(X, \mathcal{O})$ における同値関係とし，$\pi : X \to X/\sim$ を $\sim$ に関する商写像とする．このとき，$\mathcal{O}$ から π によって誘導される強位相 $\mathcal{O}_\pi$ を，$\sim$ に関する**商位相** (**quotient topology**) といい，$\mathcal{O}/\sim$ と表す．また，$(X/\sim,\ \mathcal{O}/\sim)$ を $\sim$ に関する**商位相空間** (**quotient topological space**) という（図3.6.1を参照）．

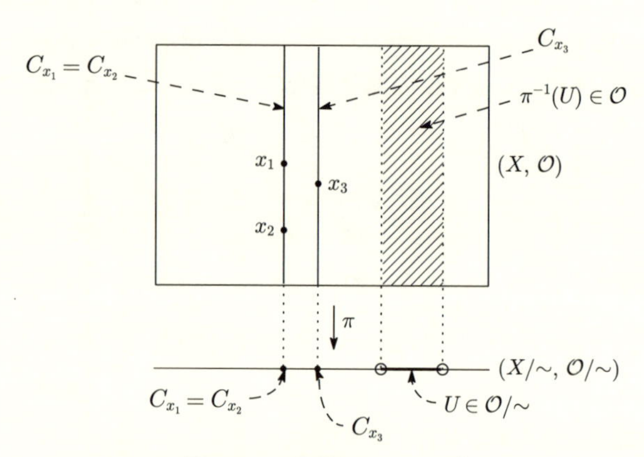

図3.6.1　商位相のイメージ

定理3.6.3

(i)　商写像 $\pi : (X, \mathcal{O}) \to (X/\sim, \mathcal{O}/\sim)$ は連続写像である．

(ii)　商写像 $\pi : (X, \mathcal{O}) \to (X/\sim, \mathcal{O}/\sim)$ が開写像であることと，$(X, \mathcal{O})$ の任意の開集合 U に対し，$\bigcup_{x \in U} C_x$ が $(X, \mathcal{O})$ の開集合であることは同値である．

(iii)　商写像 $\pi : (X, \mathcal{O}) \to (X/\sim, \mathcal{O}/\sim)$ が閉写像であることと $(X, \mathcal{O})$

の任意の閉集合 A に対し，$\bigcup_{x\in A} C_x$ が $(X,\mathcal{O})$ の閉集合であることは同値である．

【証明】 $\mathcal{O}/\sim\ = \mathcal{O}_\pi$ なので，強位相の定義より主張 (i) が成り立つ．主張 (ii) を示そう．任意に，$(X,\mathcal{O})$ の開集合 U をとる．$\pi^{-1}(\pi(U)) = \bigcup_{x\in U} C_x$ なので，$\pi(U)$ が $(X/\sim, \mathcal{O}/\sim)$ の開集合であることと $\bigcup_{x\in U} C_x$ が $(X,\mathcal{O})$ の開集合であることは同値である．この事実から，主張 (ii) が導かれる．

次に，主張 (iii) を示そう．任意に，$(X,\mathcal{O})$ の閉集合 A をとる．π の定義から，$\pi^{-1}(\pi(A)^c) = \left(\bigcup_{x\in A} C_x\right)^c$ が成り立つので，$\pi(A)^c$ が $(X/\sim, \mathcal{O}/\sim)$ の開集合であることと $\left(\bigcup_{x\in A} C_x\right)^c$ が $(X,\mathcal{O})$ の開集合であることは同値である．つまり，$\pi(A)$ が $(X/\sim, \mathcal{O}/\sim)$ の閉集合であることと $\bigcup_{x\in A} C_x$ が $(X,\mathcal{O})$ の閉集合になることが同値であることがわかる．この事実から，主張 (iii) が導かれる．　□

例 3.6.1　$\mathbb{R}^2$ における同値関係 $\sim$ を

$$(x_1, y_1) \sim (x_2, y_2) \ :\underset{\text{def}}{\Longleftrightarrow}\ x_1 = x_2$$

によって定義する．このとき，例 1.4.1 で述べたように，

$$C_{(a,b)} = \{(a,y)\,|\,y \in \mathbb{R}\} = \{a\} \times \mathbb{R}$$

となり，

$$\mathbb{R}^2/\sim\ = \{C_{(x,0)}\,|\,x \in \mathbb{R}\}$$

となる．また，$\mathbb{R}^2/\sim$ と $\mathbb{R}$ の間の 1 対 1 対応 f を

$$f(C_{(x,0)}) := x \qquad (x \in \mathbb{R})$$

によって定義することができる．$\sim$ に関する商写像を π とする．f が，商位相空間 $(\mathbb{R}^2/\sim, \mathcal{O}_{d_{\mathbb{E}^2}}/\sim)$ から $(\mathbb{R}, \mathcal{O}_{d_{\mathbb{E}^1}})$ への同相写像を与えることを示そう．$V \in \mathcal{O}_{d_{\mathbb{E}^1}}$ とする．このとき，

$$\pi^{-1}(f^{-1}(V)) = V \times \mathbb{R} \in \mathcal{O}_{d_{\mathbb{E}^2}}$$

となる．それゆえ，商位相 $\mathcal{O}_{d_{\mathbb{E}^2}}/\sim$ の定義より，$f^{-1}(V) \in \mathcal{O}_{d_{\mathbb{E}^2}}/\sim$ となるので，命題 3.3.2 により，f が $(\mathbb{R}^2/\sim, \mathcal{O}_{d_{\mathbb{E}^2}}/\sim)$ から $(\mathbb{R}, \mathcal{O}_{d_{\mathbb{E}^1}})$ への連続写像であることがわかる．$U \in \mathcal{O}_{d_{\mathbb{E}^2}}/\sim$ とする．このとき，$\pi^{-1}(U) \in \mathcal{O}_{d_{\mathbb{E}^2}}$ となり，一方，$\pi^{-1}(U) = f(U) \times \mathbb{R}$ が成り立つ．それゆえ，$f(U) \in \mathcal{O}_{d_{\mathbb{E}^1}}$ が導かれ，$(f^{-1})^{-1}(U) \in \mathcal{O}_{d_{\mathbb{E}^1}}$ が示される．よって，命題 3.3.2 により，f^{-1} が，$(\mathbb{R}, \mathcal{O}_{d_{\mathbb{E}^1}})$ から $(\mathbb{R}^2/\sim, \mathcal{O}_{d_{\mathbb{E}^2}}/\sim)$ への連続写像であることが示される．したがって，f は $(\mathbb{R}^2/\sim, \mathcal{O}_{d_{\mathbb{E}^2}}/\sim)$ から $(\mathbb{R}, \mathcal{O}_{d_{\mathbb{E}^1}})$ への同相写像であるので，$(\mathbb{R}^2/\sim, \mathcal{O}_{d_{\mathbb{E}^2}}/\sim)$ が $(\mathbb{R}, \mathcal{O}_{d_{\mathbb{E}^1}})$ と同相であることがわかる．

次に，商写像 $\pi : (\mathbb{R}^2, \mathcal{O}_{d_{\mathbb{E}^2}}) \to (\mathbb{R}^2/\sim, \mathcal{O}_{d_{\mathbb{E}^2}}/\sim)$ が開写像であることを示そう．V を $(\mathbb{R}^2, \mathcal{O}_{d_{\mathbb{E}^2}})$ の開集合とする．$\widetilde{V} := \bigcup_{(x,y)\in V} C_{(x,y)}$ とおく．任意に $(x_0, y_0) \in \widetilde{V}$ をとる．このとき，$\widetilde{V}$ の定義より，$C_{(x_0', y_0')} = C_{(x_0, y_0)}$ となる V の元 (x_0', y_0') が存在する．また，距離位相の定義より，$\varepsilon > 0$ で $U_\varepsilon(x_0', y_0') \subseteqq V$ となるようなものが存在する．このとき，$(x_0' - \varepsilon, x_0' + \varepsilon) \times \mathbb{R} \subseteqq \widetilde{V}$ が示される．$(x_0, y_0) \in (x_0' - \varepsilon, x_0' + \varepsilon) \times \mathbb{R} \subseteqq \widetilde{V}$ であり，$(x_0' - \varepsilon, x_0' + \varepsilon) \times \mathbb{R} \in \mathcal{O}_{d_{\mathbb{E}^2}}$ なので，$(x_0, y_0) \in \mathring{\widetilde{V}}$ が示される．よって，$\widetilde{V} \subseteqq \mathring{\widetilde{V}}$，それゆえ，$\mathring{\widetilde{V}} = \widetilde{V}$ が示される．このように，$\widetilde{V}$ が開集合であることが示されるので，定理 3.6.3 の (ii) より，π が開写像であることが示される．

次に，商写像 $\pi : (\mathbb{R}^2, \mathcal{O}_{d_{\mathbb{E}^2}}) \to (\mathbb{R}^2/\sim, \mathcal{O}_{d_{\mathbb{E}^2}}/\sim)$ が閉写像ではないことを示そう．$\mathbb{R}^2$ の部分集合 A を

$$A := \left\{ (x, y) \,\middle|\, 0 \leqq x < \frac{\pi}{2},\ \ y \geqq \tan x \right\}$$

によって定義する．明らかに，この集合は $(\mathbb{R}^2, \mathcal{O}_{d_{\mathbb{E}}})$ の閉集合である．しかし，$\bigcup_{(x,y)\in A} C_{(x,y)} = \left[0, \frac{\pi}{2}\right) \times \mathbb{R}$ となり（図 3.6.2 を参照），$\bigcup_{(x,y)\in A} C_{(x,y)}$ は $(\mathbb{R}^2, \mathcal{O}_{d_{\mathbb{E}}})$ の閉集合ではない．したがって，定理 3.6.3 の (iii) より，π は閉写像ではない．

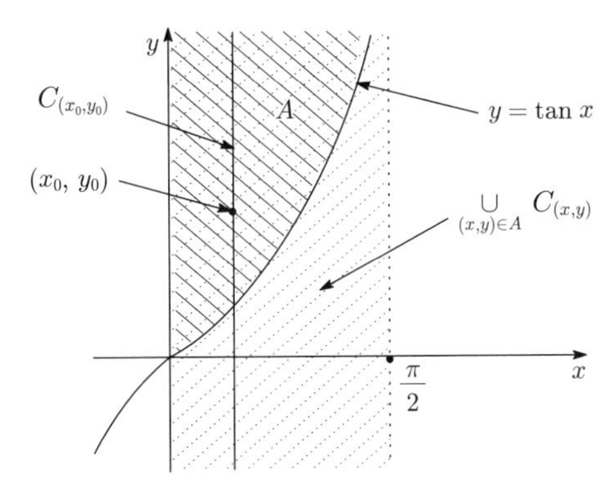

図 3.6.2　閉集合の各点の同値類の全体が閉集合でない例（その 1）

例 3.6.2　$\mathbb{R}$ における同値関係 $\sim$ を

$$x_1 \sim x_2 \ :\underset{\text{def}}{\Longleftrightarrow} |x_1| = |x_2|$$

によって定義する．例 1.4.2 で述べたように，$C_0 = \{0\}$，$C_a = \{a, -a\}$ $(a \neq 0)$ となり，

$$\mathbb{R}/\sim = \{C_x \,|\, x \in [0, \infty)\}$$

となる．また，x_1, x_2 が $[0, \infty)$ の相異なる要素であるとき，$C_{x_1} \neq C_{x_2}$ であることに注意すると，$\mathbb{R}/\sim$ と $[0, \infty)$ の間の 1 対 1 対応 f を

$$f(C_x) := x \quad (x \in [0, \infty))$$

によって定義することができる．$\sim$ に関する商写像を π とする．f が，商位相空間 $(\mathbb{R}/\sim, \mathcal{O}_{d_{\mathbb{E}^1}}/\sim)$ から $([0, \infty), \mathcal{O}_{d_{\mathbb{E}^1}}|_{[0,\infty)})$ への同相写像を与えることを示そう．$V \in \mathcal{O}_{d_{\mathbb{E}^1}}|_{[0,\infty)}$ とする．このとき，$\pi^{-1}(f^{-1}(V)) = V \cup \{-x \,|\, x \in V\} \in \mathcal{O}_{d_{\mathbb{E}^1}}$ となるので，商位相 $\mathcal{O}_{d_{\mathbb{E}^1}}/\sim$ の定義より，$f^{-1}(V) \in \mathcal{O}_{d_{\mathbb{E}^1}}/\sim$ となる．よって，命題 3.3.2 により，f が $(\mathbb{R}/\sim, \mathcal{O}_{d_{\mathbb{E}^1}}/\sim)$ から $([0, \infty), \mathcal{O}_{d_{\mathbb{E}^1}}|_{[0,\infty)})$ への連続写像であることがわかる．$U \in \mathcal{O}_{d_{\mathbb{E}^1}}/\sim$ とする．このとき，$\pi^{-1}(U) \in \mathcal{O}_{d_{\mathbb{E}^1}}$ となり，一方，$\pi^{-1}(U) = f(U) \cup \{-x \,|\, x \in f(U)\}$ が成り立つ．それゆえ，$f(U) \in \mathcal{O}_{d_{\mathbb{E}^1}}$ が導かれ，$(f^{-1})^{-1}(U) \in \mathcal{O}_{d_{\mathbb{E}^1}}$ が示される．よって，命題 3.3.2 により，f^{-1} が，$([0, \infty), \mathcal{O}_{d_{\mathbb{E}^1}}|_{[0,\infty)})$ から $(\mathbb{R}/\sim,$

$\mathcal{O}_{d_{\mathbb{E}^1}}/\sim)$ への連続写像であることがわかる．したがって，f が $(\mathbb{R}/\sim, \mathcal{O}_{d_{\mathbb{E}^1}}/\sim)$ から $([0,\infty), \mathcal{O}_{d_{\mathbb{E}^1}}|_{[0,\infty)})$ への同相写像であることが示されるので，$(\mathbb{R}/\sim, \mathcal{O}_{d_{\mathbb{E}^1}}/\sim)$ が $([0,\infty), \mathcal{O}_{d_{\mathbb{E}^1}}|_{[0,\infty)})$ と同相であることがわかる．

次に，商写像 $\pi : (\mathbb{R}, \mathcal{O}_{d_{\mathbb{E}^1}}) \to (\mathbb{R}/\sim, \mathcal{O}_{d_{\mathbb{E}^1}}/\sim)$ が開写像であることを示そう．V を $(\mathbb{R}, \mathcal{O}_{d_{\mathbb{E}^1}})$ の開集合とする．このとき，$\bigcup_{x\in V} C_x = V \cup \{-x \mid x \in V\}$ となり，$\{-x \mid x \in V\}$ は明らかに $(\mathbb{R}, \mathcal{O}_{d_{\mathbb{E}^1}})$ の開集合なので，$\bigcup_{x\in V} C_x$ が $(\mathbb{R}, \mathcal{O}_{d_{\mathbb{E}^1}})$ の開集合になることがわかる．したがって，定理 3.6.3 の (ii) より，π が開写像であることが示される．商写像 $\pi : (\mathbb{R}^2, \mathcal{O}_{d_{\mathbb{E}^2}}) \to (\mathbb{R}^2/\sim, \mathcal{O}_{d_{\mathbb{E}^2}}/\sim)$ が閉写像であることも同様に示される．

例 3.6.3　$\mathbb{R}$ における同値関係 $\sim$ を

$$x_1 \sim x_2 \underset{\text{def}}{\iff} x_1 - x_2 \in \mathbb{Z}$$

によって定義する．このとき，例 1.4.3 で述べたように，$C_a = \{a+z \mid z \in \mathbb{Z}\}$ $(a \in \mathbb{R})$ となり，

$$\mathbb{R}/\sim = \{C_x \mid x \in [0,1)\}$$

となる．また，x_1, x_2 が $[0,1)$ の相異なる要素であるとき，$C_{x_1} \neq C_{x_2}$ であることに注意することにより，$\mathbb{R}/\sim$ と $[0,1)$ の間の 1 対 1 対応 f を

$$f(C_x) := x \quad (x \in [0,1))$$

によって定義することができる．$\sim$ に関する商写像を π とする．さらに，$[0,1)$ と単位円 $S^1(1) = \{(x,y) \in \mathbb{R}^2 \mid x^2 + y^2 = 1\}$ の間の 1 対 1 対応 g を

$$g(x) := (\cos(2\pi x), \sin(2\pi x)) \quad (x \in [0,1))$$

によって定義する．$g \circ f$ が，商位相空間 $(\mathbb{R}/\sim, \mathcal{O}_{d_{\mathbb{E}^1}}/\sim)$ から $(S^1(1), \mathcal{O}_{d_{\mathbb{E}^2}}|_{S^1(1)})$ への同相写像を与えることを示そう．g の $\mathbb{R}$ への拡張 $\widetilde{g} : \mathbb{R} \to S^1(1)$ を

$$\widetilde{g}(x) := (\cos(2\pi x), \sin(2\pi x)) \quad (x \in \mathbb{R})$$

によって定義する．$V \in \mathcal{O}_{d_{\mathbb{E}^2}}|_{S^1(1)}$ とする．このとき，$\widetilde{V} \cap S^1(1) = V$ とな

る $\widetilde{V} \in \mathcal{O}_{d_{\mathbb{E}^2}}$ が存在する．明らかに，$\widetilde{g}$ は，$(\mathbb{R}, \mathcal{O}_{d_{\mathbb{E}^1}})$ から $(\mathbb{R}^2, \mathcal{O}_{d_{\mathbb{E}^2}})$ への連続写像なので，$\widetilde{g}^{-1}(\widetilde{V}) \in \mathcal{O}_{d_{\mathbb{E}^1}}$ となる．一方，$g \circ f \circ \pi = \widetilde{g}$ なので，

$$\pi^{-1}((g \circ f)^{-1}(V)) = \widetilde{g}^{-1}(\widetilde{V})$$

となる．よって，$\pi^{-1}((g \circ f)^{-1}(V)) \in \mathcal{O}_{d_{\mathbb{E}^1}}$ となり，それゆえ，$(g \circ f)^{-1}(V) \in \mathcal{O}_{d_{\mathbb{E}^1}}/\sim$ が導かれる．したがって，定理 3.3.2 により，$g \circ f$ が，$(\mathbb{R}/\sim, \mathcal{O}_{d_{\mathbb{E}^1}}/\sim)$ から $(S^1(1), \mathcal{O}_{d_{\mathbb{E}^2}}|_{S^1(1)})$ への連続写像であることが示される．

$U \in \mathcal{O}_{d_{\mathbb{E}^1}}/\sim$ を任意にとる．このとき，$\pi^{-1}(U) \in \mathcal{O}_{d_{\mathbb{E}^1}}$ となる．一方，

$$((g \circ f)^{-1})^{-1}(U) = (g \circ f)(U) = (g \circ f \circ \pi)(\pi^{-1}(U)) = \widetilde{g}(\pi^{-1}(U))$$

が成り立つ．また，明らかに，$\widetilde{g}$ の定義から，$\widetilde{g}$ が開写像であることがわかる．これらの事実から，$((g \circ f)^{-1})^{-1}(U) \in \mathcal{O}_{d_{\mathbb{E}^2}}|_{S^1(1)}$ が導かれる．それゆえ，定理 3.3.2 により，$(g \circ f)^{-1}$ が $(S^1(1), \mathcal{O}_{d_{\mathbb{E}^2}}|_{S^1(1)})$ から $(\mathbb{R}/\sim, \mathcal{O}_{d_{\mathbb{E}^1}}/\sim)$ への連続写像であることがわかる．したがって，$g \circ f$ が，$(\mathbb{R}/\sim, \mathcal{O}_{d_{\mathbb{E}^1}}/\sim)$ から $(S^1(1), \mathcal{O}_{d_{\mathbb{E}^2}}|_{S^1(1)})$ への同相写像であることが示され，それゆえ，$(\mathbb{R}/\sim, \mathcal{O}_{d_{\mathbb{E}^1}}/\sim)$ は，$(S^1(1), \mathcal{O}_{d_{\mathbb{E}^2}}|_{S^1(1)})$ と同相である（図 3.6.3 を参照）．このように，商位相空間 $(\mathbb{R}/\sim, \mathcal{O}_{d_{\mathbb{E}^1}}/\sim)$ を，$(\mathbb{R}^2, \mathcal{O}_{d_{\mathbb{E}^2}})$ の部分位相空間 $(S^1(1), \mathcal{O}_{d_{\mathbb{E}^2}}|_{S^1(1)})$ として視覚的に捉えることができる．

次に，商写像 $\pi : (\mathbb{R}, \mathcal{O}_{d_{\mathbb{E}^1}}) \to (\mathbb{R}/\sim, \mathcal{O}_{d_{\mathbb{E}^1}}/\sim)$ が開写像であることを示そう．V を $(\mathbb{R}, \mathcal{O}_{d_{\mathbb{E}^1}})$ の開集合とする．このとき，$\bigcup_{x \in V} C_x = \bigcup_{z \in \mathbb{Z}} \{x + z \,|\, x \in V\}$ となり，各 $\{x + z \,|\, x \in V\}$ は明らかに $(\mathbb{R}, \mathcal{O}_{d_{\mathbb{E}^1}})$ の開集合なので，$\bigcup_{x \in V} C_x$ が $(\mathbb{R}, \mathcal{O}_{d_{\mathbb{E}^1}})$ の開集合になることがわかる．したがって，定理 3.6.3 の (ii) より，π が開写像であることが示される．

商写像 $\pi : (\mathbb{R}, \mathcal{O}_{d_{\mathbb{E}^1}}) \to (\mathbb{R}/\sim, \mathcal{O}_{d_{\mathbb{E}^1}}/\sim)$ が閉写像ではないことを示そう．$(\mathbb{R}, \mathcal{O}_{d_{\mathbb{E}^1}})$ の部分集合 A を

$$A := \left\{ i - 1 + \frac{1}{i+1} \,\middle|\, i \in \mathbb{N} \right\}$$

によって定義する．明らかに，A は $(\mathbb{R}, \mathcal{O}_{d_{\mathbb{E}^1}})$ の閉集合である．しかし，

$$\bigcup_{x \in A} C_x = \bigcup_{i \in \mathbb{N}} C_{i-1+\frac{1}{i+1}} \supset \left\{ \frac{1}{i+1} \,\middle|\, i \in \mathbb{N} \right\}$$

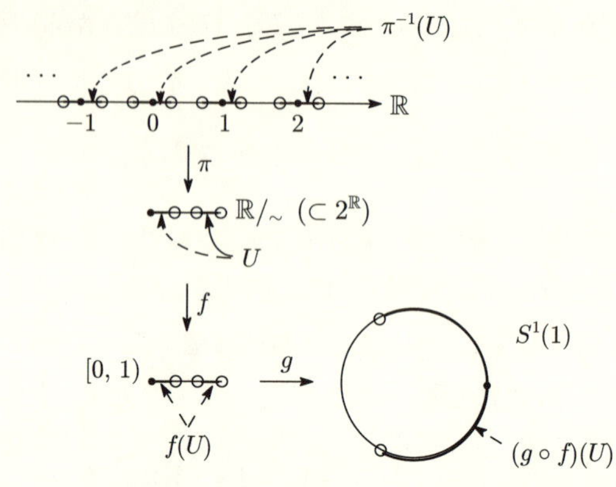

$\pi^{-1}(U) \in \mathcal{O}_{d_{\mathbb{E}^1}}$ なので，$U \in \mathcal{O}_{d_{\mathbb{E}^1}}/\sim$

図 3.6.3　$(\mathbb{R}/\sim, \mathcal{O}_{d_{\mathbb{E}^1}}/\sim)$ と $(S^1(1), \mathcal{O}_{d_{\mathbb{E}^2}}|_{S^1(1)})$ における開集合

となり，$0 = \lim_{i\to\infty} \dfrac{1}{i+1}$ が $\bigcup_{x\in A} C_x$ の触点であることがわかる．一方，明らかに，0 は $\bigcup_{x\in A} C_x$ の元ではない．つまり，

$$0 \in \overline{\left(\bigcup_{x\in A} C_x\right)} \setminus \left(\bigcup_{x\in A} C_x\right)$$

となり，

$$\bigcup_{x\in A} C_x \underset{\neq}{\subset} \overline{\bigcup_{x\in A} C_x},$$

つまり，$\bigcup_{x\in A} C_x$ が $(\mathbb{R}, \mathcal{O}_{d_{\mathbb{E}^1}})$ の閉集合ではないことが示される．したがって，命題 3.6.3 の (iii) により，π は閉写像ではないことがわかる．

例 3.6.4　$\mathbb{R}^2$ における同値関係 $\sim$ を

$$(x_1, y_1) \sim (x_2, y_2) \ :\underset{\text{def}}{\Longleftrightarrow} (x_2 - x_1, y_2 - y_1) \in \mathbb{Z}^2$$

によって定義する．このとき，例 1.4.4 で述べたように，$C_{(a,b)} = \{(a + z_1, b + z_2) \mid z_1, z_2 \in \mathbb{Z}\}$ $((a,b) \in \mathbb{R}^2)$ となり，

$$\mathbb{R}^2/\sim = \{C_{(x,y)} \mid (x,y) \in [0,1)^2\}$$

となる．また，$(x_1, y_1), (x_2, y_2)$ が $[0,1)^2$ の相異なる要素であるとき，$C_{(x_1,y_1)} \neq C_{(x_2,y_2)}$ であることに注意すると，$\mathbb{R}^2/\sim$ と $[0,1)^2$ の間の 1 対 1

対応 f を

$$f(C_{(x,y)}) := (x, y) \quad ((x, y) \in [0, 1)^2)$$

によって定義することができる．$\sim$ に関する商写像を π とする．さらに，$\mathbb{R}^2$ と 2 つの単位円の直積集合 $S^1(1) \times S^1(1)$ の間の 1 対 1 対応 $\widetilde{g}$ を

$$\widetilde{g}(x, y) := (\cos(2\pi x), \sin(2\pi x), \cos(2\pi y), \sin(2\pi y)) \quad ((x, y) \in \mathbb{R}^2)$$

によって定義し，$g := \widetilde{g}|_{[0,1)^2}$ とおく．

$g \circ f$ が，商位相空間 $(\mathbb{R}^2/\sim, \mathcal{O}_{d_{\mathbb{E}^2}}/\sim)$ から $(S^1(1) \times S^1(1), \mathcal{O}_{d_{\mathbb{E}^4}}|_{S^1(1)\times S^1(1)})$ への同相写像を与えることを示そう．$V \in \mathcal{O}_{d_{\mathbb{E}^4}}|_{S^1(1)\times S^1(1)}$ とする．このとき，$\widetilde{V} \cap (S^1(1) \times S^1(1)) = V$ となる $\widetilde{V} \in \mathcal{O}_{d_{\mathbb{E}^4}}$ が存在する．明らかに，$\widetilde{g}$ は，$(\mathbb{R}^2, \mathcal{O}_{d_{\mathbb{E}^2}})$ から $(\mathbb{R}^4, \mathcal{O}_{d_{\mathbb{E}^4}})$ への連続写像なので，$\widetilde{g}^{-1}(\widetilde{V}) \in \mathcal{O}_{d_{\mathbb{E}^2}}$ となる．一方，$g \circ f \circ \pi = \widetilde{g}$ なので，

$$\pi^{-1}((g \circ f)^{-1}(V)) = \widetilde{g}^{-1}(\widetilde{V})$$

が成り立つ．したがって，$\pi^{-1}((g \circ f)^{-1}(V)) \in \mathcal{O}_{d_{\mathbb{E}^2}}$ が示され，それゆえ，$(g \circ f)^{-1}(V) \in \mathcal{O}_{d_{\mathbb{E}^2}}/\sim$ が導かれる．したがって，定理 3.3.2 により，$g \circ f$ が，$(\mathbb{R}^2/\sim, \mathcal{O}_{d_{\mathbb{E}^2}}/\sim)$ から $(S^1(1) \times S^1(1), \mathcal{O}_{d_{\mathbb{E}^4}}|_{S^1(1)\times S^1(1)})$ への連続写像であることが示される．

$U \in \mathcal{O}_{d_{\mathbb{E}^2}}/\sim$ を任意にとる．このとき，$\pi^{-1}(U) \in \mathcal{O}_{d_{\mathbb{E}^2}}$ となる．一方，

$$((g \circ f)^{-1})^{-1}(U) = (g \circ f)(U) = (g \circ f \circ \pi)(\pi^{-1}(U)) = \widetilde{g}(\pi^{-1}(U))$$

が成り立つ．また，明らかに，$\widetilde{g}$ の定義から，$\widetilde{g}$ が開写像であることがわかる．これらの事実から，$((g \circ f)^{-1})^{-1}(U) \in \mathcal{O}_{d_{\mathbb{E}^4}}|_{S^1(1)\times S^1(1)}$ が導かれる．それゆえ，定理 3.3.2 により，$(g \circ f)^{-1}$ が $(S^1(1) \times S^1(1), \mathcal{O}_{d_{\mathbb{E}^4}}|_{S^1(1)\times S^1(1)})$ から $(\mathbb{R}^2/\sim, \mathcal{O}_{d_{\mathbb{E}^2}}/\sim)$ への連続写像であることがわかる．したがって，$g \circ f$ が，$(\mathbb{R}^2/\sim, \mathcal{O}_{d_{\mathbb{E}^2}}/\sim)$ から $(S^1(1) \times S^1(1), \mathcal{O}_{d_{\mathbb{E}^4}}|_{S^1(1)\times S^1(1)})$ への同相写像であることが示される．例 1.4.4 で述べたように，トーラス S $(\subsetneqq \mathbb{R}^3)$ が

$$S := \{((\alpha + \beta\cos\theta)\cos\varphi, (\alpha + \beta\cos\theta)\sin\varphi, \beta\sin\theta) \mid 0 \leqq \theta < 2\pi,\ 0 \leqq \varphi < 2\pi\}$$

$(\alpha > \beta)$ によって定義され，全単射 $h : S^1(1) \times S^1(1) \to S$ を

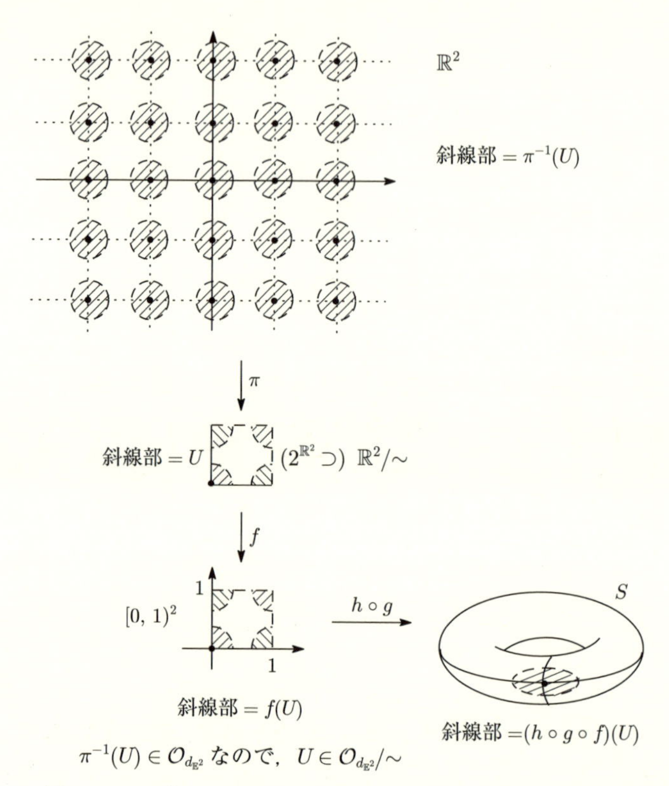

図 3.6.4　$(\mathbb{R}^2/\sim, \mathcal{O}_{d_{\mathbb{E}^2}}/\sim)$ と $(S, \mathcal{O}_{d_{\mathbb{E}^3}}|_S)$ における開集合

$$
\begin{aligned}
&h((\cos\theta, \sin\theta), (\cos\varphi, \sin\varphi)) \\
&:= ((\alpha + \beta\cos\theta)\cos\varphi, (\alpha + \beta\cos\theta)\sin\varphi, \beta\sin\theta) \\
&\qquad\qquad\qquad (0 \leqq \theta < 2\pi,\ 0 \leqq \varphi < 2\pi)
\end{aligned}
$$

によって定義することができる．容易に，この全単射 h が $(S^1(1) \times S^1(1), \mathcal{O}_{d_{\mathbb{E}^4}}|_{S^1(1)\times S^1(1)})$ から $(S, \mathcal{O}_{d_{\mathbb{E}^3}}|_S)$ への同相写像であることが示される．このように，$(\mathbb{R}^2/\sim, \mathcal{O}_{d_{\mathbb{E}^2}}/\sim)$ から $(S, \mathcal{O}_{d_{\mathbb{E}^3}}|_S)$ への同相写像 $h \circ g \circ f$ がえられる（図 3.6.4 を参照）．$(S, \mathcal{O}_{d_{\mathbb{E}^3}}|_S)$ は，$(\mathbb{R}^2/\sim, \mathcal{O}_{d_{\mathbb{E}^2}}/\sim)$ を $\mathbb{E}^3$ 内で視覚的に捉えたものである．

次に，商写像 $\pi : (\mathbb{R}^2, \mathcal{O}_{d_{\mathbb{E}^2}}) \to (\mathbb{R}^2/\sim, \mathcal{O}_{d_{\mathbb{E}^2}}/\sim)$ が開写像であることを示そう．V を $(\mathbb{R}^2, \mathcal{O}_{d_{\mathbb{E}^2}})$ の開集合とする．このとき，

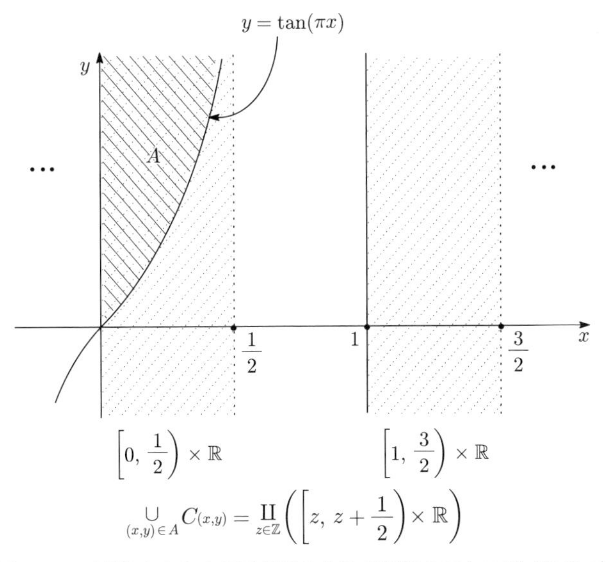

図 3.6.5　閉集合の各点の同値類の全体が閉集合でない例（その 2）

$$\bigcup_{(x,y)\in V} C_{(x,y)} = \bigcup_{(z_1,z_2)\in\mathbb{Z}^2} \{(x+z_1, y+z_2) \mid (x,y) \in V\}$$

となり，各 $\{(x+z_1, y+z_2) \mid (x,y) \in V\}$ は明らかに $(\mathbb{R}^2, \mathcal{O}_{d_{\mathbb{E}^2}})$ の開集合なので，$\bigcup_{(x,y)\in V} C_{(x,y)}$ が $(\mathbb{R}^2, \mathcal{O}_{d_{\mathbb{E}^2}})$ の開集合になることがわかる．したがって，定理 3.6.3 の (ii) より，π が開写像であることが示される．

商写像 $\pi : (\mathbb{R}^2, \mathcal{O}_{d_{\mathbb{E}^2}}) \to (\mathbb{R}^2/\sim, \mathcal{O}_{d_{\mathbb{E}^2}}/\sim)$ が閉写像ではないことを示そう．$(\mathbb{R}^2, \mathcal{O}_{d_{\mathbb{E}^2}})$ の部分集合 A を

$$A := \left\{(x,y) \,\middle|\, y \geqq \tan(\pi x),\ \ 0 \leqq x < \frac{1}{2}\right\}$$

によって定義する．明らかに，A は $(\mathbb{R}^2, \mathcal{O}_{d_{\mathbb{E}^2}})$ の閉集合である．しかし，

$$\bigcup_{(x,y)\in A} C_{(x,y)} = \bigcup_{z\in\mathbb{Z}} \left(\left[z, z+\frac{1}{2}\right) \times \mathbb{R}\right)$$

となり（図 3.6.5 を参照），$\bigcup_{(x,y)\in A} C_{(x,y)}$ は $(\mathbb{R}^2, \mathcal{O}_{d_{\mathbb{E}^2}})$ の閉集合ではないことがわかる．したがって，定理 3.6.3 の (iii) より，π が閉写像ではないことが示される．

例 3.6.5　$S^n(1)$ における同値関係 $\sim$ を

$$\boldsymbol{x} \sim \boldsymbol{y} \underset{\text{def}}{:\Longleftrightarrow} \boldsymbol{x} = \pm\boldsymbol{y}$$

によって定義する．このとき，例 1.4.5 で述べたように，$C_{\boldsymbol{x}} = \{\boldsymbol{x}, -\boldsymbol{x}\}$ $(\boldsymbol{x} \in \mathbb{R}^2)$ となり，$S^n(1)/\sim = \{C_{\boldsymbol{x}} \mid \boldsymbol{x} \in A\}$ となる．ここで，A は，次式によって定義される集合を表す：

$$\begin{aligned} A = \{\boldsymbol{x} \in S^n(1) \mid x_{n+1} > 0 \text{ or} \\ (\exists i \in \{1, \ldots, n\})[x_i > 0 \ \& \ x_{i+1} = \cdots = x_{n+1} = 0]\}. \end{aligned}$$

また，$\boldsymbol{x}, \boldsymbol{y}$ が A の相異なる要素であるとき，$C_{\boldsymbol{x}} \neq C_{\boldsymbol{y}}$ であることに注意することにより，$S^n(1)/\sim = \mathbb{R}P^n$ と A の間の1対1対応 f を

$$f(C_{\boldsymbol{x}}) := \boldsymbol{x} \quad (\boldsymbol{x} \in A)$$

によって定義することができる．$(\mathbb{R}P^n, \mathcal{O}_{d_{\mathbb{E}^{n+1}}}/\sim)$ の開集合は，図 3.6.6 のようになる．

次に，商写像 $\pi : (S^n(1), \mathcal{O}_{d_{\mathbb{E}^{n+1}}}) \to (\mathbb{R}P^n, \mathcal{O}_{d_{\mathbb{E}^{n+1}}}/\sim)$ が開写像であることを示そう．V を $(S^n(1), \mathcal{O}_{d_{\mathbb{E}^{n+1}}})$ の開集合とする．このとき，

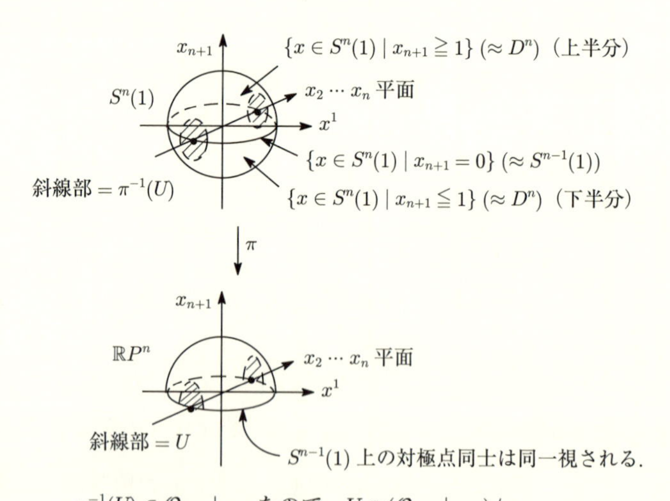

図 3.6.6　$(\mathbb{R}P^n, (\mathcal{O}_{d_{\mathbb{E}^3}}|_{S^2(1)})/\sim)$ の開集合

$$\bigcup_{\boldsymbol{x}\in V} C_{\boldsymbol{x}} = V \cup \{-\boldsymbol{x} \mid \boldsymbol{x} \in V\}$$

となり，V も $\{-\boldsymbol{x} \mid \boldsymbol{x} \in V\}$ も明らかに $(S^n(1), \mathcal{O}_{d_{\mathbb{E}^{n+1}}}|_{S^n(1)})$ の開集合なので，$\bigcup_{\boldsymbol{x}\in V} C_{\boldsymbol{x}}$ が $(S^n(1), \mathcal{O}_{d_{\mathbb{E}^{n+1}}}|_{S^n(1)})$ の開集合になることがわかる．よって，定理 3.6.3 の (ii) より，π が開写像であることが示される．

商写像 $\pi : (S^n(1), \mathcal{O}_{d_{\mathbb{E}^{n+1}}}|_{S^n(1)}) \to (\mathbb{R}P^n, (\mathcal{O}_{d_{\mathbb{E}^{n+1}}}|_{S^n(1)})/\sim)$ が閉写像であることを示そう．B を $(S^n(1), \mathcal{O}_{d_{\mathbb{E}^{n+1}}})$ の閉集合とする．このとき，

$$\bigcup_{\boldsymbol{x}\in B} C_{\boldsymbol{x}} = B \cup \{-\boldsymbol{x} \mid \boldsymbol{x} \in B\}$$

となり，B も $\{-\boldsymbol{x} \mid \boldsymbol{x} \in B\}$ も明らかに $(S^n(1), \mathcal{O}_{d_{\mathbb{E}^{n+1}}}|_{S^n(1)})$ の閉集合なので，$\bigcup_{\boldsymbol{x}\in B} C_{\boldsymbol{x}}$ が $(S^n(1), \mathcal{O}_{d_{\mathbb{E}^{n+1}}}|_{S^n(1)})$ の閉集合になることがわかる．したがって，定理 3.6.3 の (iii) より，π が閉写像であることが示される．

例 3.6.6 例 1.5.1 で述べたように，直交行列

$$A_\theta := \begin{pmatrix} \cos\theta & \sin\theta \\ -\sin\theta & \cos\theta \end{pmatrix}$$

$(0 \leqq \theta < 2\pi)$ の全体は群になり，$SO(2)$ と表される．$\mathbb{R}^2$ における同値関係 $\sim$ を

$$(x_1, y_1) \sim (x_2, y_2) \ \underset{\text{def}}{:\Longleftrightarrow} (\exists\theta \in [0, 2\pi))[(x_2, y_2) = (x_1, y_1)A_\theta]$$
$$(\Longleftrightarrow \ x_1^2 + y_1^2 = x_2^2 + y_2^2)$$

によって定義する．このとき，例 1.5.1 で述べたように，

$$C_{(a,b)} = \{(a,b)A_\theta \mid \theta \in [0, 2\pi)\} = \{(x,y) \mid x^2 + y^2 = a^2 + b^2\}$$

となり，

$$\mathbb{R}^2/\sim = \{C_{(x,0)} \mid x \in [0, \infty)\} (= \mathbb{R}^2/SO(2))$$

となる．また，x_1, x_2 が $[0, \infty)$ の相異なる要素であるとき，$C_{(x_1,0)} \neq C_{(x_2,0)}$ であることに注意すると，$\mathbb{R}^2/\sim$ と $[0, \infty)$ の間の 1 対 1 対応 f を

$$f(C_{(x,0)}) := x \quad (x \in [0,\infty))$$

によって定義することができる．$\sim$ に関する商写像を π とする．f が，商位相空間 $(\mathbb{R}^2/\sim, \mathcal{O}_{d_{\mathbb{E}^2}}/\sim)$ から $([0,\infty), \mathcal{O}_{d_{\mathbb{E}^1}}|_{[0,\infty)})$ への同相写像を与えることを示そう．$V \in \mathcal{O}_{d_{\mathbb{E}^1}}|_{[0,\infty)}$ とする．このとき，

$$\pi^{-1}(f^{-1}(V)) = \{(x,0)A_\theta \mid x \in V,\ \theta \in [0,2\pi)\}$$

となり，これが $(\mathbb{R}^2, \mathcal{O}_{d_{\mathbb{E}^2}})$ の開集合，つまり，$\mathcal{O}_{d_{\mathbb{E}^2}}$ の要素になることは明らかである．商位相 $\mathcal{O}_{d_{\mathbb{E}^2}}/\sim$ の定義より，$f^{-1}(V) \in \mathcal{O}_{d_{\mathbb{E}^2}}/\sim$ となるので，命題 3.3.2 により，f が $(\mathbb{R}^2/\sim, \mathcal{O}_{d_{\mathbb{E}^2}}/\sim)$ から $([0,\infty), \mathcal{O}_{d_{\mathbb{E}^1}}|_{[0,\infty)})$ への連続写像であることがわかる．

$U \in \mathcal{O}_{d_{\mathbb{E}^2}}/\sim$ とする．このとき，$\pi^{-1}(U) \in \mathcal{O}_{d_{\mathbb{E}^2}}$ となり，一方，

$$\begin{aligned}\pi^{-1}(U) &= \{(x,0)A_\theta \mid \pi(x,0) \in U,\ \theta \in [0,2\pi)\}\\ &= \{(x,0)A_\theta \mid x \in f(U),\ \theta \in [0,2\pi)\}\end{aligned}$$

が成り立つ．これらの事実から，容易に，$f(U) \in \mathcal{O}_{d_{\mathbb{E}^1}}|_{[0,\infty)}$ が導かれ，$(f^{-1})^{-1}(U) \in \mathcal{O}_{d_{\mathbb{E}^1}}|_{[0,\infty)}$ が示される．よって，命題 3.3.2 により，f^{-1} は，$([0,\infty), \mathcal{O}_{d_{\mathbb{E}^1}}|_{[0,\infty)})$ から $(\mathbb{R}^2/\sim, \mathcal{O}_{d_{\mathbb{E}^2}}/\sim)$ への連続写像である．したがって，f が $(\mathbb{R}^2/\sim, \mathcal{O}_{d_{\mathbb{E}^2}}/\sim)$ から $([0,\infty), \mathcal{O}_{d_{\mathbb{E}^1}}|_{[0,\infty)})$ への同相写像であることが示される．ゆえに，$(\mathbb{R}^2/\sim, \mathcal{O}_{d_{\mathbb{E}^2}}/\sim)$ は $([0,\infty), \mathcal{O}_{d_{\mathbb{E}^1}}|_{[0,\infty)})$ と同相である（図 3.6.7 を参照）．

次に，商写像 $\pi : (\mathbb{R}^2, \mathcal{O}_{d_{\mathbb{E}^2}}) \to (\mathbb{R}^2/\sim, \mathcal{O}_{d_{\mathbb{E}^2}}/\sim)$ が開写像であることを示そう．V を $(\mathbb{R}^2, \mathcal{O}_{d_{\mathbb{E}^2}})$ の開集合とし，$\widetilde{V} := \bigcup_{(x,y)\in V} C_{(x,y)}$ とおく．任意に $(x_0,y_0) \in \widetilde{V}$ をとる．このとき，$\widetilde{V}$ の定義より，$C_{(x_0',y_0')} = C_{(x_0,y_0)}$ となる V の元 (x_0',y_0') が存在する．また，距離位相の定義より，$\varepsilon > 0$ で $U_\varepsilon(x_0', y_0') \subsetneqq V$ となるようなものが存在する．

$$W_\varepsilon := \left\{(x,y)\in\mathbb{R}^2 \;\middle|\; \left(\sqrt{{x_0'}^2+{y_0'}^2}-\varepsilon\right)^2 < x^2+y^2 < \left(\sqrt{{x_0'}^2+{y_0'}^2}+\varepsilon\right)^2\right\}$$

とおく．このとき，$W_\varepsilon \subsetneqq \widetilde{V}$ が示される．$(x_0,y_0) \in W_\varepsilon \subsetneqq \widetilde{V}$ であり，

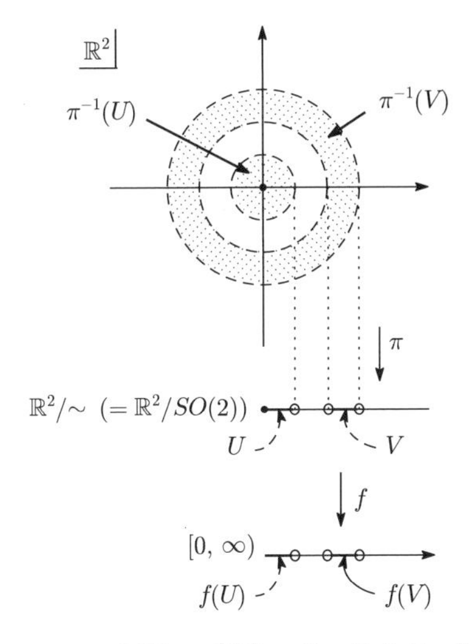

$\pi^{-1}(U), \pi^{-1}(V) \in \mathcal{O}_{d_{\mathbb{E}^2}}$ なので，$U, V \in \mathcal{O}_{d_{\mathbb{E}^2}}/\sim$

図 3.6.7　$(\mathbb{R}^2/SO(2), \mathcal{O}_{d_{\mathbb{E}^2}}/\sim)$ の開集合

$W_\varepsilon \in \mathcal{O}_{d_{\mathbb{E}^2}}$ であるので，$(x_0, y_0) \in \mathring{\widetilde{V}}$ が示される．よって，$\widetilde{V} \subseteqq \mathring{\widetilde{V}}$，それゆえ，$\mathring{\widetilde{V}} = \widetilde{V}$ が示される．このように，$\widetilde{V}$ が開集合であることが示されるので，定理 3.6.3 の (ii) より，π が開写像であることがわかる．

次に，商写像 $\pi : (\mathbb{R}^2, \mathcal{O}_{d_{\mathbb{E}^2}}) \to (\mathbb{R}^2/\sim, \mathcal{O}_{d_{\mathbb{E}^2}}/\sim)$ が閉写像であることを示そう．A を $(\mathbb{R}^2, \mathcal{O}_{d_{\mathbb{E}^2}})$ の閉集合とする．$\widetilde{A} := \bigcup_{(x,y)\in A} C_{(x,y)}$ とおく．任意に $(\alpha, \beta) \in \overline{\widetilde{A}}$ をとる．このとき，$\widetilde{A}$ 内の点列 $\{(x_k, y_k)\}_{k=1}^{\infty}$ で (α, β) に収束するようなものが存在する．$(x_k, y_k) \in \widetilde{A}$ なので，$C_{(a_k, b_k)} = C_{(x_k, y_k)}$ となる A の元 (a_k, b_k) が存在する．明らかに，$(x_k, y_k) = (a_k, b_k)A_{\theta_k}$ となる $\theta_k \in (-\pi, \pi]$ が一意に存在する．$(S^1(1), \mathcal{O}_{d_{\mathbb{E}^2}}|_{S^1(1)})$ はコンパクト（位相空間のコンパクト性の定義については，5.1 節を参照）なので，5.2 節で述べる定理 5.2.3 により，$\{(\cos\theta_k, \sin\theta_k)\}_{k=1}^{\infty}$ は，収束する部分列 $\{(\cos\theta_{k(i)}, \sin\theta_{k(i)})\}_{i=1}^{\infty}$ をもつ．ここで，$\theta_\infty := \lim_{i\to\infty} \theta_{k(i)}$ とおく．$\{(a_{k(i)}, b_{k(i)})\, A_{\theta_{k(i)}}\}$ も $\{(\cos\theta_{k(i)}, \sin\theta_{k(i)})\}_{i=1}^{\infty}$ も収束列なので，$\{(a_{k(i)}, b_{k(i)})\}_{i=1}^{\infty}$ も収束列であることがわかる．$(a_\infty, b_\infty) := \lim_{i\to\infty} (a_{k(i)}, b_{k(i)})$ とおく．$\{(a_{k(i)}, b_{k(i)})\}_{i=1}^{\infty}$ は閉集合 A 内の点列なので，$(a_\infty, b_\infty) \in \overline{A} = A$ となる．それゆえ，

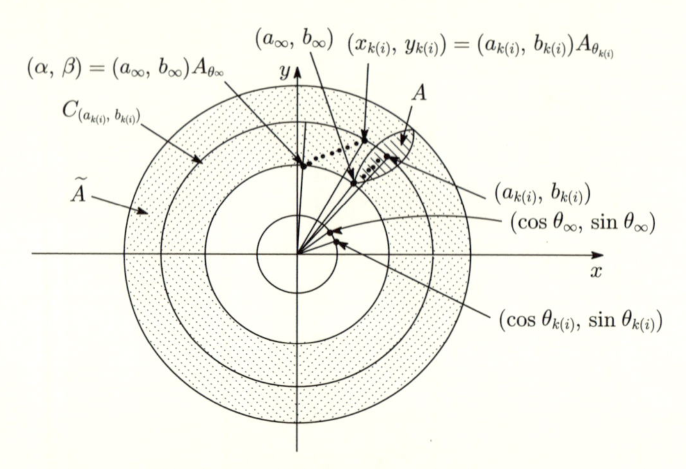

図 3.6.8　閉集合の各点の同値類の全体が閉集合になる例（その 2）

$$(\alpha, \beta) = \lim_{i\to\infty}(a_{k(i)}, b_{k(i)})\,A_{\theta_{k(i)}} = (a_\infty, b_\infty)\,A_{\theta_\infty} \in \widetilde{A}$$

となる（図 3.6.8 を参照）．よって，$\overline{\widetilde{A}} \subseteqq \widetilde{A}$，それゆえ，$\overline{\widetilde{A}} = \widetilde{A}$ が示される．このように，$\widetilde{A}$ が $(\mathbb{R}^2, \mathcal{O}_{d_{\mathbb{E}^2}})$ の閉集合であることが示される．それゆえ，命題 3.6.3 の (iii) により，π は閉写像である．

3.7　位相群の連続作用の軌道空間

1.5 節で，群，および群作用を定義した．この節では，位相群，および位相群の位相空間への連続作用（略して，位相変換群）を定義し，その連続作用から軌道空間に自然に定まる位相（軌道位相）について述べることにする．

まず，位相群を定義しよう．群 $(G, \cdot)$ に位相 $\mathcal{O}$ を与えた 3 組 $(G, \mathcal{O}, \cdot)$ を考える．この 3 つ組 $(G, \mathcal{O}, \cdot)$ が，次の 2 条件を満たすとする：

(i)　写像

$$\mathcal{P} : (G \times G, \mathcal{O} \times \mathcal{O}) \to (G, \mathcal{O})$$
$$\underset{\text{def}}{\iff} \mathcal{P}(g_1, g_2) := g_1 \cdot g_2 \quad ((g_1, g_2) \in G^2)$$

は，連続写像である；

(ii)　写像

$$\mathcal{I} : (G, \mathcal{O}) \to (G, \mathcal{O}) \underset{\text{def}}{\Longleftrightarrow} \mathcal{I}(g) := g^{-1} \quad (g \in G)$$

は，連続写像である．

このとき，$(G, \mathcal{O}, \cdot)$ を**位相群** (**topological group**) という．位相群の例を挙げよう．下記の 3 つ組は，いずれも位相群である：

$$(\mathbb{R}, \mathcal{O}_{d_{\mathbb{E}^1}}, +),\ (\mathbb{R} \setminus \{0\}, \mathcal{O}_{d_{\mathbb{E}^1}}|_{\mathbb{R}\setminus\{0\}}, \times),\ (\mathbb{C}, \mathcal{O}_{d_{\mathbb{E}^2}}, +),$$
$$(\mathbb{C} \setminus \{0\}, \mathcal{O}_{d_{\mathbb{E}^2}}|_{\mathbb{C}\setminus\{0\}}, \times),\ (M(m,n;\mathbb{R}), \mathcal{O}_{d_{\mathbb{E}^{mn}}}, +),$$
$$(GL(n,\mathbb{R}), \mathcal{O}_{d_{\mathbb{E}^{n^2}}}|_{GL(n,\mathbb{R})}, \cdot),\ (M(m,n;\mathbb{C}), \mathcal{O}_{d_{\mathbb{E}^{2mn}}}, +),$$
$$(GL(n,\mathbb{C}), \mathcal{O}_{d_{\mathbb{E}^{2n^2}}}|_{GL(n,\mathbb{C})}, \cdot),\ (\mathfrak{sl}(n,\mathbb{R}), \mathcal{O}_{d_{\mathbb{E}^{n^2}}}|_{\mathfrak{sl}(n,\mathbb{R})}, +),$$
$$(\mathfrak{so}(n), \mathcal{O}_{d_{\mathbb{E}^{n^2}}}|_{\mathfrak{so}(n)}, +),\ (\mathfrak{sl}(n,\mathbb{C}), \mathcal{O}_{d_{\mathbb{E}^{2n^2}}}|_{\mathfrak{sl}(n,\mathbb{C})}, +),$$
$$(\mathfrak{su}(n), \mathcal{O}_{d_{\mathbb{E}^{2n^2}}}|_{\mathfrak{su}(n)}, +),\ (SL(n,\mathbb{R}), \mathcal{O}_{d_{\mathbb{E}^{n^2}}}|_{SL(n,\mathbb{R})}, \cdot),$$
$$(SO(n), \mathcal{O}_{d_{\mathbb{E}^{n^2}}}|_{SO(n)}, \cdot),\ (SL(n,\mathbb{C}), \mathcal{O}_{d_{\mathbb{E}^{2n^2}}}|_{SL(n,\mathbb{C})}, \cdot),$$
$$(SU(n), \mathcal{O}_{d_{\mathbb{E}^{2n^2}}}|_{SU(n)}, \cdot).$$

ここで，$\mathbb{C}$ には，対応 $x + \sqrt{-1}y \leftrightarrow (x, y)$ の下で $\mathbb{C}$ を $\mathbb{R}^2$ と同一視することにより，位相 $\mathcal{O}_{d_{\mathbb{E}^2}}$ を与えている．$M(m,n;\mathbb{R})$ には，対応

$$A = (a_{ij}) \leftrightarrow (a_{11}, \ldots, a_{1n}, a_{21}, \ldots, a_{2n}, \ldots, a_{m1}, \ldots, a_{mn})$$

((a_{ij}) は (i,j) 成分が a_{ij} であるような (m,n) 型実行列を表す）の下で $M(m,n;\mathbb{R})$ を $\mathbb{R}^{mn}$ と同一視することにより，位相 $\mathcal{O}_{d_{\mathbb{E}^{mn}}}$ を与えており，$M(m,n;\mathbb{C})$ には，対応

$$A = (a_{ij} + \sqrt{-1}b_{ij}) \leftrightarrow (a_{11}, b_{11}, \ldots, a_{1n}, b_{1n}, a_{21}, b_{21}, \ldots, a_{2n}, b_{2n}, \ldots, a_{m1}, b_{m1}, \ldots, a_{mn}, b_{mn})$$

($(a_{ij} + \sqrt{-1}b_{ij})$ は (i,j) 成分が $a_{ij} + \sqrt{-1}b_{ij}$ であるような (m,n) 型複素行列を表す）の下で，$M(m,n;\mathbb{C})$ を $\mathbb{R}^{2mn}$ と同一視することにより，位相 $\mathcal{O}_{d_{\mathbb{E}^{2mn}}}$ を与えている．このように，1.5 節で述べた群の例は，いずれも自然な位相を与えることにより位相群になる．

次に，位相群の位相空間への連続作用（略して，位相変換群）を定義しよ

う．$(G, \mathcal{O}_G, \cdot)$ を位相群とし，$(X, \mathcal{O}_X)$ を位相空間とする．$G \times X$ から X への写像 Φ が与えられていて，次の3条件が成り立つとする（以下，$\Phi(g, x)$ を $g \cdot x$ と表す）：

(TG-i)　$e \cdot x = x \quad (x \in X)$;

(TG-ii)　$(g_1 \cdot g_2) \cdot x = g_1 \cdot (g_2 \cdot x) \quad (g_1,\ g_2 \in G,\ x \in X)$;

(TG-iii)　Φ は，$(G \times X, \mathcal{O}_G \times \mathcal{O}_X)$ から $(X, \mathcal{O}_X)$ への連続写像である．

このとき，**$(G, \mathcal{O}_G, \cdot)$ は $(X, \mathcal{O}_X)$ に連続的に作用する**（**$(G, \mathcal{O}_G, \cdot)$ acts on $(X, \mathcal{O}_X)$ continuously**）といい，$G \curvearrowright X$ と表す．また，$(G, \mathcal{O}_G, \cdot)$ を，**$(X, \mathcal{O}_X)$ の位相変換群**（**topological transformation group of $(X, \mathcal{O}_X)$**）という．X からそれ自身への同相写像全体からなる集合を $\mathrm{Homeo}(X)$ と表す．この集合は，写像の合成 $\circ$ を群演算とし，コンパクト開位相とよばれる位相 $\mathcal{O}_{\mathrm{co}}(X, X)$ に関して位相群になる．コンパクト開位相の定義については，5.4節を参照のこと．

位相群 $(G, \mathcal{O}_G, \cdot)$ が $(X, \mathcal{O})$ に連続的に作用しているとき，各 $g \in G$ に対し，$\rho(g) : X \to X$ を

$$\rho(g)(x) := g \cdot x \quad (x \in X)$$

によって定義する．この写像 $\rho(g)$ は $(X, \mathcal{O})$ からそれ自身への同相写像（つまり，$(X, \mathcal{O})$ の位相変換）になることが示される．実際，$\rho(g)$ の逆写像は，$\rho(g^{-1})$ によって与えられ，$\rho(g)$ の連続性は，$\rho(g)$ が Φ の $\{g\} \times X$ への制限 $\Phi|_{\{g\} \times X}$ と同一視されることより示される．$\rho(g^{-1})$ の連続性についても同様である．このように，写像 $\rho(g) : (X, \mathcal{O}) \to (X, \mathcal{O})$ は同相写像になり，それゆえ，写像 ρ は G から $\mathrm{Homeo}(X, \mathcal{O})$ への写像を与える．この写像が $(G, \mathcal{O}_G, \cdot)$ から $(\mathrm{Homeo}(X, \mathcal{O}), \mathcal{O}_{\mathrm{co}}(X, X), \circ)$ への連続かつ（群）準同型写像であることを示そう．

$$\rho(g_1 \cdot g_2)(x) = (g_1 \cdot g_2) \cdot x = g_1 \cdot (g_2 \cdot x) = (\rho(g_1) \circ \rho(g_2))(x)$$
$$(g_1, g_2 \in G,\ x \in X)$$

となるので，x の任意性から $\rho(g_1 \cdot g_2) = \rho(g_1) \circ \rho(g_2)$ が示され，それゆえ，ρ が群 $(G, \cdot)$ から群 $(\mathrm{Homeo}(X, \mathcal{O}), \circ)$ への（群）準同型写像であることが

示される．次に，ρ の連続性を示そう．任意に，$g_0 \in G$ をとる．$\rho(g_0)$ の $(\mathrm{Homeo}(X,\mathcal{O}), \mathcal{O}_{\mathrm{co}}(X,X))$ における近傍 W を任意にとる．このとき，コンパクト開位相（5.4 節参照）の定義より，

$$\rho(g_0) \in \bigcap_{i=1}^{k} W(C_i, U_i) \subseteqq W$$

となる有限族 $\{W(C_i,U_i)\}_{i=1}^{k}$ をとることができる．ここで，$W(C_i,U_i)$ は，$(X,\mathcal{O})$ のコンパクト集合 C_i と $(X,\mathcal{O})$ の開集合 U_i に対し，

$$W(C_i,U_i) := \{f \in \mathrm{Homeo}(X,\mathcal{O}) \,|\, f(C_i) \subseteqq U_i\}$$

によって定義される $\mathrm{Homeo}(X,\mathcal{O})$ の部分集合であり，これは，$(\mathrm{Homeo}(X,\mathcal{O}), \mathcal{O}_{\mathrm{co}}(X,X))$ の開集合である．各 $x \in C_i$ に対し，g_0 の $(G,\mathcal{O}_G)$ における開近傍 U_x^i と x の $(X,\mathcal{O})$ における開近傍 V_x^i で，$\Phi(U_x^i \times V_x^i) \subseteqq U_i$ となるようなものが存在する．この存在は，Φ の連続性により保障される．$\{V_x^i\}_{x\in C_i}$ は，コンパクト集合 C_i の開被覆（つまり，$C_i \subseteqq \bigcup_{x\in C_i} V_x^i$）なので，有限部分被覆 $\{V_{x_j}^i\}_{j=1}^{m_i}$（つまり，$C_i \subseteqq \bigcup_{j=1}^{m_i} V_{x_j}^i$ となる部分族）の存在が示される．$U' := \bigcap_{i=1}^{k}\bigcap_{j=1}^{m_i} U_{x_j}^i$ とおく．この集合 U' は，g_0 の開近傍であり，

$$\rho(U') \subseteqq \bigcap_{i=1}^{k} W(C_i,U_i) \subseteqq W$$

が成り立つ．よって，ρ が g_0 で連続であることが示される．g_0 の任意性より，ρ が $(G,\mathcal{O}_G)$ から $(\mathrm{Homeo}(X,\mathcal{O}), \mathcal{O}_{\mathrm{co}}(X,X))$ への連続写像であることが示される．

群作用（1.5 節を参照）の場合と同様に，$G\cdot x := \{g\cdot x \,|\, g \in G\}$ を $\boldsymbol{x}$ **を通る** $\boldsymbol{G}$ **軌道**といい，$G_x := \{g \in G \,|\, g\cdot x = x\}$ を $\boldsymbol{x}$ **におけるイソトロピー部分群**という．また，G 軌道の全体 $\{G\cdot x \,|\, x \in X\}$ $(\subseteqq 2^X)$ を，この G 作用の**軌道空間** (**the orbit space**) といい，X/G と表し，

$$\pi : X \to X/G \ (\underset{\mathrm{def}}{\Longleftrightarrow} \ \pi(x) = G\cdot x \quad (x \in X))$$

を**軌道写像**という．1.5 節で述べたように，G 作用の定める同値関係 $\sim$ が

$$x_1 \sim x_2 \ \underset{\mathrm{def}}{\Longleftrightarrow} \ (\exists\, g)[g\cdot x_1 = x_2]$$

によって定義され，この同値関係に関する x の属する同値類 C_x は，x を通る

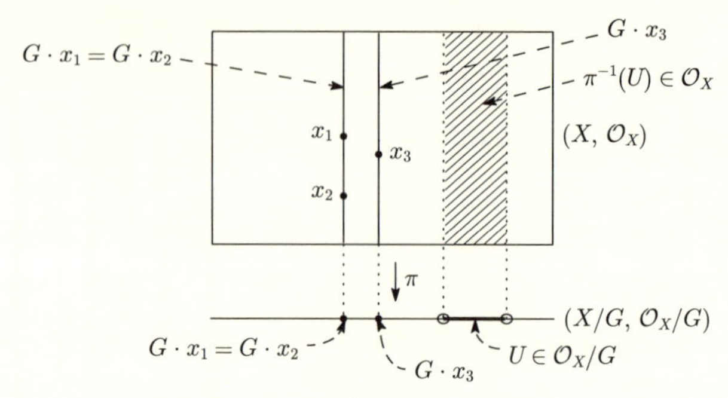

図 3.7.1　軌道位相のイメージ

G 軌道 $G \cdot x$ と一致する．それゆえ，この同値関係による商集合 $X/\sim$ は，軌道空間 X/G と一致する．軌道空間 X/G には，通常，商位相 $\mathcal{O}/\sim$ を与える．商位相 $\mathcal{O}/\sim$ は，**軌道位相** (**orbit topology**) とよばれ，本書では，$\mathcal{O}/G$ と表される（図 3.7.1 を参照）．

例 3.7.1　位相群 $(SO(2), \mathcal{O}_{d_{\mathbb{E}^4}}|_{SO(2)}, \cdot)$ と，$(\mathbb{R}^3, \mathcal{O}_{d_{\mathbb{E}^3}})$ の部分位相空間 $(S^2(1), \mathcal{O}_{S^2(1)})$ を考える．写像 $\Phi : SO(2) \times S^2(1) \to S^2(1)$ を

$$\Phi(A_\theta, (x, y, z)) := (x, y, z) \cdot \begin{pmatrix} \cos\theta & \sin\theta & 0 \\ -\sin\theta & \cos\theta & 0 \\ 0 & 0 & 1 \end{pmatrix}$$

$$\left(A_\theta = \begin{pmatrix} \cos\theta & \sin\theta \\ -\sin\theta & \cos\theta \end{pmatrix} \in SO(2),\ (x, y, z) \in S^2(1) \right)$$

によって定義する．この写像 Φ は，位相群 $(SO(2), \mathcal{O}_{d_{\mathbb{E}^4}}|_{SO(2)}, \cdot)$ の位相空間 $(S^2(1), \mathcal{O}_{d_{\mathbb{E}^3}}|_{S^2(1)})$ への連続作用を定めることが，容易に示される．この連続作用は，$S^2(1)$ への**回転群作用** (**rotational group action**) とよばれる．この作用の軌道写像を π と表す．この作用の各軌道 $SO(2) \cdot (a_1, a_2, a_3)$ は，

$$SO(2) \cdot (a_1, a_2, a_3) = \{(x_1, x_2, a_3) \mid x_1^2 + x_2^2 = 1 - a_3^2\}$$

によって与えられるので，写像 $f : S^2(1)/SO(2) \to [-1, 1]$ を

$$f(SO(2) \cdot (x, y, z)) := z \quad ((x, y, z) \in S^2(1))$$

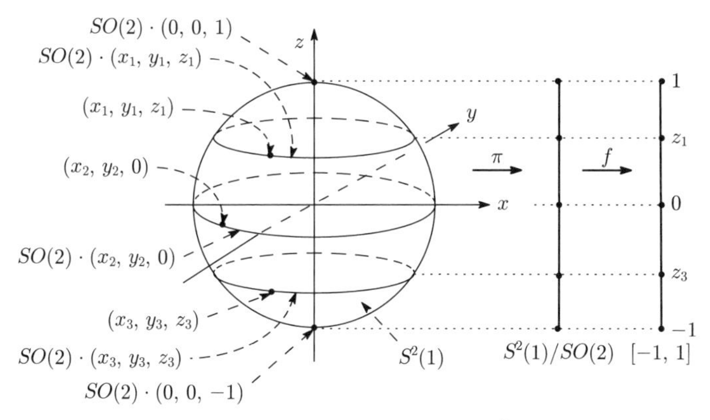

図 3.7.2 球面への回転群作用の軌道空間

によって定義することができる．f は，軌道空間 $(S^2(1)/SO(2), \mathcal{O}_{S^2(1)}/SO(2))$ から $([-1,1], \mathcal{O}_{d_{\mathbb{E}^1}}|_{[-1,1]})$ への同相写像を与えることが示される．このように，軌道位相を与えられた軌道空間 $(S^2(1)/SO(2), \mathcal{O}_{S^2(1)}/SO(2))$ は，$\mathbb{E}^1$ の部分位相空間 $([-1,1], \mathcal{O}_{d_{\mathbb{E}^1}}|_{[-1,1]})$ と同相である (図 3.7.2 を参照)．

1.5 節の最後で述べた

$$t\cdot(x,y) := (x, y+t) \quad (t\in\mathbb{R},\ (x,y)\in\mathbb{R}^2)$$

によって定義される群 $(\mathbb{R},+)$ の $\mathbb{R}^2$ への作用は，位相群 $(\mathbb{R}, \mathcal{O}_{d_{\mathbb{E}^1}}, +)$ の位相空間 $(\mathbb{R}^2, \mathcal{O}_{d_{\mathbb{E}^2}})$ への連続作用になり，

$$C_z\cdot x := (-1)^z x \quad (C_z\in\mathbb{Z}/2\mathbb{Z},\ x\in\mathbb{R})$$

で定義される商群 $\mathbb{Z}/2\mathbb{Z}$ の $\mathbb{R}$ への作用は，離散位相群 $(\mathbb{Z}/2\mathbb{Z}, (\mathcal{O}_{d_{\mathbb{E}^1}}|_{\mathbb{Z}})/2\mathbb{Z})$ の位相空間 $(\mathbb{R}, \mathcal{O}_{d_{\mathbb{E}^1}})$ への連続作用になる．同じく，1.5 節の最後で述べた

$$z\cdot x := x+z \quad (z\in\mathbb{Z},\ x\in\mathbb{R})$$

によって定義される群 $(\mathbb{Z},+)$ の $\mathbb{R}$ への作用は，離散位相群 $(\mathbb{Z}, \mathcal{O}_{d_{\mathbb{E}^1}}|_{\mathbb{Z}}, +)$ の位相空間 $(\mathbb{R}, \mathcal{O}_{d_{\mathbb{E}^1}})$ への連続作用になる．また，

$$(z_1, z_2) \cdot (x, y) := (x + z_1, y + z_2) \quad ((z_1, z_2) \in \mathbb{Z} \times \mathbb{Z},\ (x, y) \in \mathbb{R}^2)$$

によって定義される直積群 $(\mathbb{Z} \times \mathbb{Z}, +)$ の $\mathbb{R}^2$ への作用は離散位相群 $(\mathbb{Z} \times \mathbb{Z}, \mathcal{O}_{d_{\mathbb{E}^1}}|_{\mathbb{Z}} \times \mathcal{O}_{d_{\mathbb{E}^1}}|_{\mathbb{Z}}, +)$ の位相空間 $(\mathbb{R}^2, \mathcal{O}_{d_{\mathbb{E}^2}})$ への連続作用になる．同じく，1.5節の最後で述べた

$$C_z \cdot (x_1, \ldots, x_{n+1}) := ((-1)^z x_1, \ldots, (-1)^z x_{n+1})$$
$$(C_z \in \mathbb{Z}/2\mathbb{Z},\ (x_1, \ldots, x_{n+1}) \in S^n(1))$$

によって定義される商群 $\mathbb{Z}/2\mathbb{Z}$ の $S^n(1)$ への作用は，離散位相群 $(\mathbb{Z}/2\mathbb{Z}, (\mathcal{O}_{d_{\mathbb{E}^1}}|_{\mathbb{Z}})/2\mathbb{Z}, +)$ の位相空間 $(S^n(1), \mathcal{O}_{d_{\mathbb{E}^{n+1}}}|_{S^n(1)})$ への連続作用になる．

6.1節で，ハウスドルフ性とよばれる位相空間の分離性を表す性質が定義される．ハウスドルフ性を満たす位相空間（これはハウスドルフ空間とよばれる）に微分構造とよばれる構造を与えた空間を，**多様体** (**manifold**) といい，多様体にその微分構造とうまく絡み合う群演算を与えたものを**リー群** (**Lie group**) という．位相群の位相空間への連続作用の微分可能版として，リー群の多様体への微分可能な作用（略して，リー変換群）が定義される．リー群の多様体への微分可能な作用に関しても，この節における議論と同様の議論を展開することができる（[小池 1] を参照）．特に，多様体がベクトル空間 V で，リー群 G の V への微分可能な作用が線形な作用（各 $g \in G$ に対し，$\rho(g)$ が V の線形変換であるような作用）であるとき，この作用は，リー群 G の V を表現空間とする**表現** (**representation**) とよばれる．**リー群の表現** (**the representation of Lie group**) をはじめとして，**リー群作用** (**Lie group action**) は，微分幾何学（一般次元の曲がった空間内の図形を研究する幾何学）の分野において重要な概念である．また，リー群として，有限離散群をとったときのリー群の表現，つまり，**有限群の表現** (**the representation of a finite group**) に関する理論は，代数学において重要な理論である．代表的な有限群の表現として，**直交表現** (**orthogonal representation**) や**ユニタリー表現** (**unitary representation**) 等がある．

3.8　固有不連続な作用と被覆写像

この節において，固有不連続な作用と被覆写像を定義し，固有不連続な作用

が被覆写像を定めることを説明する．

離散位相群 $(G, \mathcal{O}_G, \cdot)$ が，位相空間 $(X, \mathcal{O}_X)$ に連続的に作用しているとする．各点 $x \in X$ に対し，x の開近傍 U で，単位元 e 以外の任意の $g \in G$ に対し，$g \cdot U \cap U = \emptyset$ となるようなものが存在するとき，作用 $G \curvearrowright X$ は**固有不連続** (**properly discontinuous**) であるという．

π を，位相空間 $(\widetilde{X}, \widetilde{\mathcal{O}})$ から位相空間 $(X, \mathcal{O})$ への上への連続写像とする．各点 $x \in X$ に対し，x の開近傍 U で，$\pi^{-1}(U)$ が互いに交わらない $(\widetilde{X}, \widetilde{\mathcal{O}})$ の開集合族 $\widetilde{U}_\lambda$ $(\lambda \in \Lambda)$ の和集合になり，各 $\lambda \in \Lambda$ に対し，π の制限写像 $\pi|_{\widetilde{U}_\lambda}$ は $(\widetilde{U}_\lambda, \widetilde{\mathcal{O}}|_{\widetilde{U}_\lambda})$ から $(U, \mathcal{O}|_U)$ への同相写像になるようなものが存在するとき，π を $(\widetilde{X}, \widetilde{\mathcal{O}})$ から $(X, \mathcal{O})$ への**被覆写像** (**covering map**) という．また，$(\widetilde{X}, \widetilde{\mathcal{O}})$ を $(X, \mathcal{O})$ の**被覆空間** (**covering space**) という．上述の開近傍 U を x の**標準的な開近傍** (**canonical open neighborhood**) といい，各 $\widetilde{U}_\lambda$ を U の**コピー** (**copy**) という．

固有不連続な作用の軌道写像について，次の事実が成り立つ．

定理 3.8.1 離散位相群 $(G, \mathcal{O}_G, \cdot)$ が，位相空間 $(\widetilde{X}, \widetilde{\mathcal{O}})$ に連続的に作用しているとする．この作用が固有不連続であるならば，その軌道写像 $\pi : (\widetilde{X}, \widetilde{\mathcal{O}}) \to (\widetilde{X}/G, \widetilde{\mathcal{O}}/G)$ は被覆写像である．

【証明】 任意に $x \in X$，および，$\widetilde{x} \in \pi^{-1}(x)$ をとる．作用 $G \curvearrowright \widetilde{X}$ は固有不連続なので，$\widetilde{x}$ の開近傍 $\widetilde{U}$ で，任意の e 以外の $g \in G$ に対し，$g \cdot \widetilde{U} \cap \widetilde{U} = \emptyset$ となるようなものが存在する．$U := \pi(\widetilde{U})$ とおく．このとき，$\pi^{-1}(U) = \bigcup_{g \in G} g \cdot \widetilde{U}$ であること，および，各 $g \cdot \widetilde{U}$ が $(\widetilde{X}, \widetilde{\mathcal{O}})$ の開集合であることが示される．ゆえに，$\pi^{-1}(U)$ が $(\widetilde{X}, \widetilde{\mathcal{O}})$ の開集合であること，それゆえ，U が $(\widetilde{X}/G, \widetilde{\mathcal{O}}/G)$ の開集合であることが示される．一方，$\pi : (\widetilde{X}, \widetilde{\mathcal{O}}) \to (X, \mathcal{O})$ が連続であること，および，任意の e 以外の $g \in G$ に対し，$g \cdot \widetilde{U} \cap \widetilde{U} = \emptyset$ となることから，制限写像 $\pi|_{\widetilde{U}} : (\widetilde{U}, \widetilde{\mathcal{O}}|_{\widetilde{U}}) \to (U, (\widetilde{\mathcal{O}}/G)|_U)$ が同相写像であることがわかる．さらに，任意の $g \in G$ に対し，制限写像 $\pi|_{g \cdot \widetilde{U}}$ は $\pi_{\widetilde{U}} \circ \rho(g)^{-1}|_{g \cdot \widetilde{U}}$ に等しく，$\pi_{\widetilde{U}} : (\widetilde{U}, \widetilde{\mathcal{O}}|_{\widetilde{U}}) \to (U, \mathcal{O}|_U)$ と $\rho(g)^{-1}|_{g \cdot \widetilde{U}} : (g \cdot \widetilde{U}, \widetilde{\mathcal{O}}|_{g \cdot \widetilde{U}}) \to (\widetilde{U}, \widetilde{\mathcal{O}}|_{\widetilde{U}})$ は同相写像なので，$\pi|_{g \cdot \widetilde{U}} : (\widetilde{g} \cdot \widetilde{U}, \widetilde{\mathcal{O}}|_{g \cdot \widetilde{U}}) \to (U, \mathcal{O}|_U)$ は同相写像である．した

がって，$\pi : (\widetilde{X}, \widetilde{\mathcal{O}}) \to (\widetilde{X}/G, \widetilde{\mathcal{O}}/G)$ が，U を x の標準的な開近傍とするような被覆写像であることが示される． □

ここで，被覆写像の例を一つ与えよう．

例 3.8.1　$\widetilde{X}$ を

$$\widetilde{X} := \{(\cos t, \sin t, t) \mid t \in \mathbb{R}\} \ (\subseteq \mathbb{R}^3)$$

によって定義される曲線（これは**常螺旋 (helix)** とよばれる）とし，離散位相群 $(\mathbb{Z}, \mathcal{O}_{d_{\mathbb{E}^1}}|_{\mathbb{Z}}, +)$ の $(\widetilde{X}, \mathcal{O}_{d_{\mathbb{E}^3}}|_{\widetilde{X}})$ への作用を

$$z \cdot (\cos t, \sin t, t) := (\cos t, \sin t, t + 2\pi z) \quad (z \in \mathbb{Z},\ (\cos t, \sin t, t) \in \widetilde{X})$$

によって定義する．明らかに，この作用は連続作用である．この作用が固有不連続であることを説明しよう．任意の点 $(\cos t_0, \sin t_0, t_0) \in \widetilde{X}$ に対し，

$$\widetilde{U} := \{(\cos t, \sin t, t) \mid t_0 - \varepsilon < t < t_0 + \varepsilon\} \quad (0 < \varepsilon < \pi)$$

は，$(\cos t_0, \sin t_0, t_0)$ の開近傍であり，単位元 0 以外の任意の $z \in \mathbb{Z}$ に対

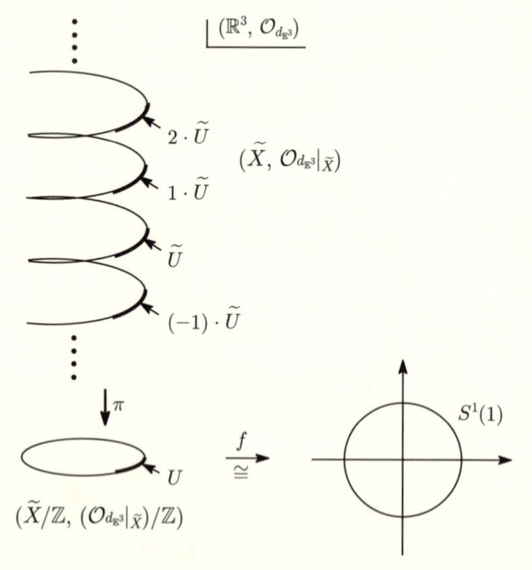

図 3.8.1　固有不連続作用を用いた被覆写像の例（その 1）

し，$z \cdot \widetilde{U} \cap \widetilde{U} = \emptyset$ となる（図 3.8.1 を参照）．したがって，この作用が固有不連続であることが示される．それゆえ，その軌道写像

$$\pi : (\widetilde{X}, \mathcal{O}_{d_{\mathbb{E}^3}}|_{\widetilde{X}}) \to (\widetilde{X}/\mathbb{Z}, (\mathcal{O}_{d_{\mathbb{E}^3}}|_{\widetilde{X}})/\mathbb{Z})$$

が被覆写像になることが示される．

商集合 $\widetilde{X}/\mathbb{Z}$ から単位円

$$S^1(1) := \{(\cos t, \sin t) \,|\, 0 \leqq t < 2\pi\}$$

への写像 f を

$$f(C_{(\cos t, \sin t, t)}) := (\cos t, \sin t) \quad (C_{(\cos t, \sin t, t)} \in \widetilde{X}/\mathbb{Z})$$

によって定義することができる．この写像 f は well-defined であり，かつ，全単射であることが容易に示される．さらに，f が，軌道空間 $(\widetilde{X}/\mathbb{Z}, (\mathcal{O}_{d_{\mathbb{E}^3}}|_{\widetilde{X}})/\mathbb{Z})$ から $(\mathbb{R}^2, \mathcal{O}_{d_{\mathbb{E}^2}})$ の部分位相空間 $(S^1(1), \mathcal{O}_{d_{\mathbb{E}^2}}|_{S^1(1)})$ への同相写像になることが容易に示される（図 3.8.1 を参照）．それゆえ，$f \circ \pi$ は $(\widetilde{X}, \mathcal{O}_{d_{\mathbb{E}^3}}|_{\widetilde{X}})$ から $(S^1(1), \mathcal{O}_{d_{\mathbb{E}^2}}|_{S^1(1)})$ への被覆写像を与える．

1.5 節の最後で述べた

$$C_z \cdot x := (-1)^z x \quad (C_z \in \mathbb{Z}/2\mathbb{Z},\ x \in \mathbb{R})$$

によって定義される離散位相群 $(\mathbb{Z}/2\mathbb{Z}, (\mathcal{O}_{d_{\mathbb{E}^1}}|_{\mathbb{Z}})/2\mathbb{Z})$ の位相空間 $(\mathbb{R}, \mathcal{O}_{d_{\mathbb{E}^1}})$ への連続作用や，

$$z \cdot x := x + z \quad (z \in \mathbb{Z},\ x \in \mathbb{R})$$

によって定義される位相群 $(\mathbb{Z}, \mathcal{O}_{d_{\mathbb{E}^1}}|_{\mathbb{Z}}, +)$ の位相空間 $(\mathbb{R}, \mathcal{O}_{d_{\mathbb{E}^1}})$ への連続作用や，

$$(z_1, z_2) \cdot (x, y) := (x + z_1, y + z_2) \quad ((z_1, z_2) \in \mathbb{Z} \times \mathbb{Z},\ (x, y) \in \mathbb{R}^2)$$

によって定義される離散位相群 $(\mathbb{Z} \times \mathbb{Z},\ \mathcal{O}_{d_{\mathbb{E}^1}}|_{\mathbb{Z}} \times \mathcal{O}_{d_{\mathbb{E}^1}}|_{\mathbb{Z}},\ +)$ の位相空間 $(\mathbb{R}^2, \mathcal{O}_{d_{\mathbb{E}^2}})$ への連続作用，および，離散位相群 $(\mathbb{Z}_2, (\mathcal{O}_{d_{\mathbb{E}^1}}|_{\mathbb{Z}})/\sim, +)$ の位相空間 $(S^n(1), \mathcal{O}_{d_{\mathbb{E}^{n+1}}}|_{S^n(1)})$ への連続作用は，いずれも固有不連続な作用になり，

その軌道写像は被覆写像になる（図 3.8.2, 3.8.3, 3.8.4 を参照）.

$\pi : (\widetilde{X}, \widetilde{\mathcal{O}}) \to (X, \mathcal{O})$ を被覆写像とし，$x_0 \in X$ をとる．このとき，次の事実が成り立つ．

命題 3.8.2　x_0 を発する連続曲線 $c : [0,1] \to X$ と $\widetilde{x}_0 \in \pi^{-1}(x_0)$ に対し，$\widetilde{x}_0$ を発する連続曲線 $\widetilde{c} : [0,1] \to \widetilde{X}$ で，$\pi \circ \widetilde{c} = c$ となるようなものが一意的に存在する．

【証明】　各点 $t \in [0,1]$ に対し，$c(t)$ の標準的な開近傍 U_t をとり，$c([0,1])$ の開被覆 $\{U_t\}_{t\in[0,1]}$ をつくる．このとき，$c([0,1])$ のコンパクト性から，$[0,1]$ の分割 $0 = t_0 < t_1 < \cdots < t_{k-1} < t_k = 1$ で $\{U_{t_i}\}_{i=1}^k$ が $c([0,1])$ の開被覆になるようなものが存在することが示される．さらに，$[0,1]$ の分割をより細かく取り直したもの $0 = \bar{t}_0 < \bar{t}_1 < \cdots < \bar{t}_{l-1} < \bar{t}_l = 1$ で，$c([\bar{t}_{j-1}, \bar{t}_j]) \subseteqq U_{t_{i(j)}}$ $(j = 1, \ldots, l)$ となるようなものをとれることが示される．ここで，$1 \leqq i(j) \leqq i(j+1) \leqq k$ である．簡単のため，$U'_j = U_{t_{i(j)}}$ とおく．$\widetilde{U}'_1$ を U'_1 の $\widetilde{x}_0$ を含むコピー，つまり，$\widetilde{x}_0$ の開近傍で，$\pi|_{\widetilde{U}'_1}$ が $\widetilde{U}'_1$ から U'_1 への同相写像になるようなものとする．連続曲線 $\widetilde{c}_1 : [0, \bar{t}_1] \to \widetilde{X}$ を $\widetilde{c}_1 := (\pi|_{\widetilde{U}'_1})^{-1} \circ c|_{[0,\bar{t}_1]}$ によって定義する．次に，$\widetilde{U}'_2$ を U'_2 の $\widetilde{c}_1(\bar{t}_1)$ を含むコピー，つまり，$\widetilde{c}_1(\bar{t}_1)$ の開近傍で，$\pi|_{\widetilde{U}'_2}$ が $\widetilde{U}'_2$ から U'_2 への同相写像になるようなものとする．連続曲線 $\widetilde{c}_2 : [\bar{t}_1, \bar{t}_2] \to \widetilde{X}$ を $\widetilde{c}_2 := (\pi|_{\widetilde{U}'_2})^{-1} \circ c|_{[\bar{t}_1,\bar{t}_2]}$ によって定義する．以下，帰納的に，$\widetilde{c}_i : [\bar{t}_{i-1}, \bar{t}_i] \to \widetilde{X}$ $(i = 3, \ldots, l)$ を定めていく．これらの曲線を用いて，$\widetilde{c} : [0,1] \to \widetilde{X}$ を $\widetilde{c}|_{[\bar{t}_{i-1},\bar{t}_i]} = \widetilde{c}_i$ $(i = 1, \ldots, l)$ によって定義する．明らかに，$\widetilde{c}$ は，$\pi \circ \widetilde{c} = c$ となるような $\widetilde{x}_0$ を発する連続曲線になる．このように，主張における様な連続曲線の存在性が示せた．一意性は明らかである．　□

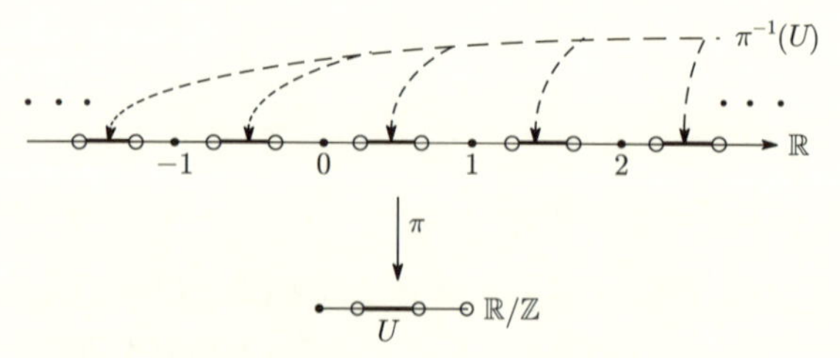

図 3.8.2　固有不連続作用を用いた被覆写像の例（その 2）

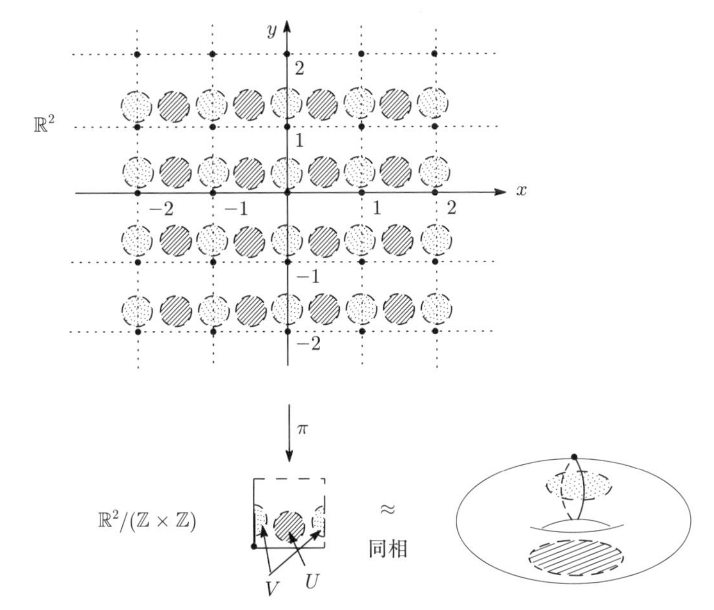

図 3.8.3 固有不連続作用を用いた被覆写像の例（その 3）

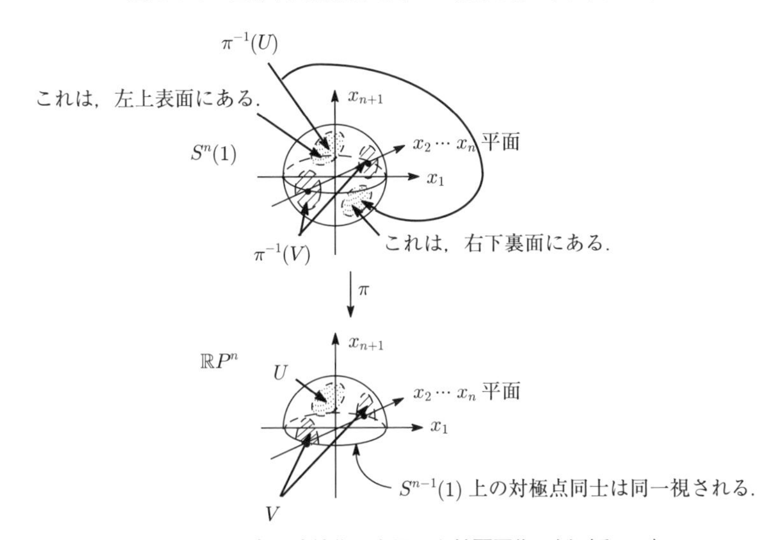

図 3.8.4 固有不連続作用を用いた被覆写像の例（その 4）

命題 3.8.2 におけるような連続曲線 $\widetilde{c}$ を，**c の $\widetilde{x}_0$ を発するリフト** (**the lift of c starting from $\widetilde{x}_0$**) といい，$c^L_{\widetilde{x}_0}$ と表す.

$\widetilde{X}$ からそれ自身への同相写像 ϕ で，$\pi\circ\phi=\pi$ となるようなものを，被覆写

像 $\pi : (\widetilde{X}, \widetilde{\mathcal{O}}) \to (X, \mathcal{O})$ の**被覆変換** (**covering transformation**)，または，**デッキ変換** (**deck transformation**) という．明らかに，ϕ_1, ϕ_2 が π の被覆変換ならば，それらの合成 $\phi_1 \circ \phi_2$ も π の被覆変換である．それゆえ，π の被覆変換の全体は，（合成を群演算とする）群になる．この群を，被覆写像 π の**被覆変換群** (**covering transformation group**)，または，**デッキ変換群** (**deck transformation group**) といい，本書では，Γ_π と表すことにする．被覆変換群について，次の事実が成り立つ．

命題 3.8.3　被覆写像 $\pi : (\widetilde{X}, \widetilde{\mathcal{O}}) \to (X, \mathcal{O})$ が，離散位相群 G の $(\widetilde{X}, \widetilde{\mathcal{O}})$ への固有不連続な作用の軌道写像であるとき，$\rho(G) \subseteqq \Gamma_\pi$ が成り立つ．さらに，$(\widetilde{X}, \widetilde{\mathcal{O}})$ が弧状連結（つまり，$\widetilde{X}$ の任意の2点に対し，その2点を結ぶ連続曲線が存在する）であるとき，$\rho(G) = \Gamma_\pi$ が成り立つ（弧状連結性は，4.1節で正式に定義される）．

【証明】　任意に，$g \in G$ をとる．このとき，$\rho(g)$ は $(\widetilde{X}, \widetilde{\mathcal{O}})$ からそれ自身への同相写像であり，任意の $\widetilde{x} \in \widetilde{X}$ に対し，

$$(\pi \circ \rho(g))(\widetilde{x}) = \pi(g \cdot \widetilde{x}) = \pi(\widetilde{x})$$

となり，$\pi \circ \rho(g) = \pi$ が成り立つことがわかる．よって，$\rho(g) \in \Gamma_\pi$ である．したがって，$\rho(G) \subseteqq \Gamma_\pi$ が示される．

後半部を示そう．$(\widetilde{X}, \widetilde{\mathcal{O}})$ が弧状連結であるとする．任意に，$\phi \in \Gamma_\pi$ をとる．$\widetilde{x}_0 \in \widetilde{X}$ に対し，$\pi(\phi(\widetilde{x}_0)) = \pi(\widetilde{x}_0)$ となるので，$g \cdot \widetilde{x}_0 = \phi(\widetilde{x}_0)$ となる $g \in G$ が存在する．$\phi = \rho(g)$ を示そう．任意に，$\widetilde{x} \in \widetilde{X}$ をとる．$(\widetilde{X}, \widetilde{\mathcal{O}})$ は弧状連結なので，$\widetilde{c}(0) = \widetilde{x}_0$，$\widetilde{c}(1) = \widetilde{x}$ となる連続曲線 $\widetilde{c} : [0,1] \to \widetilde{X}$ が存在する．このとき，$\phi \circ \widetilde{c}$ と $\rho(g) \circ \widetilde{c}$ は，共に $c := \pi \circ \widetilde{c}$ の $g \cdot \widetilde{x}_0$ を発するリフトになるので，リフトの一意性により，これらは一致する．よって，

$$\phi(\widetilde{x}) = (\phi \circ \widetilde{c})(1) = (\rho(g) \circ \widetilde{c})(1) = \rho(g)(\widetilde{x})$$

が導かれる．したがって，$\widetilde{x}$ の任意性から，$\phi = \rho(g)$ が示される．よって，$\Gamma_\pi \subseteqq \rho(G)$ が示され，ゆえに，$\rho(G) = \Gamma_\pi$ となる．　□

第4章 連結性・弧状連結性

この章では，位相空間の連結性，および，弧状連結性について述べることにする．大雑把に述べると，弧状連結な位相空間とは，その空間の任意の2点が連続曲線で結べるような位相空間である．連結な位相空間とは，$\mathbb{R}^2$ 内の単純閉曲線で囲まれた領域 $(D, \mathcal{O}_{d_{\mathbb{E}}}|_D)$ のように，その集合を共通部分をもたない2つの空でない集合 A, B に分けた $(D = A \amalg B)$ とき，A, B のうち，少なくとも一方は $(D, \mathcal{O}_{d_{\mathbb{E}}})$ の開集合でないような位相空間のことである．例えば，円 $(C, \mathcal{O}_{d_{\mathbb{E}}}|_C)$ をある直径で2つに分け，その片側の，その直径を含まない半円 A とその補集合 $B := C \setminus A$ に分けたとき，A は $(C, \mathcal{O}_{d_{\mathbb{E}}}|_C)$ の開集合であるが，B はその直径を含んでしまうため，$(C, \mathcal{O}_{d_{\mathbb{E}}}|_C)$ の開集合ではないことが一例として挙げられる．弧状連結性と連結性を比較すると，弧状連結性の方がきつい性質である，つまり，弧状連結な位相空間は，すべて連結である．

4.1 連結性と弧状連結性

最初に，弧状連結性を定義しよう．閉区間 $[0,1]$ には，1次元ユークリッド距離関数 $d_{\mathbb{E}^1}$ の定める位相 $\mathcal{O}_{d_{\mathbb{E}^1}}$ の相対位相 $\mathcal{O}_{d_{\mathbb{E}^1}}|_{[0,1]}$ を与えることにする．$([0,1], \mathcal{O}_{d_{\mathbb{E}^1}}|_{[0,1]})$ から位相空間 $(X, \mathcal{O})$ への連続写像 c を，（$[0,1]$ を定義域とする）$(X, \mathcal{O})$ における**連続曲線 (continuous curve)** といい，$c(0) = x_1$, $c(1) = x_2$ であるとき，c を $\boldsymbol{x_1}$ **と** $\boldsymbol{x_2}$ **をつなぐ** $\boldsymbol{(X, \mathcal{O})}$ **における連続曲線**という．$(X, \mathcal{O})$ の任意の2点 x_1, x_2 に対し，x_1 と x_2 をつなぐ $(X, \mathcal{O})$ における連続曲線が存在するとき，$(X, \mathcal{O})$ は**弧状連結 (path-connected)** であるという．A を $(X, \mathcal{O})$ の部分集合とする．部分位相空間 $(A, \mathcal{O}|_A)$ が弧状連結であるとき，A を $(X, \mathcal{O})$ の**弧状連結部分集合 (path-connected subset)** という．

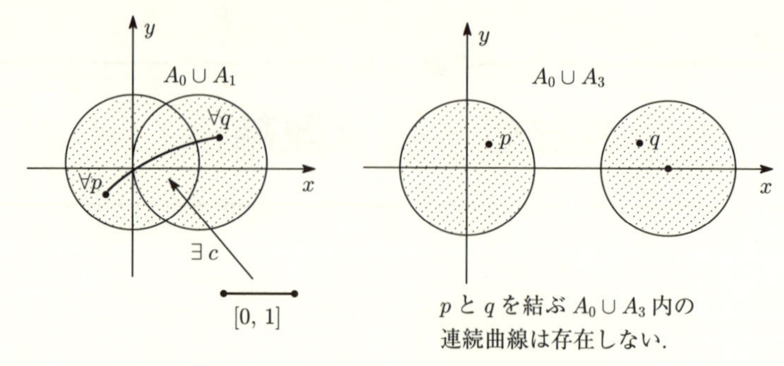

図 4.1.1　$(\mathbb{R}^2, \mathcal{O}_{d_{\mathbb{E}}})$ の部分集合の弧状連結性

次に，連結性を定義しよう．位相空間 $(X, \mathcal{O})$ が次の条件を満たすとする：

(C)　$U \cap V = \emptyset$，および，$U \cup V = X$ を満たす空でない $(X, \mathcal{O})$ の開集合 U, V が存在しない．

このとき，$(X, \mathcal{O})$ は，**連結** (**connected**) であるという．A を $(X, \mathcal{O})$ の部分集合とする．部分位相空間 $(A, \mathcal{O}|_A)$ が連結であるとき，A を $(X, \mathcal{O})$ の**連結部分集合** (**connected subset**) という．

例 4.1.1　$\mathbb{R}^2$ の部分集合 A_k $(k = 0, 1, 3)$ を，

$$A_k := \{(x, y) \mid (x - k)^2 + y^2 \leqq 1\}$$

によって定義する．このとき，$(\mathbb{R}^2, \mathcal{O}_{d_{\mathbb{E}^2}})$ の部分集合 $A_0 \cup A_1$ は弧状連結であるが，$A_0 \cup A_3$ は弧状連結ではない（図 4.1.1 を参照）．また，$A_0 \cup A_1$ は連結であるが，$A_0 \cup A_3$ は連結ではない（図 4.1.2 を参照）．

弧状連結性と連結性に関して，次の事実が成り立つ．

命題 4.1.1　弧状連結な位相空間は，連結である．

【証明】　まず，$([0,1], \mathcal{O}_{d_{\mathbb{E}^1}}|_{[0,1]})$ が連結であることを示そう．仮に，$([0,1], \mathcal{O}_{d_{\mathbb{E}^1}}|_{[0,1]})$ が連結でないとすると，空でない $\mathcal{O}_{d_{\mathbb{E}^1}}|_{[0,1]}$ の要素 I_1, I_2 で，$I_1 \cap I_2 = \emptyset$，$I_1 \cup I_2 = [0,1]$ となるようなものが存在する．$1 \in I_2$ とする．このとき，$I_2 \in \mathcal{O}_{d_{\mathbb{E}^1}}$ なので，$U_\varepsilon(1) \cap [0,1] \subseteqq I_2$ となるような $\varepsilon > 0$ が存在する．

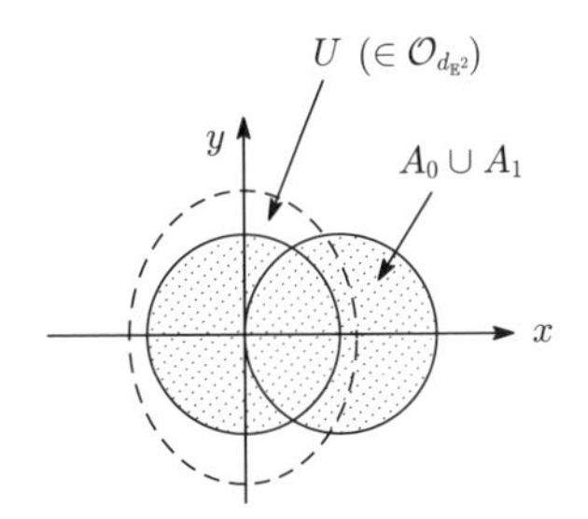

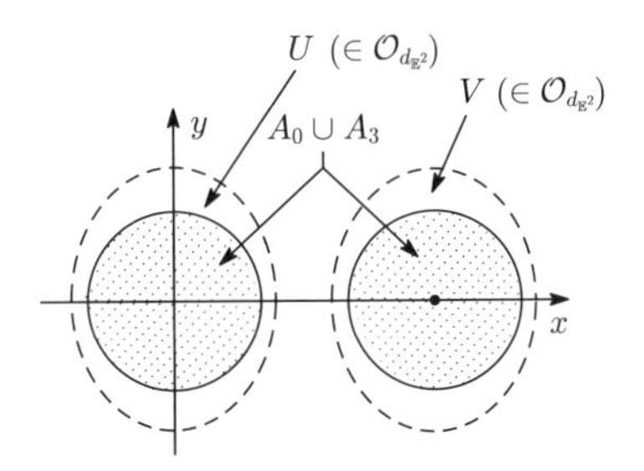

$U \cap (A_0 \cup A_1) \in \mathcal{O}_{d_{\mathbb{E}^2}}|_{A_0 \cup A_1}$
$(A_0 \cup A_1) \backslash (U \cap (A_0 \cup A_1)) \notin \mathcal{O}_{d_{\mathbb{E}^2}}|_{A_0 \cup A_1}$

$A_0 = U \cap (A_0 \cup A_3) \in \mathcal{O}_{d_{\mathbb{E}^2}}|_{A_0 \cup A_3}$
$A_3 = V \cap (A_0 \cup A_3) \in \mathcal{O}_{d_{\mathbb{E}^2}}|_{A_0 \cup A_3}$

図 4.1.2 $(\mathbb{R}^2, \mathcal{O}_{d_{\mathbb{E}}})$ の部分集合の連結性

$I_1 \cap I_2 = \emptyset$ より，$I_1 \cap U_\varepsilon(1) = \emptyset$ が成り立つ．I_1 は上に有界なので，その上限が存在する．$x_0 := \sup I_1$ とおく．$I_1 \cap U_\varepsilon(1) = \emptyset$ より，$x_0 \leqq 1 - \varepsilon$ となる．$I_1 \in \mathcal{O}_{d_{\mathbb{E}^1}}|_{[0,1]}$ と $x_0 = \sup I_1$ から，$x_0 \notin I_1$ が導かれる．それゆえ，$x_0 \in I_2$ となる．$I_2 \in \mathcal{O}_{d_{\mathbb{E}^1}}|_{[0,1]}$ より，$U_{\varepsilon'}(x_0) \subsetneqq I_2$ となる $\varepsilon' > 0$ が存在し，それゆえ，$\sup I_1 \leqq x_0 - \varepsilon'$ が導かれてしまい，矛盾が生ずる．したがって $([0,1], \mathcal{O}_{d_{\mathbb{E}^1}}|_{[0,1]})$ が連結であることが示される．

この事実を用いて，命題の主張が成り立つことを示そう．$(X, \mathcal{O})$ が弧状連結であるとする．仮に，$(X, \mathcal{O})$ が連結でないとする．このとき，$U_1 \cap U_2 = \emptyset$，および，$U_1 \cup U_2 = X$ を満たす空でない $\mathcal{O}$ の要素 U_1, U_2 が存在する．$x_i \in U_i\ (i = 1, 2)$ をとる．このとき，$(X, \mathcal{O})$ は弧状連結なので，x_1 と x_2 を結ぶ $(X, \mathcal{O})$ におけるの連続曲線 $c : [0,1] \to X$ が存在する．$I_i := c^{-1}(U_i)$ $(i = 1, 2)$ とおく．$U_i \in \mathcal{O}\ (i = 1, 2)$ であり，c は連続なので，I_1, I_2 は $([0,1], \mathcal{O}_{d_{\mathbb{E}^1}})$ の開集合である．一方，明らかに，$I_1 \cup I_2 = [0,1]$，$I_1 \cap I_2 = \emptyset$ が成り立つ．また，$0 \in I_1$，$1 \in I_2$ なので，$I_i \neq \emptyset\ (i = 1, 2)$ である．これらの事実から，$([0,1], \mathcal{O}_{d_{\mathbb{E}^1}})$ が連結でないことが示されてしまい，矛盾が生ずる．したがって，$(X, \mathcal{O})$ が連結であることが示される． □

この命題の主張の逆が成り立たないことを例証しよう．$\mathbb{R}^2$ の部分集合 A を

$$A := (\{0\} \times [-1, 1]) \cup \left\{ \left(x, \sin \frac{1}{x} \right) \middle| \ x > 0 \right\}$$

によって定義する．2 次元ユークリッド空間 $(\mathbb{R}^2, \mathcal{O}_{d_{\mathbb{E}^2}})$ の部分位相空間 $(A,$

$\mathcal{O}_{d_{\mathbb{E}^2}}|_A)$ を考えよう．

$$A_1 := \{0\} \times [-1,1], \qquad A_2 := \left\{ \left(x, \sin \frac{1}{x} \right) \,\middle|\, x > 0 \right\}$$

とおく．視覚的に，A_1 の点と A_2 の点を結ぶ $(A, \mathcal{O}_{d_{\mathbb{E}^2}}|_A)$ における連続曲線が存在しないと推測されるが，この推測が正しいことを示そう．仮に，A_2 の点 $\left(s_0, \sin \frac{1}{s_0} \right)$ と A_1 の点 $(0,b)$ を結ぶ連続曲線 $c : [0,1] \to A$ が存在するとする．$\mathrm{pr}_i : A \to \mathbb{R}$ $(i = 1,2)$ を第 i 成分への射影，つまり，$\mathrm{pr}_1(x,y) := x$，$\mathrm{pr}_2(x,y) := y$ $((x,y) \in A)$ によって定義される写像とする．この写像 pr_i は，$(A, \mathcal{O}_{d_{\mathbb{E}^2}}|_A)$ から $(\mathbb{R}, \mathcal{O}_{d_{\mathbb{E}^1}})$ への連続写像なので，$\mathrm{pr}_i \circ c : [0,1] \to \mathbb{R}$ は，$(\mathbb{R}, d_{\mathbb{E}^1})$ における連続曲線になる．$c_i := \mathrm{pr}_i \circ c$ $(i = 1,2)$ とおく．c_1 の連続性から，$c_1^{-1}(\mathbb{R} \setminus \{0\})$ は，$([0,1], \mathcal{O}_{d_{\mathbb{E}^1}}|_{[0,1]})$ の開集合になり，$c_1^{-1}(0)$ は，$([0,1], \mathcal{O}_{d_{\mathbb{E}^1}}|_{[0,1]})$ の閉集合になる．$c_1(0) = s_0 > 0$ なので，$0 \in c_1^{-1}(\mathbb{R} \setminus \{0\})$ である．

$$t_0 := \sup \{ t \in [0,1] \mid c_1([0,t]) \in c_1^{-1}(\mathbb{R} \setminus \{0\}) \}$$

とおく．c_1 の連続性から，$t_0 > 0$，および，$c_1(t_0) = 0$ が示されるので，任意の十分小さな $\varepsilon > 0$ に対し，$0 \notin c_1([t_0 - \varepsilon, t_0)) \supsetneqq (0, c_1(t_0 - \varepsilon)]$ がわかる．一方，明らかに，$c_2(s) = \sin \dfrac{1}{c_1(s)}$ $(s \notin c_1^{-1}(0))$ が成り立つ．これらの事実から，任意の十分小さな $\varepsilon > 0$ に対し，$c_2([t_0 - \varepsilon, t_0)) = [-1,1]$ が示される．これは，c_2 が t_0 で連続でないことを意味するので，矛盾が生ずる．したがって，点 $\left(s_0, \sin \frac{1}{s_0} \right)$ と点 $(0,b)$ を結ぶ $(A, \mathcal{O}_{d_{\mathbb{E}^2}}|_A)$ における連続曲線は存在しないことが示される．よって，上述の推測が正しいことが示され，その結果，$(A, \mathcal{O}_{d_{\mathbb{E}^2}}|_A)$ が弧状連結でないことがわかる．

次に，$(A, \mathcal{O}_{d_{\mathbb{E}^2}}|_A)$ が連結であることを示そう．仮に，$(A, \mathcal{O}_{d_{\mathbb{E}^2}}|_A)$ が連結でないとする．このとき，$(A, \mathcal{O}_{d_{\mathbb{E}^2}}|_A)$ の空でない開集合 U, V で，$U \cap V = \emptyset$，$U \cup V = A$ となるようなものが存在する．U, V のうち，少なくとも一方が $(0,0)$ を含む．U が $(0,0)$ を含むとする．このとき，A_1 は，$(A, \mathcal{O})$ の連結部分集合であることから，$A_1 \subsetneqq U$ が示される．$U \in \mathcal{O}|_A$ なので，$\widetilde{U} \cap A = U$ となる $\widetilde{U} \in \mathcal{O}_{d_{\mathbb{E}^2}}$ が存在する．$A_1 \subsetneqq \widetilde{U}$ なので，$\widetilde{U} \cap A_2 \neq \emptyset$（つまり，

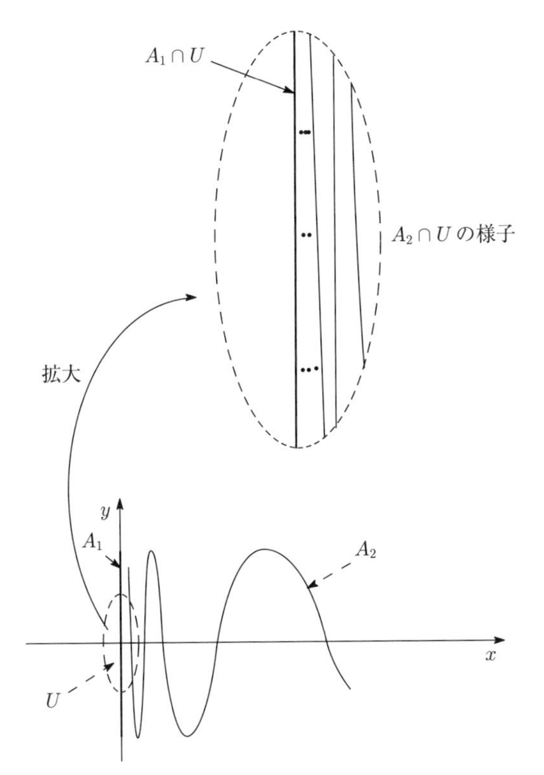

（開）線分 $A_1 \cap U$ に（開）線分族（$A_2 \cap U$ のこと）が右側から集積しているので，線分 $A_1 \cap U$ 上の点のどんな小さな近傍 V をとってきても，それはその集積する線分族（$A_2 \cap U$ のこと）と交わる．それゆえ，$A_1 \notin \mathcal{O}_{d_{\mathbb{E}}}|_{A_1 \cup A_2}$ となることがわかる．この事実から，$(A_1 \cup A_2, \mathcal{O}_{d_{\mathbb{E}}}|_{A_1 \cup A_2})$ が連結であると推測される（$A_2 = ((0, \infty) \times \mathbb{R}) \cap A$ なので，$A_2 \in \mathcal{O}_{d_{\mathbb{E}}}|_{A_1 \cup A_2}$ は，示される）．

図 4.1.3　連結だが弧状連結でない位相空間の例

$U \cap A_2 \neq \emptyset$）が容易に示される．一方，$A_1 \subsetneqq U$ より，$A_2 = (U \cap A_2) \cup V$ が導かれる．$U \cap A_2 \neq \emptyset, V \neq \emptyset$ であり，かつ，$U \cap A_2, V \in \mathcal{O}_{d_{\mathbb{E}^2}}|_{A_2}$ なので，$(A_2, \mathcal{O}_{d_{\mathbb{E}^2}}|_{A_2})$ が連結でないことが示されてしまうが，$(A_2, \mathcal{O}_{d_{\mathbb{E}^2}}|_{A_2})$ は，$([0, \infty), \mathcal{O}_{d_{\mathbb{E}^1}}|_{[0,\infty)})$ と同相なので，連結である．このように矛盾が生ずる．したがって，$(A, \mathcal{O}_{d_{\mathbb{E}^2}}|_A)$ が連結であることが示される．図 4.1.3 も参照のこと．

連結性について，次の事実が成り立つ．

命題 4.1.2　f を位相空間 $(X, \mathcal{O}_X)$ から位相空間 $(Y, \mathcal{O}_Y)$ への連続写像とする．このとき，次の主張 (i), (ii) が成り立つ：

(i)　A が $(X, \mathcal{O}_X)$ の弧状連結部分集合ならば，$f(A)$ は $(Y, \mathcal{O}_Y)$ の弧状連結部分集合である．

(ii)　A が $(X, \mathcal{O}_X)$ の連結部分集合ならば，$f(A)$ は $(Y, \mathcal{O}_Y)$ の連結部分集合である．

【証明】　まず，主張 (i) を示そう．A を $(X, \mathcal{O}_X)$ の弧状連結部分集合とする．$f(A)$ から，任意に2点 y_1, y_2 をとる．$y_i \in f(A)$ なので，$f(a_i) = y_i$ となる $a_i \in A$ が存在する $(i = 1, 2)$．A は弧状連結なので，$c(0) = a_1$, $c(1) = a_2$ となる A 内の連続曲線 $c : [0, 1] \to A$ が存在する．このとき，$f \circ c$ は，y_1 と y_2 をつなぐ $f(A)$ 内の連続曲線になる．したがって，$f(A)$ は弧状連結である．

次に，主張 (ii) を示そう．主張 (ii) の対偶を示すことにする．$f(A)$ が連結でないとする．このとき，Y の開集合 U, V で，

$$
\begin{gathered}
f(A) \cap U \neq \emptyset,\ f(A) \cap V \neq \emptyset,\ (f(A) \cap U) \cap (f(A) \cap V) = \emptyset, \\
(f(A) \cap U) \cup (f(A) \cap V) = f(A)
\end{gathered}
\tag{4.1.1}
$$

となるようなものが存在する．f は連続なので，$f^{-1}(U)$, $f^{-1}(V)$ は $(X, \mathcal{O}_X)$ の開集合である．それゆえ，$f^{-1}(U) \cap A$, $f^{-1}(V) \cap A$ は，$(A, \mathcal{O}_X|_A)$ の開集合である．一方，(4.1.1) から，

$$
\begin{gathered}
f^{-1}(U) \cap A \neq \emptyset,\ f^{-1}(V) \cap A \neq \emptyset, \\
(f^{-1}(U) \cap A) \cap (f^{-1}(V) \cap A) = \emptyset,\ A = (f^{-1}(U) \cap A) \cup (f^{-1}(V) \cap A)
\end{gathered}
$$

が導かれるので，A が連結でないことが示される．このように，主張 (ii) の対偶が示される．□

次に，f を区間 I 上の定値でない実数値連続関数とし，$b_1, b_2 \in f(I)$ $(b_1 < b_2)$ とするとき，任意の $c \in (b_1, b_2)$ に対し，$f(a) = c$ となる $a \in I$ が存在することを主張する，中間値の定理の位相空間版について述べることにする．まず，次の事実を述べる．

> **命題 4.1.3**　区間は $(\mathbb{R}, \mathcal{O}_{d_{\mathbb{E}}})$ の連結部分集合であり，区間以外に $(\mathbb{R}, \mathcal{O}_{d_{\mathbb{E}}})$ の連結部分集合は存在しない．

【証明】　まず，区間が連結であることを示そう．I を区間とし，任意に，$a, b \in I$ $(a < b)$ をとる．I は区間なので，$[a, b] \subseteqq I$ となる．$c : [0, 1] \to \mathbb{R}$ を $c(t) := a + t(b - a)$ $(t \in [0, 1])$ によって定義する．明らかに，c は，a と b を結ぶ $(I, \mathcal{O}_{d_{\mathbb{E}}}|_I)$ における連続曲線になる．したがって，I は弧状連結，それゆえ，連結である．

A を $(\mathbb{R}, \mathcal{O}_{d_{\mathbb{E}}})$ の連結部分集合とする．任意に，$a, b \in A$ をとる．$[a, b] \subseteqq A$ を示そう．仮に，$[a, b] \subseteqq A$ が成り立たないとして，$\alpha \in [a, b] \setminus A$ をとる．このとき，$A = ((-\infty, \alpha) \cap A) \cup ((\alpha, \infty) \cap A)$ が成り立つ．$a \in (-\infty, \alpha) \cap A$, $b \in (\alpha, \infty) \cap A$ なので，$(-\infty, \alpha) \cap A$, $(\alpha, \infty) \cap A$ は，各々，空集合でない．また，明らかに，$((-\infty, \alpha) \cap A) \cap ((\alpha, \infty) \cap A) = \emptyset$ が成り立つ．これらの事実から，A が連結でないことが導かれてしまい，矛盾が生ずる．したがって，$[a, b] \subseteqq A$ が示される．それゆえ，A が区間であることがわかる．□

この命題を用いて，次の中間値の定理を導くことができる．

> **定理 4.1.4（中間値の定理）**　f を連結位相空間 $(X, \mathcal{O})$ 上の定値でない実数値連続関数とし，b_1, b_2 を $f(X)$ の異なる 2 点とする $(b_1 < b_2)$．このとき，任意の $c \in (b_1, b_2)$ に対し，$f(x_0) = c$ となる $x_0 \in X$ が存在する．

【証明】　f が連続であり，かつ，$(X, \mathcal{O})$ が連結であるので，命題 4.1.2 の (ii) より，$f(X)$ は $(\mathbb{R}, \mathcal{O}_{d_{\mathbb{E}}})$ の連結部分集合である．それゆえ，命題 4.1.3 により，$f(X)$ は区間である．この事実から，$[b_1, b_2] \subseteqq f(X)$，それゆえ，$c \in f(X)$ が導かれる．つまり，$f(x_0) = c$ となる $x_0 \in X$ が存在する．□

4.2　連結成分

この節において，位相空間の連結成分を定義し，その性質について述べることにする．位相空間 $(X, \mathcal{O})$ の連結部分集合の全体を $\mathcal{C}$ と表す．$\mathcal{C}$ は，X の

ベキ集合 2^X の部分集合であり，包含関係 $\subseteqq$ により，順序集合になる．この順序集合 $(\mathcal{C}, \subseteqq)$ の極大元（つまり，$(X, \mathcal{O})$ の連結部分集合で，それを真に含む $(X, \mathcal{O})$ の連結部分集合が存在しないようなもの）を，$(X, \mathcal{O})$ の**連結成分** (**connected component**) という．X における 2 項関係 $\sim$ を次のように定義する：

$$x_1 \sim x_2 \underset{\text{def}}{\Longleftrightarrow} x_1 \text{ と } x_2 \text{ は同じ連結成分に属する．}$$

このとき，次の事実が成り立つ．

命題 4.2.1　$\sim$ は同値関係である．それゆえ，$\{C_\lambda \,|\, \lambda \in \Lambda\}$ を $(X, \mathcal{O})$ の連結成分全体からなる集合とするとき，$X = \coprod_{\lambda \in \Lambda} C_\lambda$ が成り立つ．

【証明】　$\sim$ が反射律と対称律を満たすことは，明らかである．$\sim$ が推移律を満たすことを示そう．$x_1 \sim x_2$，かつ，$x_2 \sim x_3$ とする．x_1, x_2 を含む連結成分を C_1 とし，x_2, x_3 を含む連結成分を C_2 とする．$C_1 \cup C_2$ が連結であることを示そう．仮に，$C_1 \cup C_2$ が連結でないとすると，$(X, \mathcal{O})$ の空でない開集合 U, V で，

$$\begin{aligned} U \cap (C_1 \cup C_2) \neq \emptyset, \ \ V \cap (C_1 \cup C_2) \neq \emptyset, \\ (U \cap (C_1 \cup C_2)) \cap (V \cap (C_1 \cup C_2)) = \emptyset, \\ (U \cap (C_1 \cup C_2)) \cup (V \cap (C_1 \cup C_2)) = C_1 \cup C_2 \end{aligned} \tag{4.2.1}$$

となるようなものが存在する．このとき，明らかに，$C_i \subseteqq C_1 \cup C_2 \subseteqq U \cup V$ $(i = 1, 2)$ となるので，$C_i = (C_i \cap U) \cup (C_i \cap V)$ $(i = 1, 2)$ が成り立つ．C_1 は連結なので，$C_1 \cap U = \emptyset$，または，$C_1 \cap V = \emptyset$ が成り立つ．$C_1 \cap U = \emptyset$ の場合を考えると，$C_1 \subseteqq V$，$C_2 \cap U \neq \emptyset$ となり，2 番目の式と C_2 の連結性から，$C_2 \cap V = \emptyset$ が導かれる．よって，

$$x_2 \in C_1 \cap C_2 \subseteqq V \cap C_2 = \emptyset$$

となり，矛盾が生ずる．$C_1 \cap V = \emptyset$ の場合も，同様に矛盾を導くことができる．したがって，$C_1 \cup C_2$ が連結であることが示される．それゆえ，C_1, C_2 が極大な連結部分集合であることから，$C_1 = C_2$ が導かれる．つまり，$x_1 \sim x_3$

が示される．このように，$\sim$ は，推移律も満たすので，X における同値関係である．後半の主張は，$\sim$ が同値関係であることから，直接，導かれる．　□

連結成分について，次の事実が成り立つ．

命題 4.2.2　位相空間の各連結成分は閉集合である．

【証明】　C を $(X, \mathcal{O})$ の連結成分の一つとする．C の閉包 $\overline{C}$ が連結であることを示そう．仮に，$\overline{C}$ が連結でないとする．このとき，$(X, \mathcal{O})$ の空でない開集合 U, V で，

$$\begin{gathered} U \cap \overline{C} \neq \emptyset,\ V \cap \overline{C} \neq \emptyset,\ (U \cap \overline{C}) \cap (V \cap \overline{C}) = \emptyset, \\ (U \cap \overline{C}) \cup (V \cap \overline{C}) = \overline{C} \end{gathered} \tag{4.2.2}$$

となるようなものが存在する．このとき，明らかに，

$$(U \cap C) \cap (V \cap C) = \emptyset,\quad (U \cap C) \cup (V \cap C) = C$$

が成り立つ．$x_0 \in U \cap \overline{C}$ $(\neq \emptyset)$ をとる．このとき，$x_0 \in \overline{C}$ であり，U は x_0 の開近傍なので，$U \cap C \neq \emptyset$ が示される．同様に，$V \cap C \neq \emptyset$ も示される．これらの事実から，C が連結でないことが導かれてしまい，矛盾が生じる．したがって，$\overline{C}$ は連結である．C は $(X, \mathcal{O})$ の極大な連結部分集合なので，$C = \overline{C}$，つまり，C が閉集合であることが導かれる．　□

位相空間の各連結成分は開集合であるかどうか，気になるところである．残念ながら，位相空間の連結成分で，開集合にならないようなものが存在する．その例を挙げよう．

例 4.2.1　$\{\boldsymbol{x}_k\}_{k=1}^{\infty}$ を，$(\mathbb{R}^n, \mathcal{O}_{d_{\mathbb{E}}})$ 内の相異なる点からなる収束点列とし，$\boldsymbol{x}_\infty := \lim_{k \to \infty} \boldsymbol{x}_k$ とおき，さらに，$A := \{\boldsymbol{x}_k \mid k \in \mathbb{N}\} \cup \{\boldsymbol{x}_\infty\}$ とおく．このとき，$(\mathbb{R}^n, \mathcal{O}_{d_{\mathbb{E}}})$ の部分位相空間 $(A, \mathcal{O}_{d_{\mathbb{E}}}|_A)$ の $\boldsymbol{x}_\infty$ を含む連結成分が 1 点集合 $\{\boldsymbol{x}_\infty\}$ であることを，以下のように示すことができる．$\varepsilon_k := d_{\mathbb{E}}(\boldsymbol{x}_\infty, \boldsymbol{x}_k)$ $(k \in \mathbb{N})$ とおく．B を $\{\boldsymbol{x}_\infty\} \subsetneqq B$ となる A の部分集合とする．$I_B := \{\varepsilon_k \in \mathbb{N} \mid \boldsymbol{x}_k \in B\}$ とおき，$\varepsilon_B := \sup I_B$ とおく．明らかに，$\left[0, \dfrac{\varepsilon_B}{2}\right) \setminus I_B \neq \emptyset$ で

ある．任意に，$\varepsilon \in \left[0, \dfrac{\varepsilon_B}{2}\right) \setminus I_B$ をとる．このとき，$\boldsymbol{x}_\infty$ の ε 近傍 $U_\varepsilon(\boldsymbol{x}_\infty)$ に対し，

$$U_\varepsilon(\boldsymbol{x}_\infty) \cap B \neq \emptyset, \quad \left(\mathbb{R}^n \setminus \overline{U_\varepsilon(\boldsymbol{x}_\infty)}\right) \cap B \neq \emptyset,$$
$$(U_\varepsilon(\boldsymbol{x}_\infty) \cap B) \cap \left(\left(\mathbb{R}^n \setminus \overline{U_\varepsilon(\boldsymbol{x}_\infty)}\right) \cap B\right) = \emptyset,$$
$$(U_\varepsilon(\boldsymbol{x}_\infty) \cap B) \cup \left(\left(\mathbb{R}^n \setminus \overline{U_\varepsilon(\boldsymbol{x}_\infty)}\right) \cap B\right) = B$$

が示されるので，B が $(A, \mathcal{O}_{d_{\mathbb{E}}}|_A)$ の連結部分集合でないことが示される．一方，$\{\boldsymbol{x}_\infty\}$ は，$(A, \mathcal{O}_{d_{\mathbb{E}}}|_A)$ の連結部分集合である．したがって，$\{\boldsymbol{x}_\infty\}$ は，$\boldsymbol{x}_\infty$ を含む連結成分であることがわかる．一方，相異なる点 $\boldsymbol{x}_k$ $(k \in \mathbb{N})$ が $\boldsymbol{x}_\infty$ に集積するので，$\{\boldsymbol{x}_\infty\}$ は $(A, \mathcal{O}_{d_{\mathbb{E}}}|_A)$ の開集合でないことが示される．このように，$\{\boldsymbol{x}_\infty\}$ は $(A, \mathcal{O}_{d_{\mathbb{E}}}|_A)$ の開集合でない連結成分である．

4.3　局所連結性と局所弧状連結性

この節において，位相空間の局所連結性と局所弧状連結性を定義し，それらの性質に関する基本的事実を述べることにする．まず，局所弧状連結性を定義しよう．x を位相空間 $(X, \mathcal{O})$ の 1 点とする．x の任意の近傍 V に対し，x の弧状連結な開近傍 U で V に含まれるようなものが存在するとき，$(X, \mathcal{O})$ は，**$\boldsymbol{x}$ において局所弧状連結 (locally path-connected at $\boldsymbol{x}$)** であるという．$(X, \mathcal{O})$ が，X の各点で局所弧状連結であるとき，$(X, \mathcal{O})$ を**局所弧状連結な位相空間 (locally path-connected topological space)** という．次に，局所連結性を定義しよう．x の任意の近傍 V に対し，x の連結な開近傍 U で V に含まれるようなものが存在するとき，$(X, \mathcal{O})$ は，**$\boldsymbol{x}$ において局所連結 (locally connected at $\boldsymbol{x}$)** であるという．$(X, \mathcal{O})$ が，X の各点で局所連結であるとき，$(X, \mathcal{O})$ を**局所連結な位相空間 (locally connected topological space)** という．

例 4.3.1　$(\mathbb{R}^n, \mathcal{O}_{d_{\mathbb{E}^n}})$ は，局所連結かつ局所弧状連結である．実際，$(\mathbb{R}^n, \mathcal{O}_{d_{\mathbb{E}^n}})$ の点 x と x の近傍 V を任意にとるとき，十分小さな $\varepsilon > 0$ に対し，$U_\varepsilon(x) \subseteqq V$ となり，$U_\varepsilon(x)$ は弧状連結（それゆえ，連結）なので，$(\mathbb{R}^n, \mathcal{O}_{d_{\mathbb{E}^n}})$ が局所連結かつ局所弧状連結であることが示される．

例 4.3.2　$(\mathbb{R}^2, \mathcal{O}_{d_{\mathbb{E}^2}})$ の部分集合 A を

$$A := \{(0,0)\} \cup \left\{ \left(x, \sin \frac{1}{x} \right) \,\middle|\, x > 0 \right\}$$

によって定義する．$(\mathbb{R}^2, \mathcal{O}_{d_{\mathbb{E}^2}})$ の部分位相空間 $(A, \mathcal{O}_{d_{\mathbb{E}^2}}|_A)$ は，局所連結でも局所弧状連結でもない．この事実を示そう．ε を 1 よりも小さい正の数とする．このとき，明らかに，$U_\varepsilon((0,0)) \cap A$ は，$b_{i+1} < a_i$ $(i \in \mathbb{N})$ を満たすある減少列 $\{a_i\}_{i=1}^{\infty}$，$\{b_i\}_{i=1}^{\infty}$ を用いて，

$$U_\varepsilon((0,0)) \cap A = (\{0\} \times (-\varepsilon, \varepsilon)) \amalg \left(\coprod_{i=1}^{\infty} \left\{ \left(x, \sin \frac{1}{x} \right) \,\middle|\, a_i < x < b_i \right\} \right)$$

と表される（図 4.3.1 を参照）．

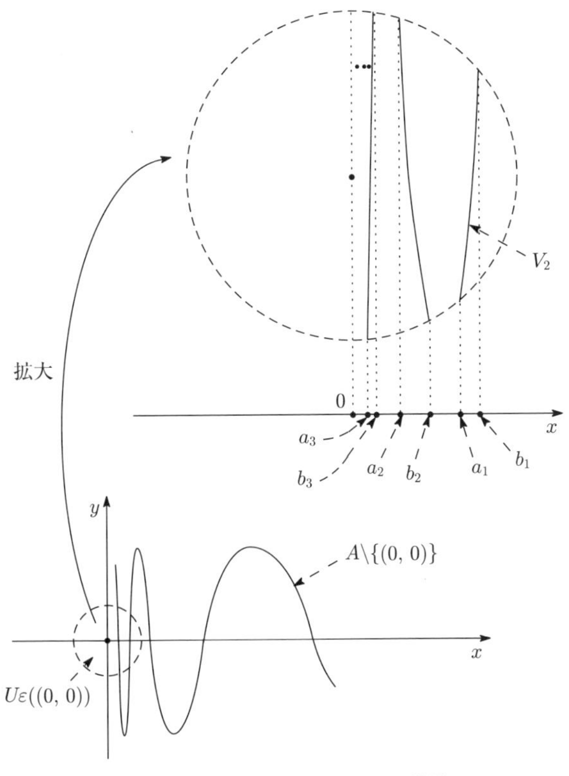

図 4.3.1　$U_\varepsilon((0,0)) \cap A$ の様子

$$V_1 := (\{0\} \times (-\varepsilon, \varepsilon)) \amalg \left(\coprod_{i=2}^{\infty} \left\{ \left(x, \sin \frac{1}{x} \right) \middle| \; a_i < x < b_i \right\} \right),$$

$$V_2 := \left\{ \left(x, \sin \frac{1}{x} \right) \middle| \; a_1 < x < b_1 \right\}$$

とおく．このとき，明らかに，

$$V_1 \neq \emptyset, \quad V_2 \neq \emptyset, \quad V_1 \cap V_2 = \emptyset, \quad V_1 \cup V_2 = U_\varepsilon((0,0)) \cap A$$

が成り立つ．一方，

$$V_1 = (U_\varepsilon((0,0)) \cap A) \cap \left(\left(-\infty, \frac{a_1 + b_2}{2} \right) \times \mathbb{R} \right),$$

$$V_2 = (U_\varepsilon((0,0)) \cap A) \cap \left(\left(\frac{a_1 + b_2}{2}, \infty \right) \times \mathbb{R} \right)$$

となるので，V_1, V_2 が $(U_\varepsilon((0,0)) \cap A, \mathcal{O}_{d_{\mathbb{E}}}|_{U_\varepsilon((0,0)) \cap A})$ の開集合であることが示される．このように，$U_\varepsilon((0,0)) \cap A$ は，$(\mathbb{R}^2, \mathcal{O}_{d_{\mathbb{E}^2}})$ の連結部分集合でない（それゆえ，弧状連結でもない）ことがわかる．この事実は，1より小さい任意の正の数 ε に対し成り立つゆえ，$(A, \mathcal{O}_{d_{\mathbb{E}^2}}|_A)$ が $(0,0)$ において，局所弧状連結でも局所連結でもないことがわかる．

局所連結な位相空間の連結成分について，次の事実が成り立つ．

命題 4.3.1　局所連結な位相空間の各連結成分は開集合である．

【証明】　$(X, \mathcal{O})$ を局所連結な位相空間とし，C をその連結成分の一つとする．$(X, \mathcal{O})$ は局所連結なので，C の各点 x に対し，x の連結な開近傍 W_x が存在する．C は，x を含む最大の連結部分集合なので，$W_x \subseteqq C$ が成り立つ．それゆえ，$\coprod_{x \in C} W_x = C$ となり，C が開集合であることが示される．　□

第 5 章

コンパクト性

この章では，位相空間のコンパクト性，および，局所コンパクト性やパラコンパクト性について述べることにする．n 次元ユークリッド空間 $(\mathbb{R}^n, \mathcal{O}_{d_{\mathbb{E}}})$ の部分集合 A に対し，部分位相空間 $(A, \mathcal{O}_{d_{\mathbb{E}}}|_A)$ がコンパクトであることと，A が有界閉集合であることは同値である．この事実から，コンパクト性をもつ位相空間（コンパクト空間とよばれる）がおおよそどのようなものであるかを視覚的に捉えることができる．

5.1 コンパクト性

この節において，コンパクト性を定義し，その性質に関する基本的事実を述べることにする．$(X, \mathcal{O})$ の開集合からなる族 $\{U_\lambda \,|\, \lambda \in \Lambda\}$ が $\bigcup_{\lambda \in \Lambda} U_\lambda = X$ を満たすとき，この族を $(X, \mathcal{O})$ の**開被覆** (**open covering**) といい，その部分族 $\mathcal{V} := \{U_{\lambda_i} \,|\, i \in \mathcal{I}\}$ が $\bigcup_{i \in \mathcal{I}} U_{\lambda_i} = X$ を満たすとき，$\mathcal{V}$ を $\mathcal{U}$ の**部分被覆** (**sub-covering**) という．$(X, \mathcal{O})$ が，次の条件を満たすとする：

(C)　$(X, \mathcal{O})$ の任意の開被覆が有限部分被覆をもつ．

このとき，$(X, \mathcal{O})$ は**コンパクト** (**compact**) であるという．通常，コンパクトな位相空間は，略して，**コンパクト空間** (**compact space**) とよばれる．本書でも，この略称を用いることにする．A を $(X, \mathcal{O})$ の部分集合とする．$(X, \mathcal{O})$ の開集合からなる族 $\{U_\lambda \,|\, \lambda \in \Lambda\}$ で，$A \subseteqq \bigcup_{\lambda \in \Lambda} U_\lambda$ となるようなものを，$\boldsymbol{A}$ **の開被覆**という．その部分族 $\mathcal{V} := \{U_{\lambda_i} \,|\, i \in \mathcal{I}\}$ が $A \subseteqq \bigcup_{i \in \mathcal{I}} U_{\lambda_i}$ を満たすとき，$\mathcal{V}$ を $\boldsymbol{A}$ **を覆う** $\boldsymbol{\mathcal{U}}$ **の部分被覆**という．A が，次の条件を満たすとする：

(C′)　A の任意の開被覆が A を覆う有限部分被覆をもつ.

このとき，A を位相空間 $(X, \mathcal{O})$ の**コンパクト部分集合** (**compact subset**) という．$(\mathbb{R}^2, \mathcal{O}_{d_{\mathbb{E}^2}})$ のコンパクト部分集合とコンパクトでない部分集合の例を挙げよう．

例 5.1.1　$r > 1$ とする．$(\mathbb{R}^2, \mathcal{O}_{d_{\mathbb{E}^2}})$ の開集合 $(0,1)^2$ とその閉包 $[0,1]^2$ を考えよう．結論を先に述べると，$(0,1)^2$ はコンパクトでない部分集合であり，$[0,1]^2$ はコンパクトな部分集合である．これらの事実を示そう．$(\mathbb{R}^2, \mathcal{O}_{d_{\mathbb{E}^2}})$ の開集合族

$$\mathcal{U} := \left\{ \left(\frac{1}{k+2}, 1 - \frac{1}{k+2} \right)^2 \,\middle|\, k \in \mathbb{N} \right\}$$

を考える．明らかに，これは，$(0,1)^2$ の開被覆になる．任意に，$\mathcal{U}$ の有限部分族

$$\left\{ \left(\frac{1}{k_i+2}, 1 - \frac{1}{k_i+2} \right)^2 \,\middle|\, i = 1, \ldots, m \right\}$$

をとる．$k_{\max} := \max\{k_i \,|\, i = 1, \ldots, m\}$ とおく．このとき，

$$\bigcup_{i=1}^{m} \left(\frac{1}{k_i+2}, 1 - \frac{1}{k_i+2} \right)^2 = \left(\frac{1}{k_{\max}+2}, 1 - \frac{1}{k_{\max}+2} \right)^2 \subsetneqq (0,1)^2$$

となるので，$(0,1)^2$ を覆う $\mathcal{U}$ の有限部分被覆が存在しないことがわかる (図 5.1.1 を参照)．したがって，$(0,1)^2$ がコンパクトでないことがわかる．

$\mathcal{U}$ は，$[0,1]^2$ の境界 $\partial[0,1]^2$ 上の点を含まないため，$[0,1]^2$ の開被覆ではない．$\mathcal{U}$ に $\partial[0,1]^2$ の開近傍 $V := [0,1]^2 \setminus [\varepsilon, 1-\varepsilon]^2$（$\varepsilon$: 十分小さな正の数）を添加した集合族 $\widetilde{\mathcal{U}} := \mathcal{U} \cup \{V\}$ は，$[0,1]^2$ の開被覆になる．これは，k_0 を $\dfrac{1}{\varepsilon} - 2$ よりも大きい自然数として，$[0,1]^2$ を覆う有限部分被覆

$$\left\{ \left(\frac{1}{k_0+2}, 1 - \frac{1}{k_0+2} \right)^2, \ V \right\}$$

をもつ (図 5.1.1 を参照)．この事実から，$[0,1]^2$ がコンパクトであることが予想される．厳密に，$[0,1]^2$ がコンパクトであることを示そう．便宜上，

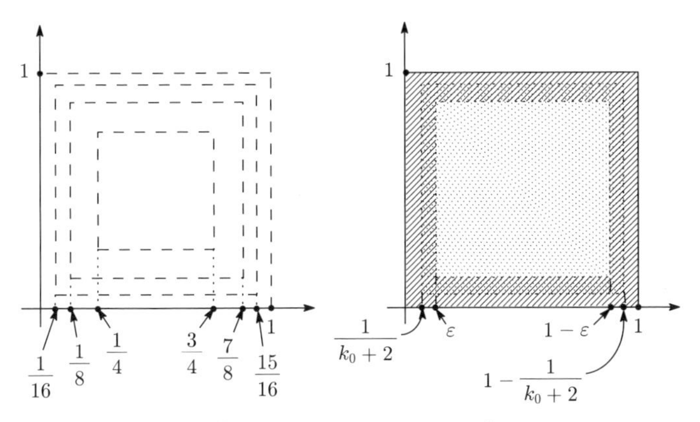

図 5.1.1　$(0,1)^2$ の非コンパクト性と $[0,1]^2$ のコンパクト性

$S_0 := [0,1]^2$ とおく．仮に，S_0 がコンパクトでないとする．このとき，S_0 の開被覆 $\mathcal{U} = \{U_\lambda \mid \lambda \in \Lambda\}$ で，S_0 を覆う $\mathcal{U}$ の有限部分被覆が存在しないようなものが存在する．

$$S_0^{++} := \left[\frac{1}{2}, 1\right] \times \left[\frac{1}{2}, 1\right], \quad S_0^{+-} := \left[\frac{1}{2}, 1\right] \times \left[0, \frac{1}{2}\right],$$

$$S_0^{-+} := \left[0, \frac{1}{2}\right] \times \left[\frac{1}{2}, 1\right], \quad S_0^{--} := \left[0, \frac{1}{2}\right] \times \left[0, \frac{1}{2}\right]$$

とおく．明らかに，

$$S_0 = S_0^{++} \cup S_0^{+-} \cup S_0^{-+} \cup S_0^{--}$$

が成り立つ．S_0 を覆う $\mathcal{U}$ の有限部分被覆が存在しないので，S_0^{++}, S_0^{+-}, S_0^{-+}, S_0^{--} のうち，少なくとも一つは，$\mathcal{U}$ の有限部分被覆を許容しない．それを S_1 と表すことにする．$S_1 = [a_1, b_1] \times [c_1, d_1]$ とする．

$$S_1^{++} := \left[\frac{a_1 + b_1}{2}, b_1\right] \times \left[\frac{c_1 + d_1}{2}, d_1\right],$$

$$S_1^{+-} := \left[\frac{a_1 + b_1}{2}, b_1\right] \times \left[c_1, \frac{c_1 + d_1}{2}\right],$$

$$S_1^{-+} := \left[a_1, \frac{a_1 + b_1}{2}\right] \times \left[\frac{c_1 + d_1}{2}, d_1\right],$$

$$S_1^{--} := \left[a_1, \frac{a_1+b_1}{2}\right] \times \left[c_1, \frac{c_1+d_1}{2}\right]$$

とおく．明らかに，

$$S_1 = S_1^{++} \cup S_1^{+-} \cup S_1^{-+} \cup S_1^{--}$$

が成り立つ．S_1 を覆う $\mathcal{U}$ の有限部分被覆が存在しないので，S_1^{++}, S_1^{+-}, S_1^{-+}, S_1^{--} のうち，少なくとも一つは，$\mathcal{U}$ の有限部分被覆を許容しない．それを S_2 と表すことにする．$S_2 = [a_2, b_2] \times [c_2, d_2]$ とする．

$$S_2^{++} := \left[\frac{a_2+b_2}{2}, b_2\right] \times \left[\frac{c_2+d_2}{2}, d_2\right],$$

$$S_2^{+-} := \left[\frac{a_2+b_2}{2}, b_2\right] \times \left[c_2, \frac{c_2+d_2}{2}\right],$$

$$S_2^{-+} := \left[a_2, \frac{a_2+b_2}{2}\right] \times \left[\frac{c_2+d_2}{2}, d_2\right],$$

$$S_2^{--} := \left[a_2, \frac{a_2+b_2}{2}\right] \times \left[c_2, \frac{c_2+d_2}{2}\right]$$

とおく．明らかに，

$$S_2 = S_2^{++} \cup S_2^{+-} \cup S_2^{-+} \cup S_2^{--}$$

が成り立つ．S_2 を覆う $\mathcal{U}$ の有限部分被覆が存在しないので，S_2^{++}, S_2^{+-}, S_2^{-+}, S_2^{--} のうち，少なくとも一つは，$\mathcal{U}$ の有限部分被覆を許容しない．それを S_3 と表すことにする．$S_3 = [a_3, b_3] \times [c_3, d_3]$ とする．以下，同じ手順で，$S_j = [a_j, b_j] \times [c_j, d_j]$ $(j = 4, 5, \ldots)$ を定義する．このとき，$\{a_j\}_{j=1}^{\infty}$ と $\{c_j\}_{j=1}^{\infty}$ は増加列であり，$\{b_j\}_{j=1}^{\infty}$ と $\{d_j\}_{j=1}^{\infty}$ は減少列であり，

$$\lim_{j\to\infty} |a_j - b_j| = \lim_{j\to\infty} |c_j - d_j| = 0$$

が成り立つ．それゆえ，$\{a_j\}_{j=1}^{\infty}, \{b_j\}_{j=1}^{\infty}, \{c_j\}_{j=1}^{\infty}, \{d_j\}_{j=1}^{\infty}$ は収束列であり，

$$\lim_{j\to\infty} a_j = \lim_{j\to\infty} b_j, \quad \lim_{j\to\infty} c_j = \lim_{j\to\infty} d_j$$

が成り立つ．

$$a_\infty := \lim_{j\to\infty} a_j, \quad c_\infty := \lim_{j\to\infty} c_j$$

とおく．$0 \leqq a_j \leqq 1$, $0 \leqq c_j \leqq 1$ なので，$0 \leqq a_\infty \leqq 1$, $0 \leqq c_\infty \leqq 1$ となる．つまり，(a_∞, c_∞) は $[0,1]^2$ $(= S_0)$ の点である．それゆえ，$(a_\infty, c_\infty) \in U_{\lambda_0}$ となる $\lambda_0 \in \Lambda$ が存在する．$U_{\lambda_0} \in \mathcal{O}_{d_{\mathbb{E}^2}}$ なので，$U_\delta((a_\infty, c_\infty)) \subsetneqq U_{\lambda_0}$ となる $\delta > 0$ が存在する．任意の $j \in \mathbb{N}$ に対し，$(a_\infty, c_\infty) \in S_j$ となり，$j \to \infty$ のとき，S_j の直径は 0 に収束するので，十分大きな j_0 に対し，$S_{j_0} \subsetneqq U_\delta((a_\infty, c_\infty))$ が成り立つ．それゆえ，$S_{j_0} \subsetneqq U_{\lambda_0}$ が導かれる．これは，S_{j_0} を覆う $\mathcal{U}$ の有限部分被覆が存在しないことに矛盾する．したがって，S_0 がコンパクトであることが示される．

この議論により，一般に，次の事実が示される．

命題 5.1.1 $a < b$ とする．$[a,b]^n$ は，$(\mathbb{R}^n, \mathcal{O}_{d_{\mathbb{E}^n}})$ のコンパクト部分集合である．

コンパクト空間の部分集合について，次の事実が成り立つ．

定理 5.1.2 コンパクト空間の閉集合は，コンパクトである．

【証明】 $(X, \mathcal{O})$ をコンパクト空間とし，A を $(X, \mathcal{O})$ の閉集合とする．任意に，A の開被覆 $\mathcal{U}$ をとる．A は $(X, \mathcal{O})$ の閉集合なので，A の補集合 A^c は，$(X, \mathcal{O})$ の開集合である．それゆえ，$\widetilde{\mathcal{U}} := \mathcal{U} \cup \{A^c\}$ は，$(X, \mathcal{O})$ の開被覆である．$(X, \mathcal{O})$ はコンパクトなので，$\widetilde{\mathcal{U}}$ の有限部分被覆 $\widetilde{\mathcal{U}}'$ が存在する．このとき，$\widetilde{\mathcal{U}}' \setminus \{A^c\}$ は，A を覆う $\mathcal{U}$ の有限部分被覆になる．したがって，A がコンパクトであることが示される． □

定理 5.1.3 $f : (X, \mathcal{O}_X) \to (Y, \mathcal{O}_Y)$ を連続写像とし，A を $(X, \mathcal{O}_X)$ の部分集合とする．このとき，A がコンパクトであるならば，$f(A)$ もコンパクトである．

【証明】 任意に，$f(A)$ の開被覆 $\mathcal{U} = \{U_\lambda \mid \lambda \in \Lambda\}$ をとる．このとき，明らかに，$\mathcal{V} := \{f^{-1}(U_\lambda) \mid \lambda \in \Lambda\}$ は，A の開被覆になる．A はコンパクトなので，A を覆う $\mathcal{V}$ の有限部分被覆 $\mathcal{V}' = \{f^{-1}(U_{\lambda_i}) \mid i = 1, \ldots, m\}$ が存在する．このとき，$\{U_{\lambda_i} \mid i = 1, \ldots, m\}$ が $f(A)$ の（有限）開被覆であることが容易に示される．したがって，$f(A)$ がコンパクトであることが示される．□

3.5 節で，積位相空間を定義した．積位相空間のコンパクト性に関して，次の事実が成り立つ．

定理 5.1.4　位相空間 $(X, \mathcal{O}_X)$, $(Y, \mathcal{O}_Y)$ がコンパクトならば，積位相空間 $(X \times Y, \mathcal{O}_X \times \mathcal{O}_Y)$ もコンパクトである．

【証明】 $\mathcal{U} = \{U_\lambda \mid \lambda \in \Lambda\}$ を $(X \times Y, \mathcal{O}_X \times \mathcal{O}_Y)$ の開被覆とする．積位相の定義より，各 U_λ は，

$$U_\lambda = \bigcup_{\mu \in \mathcal{M}_\lambda} (V_{\lambda,\mu} \times W_{\lambda,\mu}) \quad (V_{\lambda,\mu} \in \mathcal{O}_X,\ W_{\lambda,\mu} \in \mathcal{O}_Y)$$

と表せる．$\mathcal{U}' := \{V_{\lambda,\mu} \times W_{\lambda,\mu} \mid \lambda \in \Lambda,\ \mu \in \mathcal{M}_\lambda\}$ は，$(X \times Y, \mathcal{O}_X \times \mathcal{O}_Y)$ の開被覆である．各点 $x \in X$ に対し，$\{x\} \times Y$ はコンパクトなので，$\{x\} \times Y$ を覆う $\mathcal{U}'$ の有限部分被覆 $\mathcal{U}'_x$ が存在する．$\mathcal{U}'_x = \{V_{\lambda_1^x,\mu_1^x} \times W_{\lambda_1^x,\mu_1^x}, \ldots, V_{\lambda_{k_x}^x,\mu_{k_x}^x} \times W_{\lambda_{k_x}^x,\mu_{k_x}^x}\}$ とする．$V_x := V_{\lambda_1^x,\mu_1^x} \cap \cdots \cap V_{\lambda_{k_x}^x,\mu_{k_x}^x}$ とおく．このとき，$\mathcal{V}_x := \{V_x \mid x \in X\}$ は，$(X, \mathcal{O}_X)$ の開被覆になる．$(X, \mathcal{O}_X)$ はコンパクトなので，$\mathcal{V} := \{V_x \mid x \in X\}$ は，有限部分被覆 $\mathcal{V}'$ をもつ．$\mathcal{V}' = \{V_{x_1}, \ldots, V_{x_l}\}$ とする．このとき，$\bigcup_{i=1}^{l} \mathcal{U}'_{x_i}$ は，$X \times Y$ の有限被覆になる．それゆえ，$\bigcup_{i=1}^{l} \{U_{\lambda_1^{x_i}}, \ldots, U_{\lambda_{k_{x_i}}^{x_i}}\}$ が $\mathcal{U}$ の有限部分被覆であることがわかる．したがって，$(X \times Y, \mathcal{O}_X \times \mathcal{O}_Y)$ がコンパクトであることが示される．□

より一般に，次の**チコノフの定理 (Tychonoff's theorem)** が成り立つ．

定理 5.1.4′　$\{(X_\lambda, \mathcal{O}_\lambda) \mid \lambda \in \Lambda\}$ がコンパクト空間の族であるならば，これらの積位相空間 $\left(\prod_{\lambda \in \Lambda} X_\lambda, \prod_{\lambda \in \Lambda} \mathcal{O}_\lambda\right)$ もコンパクトである．ここで，

Λ は有限集合である必要はなく，非可算無限集合でもよい．

この定理の証明は省略することにする．

5.2　点列コンパクト性

この節において，点列コンパクト性を定義し，コンパクト性との同値性について述べることにする．

位相空間 $(X, \mathcal{O})$ 内の任意の点列が収束部分列をもつとき，$(X, \mathcal{O})$ は，**点列コンパクト** (**sequentially compact**) であるという．コンパクト性と点列コンパクト性の同値性に関する結果を述べる前に，距離空間の全有界性を定義しておこう．距離空間 (X, d) が**全有界** (**totally bounded**) であるとは，任意の $\varepsilon > 0$ に対し，ε-開近傍からなる X の有限被覆が存在することをいう．全有界な距離空間について，次の事実が成り立つ．

定理 5.2.1　(X, d) を全有界な距離空間とする．このとき，次の主張 (i), (ii) が成り立つ：

(i)　$(X, \mathcal{O}_d)$ は，第 2 可算公理を満たす．

(ii)　$(X, \mathcal{O}_d)$ 内の任意の点列は，コーシー部分列をもつ．

【証明】　(X, d) は全有界なので，各 $n \in \mathbb{N}$ に対し，

$$\bigcup_{k=1}^{m_n} U_{\frac{1}{n}}(x_{n,k}) = X$$

となる有限集合 $A_n := \{x_{n,1}, \ldots, x_{n,m_n}\}$ が存在する．$A := \bigcup_{n=1}^{\infty} A_n$ とおく (図 5.2.1 を参照)．$\overline{A} = X$ を示す．任意に，$x_0 \in X$ をとる．各 $n \in \mathbb{N}$ に対し，$x_0 \in U_{\frac{1}{n}}(x_{n,k_n})$ となる $k_n \in \{1, \ldots, m_n\}$ が存在する．明らかに，$x_{n,k_n} \in U_{\frac{1}{n}}(x_0)$ が成り立つ．$d(x_{n,k_n}, x_0) < \dfrac{1}{n}$ なので，$\lim_{n\to\infty} d(x_{n,k_n}, x_0) = 0$，それゆえ，$x_0 \in \overline{A}$ をえる．したがって，$\overline{A} = X$ が示される．一方，A は可算個の有限集合の和集合なので，可算集合である．このように，A は $(X, \mathcal{O}_d)$ の稠密な可算部分集合なので，$(X, \mathcal{O}_d)$ が可分であることが示される．

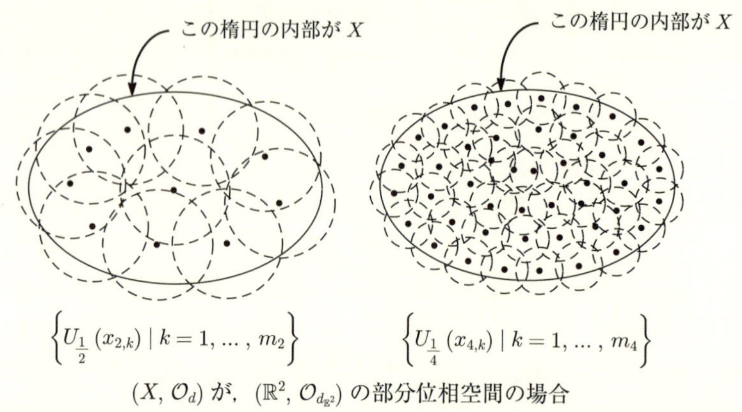

図 5.2.1　A_n の稠密度

$$\mathcal{B} := \{U_q(x)\,|\,x \in A,\ q \in \mathbb{Q}\}$$

とおく．$\mathcal{B}$ が $(X, \mathcal{O}_d)$ の可算開基であることを示そう．任意に $(X, \mathcal{O}_d)$ の開集合 V をとり，固定する．$x \in V$ を任意にとる．V は x の開近傍なので，$U_{\varepsilon_x}(x) \subsetneqq V$ となる $\varepsilon_x > 0$ が存在する．アルキメデスの原理より，$n_0^x > \dfrac{1}{\varepsilon_x}$ となる $n_0^x \in \mathbb{N}$ が存在する．$\dfrac{1}{n_0^x} < \varepsilon_x$ なので，$U_{\frac{1}{n_0^x}}(x) \subsetneqq U_{\varepsilon_x}(x) \subsetneqq V$ をえる．$\bigcup_{k=1}^{m_{2n_0^x}} U_{\frac{1}{2n_0^x}}(x_{2n_0^x,k}) = X$ なので，ある $k_x \in \{1, \ldots, m_{2n_0^x}\}$ に対し，$x \in U_{\frac{1}{2n_0^x}}(x_{2n_0^x,k_x})$ となる．$y \in U_{\frac{1}{2n_0^x}}(x_{2n_0^x,k_x})$ を任意にとる．

$$d(x,y) \leqq d(x, x_{2n_0^x,k_x}) + d(x_{2n_0^x,k}, y) \leqq \frac{1}{2n_0^x} \times 2 = \frac{1}{n_0^x}$$

となり，$y \in U_{\frac{1}{n_0^x}}(x)$ が示される．よって，$y \in V$ をえる．y の任意性から，$U_{\frac{1}{2n_0^x}}(x_{2n_0^x,k_x}) \subsetneqq V$ が示され，それゆえ，$\bigcup_{x\in V} U_{\frac{1}{2n_0^x}}(x_{2n_0^x,k_x}) = V$ をえる．したがって，$\mathcal{B}$ が $(X, \mathcal{O}_d)$ の開基であることがわかる．一方，A も $\mathbb{Q}$ も可算集合なので，$\mathcal{B}$ は可算集合である．したがって，$\mathcal{B}$ は $(X, \mathcal{O}_d)$ の可算開基であり，それゆえ，$(X, \mathcal{O}_d)$ が第2可算公理を満たすことがわかる．

次に，(ii) を示すことにする．任意に，$(X, \mathcal{O}_d)$ における点列 $\{y_k\}_{k=1}^{\infty}$ をとる．明らかに，$\{k \in \mathbb{N}\,|\,y_k \in U_1(x_{1,j_1})\}$ が無限集合となるような x_{1,j_1} が存在する．$\{k_j^1\}_{j=1}^{\infty}$ を

$$\{k_j^1 \,|\, j \in \mathbb{N}\} = \{k \in \mathbb{N} \,|\, y_k \in U_1(x_{1,j_1})\}$$

を満たす自然数列とする．明らかに，$\{k_j^1 \in \mathbb{N} \,|\, y_{k_j^1} \in U_{\frac{1}{2}}(x_{2,j_2})\}$ が無限集合となるような x_{2,j_2} が存在する．$\{k_j^2\}_{j=1}^{\infty}$ を

$$\{k_j^2 \,|\, j \in \mathbb{N}\} = \{k_j^1 \in \mathbb{N} \,|\, y_{k_j^1} \in U_{\frac{1}{2}}(x_{2,j_2})\}$$

を満たす $\{k_j^1\}_{j=1}^{\infty}$ の部分列とする．明らかに，$\{k_j^2 \in \mathbb{N} \,|\, y_{k_j^2} \in U_{\frac{1}{3}}(x_{3,j_3})\}$ が無限集合となるような x_{3,j_3} が存在する．$\{k_j^3\}_{j=1}^{\infty}$ を

$$\{k_j^3 \,|\, j \in \mathbb{N}\} = \{k_j^2 \in \mathbb{N} \,|\, y_{k_j^2} \in U_{\frac{1}{3}}(x_{3,j_3})\}$$

を満たす $\{k_j^2\}_{j=1}^{\infty}$ の部分列とする．以下，同じ操作を繰り返すことにより，順次，部分列 $\{k_j^l\}_{j=1}^{\infty}$ $(l = 4, 5, \ldots)$ をとっていく．このとき，容易に，$\{y_k\}_{k=1}^{\infty}$ の部分点列 $\{y_{k_l^l}\}_{l=1}^{\infty}$ がコーシー列になることが示される．このように，任意にとった $(X, \mathcal{O})$ における点列 $\{y_k\}_{k=1}^{\infty}$ がコーシー部分列をもつことが示される． □

距離空間 (X, d) の完備性と距離付け可能な位相空間 $(X, \mathcal{O}_d)$ のコンパクト性について，次の事実が成り立つ．

定理 5.2.2 $(X, \mathcal{O}_d)$ がコンパクトならば，(X, d) は完備である．

【証明】 $(X, \mathcal{O}_d)$ がコンパクトであるとする．任意に，X 内のコーシー列 $\{x_k\}_{k=1}^{\infty}$ をとる．$A_m := \{x_k \,|\, k \geq m\}$ $(m \in \mathbb{N})$ とおいて，A_∞ を $A_\infty := \bigcap_{m=1}^{\infty} \overline{A_m}$ と定義する．仮に，$A_\infty = \emptyset$ とする．このとき，

$$\bigcup_{m=1}^{\infty} \overline{A_m}^c = \left(\bigcap_{m=1}^{\infty} \overline{A_m} \right)^c = \emptyset^c = X$$

となり，$\mathcal{U} := \{\overline{A_m}^c \,|\, m \in \mathbb{N}\}$ が $(X, \mathcal{O}_d)$ の開被覆であることがわかる．それゆえ，$(X, \mathcal{O}_d)$ がコンパクトであることから，$\mathcal{U}$ は有限部分被覆をもつ．その一つを $\{\overline{A_{m_1}}^c, \ldots, \overline{A_{m_l}}^c\}$ とする．このとき，

$$\bigcap_{i=1}^{l} \overline{A_{m_i}} = \bigcap_{i=1}^{l} (\overline{A_{m_i}}^c)^c = \left(\bigcup_{i=1}^{l} \overline{A_{m_i}}^c \right)^c = X^c = \emptyset$$

となるが,

$$\bigcap_{i=1}^{l} \overline{A_{m_i}} = \{x_k \,|\, k \geq \max\{m_1, \ldots, m_l\}\} \neq \emptyset$$

なので，矛盾が生ずる．したがって，$A_\infty \neq \emptyset$ となる．$a \in A_\infty$ をとる．$\{x_k\}_{k=1}^{\infty}$ はコーシー列なので，任意の $\varepsilon > 0$ に対し,

$$k, k' \geq k_0 \implies d(x_k, x_{k'}) < \frac{\varepsilon}{2}$$

となるような $k_0 \in \mathbb{N}$ が存在する．また，$a \in \bigcap_{m=1}^{\infty} \overline{A_m} \subset \overline{A_{k_0}}$ なので，$U_{\frac{\varepsilon}{2}}(a) \cap A_{k_0} \neq \emptyset$ となる，つまり，$d(a, x_{k_1}) < \frac{\varepsilon}{2}$ となる k_1 $(\geqq k_0)$ が存在する．このとき，$k \geq k_1$ に対し,

$$d(x_k, a) \leq d(x_k, x_{k_1}) + d(x_{k_1}, a) < \frac{\varepsilon}{2} + \frac{\varepsilon}{2} = \varepsilon$$

が成り立つ．それゆえ，$\{x_k\}_{k=1}^{\infty}$ が a に収束することがわかる．したがって，(X, d) が完備であることがわかる． □

上述の証明においてキーとなるのは，A_∞ を考え，それが $(X, \mathcal{O}_d)$ のコンパクト性から空でないことを示すところである．このアイデアを視覚的に捉えるために，一つ例を挙げておこう．距離付け可能なコンパクト空間 $(B^2(1), \mathcal{O}_{d_{\mathbb{E}^2}}|_{B^2(1)})$ における点列 $\{x_k\}_{k=1}^{\infty}$ を

$$x_k := \left(\frac{1}{[\frac{k-1}{4}] + 1} \cos \frac{(2k-1)\pi}{4}, \ \frac{1}{[\frac{k-1}{4}] + 1} \sin \frac{(2k-1)\pi}{4} \right) \quad (k \in \mathbb{N})$$

によって定義する．ここで，$[\bullet]$ は，ガウスの記号である．明らかに，この点列はコーシー列である．このとき，上述の証明における集合 $\overline{A_m}$ は，$\overline{A_m} = \{x_k \,|\, k \geqq m\} \cup \{(0,0)\}$ となり（図 5.2.2 を参照），それゆえ，A_∞ は $A_\infty = \{(0,0)\}$ となる．上述の証明によれば，$\{x_k\}_{k=1}^{\infty}$ は $(0,0)$ に収束するはずであるが，実際，この点列は $(0,0)$ に収束する．

定理 5.2.1 と定理 5.2.2 を用いて，コンパクト性と点列コンパクト性の同値性に関する次の事実が示される．

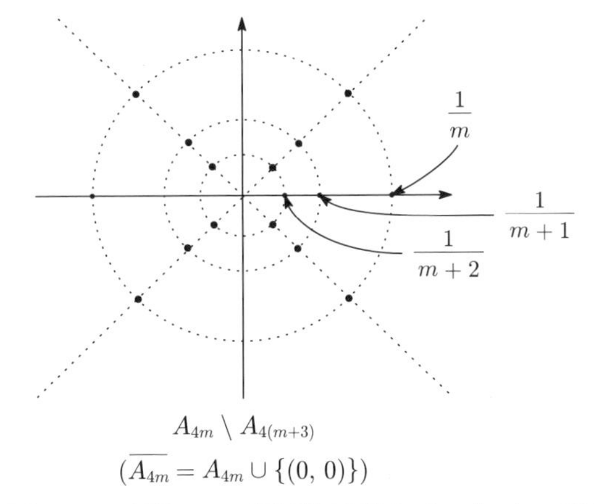

図 5.2.2 定理 5.2.2 の証明における A_m と A_∞ の例

> **定理 5.2.3** 距離付け可能な位相空間に対して，コンパクト性と点列コンパクト性は同値である．

【証明】 距離付け可能な位相空間 $(X, \mathcal{O}_d)$ がコンパクトであるとする．任意に，X における点列 $\{x_k\}_{k=1}^{\infty}$ をとる．各 $n \in \mathbb{N}$ に対し，$\{U_{\frac{1}{n}}(x) \,|\, x \in X\}$ は $(X, \mathcal{O}_d)$ の開被覆なので，有限部分被覆 $\{U_{\frac{1}{n}}(x_1), \ldots, U_{\frac{1}{n}}(x_l)\}$ をもつ．したがって，$(X, \mathcal{O}_d)$ は全有界であり，それゆえ，定理 5.2.1 により，$\{x_k\}_{k=1}^{\infty}$ はコーシー部分列 $\{x_{k_i}\}_{i=1}^{\infty}$ をもつ．定理 5.2.2 より，(X, d) は完備なので，$\{x_{k_i}\}_{i=1}^{\infty}$ は収束列である．このように，点列 $\{x_k\}_{k=1}^{\infty}$ は収束部分列 $\{x_{k_i}\}_{i=1}^{\infty}$ をもつことがわかる．したがって，$(X, \mathcal{O}_d)$ は点列コンパクトである．

次に，逆を示す．$(X, \mathcal{O}_d)$ が点列コンパクトであるとする．まず，距離空間 (X, d) が完備かつ全有界であることを示そう．任意に，コーシー列 $\{x_k\}_{k=1}^{\infty}$ をとる．$(X, \mathcal{O}_d)$ が点列コンパクトであるので，$\{x_k\}_{k=1}^{\infty}$ は収束部分列をもつ．その一つを $\{x_{k_i}\}_{i=1}^{\infty}$ とし，$a := \lim_{i\to\infty} x_{k_i}$ とする．任意に，$\varepsilon > 0$ をとる．$\{x_k\}_{k=1}^{\infty}$ はコーシー列なので，

$$k, k' \geq k_0 \implies d(x_k, x_{k'}) < \frac{\varepsilon}{2}$$

となる $k_0 \in \mathbb{N}$ が存在する．$k_{i_0} \geqq k_0$ となる $i_0 \in \mathbb{N}$ をとる．$\{x_{k_i}\}_{i=i_0}^{\infty}$ は a に

収束するので，

$$i \geq i_1 \implies d(x_{k_i}, a) < \frac{\varepsilon}{2}$$

となる $i_1 \geq i_0$ が存在する．このとき，任意の $k \geqq k_{i_1}$ に対し，

$$d(x_k, a) \leq d(x_k, x_{k_{i_1}}) + d(x_{k_{i_1}}, a) < \frac{\varepsilon}{2} + \frac{\varepsilon}{2} = \varepsilon$$

が成り立ち，それゆえ，$\{x_k\}_{k=1}^{\infty}$ が a に収束することが示される．したがって，(X, d) が完備であることがわかる．次に，(X, d) が全有界であることを示す．仮に，ある $\varepsilon > 0$ に対し，ε-開近傍からなる X の有限被覆が存在しないとする．$x_1 \in X$ をとる．このとき，$U_\varepsilon(x_1) \subsetneqq X$ なので，$x_2 \in X \setminus U_\varepsilon(x_1)$ をとることができる．$U_\varepsilon(x_1) \cup U_\varepsilon(x_2) \subsetneqq X$ なので，$x_3 \in X \setminus (U_\varepsilon(x_1) \cup U_\varepsilon(x_2))$ をとることができる．以下，順次 $x_k \in X \setminus (U_\varepsilon(x_1) \cup \cdots \cup U_\varepsilon(x_{k-1}))$ $(k = 4, 5, \ldots)$ をとる．このとき，任意の $k_1, k_2 \in \mathbb{N}$ に対し，$d(x_{k_1}, x_{k_2}) \geqq \varepsilon$ なので，点列 $\{x_k\}_{k=1}^{\infty}$ は収束部分列をもたない．これは，$(X, \mathcal{O}_d)$ が点列コンパクトであることに反する．したがって，任意の $\varepsilon > 0$ に対し，ε-開近傍からなる X の有限被覆が存在すること，つまり，(X, d) が全有界であることが示される．

(X, d) が完備かつ全有界であることを用いて，(X, d) がコンパクトであることを示そう．任意に，$(X, \mathcal{O}_d)$ の開被覆 $\mathcal{U} = \{U_\lambda \mid \lambda \in \Lambda\}$ をとる．定理 5.2.1 の証明で述べたように，(X, d) は全有界なので，各 $n \in \mathbb{N}$ に対し，

$$\bigcup_{k=1}^{m_n} U_{\frac{1}{n}}(x_{n,k}) = X$$

となる有限集合 $A_n := \{x_{n,1}, \ldots, x_{n,m_n}\}$ が存在し，$A := \bigcup_{n=1}^{\infty} A_n$ とおくとき，$\overline{A} = X$ が成り立つ．さらに，

$$\mathcal{B} := \{U_q(x) \mid x \in A,\ q \in \mathbb{Q}\}$$

が $(X, \mathcal{O}_d)$ の可算開基であることが示される．また，

$$\mathcal{B}' := \{U_q(x) \in \mathcal{B} \mid (\exists\, \lambda \in \Lambda)[U_q(x) \subseteqq U_\lambda]\}$$

は可算集合族である．$\mathcal{B}$ が $(X, \mathcal{O}_d)$ の開基であり，$\mathcal{U}$ が $(X, \mathcal{O}_d)$ の開被覆であることから，$\mathcal{B}'$ が X の開被覆であることがわかる．$\mathcal{B}'$ の元を番号付けて

集合列にしたものを $\{B_k\}_{k=1}^{\infty}$ と表す．ある $N \in \mathbb{N}$ に対し，$\bigcup_{k=1}^{N} B_k = X$ となることを示そう．仮に，そのような $N \in \mathbb{N}$ が存在しないとする．このとき，X における点列 $\{y_k\}_{k=1}^{\infty}$ を，$y_k \notin \bigcup_{j=1}^{k} B_j$ $(k \in \mathbb{N})$ となるようにとる．仮定により，$(X, \mathcal{O}_d)$ は点列コンパクトなので，$\{y_k\}_{k=1}^{\infty}$ の収束部分列 $\{y_{k_j}\}_{j=1}^{\infty}$ が存在する．この収束部分列の極限を y_∞ と表す．$\mathcal{B}'$ は X の開被覆なので，$y_\infty \in B_{n_0}$ となる $n_0 \in \mathbb{N}$ が存在する．$\lim_{j\to\infty} y_{k_j} = y_\infty$ なので，$j \geqq j_0$ ならば，$y_{k_j} \in B_{n_0}$ となるような $j_0 \in \mathbb{N}$ が存在する．また，$\lim_{j\to\infty} k_j = \infty$ なので，j_0 よりも十分大きな j_1 に対し，$k_{j_1} > n_0$ となる．$\{y_k\}_{k=1}^{\infty}$ のとり方より，$y_{k_{j_1}} \notin \bigcup_{j=1}^{k_{j_1}} B_j$ となり，また，$B_{n_0} \subseteqq \bigcup_{j=1}^{k_{j_1}} B_j$ となるので，$y_{k_{j_1}} \notin B_{n_0}$ をえる．一方，$j_1 \geqq j_0$ なので，$y_{k_{j_1}} \in B_{n_0}$ をえてしまい，矛盾が生ずる．したがって，ある $N \in \mathbb{N}$ に対し，$\bigcup_{k=1}^{N} B_k = X$ となることが示される．$\{B_k\}_{k=1}^{\infty}$ のつくり方から，各 k に対し，$B_k \subseteqq U_{\lambda_k}$ となる $\lambda_k \in \Lambda$ が存在する．明らかに，$\bigcup_{k=1}^{N} U_{\lambda_k} = X$ が成り立つので，$\{U_{\lambda_k} \mid k = 1, \ldots, N\}$ が $\mathcal{U}$ の有限部分被覆であることがわかる．したがって，$(X, \mathcal{O}_d)$ がコンパクトであることが示される．

□

5.3　ハウスドルフ性・局所コンパクト性・パラコンパクト性

この節において，位相空間のハウスドルフ性，局所コンパクト性，および，パラコンパクト性を定義し，これらの性質に関する基本的事実を述べることにする．

まず，ハウスドルフ性（T_2 性ともよばれる）を定義する．位相空間 $(X, \mathcal{O})$ が次の条件を満たすとする：

(H)　$(X, \mathcal{O})$ の任意の異なる 2 点 x, y に対し，x の開近傍 U と y の開近傍 V で，$U \cap V = \emptyset$ となるようなものが存在する．

このとき，$(X, \mathcal{O})$ を**ハウスドルフ空間 (Hausdorff space)**，または，$\boldsymbol{T_2}$ **空間 ($\boldsymbol{T_2}$-space)** という．ハウスドルフ空間の例として，距離付け可能な位相空間が挙げられる．実際，距離付け可能な位相空間 $(X, \mathcal{O}_d)$ の任意の異なる 2

点 x, y に対し，$a := d(x, y)\ (>0)$ とおくとき，$U_{\frac{a}{2}}(x)$，$U_{\frac{a}{2}}(y)$ は，各々，x, y の開近傍であり，$U_{\frac{a}{2}}(x) \cap U_{\frac{a}{2}}(y) = \emptyset$ となるので，$(X, \mathcal{O}_d)$ がハウスドルフ空間であることが示される．ここで，ハウスドルフでない位相空間の例を挙げておこう．

例 5.3.1　$X := \left(-\dfrac{3\pi}{2}, \dfrac{3\pi}{2}\right) \times \mathbb{R}$ における同値関係 $\sim$ を，次のように定義する：

$$(x_1, y_1) \sim (x_2, y_2) \underset{\text{def}}{\Longleftrightarrow} \begin{cases} \left(x_i \neq \pm\dfrac{\pi}{2}\ (i=1,2) \wedge \left[\frac{x_1}{\pi} + \frac{1}{2}\right] = \left[\frac{x_2}{\pi} + \frac{1}{2}\right] \right. \\ \qquad \left. \wedge\ y_1 - \tan x_1 = y_2 - \tan x_2 \right) \\ \vee\ \left(x_1 = x_2 = \pm\dfrac{\pi}{2}\right) \end{cases}$$

ここで，$[\bullet]$ は，ガウスの記号を表す．π をこの同値関係に関する商写像とする．$(\mathbb{R}^2, \mathcal{O}_{d_{\mathbb{E}^2}})$ の部分位相空間 $(X, \mathcal{O}_{d_{\mathbb{E}^2}}|_X)$ の同値関係 $\sim$ に関する商位相空間 $(X/\sim, (\mathcal{O}_{d_{\mathbb{E}^2}}|_X)/\sim)$ を考える．$(X/\sim, (\mathcal{O}_{d_{\mathbb{E}^2}}|_X)/\sim)$ の 2 点 $C_{(-\frac{\pi}{2},0)}$，$C_{(\frac{\pi}{2},0)}$ に対し，$C_{(-\frac{\pi}{2},0)}$ の開近傍 U と $C_{(\frac{\pi}{2},0)}$ の開近傍 V で $U \cap V = \emptyset$ となるようなものは存在しない．実際，$C_{(-\frac{\pi}{2},0)}$ の任意の開近傍 U と $C_{(\frac{\pi}{2},0)}$ の任意の開近傍 V に対し，$\pi^{-1}(U) \cap \pi^{-1}(V) \neq \emptyset$ となり（図 5.3.1 を参照），それゆえ，$(a, b) \in \pi^{-1}(U) \cap \pi^{-1}(V)$ が存在し，その同値類 $C_{(a,b)}$ は $U \cap V$ の元となるので，$U \cap V \neq \emptyset$ が示される．したがって，$C_{(-\frac{\pi}{2},0)}$ と $C_{(\frac{\pi}{2},0)}$ が分離できないことがわかり，$(X/\sim, (\mathcal{O}_{d_{\mathbb{E}^2}})/\sim)$ がハウスドルフ空間でないことが示される．

ハウスドルフ空間の部分集合について，次の事実が成り立つ．

定理 5.3.1　ハウスドルフ空間のコンパクト部分集合は，閉集合である．

【証明】　$(X, \mathcal{O})$ をハウスドルフ空間とし，A をそのコンパクト部分集合とする．A^c の点 x_0 を任意にとる．X はハウスドルフ空間なので，A の各点 a に対し，a の開近傍 V_a と x_0 の開近傍 U_a で，$U_a \cap V_a = \emptyset$ となるようなものをとることができ，それらを集めてつくった族 $\mathcal{V} := \{V_a \mid a \in A\}$ を考え

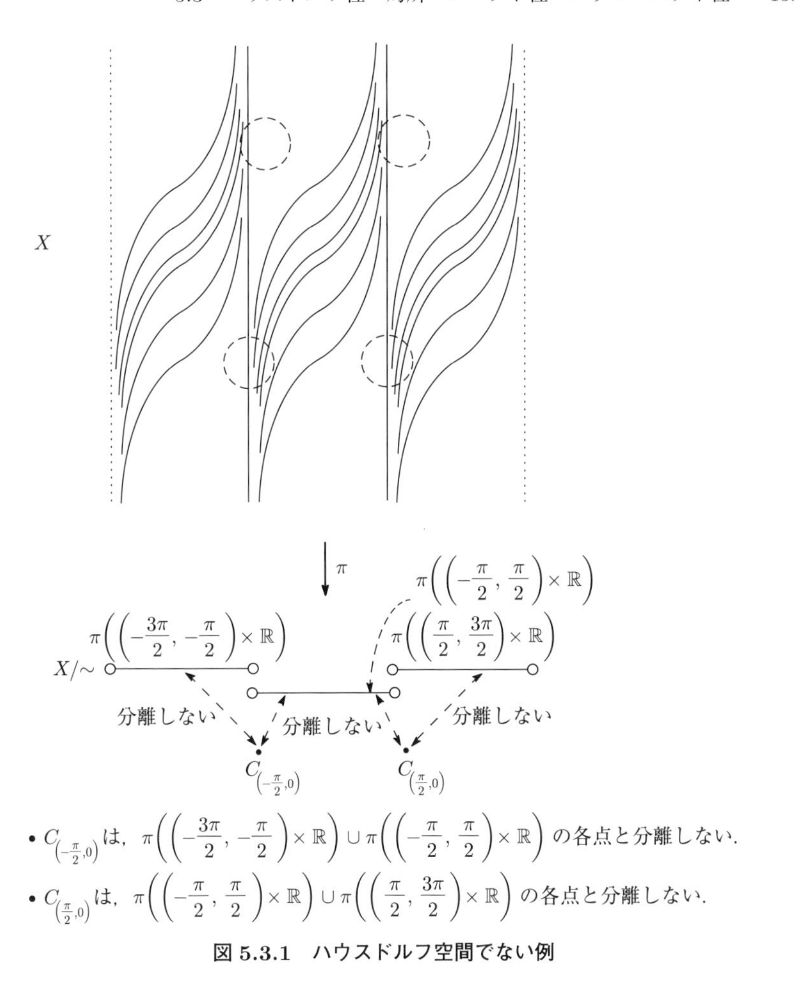

図 5.3.1 ハウスドルフ空間でない例

る．このとき，この族 $\mathcal{V}$ は，コンパクト部分集合 A を覆う開被覆なので，（A を覆う）有限部分被覆 $\mathcal{V}' := \{V_{a_i} \mid i = 1, \ldots, k\}$ をもつ．このとき，$W := \bigcap_{i=1}^{k} U_{a_i}$ は，x_0 の開近傍であり，$W \cap \left(\bigcup_{i=1}^{k} V_{a_i}\right) = \emptyset$ となる．それゆえ，$W \cap A = \emptyset$，つまり，$W \subseteqq A^c$ となる．したがって，$x_0 \in (A^c)^\circ$ がわかる．x_0 の任意性より，$A^c \subseteqq (A^c)^\circ$，それゆえ，$A^c = (A^c)^\circ$ が示される．このように，A^c が開集合であること，つまり，A が閉集合であることが示される． □

距離付け可能な位相空間の部分集合のコンパクト性について，次の事実が成り立つ.

定理 5.3.2　距離付け可能な位相空間のコンパクト部分集合は，有界閉集合である.

【証明】　A を距離付け可能な位相空間 $(X, \mathcal{O}_d)$ のコンパクト部分集合とする．距離付け可能な位相空間はハウスドルフ空間なので，定理 5.3.1 より，A は閉集合である．A が有界であることを示そう．正の数 r に対し，A の開被覆 $\mathcal{U} := \{U_r(a) \mid a \in A\}$ をとる．A はコンパクトなので，$\mathcal{U}$ の（A を覆う）有限部分被覆 $\mathcal{U}' = \{U_r(a_1), \ldots, U_r(a_k)\}$ が存在する．

$$K := \max\{d(a_i, a_j) \mid 1 \leqq i \leqq k,\ 1 \leqq j \leqq k\}$$

とおく．任意に，$a, b \in A$ をとる．a, b は，各々，$\mathcal{U}'$ のあるメンバーに含まれる．$a \in U_r(a_{i_0}), b \in U_r(a_{j_0})$ とする．このとき，

$$d(a,b) \leqq d(a, a_{i_0}) + d(a_{i_0}, a_{j_0}) + d(a_{j_0}, b) < 2r + K$$

が示され，それゆえ，a, b の任意性より，$\mathrm{diam}\, A \leqq 2r + K$ をえる．このように，A が有界であることが示される．□

特に，$(\mathbb{R}^n, \mathcal{O}_{d_{\mathbb{E}^n}})$ において，次の**ハイネ・ボレルの定理** (**Heine-Borel's theorem**) が成り立つ.

定理 5.3.3　$(\mathbb{R}^n, \mathcal{O}_{d_{\mathbb{E}^n}})$ の部分集合がコンパクトであることと，それが有界閉集合であることは同値である.

【証明】　A を $(\mathbb{R}^n, \mathcal{O}_{d_{\mathbb{E}^n}})$ の部分集合とする．A がコンパクトならば，有界閉集合であることは，定理 5.3.2 より導かれる．逆を示そう．A が有界閉集合であるとする．このとき，A の有界性より，ある実数 a, b に対し，$A \subseteqq [a,b]^n$ が成り立つ．命題 5.1.1 により，$[a,b]^n$ は $(\mathbb{R}^n, \mathcal{O}_{d_{\mathbb{E}^n}})$ のコンパクト部分集合である．一方，A は $(\mathbb{R}^n, \mathcal{O}_{d_{\mathbb{E}^n}})$ の閉集合なので，それは $([a,b]^n, \mathcal{O}_{d_{\mathbb{E}^n}}|_{[a,b]^n})$ の閉集合でもある．それゆえ，A はコンパクト空間 $([a,b]^n,$

$\mathcal{O}_{d_{\mathbb{E}^n}}|_{[a,b]^n}$) の閉集合なので，定理 5.1.2 により，$A$ は $([a,b]^n, \mathcal{O}_{d_{\mathbb{E}^n}}|_{[a,b]^n})$ のコンパクト部分集合である．$(\mathbb{R}^n, \mathcal{O}_{d_{\mathbb{E}^n}})$ の開集合からなる A の開被覆 $\mathcal{U} = \{U_\lambda \,|\, \lambda \in \Lambda\}$ を任意にとる．このとき，$\Lambda' := \{\lambda \in \Lambda \,|\, U_\lambda \cap [a,b]^n \neq \emptyset\}$ とし，

$$\mathcal{U}' := \{U_\lambda \cap [a,b]^n \,|\, \lambda \in \Lambda'\}$$

とおく．明らかに，$\mathcal{U}'$ は $([a,b]^n, \mathcal{O}_{d_{\mathbb{E}^n}}|_{[a,b]^n})$ の開集合からなる A の開被覆である．それゆえ，A は $([a,b]^n, \mathcal{O}_{d_{\mathbb{E}^n}}|_{[a,b]^n})$ のコンパクト部分集合なので，$\mathcal{U}'$ は A を覆う有限部分被覆をもつ．その一つを

$$\{U_{\lambda_1} \cap [a,b]^n, \ldots, U_{\lambda_\alpha} \cap [a,b]^n\}$$

とする．このとき，$\{U_{\lambda_1}, \ldots, U_{\lambda_\alpha}\}$ は，A を覆う $\mathcal{U}$ の有限部分被覆になる．したがって，A が $(\mathbb{R}^n, \mathcal{O}_{d_{\mathbb{E}^n}})$ のコンパクト部分集合であることが示される．□

次に，局所コンパクト性を定義しよう．位相空間 $(X, \mathcal{O})$ が次の条件を満たすとする：

(LC) $(X, \mathcal{O})$ の任意の点 x に対し，x のコンパクトな近傍が存在する．

このとき，$(X, \mathcal{O})$ は，**局所コンパクト** (**locally compact**) であるという．また，位相空間 $(X, \mathcal{O})$ の部分集合 A が，部分位相空間として局所コンパクトであるとき，A は**局所コンパクト**であるという．コンパクト位相空間は，すべて，局所コンパクトであることを注意しておく．実際，$(X, \mathcal{O})$ がコンパクトであるとき，$x \in X$ の開近傍 V に対し，$\overline{V}$ は，定理 5.1.2 により，コンパクトになる．それゆえ，$\overline{V}$ は x のコンパクトな近傍になるので，$(X, \mathcal{O})$ が局所コンパクトであることが示される．局所コンパクトな位相空間の例として，$(\mathbb{R}^n, \mathcal{O}_{d_{\mathbb{E}^n}})$ が挙げられる．実際，各点 $(a_1, \ldots, a_n) \in \mathbb{R}^n$ に対し，$\prod_{i=1}^{n} [a_i - \varepsilon, a_i + \varepsilon]$ は，$(a_1, \ldots, a_n)$ のコンパクトな近傍になる．ここで，ε は，任意にとった正の数を表す．

位相空間 $(X, \mathcal{O})$ の点 x に対し，x の近傍全体からなる集合を x の**近傍系** (**neighborhood system**) といい，その部分族 $\mathcal{V}$ で，x の任意の近傍 U に対し，$V \subseteqq U$ となる $V \in \mathcal{V}$ が存在するようなものを x の**基本近傍系** (**funda-**

mental neighborhood system) という．

局所コンパクトなハウスドルフ空間に対し，次の事実が成り立つ．

定理 5.3.4　局所コンパクトなハウスドルフ空間の各点 x に対し，x のコンパクトな近傍からなる基本近傍系が存在する．

まず，この定理を証明するための補題を準備しておく．

補題 5.3.5

(i)　コンパクトなハウスドルフ空間の任意の点 x_0 と，x_0 を含まない任意の閉集合 A に対し，x_0 の開近傍 U と A を含む開集合 V で共通部分をもたないものが存在する．

(ii)　コンパクトなハウスドルフ空間の各点 x に対し，x の閉近傍の全体は，x の基本近傍系になる．

【証明】　(i) $(X, \mathcal{O})$ をコンパクトなハウスドルフ空間とし，A を点 $x_0 \in X$ を含まない閉集合とする．$(X, \mathcal{O})$ はハウスドルフ空間なので，各点 $a \in A$ に対し，x_0 の開近傍 U_a と x_0 の開近傍 V_a で共通部分をもたないものが存在する．族 $\{V_a \mid a \in A\}$ は，A の開被覆である．A はコンパクト空間 $(X, \mathcal{O})$ の閉集合なので，定理 5.1.2 より，コンパクトである．それゆえ，A を覆う $\{V_a \mid a \in A\}$ の有限部分被覆が存在する．その一つを $\{V_{a_i} \mid i = 1, \ldots, k\}$ とする．

$$U := U_{a_1} \cap \cdots \cap U_{a_k}, \quad V := V_{a_1} \cup \cdots \cup V_{a_k}$$

とおく．U は x_0 の開近傍であり，V は A を含む開集合であり，$U \cap V = \emptyset$ である．したがって，この補題の主張 (i) が示される．

次に，主張 (ii) を示す．任意に，$x \in X$ の開近傍 U をとる．U^c は，x を含まない閉集合なので，(i) より，x の開近傍 V と U^c を含む開集合 W で共通部分をもたないものが存在する．$x \in \overline{V} \subseteqq W^c \subseteqq (U^c)^c = U$ なので，$\overline{V}$ は U に含まれる x の閉近傍である．したがって，x の閉近傍の全体は，x の基本近傍系である．　□

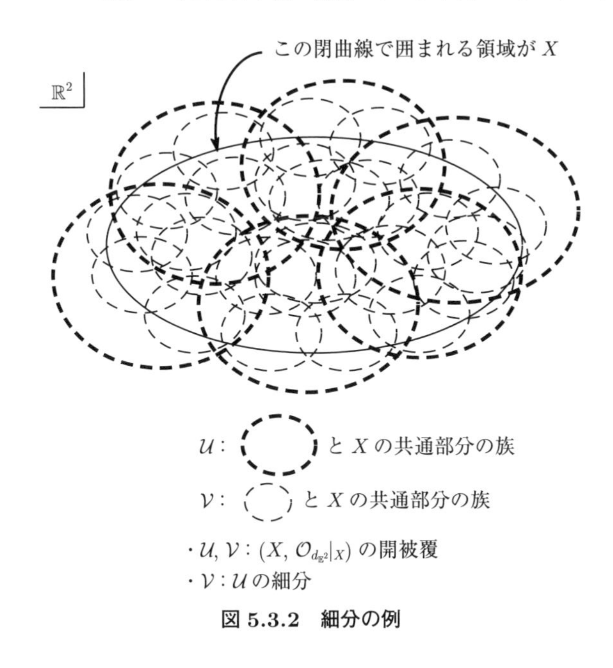

図 5.3.2　細分の例

この補題を用いて，定理 5.3.4 を示そう．

【定理 5.3.4 の証明】　$\mathcal{V} = \{V_\lambda \mid \lambda \in \Lambda\}$ を x の閉近傍の全体とする．$(X, \mathcal{O})$ は局所コンパクトなので，x のコンパクトな近傍 W が存在する．$\mathcal{V}' := \{V_\lambda \cap W \mid \lambda \in \Lambda\}$ とおく．これは，明らかに，x の $(W, \mathcal{O}|_W)$ における閉近傍の全体である．$(W, \mathcal{O}|_W)$ はコンパクト空間なので，補題 5.3.5 の (ii) によれば，$\mathcal{V}'$ は x の $(W, \mathcal{O}|_W)$ における基本近傍系である．明らかに，$\mathcal{V}'$ は x の $(X, \mathcal{O})$ における基本近傍系でもある．各 $V_\lambda \cap W \in \mathcal{V}'$ はコンパクト空間 $(W, \mathcal{O}|_W)$ の閉集合なので，$(W, \mathcal{O}|_W)$ のコンパクト部分集合であり，それゆえ，$(X, \mathcal{O})$ のコンパクト部分集合でもある．したがって，$\mathcal{V}'$ は x の（$(X, \mathcal{O})$ における）コンパクトな近傍からなる基本近傍系である．　□

次に，パラコンパクト性を定義しよう．$\mathcal{U} := \{U_\lambda \mid \lambda \in \Lambda\}, \mathcal{V} := \{V_\mu \mid \mu \in \mathcal{M}\}$ を，各々，位相空間 $(X, \mathcal{O})$ の開被覆とする．各 $\mu \in \mathcal{M}$ に対し，$V_\mu \subseteq U_\lambda$ となる $\lambda \in \Lambda$ が存在するとき，$\mathcal{V}$ を $\mathcal{U}$ の**細分** (**subdivision**) という（図 5.3.2, 5.3.3 を参照）．また，各点 $x \in X$ に対し，x の近傍 W で $\{\mu \in \mathcal{M} \mid V_\mu \cap W \neq \emptyset\}$ が有限集合になるようなものが存在するとき，$\mathcal{V}$ は**局所有限**

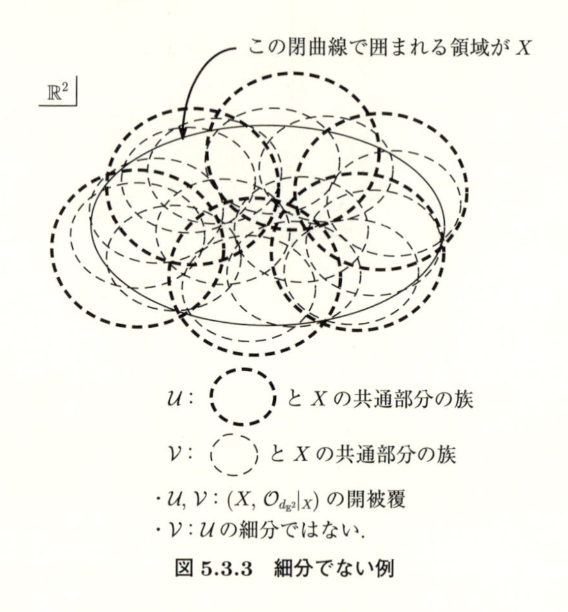

図 5.3.3　細分でない例

(**locally finite**) であるという．$(X, \mathcal{O})$ が次の条件を満たすとする：

(PC)　$(X, \mathcal{O})$ の任意の開被覆が局所有限な細分をもつ.

このとき，$(X, \mathcal{O})$ は，**パラコンパクト** (**paracompact**) であるという．パラコンパクトな位相空間は，パラコンパクト空間と略称される．開被覆の有限部分被覆は，その開被覆の局所有限な細分なので，コンパクトな位相空間はパラコンパクトである.

パラコンパクト性について，次の事実が成り立つ：

定理 5.3.6　第2可算公理を満たす局所コンパクトなハウスドルフ空間は，パラコンパクトである.

【証明】　$(X, \mathcal{O})$ を第2可算公理を満たす局所コンパクトなハウスドルフ空間とする．任意に，$(X, \mathcal{O})$ の開被覆 $\mathcal{U} = \{U_\lambda \mid \lambda \in \Lambda\}$ をとる．$(X, \mathcal{O})$ は局所コンパクトなので，各点 $x \in X$ に対し，x のコンパクトな近傍 V_x が存在する．さらに，$(X, \mathcal{O})$ はハウスドルフ空間なので，定理 5.3.1 により，V_x は閉

集合である．族 $\mathcal{V}$ を

$$\mathcal{V} := \{V_{\lambda,x} := U_\lambda \cap V_x \,|\, (\lambda, x) \in \Lambda \times X \text{ s.t. } U_\lambda \cap V_x \neq \emptyset\}$$

によって定義する．明らかに，この族は，X の開被覆である．一方，$(X, \mathcal{O})$ は第 2 可算公理を満たすので，高々可算個からなる開基 $\mathcal{B}$ が存在する．$\mathcal{B}$ の部分族 $\mathcal{B}'$ を

$$\mathcal{B}' := \{B \in \mathcal{B} \,|\, (\exists\,(\lambda, x) \in \Lambda \times X)[B \subseteqq V_{\lambda,x}]\}$$

によって定義する．$\mathcal{B}' = \{B_i \,|\, i \in \mathbb{N}\}$ とする．$\mathcal{B}$ は開基なので，$V_{\lambda,x}$ $(= U_\lambda \cap V_x) \in \mathcal{V}$ となる各 $(\lambda, x) \in \Lambda \times X$ に対し，$V_{\lambda,x}$ は $\mathcal{B}'$ のメンバーたちの和集合として表される．この事実から，$\mathcal{B}'$ が $(X, \mathcal{O})$ の開被覆であることがわかる．また，明らかに，$\mathcal{B}'$ は $\mathcal{V}$ の細分，それゆえ，$\mathcal{U}$ の細分である．各 $i \in \mathbb{N}$ に対し，$B_i \subseteqq V_{\lambda_i,x_i}$ となる $(\lambda_i, x_i) \in \Lambda \times X$ をとる．$(X, \mathcal{O})$ のコンパクト部分集合の増加列 $\{K_i \,|\, i \in \mathbb{N}\}$ を定義しよう．$K_1 := \overline{V_{\lambda_1,x_1}}$ とおく．K_1 はコンパクト集合 V_{λ_1} に含まれる閉集合なので，定理 5.1.2 により，K_1 は $(V_{\lambda_1}, \mathcal{O}|_{V_{\lambda_1}})$ のコンパクト部分集合である．それゆえ，$(X, \mathcal{O})$ のコンパクト部分集合でもある．したがって，$K_1 \subseteqq \bigcup_{i=1}^{N_2} V_{\lambda_i,x_i}$ となる $N_2 \in \mathbb{N}$ が存在する．$K_2 := \overline{\bigcup_{i=1}^{N_2} V_{\lambda_i,x_i}}$ とおく．K_1 と同様，K_2 もコンパクトであることが示される．それゆえ，$K_2 \subseteqq \bigcup_{i=1}^{N_3} V_{\lambda_i,x_i}$ となる $N_3 \in \mathbb{N}$ が存在する．$K_3 := \overline{\bigcup_{i=1}^{N_3} V_{\lambda_i,x_i}}$ とおく．以下，帰納的に，$(X, \mathcal{O})$ のコンパクト部分集合 $K_4, K_5, \ldots$ を定義する．このように定義されるコンパクト部分集合の増加列 $\{K_i \,|\, i \in \mathbb{N}\}$ に対し，$(X, \mathcal{O})$ の開集合の可算族 $\mathcal{W} = \{W_i \,|\, i \in \mathbb{N}\}$ を

$$W_1 := \mathring{K}_2, \quad W_i := \mathring{K}_{i+2} \setminus K_{i-1} \ \ (i = 2, 3, \ldots)$$

によって定義する．このとき，$W_1 \cap W_2$，および $W_i \cap W_j$ $(i \geqq 2,\ j \geqq 2,\ |i-j| \leqq 2)$ は空集合ではないが，他の $W_i \cap W_j$ $(i \neq j)$ たちは，空集合であるので，$\mathcal{W}$ は局所有限である．また，$W_1 \cup \cdots \cup W_i = \mathring{K}_{i+2}$ $(i \geqq 2)$ なので，

$$\bigcup_{i=1}^{\infty} W_i = \bigcup_{i=1}^{\infty} \mathring{K}_i \supseteqq \bigcup_{i=1}^{\infty} V_{\lambda_i,x_i} = \bigcup_{i=1}^{\infty} B_i = X$$

となり，$\mathcal{W}$ が $(X, \mathcal{O})$ の開被覆であることがわかる．各 $i \in \mathbb{N}$ に対し，$W_i \subseteqq$

K_{i+2} であり，K_{i+2} はコンパクトなので，W_i を覆う $\mathcal{U}$ の有限部分被覆 $\{U_{\lambda_1^i}, \ldots, U_{\lambda_{l_i}^i}\}$ をとることができる．$(X, \mathcal{O})$ の開集合の可算族 $\mathcal{W}'$ を

$$\mathcal{W}' := \bigcup_{i=1}^{\infty} \{W_i \cap U_{\lambda_j^i} \mid j = 1, \ldots, l_i\}$$

によって定義する．明らかに，$\mathcal{W}'$ は $(X, \mathcal{O})$ の開被覆であり，$\mathcal{U}$ の細分である．また，$\mathcal{W}$ が局所有限であることから，$\mathcal{W}'$ も局所有限であることがわかる．このように，$\mathcal{W}'$ は，$\mathcal{U}$ の局所有限な細分である．したがって，$(X, \mathcal{O})$ はパラコンパクトである．　□

5.4　コンパクト開位相

この節において，位相空間の間の連続写像のなす空間に自然に定義される，コンパクト開位相について述べることにする．

位相空間 $(X, \mathcal{O}_X)$ から位相空間 $(Y, \mathcal{O}_Y)$ への連続写像全体のなす集合を $C^0(X, Y)$ と表す．$(X, \mathcal{O}_X)$ のコンパクト集合 K と位相空間 $(Y, \mathcal{O}_Y)$ の開集合 U に対し，$C^0(X, Y)$ の部分集合 $W(K, U)$ を

$$W(K, U) := \{f \in C^0(X, Y) \mid f(K) \subseteqq U\}$$

によって定義する（図 5.4.1 を参照）．族 $\mathcal{B}$ を

$$\mathcal{B} := \{W(K, U) \mid K : (X, \mathcal{O}_X) \text{ のコンパクト集合}, \ U : (Y, \mathcal{O}_Y) \text{ の開集合}\}$$

によって定義する．$f \in C^0(X, Y)$ を任意にとり固定する．$x_0 \in X$ をとり，

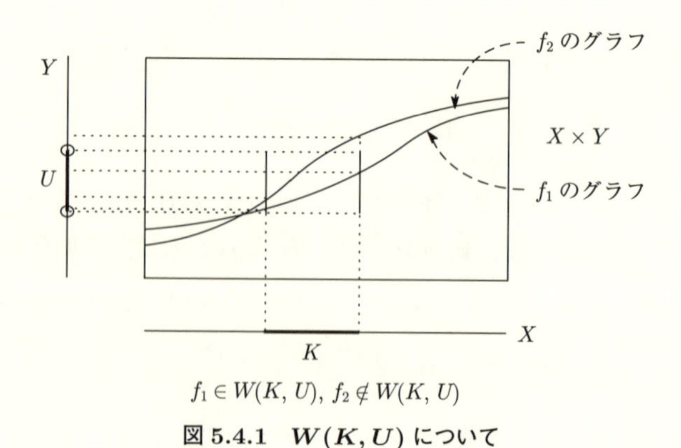

$f_1 \in W(K, U)$, $f_2 \notin W(K, U)$

図 5.4.1　$W(K, U)$ について

$f(x_0)$ の $(Y, \mathcal{O}_Y)$ における開近傍 U をとる．このとき，$\{x_0\}$ はコンパクトなので，$W(\{x_0\}, U)$ が定義され，明らかに，$f \in W(\{x_0\}, U)$ が成り立つ．このように，$\mathcal{B}$ は 3.4 節で述べた条件 (SB) を満たす，つまり，$C^0(X, Y)$ の準開基を与える．この準開基 $\mathcal{B}$ の定める位相を $C^0(X, Y)$ の**コンパクト開位相** (**compact open topology**) といい，本書では，$\mathcal{O}_{X,Y}^{\mathrm{CO}}$ と表す．

コンパクト開位相に関して，次の事実が成り立つ．

定理 5.4.1 写像 $\Phi : C^0(X, Y) \times X \to Y$ を

$$\Phi(f, x) := f(x) \quad ((f, x) \in C^0(X, Y) \times X)$$

によって定義する．このとき，もし，$(X, \mathcal{O}_X)$ が局所コンパクトなハウスドルフ空間ならば，Φ は積位相空間 $(C^0(X, Y) \times X,\ \mathcal{O}_{X,Y}^{\mathrm{CO}} \times \mathcal{O}_X)$ から $(Y, \mathcal{O}_Y)$ への連続写像になる．

【証明】 まず Φ が，$(f_0, x_0) \in C^0(X, Y) \times X$ で連続であることを示そう．$\Phi(f_0, x_0) = f_0(x_0)$ の開近傍 V を任意にとる．f_0 の連続性から，x_0 の開近傍 U で $f_0(U) \subseteqq V$ となるようなものが存在する．$(X, \mathcal{O}_X)$ は局所コンパクトなので，x_0 のコンパクトな近傍 U' が存在する．$(X, \mathcal{O}_X)$ はハウスドルフ空間なので，U' は閉集合である．部分位相空間 $(U', \mathcal{O}_X|_{U'})$ はコンパクトなハウスドルフ空間なので，補題 5.3.5 の (ii) により，x_0 の閉近傍の全体は，x_0 の $(U', \mathcal{O}_X|_{U'})$ における基本近傍系になる．それゆえ，x_0 の閉近傍 U'' で $U'' \subseteqq U \cap U'$ となるようなものが存在する．U'' はコンパクト空間 $(U', \mathcal{O}_X|_{U'})$ の閉集合なので，$(U', \mathcal{O}_X|_{U'})$ のコンパクト部分集合であり，それゆえ，$(X, \mathcal{O}_X)$ のコンパクト部分集合でもある．$K := U''$ とおく．このとき，

$$f_0(K) \subseteqq f_0(U \cap U') \subseteqq f_0(U) \subseteqq V$$

となり $f_0 \in W(K, V)$ が示される．Φ の定義より，任意の $(f, x) \in W(K, V) \times K$ に対し，$\Phi(f, x) = f(x) \in f(K) \subseteqq V$ となるので，$\Phi(W(K, V) \times K) \subseteqq V$ が成り立つことがわかる．一方，$W(K, V) \times K$ は (f_0, x_0) の $(C^0(X, Y) \times X,\ \mathcal{O}_{X,Y}^{\mathrm{CO}} \times \mathcal{O}_X)$ における近傍である．したがって，Φ が (f_0, x_0) で連続であることが示される．(f_0, x_0) の任意性より，Φ が $(C^0(X, Y) \times X, \mathcal{O}_{X,Y}^{\mathrm{CO}} \times \mathcal{O}_X)$ 全体

で連続であることが示される．　□

例 5.4.1　$(\mathbb{R}, \mathcal{O}_{d_{\mathbb{E}^1}})$ からそれ自身への連続写像（$\mathbb{R}$ 上の連続関数）の全体は，通常，$C^0(\mathbb{R})$ と表される．これにコンパクト開位相 $\mathcal{O}^{\mathrm{CO}}_{\mathbb{R},\mathbb{R}}$ を与えた位相空間 $(C^0(\mathbb{R}), \mathcal{O}^{\mathrm{CO}}_{\mathbb{R},\mathbb{R}})$ 内の収束列の例を与えよう．$(C^0(\mathbb{R}), \mathcal{O}^{\mathrm{CO}}_{\mathbb{R},\mathbb{R}})$ 内の点列 $\{f_{i,k}\}_{k=1}^{\infty}$ $(i = 1, 2)$ を

$$f_{1,k}(x) := \frac{x}{k} \quad (x \in \mathbb{R}),$$
$$f_{2,k}(x) := \left(1 + \frac{1}{k}\right) x^3 \quad (x \in \mathbb{R})$$

によって定義する．以下，i, j, k, m, n, l, α は整数変数とする．まず，$\{f_{1,k}\}_{k=1}^{\infty}$ が $(C^0(\mathbb{R}), \mathcal{O}^{\mathrm{CO}}_{\mathbb{R},\mathbb{R}})$ 内の収束列であることを示そう．$W_{m,n}$ $(m \geqq 1, n \geqq 1)$ を $W_{m,n} := W\left([-m, m], \left(-\frac{1}{n}, \frac{1}{n}\right)\right)$ によって定義する．このとき，$\{W_{m,n} \mid m \geqq 1,\ n \geqq 1\}$ は，0（$\mathbb{R}$ 上で恒等的に 0 に値をとる定値関数）の $(C^0(\mathbb{R}), \mathcal{O}^{\mathrm{CO}}_{\mathbb{R},\mathbb{R}})$ における基本近傍系になることが容易に示される．また，$k \geqq mn + 1$ ならば，$f_{1,k} \in W_{m,n}$ が成り立つことが示される（図 5.4.2 を参照）．したがって，$\{f_{1,k}\}_{k=1}^{\infty}$ が 0 に収束することがわかる．

次に，$\{f_{2,k}\}_{k=1}^{\infty}$ が $(C^0(\mathbb{R}), \mathcal{O}^{\mathrm{CO}}_{\mathbb{R},\mathbb{R}})$ 内の収束列であることを示そう．$W_{m,n,l}$ $(m \geqq 2,\ n \geqq 1,\ l \geqq 2)$ を

$$W_{m,n,l} := \bigcap_{j=-mn}^{mn} W\left(\left[\frac{j}{m}, \frac{j+1}{m}\right], \left(\left(\frac{j}{m}\right)^3 - \frac{1}{l}, \left(\frac{j+1}{m}\right)^3 + \frac{1}{l}\right)\right)$$

によって定義する．このとき，$\{W_{m,n,l} \mid m \geqq 2, n \geqq 1, l \geqq 2\}$ が 3 次関数 $f_o(x) := x^3$ $(x \in \mathbb{R})$ の $(C^0(\mathbb{R}), \mathcal{O}^{\mathrm{CO}}_{\mathbb{R},\mathbb{R}})$ における基本近傍系になることが示

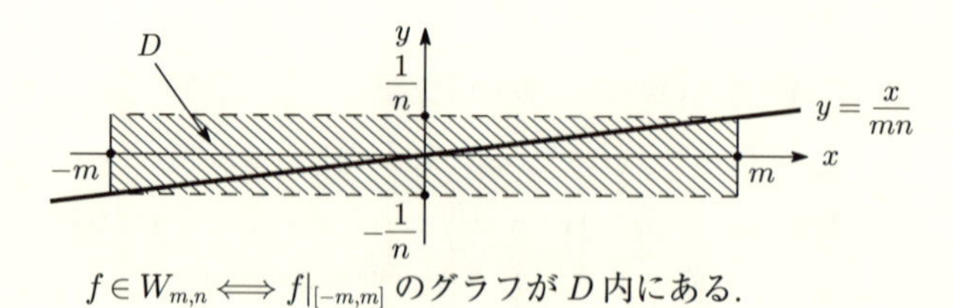

$f \in W_{m,n} \Longleftrightarrow f|_{[-m,m]}$ のグラフが D 内にある．

図 5.4.2　$W(K, U)$ について

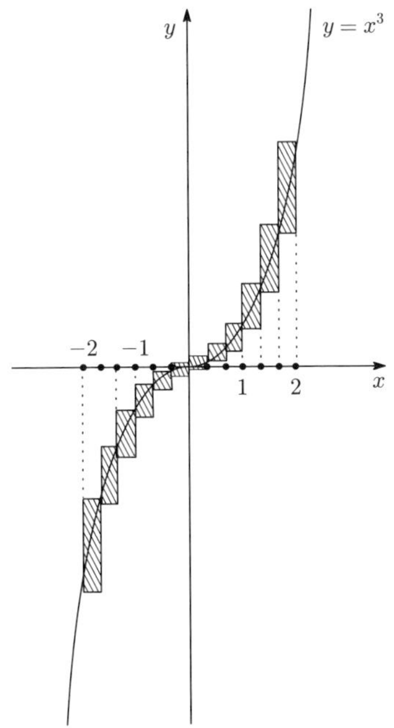

$f \in W_{3,2,10} \Longleftrightarrow f|_{[-2,2]}$ のグラフが D 内にある．
（D：斜線部の表す領域）

図 5.4.3　$W(K,U)$ について

される（図 5.4.3 を参照）．また，

$$k \geq \max_{|j| \leq mn} \left(\frac{|j|}{m} \right)^3 \cdot l + 1 = n^3 l + 1$$

ならば，$f_{2,k} \in W_{m,n,l}$ が成り立つことが示される．したがって，$\{f_{2,k}\}_{k=1}^{\infty}$ が 3 次関数 f_o に収束することがわかる．

第6章
分離性

この章では，位相空間のハウスドルフ性（T_2 性）以外のいくつかの分離性を定義し，それらの性質に関する基本的事実について述べることにする．分離性とは何かについて，大雑把に説明しておく．位相空間論において，例えば，位相空間 $(X, \mathcal{O})$ の異なる 2 点 x, y に対し，x の開近傍 U と y の開近傍 V で $U \cap V = \emptyset$ となるようなものが存在するとき，x と y は分離するという．より一般に，X の互いに交わらない 2 つの部分集合 A, B に対し，A を含む開集合 U' と B を含む開集合 V' で，$U' \cap V' = \emptyset$ となるようなものが存在するとき，A と B は分離するという．ただし，位相空間論において，"分離" というフレーズは，これらの意味以外の類似した性質を満たすときにも用いられることに注意されたい．位相空間に対し，様々な種類の分離性が定義される．

6.1 様々な分離性

この節において，位相空間の様々な分離性を定義し，それらの性質の関係について述べることにする．5.3 節で，位相空間 $(X, \mathcal{O})$ のハウスドルフ性（$=$ T_2 性）を定義した．この性質は，次の条件を満たすことで定義された：

(T_2) $(X, \mathcal{O})$ の任意の異なる 2 点 x, y に対し，x の開近傍 U と y の開近傍 V で，$U \cap V = \emptyset$ となるようなものが存在する．

T_2 性を満たす位相空間をハウスドルフ空間，または，T_2 空間という．要するに，ハウスドルフ空間とは，異なる任意の 2 点が分離するような位相空間のことである．5.3 節で述べたように，距離付け可能な位相空間は，すべて，ハウスドルフ空間である．

次に，ハウスドルフ性よりも少し弱い性質である T_1 性（フレシェ性ともよばれる）を定義しよう．位相空間 $(X, \mathcal{O})$ の $\boldsymbol{T_1}$ **性** ($\boldsymbol{T_1}$**-property**) は，次の条件を満たすことで定義される：

(T_1)　$(X, \mathcal{O})$ の任意の異なる 2 点 x, y に対し，x の開近傍 U で，$y \notin U$ となるようなものが存在する．

T_1 性を満たす位相空間を $\boldsymbol{T_1}$ **空間** ($\boldsymbol{T_1}$**-space**) という．次に，位相空間の T_3 性（ヴィートリス性ともよばれる）を定義しよう．位相空間 $(X, \mathcal{O})$ の $\boldsymbol{T_3}$ **性** ($\boldsymbol{T_3}$**-property**) は，次の条件を満たすことで定義される：

(T_3)　$(X, \mathcal{O})$ の任意の点 x と x を含まない任意の閉集合 F に対し，x の開近傍 U と F を含む開集合 V で，$U \cap V = \emptyset$ となるようなものが存在する．

T_3 性を満たす位相空間を $\boldsymbol{T_3}$ **空間** ($\boldsymbol{T_3}$**-space**) という．次に，位相空間の $T_{3\frac{1}{2}}$ 性（チコノフ性ともよばれる）を定義しよう．位相空間 $(X, \mathcal{O})$ の $\boldsymbol{T_{3\frac{1}{2}}}$ **性** ($\boldsymbol{T_{3\frac{1}{2}}}$**-property**) は，次の条件を満たすことで定義される：

($T_{3\frac{1}{2}}$)　$(X, \mathcal{O})$ の任意の点 x_0 と x_0 を含まない任意の閉集合 F に対し，$(X, \mathcal{O})$ 上の連続関数 $f : X \to [0, 1]$ で，$f(x_0) = 0$，$f|_F \equiv 1$ となるようなものが存在する．ここで，$[0, 1]$ は，$(\mathbb{R}, \mathcal{O}_{d_{\mathbb{E}^1}})$ の相対位相 $\mathcal{O}_{d_{\mathbb{E}^1}}|_{[0,1]}$ を与える．

$T_{3\frac{1}{2}}$ を満たす位相空間を $\boldsymbol{T_{3\frac{1}{2}}}$ **空間** ($\boldsymbol{T_{3\frac{1}{2}}}$**-space**) という．さらに，位相空間の T_4 性（ティーツェ性ともよばれる）を定義しよう．位相空間 $(X, \mathcal{O})$ の $\boldsymbol{T_4}$ **性** ($\boldsymbol{T_4}$**-property**) は，次の条件を満たすことで定義される：

(T_4)　$(X, \mathcal{O})$ の互いに交わらない任意の 2 つの閉集合 F_1, F_2 に対し，F_1 を含む開集合 U と F_2 を含む開集合 V で，$U \cap V = \emptyset$ となるようなものが存在する．

T_4 性を満たす位相空間を $\boldsymbol{T_4}$ **空間** ($\boldsymbol{T_4}$**-space**) という．

次に，正則空間，完全正則空間，および，正規空間を定義しよう．T_1 性と T_3 性を満たす位相空間を**正則空間** (**regular space**) といい，T_1 性と $T_{3\frac{1}{2}}$ 性を満たす位相空間を**完全正則空間** (**complete regular space**) といい，T_1 性

と T_4 性を満たす位相空間を**正規空間** (**normal space**) という.

これらの空間について，次の事実が成り立つ.

命題 6.1.1

(i)　ハウスドルフ空間は，T_1 空間である.

(ii)　$T_{3\frac{1}{2}}$ 空間は，T_3 空間である．それゆえ，完全正則空間は，正則空間である.

(iii)　T_1 空間の任意の点 x に対し，$\{x\}$ は閉集合である．逆に，位相空間の任意の点 x に対し，$\{x\}$ が閉集合であるならば，その位相空間は T_1 空間である.

(iv)　正規空間は，正則空間である.

(v)　正則空間は，ハウスドルフ空間である.

(vi)　距離付け可能な位相空間は，完全正則空間かつ正規空間である.

【証明】 (i) は明らかである．(ii) を示そう．$(X, \mathcal{O})$ が，$T_{3\frac{1}{2}}$ 空間であるとする．X の点 x_0 と x_0 を含まない閉集合 F を任意にとる．このとき，$(X, \mathcal{O})$ は $T_{3\frac{1}{2}}$ 空間なので，$(X, \mathcal{O})$ 上の連続関数 $f : X \to [0, 1]$ で，$f(x_0) = 0$，$f|_F \equiv 1$ となるようなものが存在する．f は連続なので，$[0, 1]$ の開集合 $[0, \frac{1}{3})$ と $(\frac{2}{3}, 1]$ の f による原像 $U := f^{-1}([0, \frac{1}{3}))$ と $V := f^{-1}((\frac{2}{3}, 1])$ は，$(X, \mathcal{O})$ の開集合である．明らかに，U, V は，$x_0 \in U$，$F \subseteqq V$ を満たす互いに交わらない開集合である（図 6.1.1 を参照）．したがって，$(X, \mathcal{O})$ は T_3 空間である.

次に，(iii) を示そう．$(X, \mathcal{O})$ を T_1 空間とする．$x_0 \in X$ を任意にとる．このとき，x_0 と異なる X の各点 x に対し，x の開近傍 U_x で，x_0 を含まないものが存在する．$\{(U_x)^c \,|\, x\ (\neq x_0) \in X\}$ は閉集合族であり，明らかに，$\bigcap_{x \in X \setminus \{x_0\}} (U_x)^c = \{x_0\}$ が成り立つ．それゆえ，$\{x_0\}$ は閉集合である．逆を示そう．位相空間 $(X, \mathcal{O})$ の任意の点 x に対し，$\{x\}$ が閉集合であるとする．X の異なる 2 点 x_1, x_2 をとる．このとき，$\{x_2\}$ は閉集合なので，$\{x_2\}^c$ は開集合であり，x_1 を含む．つまり，$\{x_2\}^c$ は x_1 の開近傍であり，明らかに，x_2 を含まない．したがって，$(X, \mathcal{O})$ は T_1 空間である.

次に，(iv) を示そう．$(X, \mathcal{O})$ を正規空間とする．X の点 x_0 と x_0 を含まな

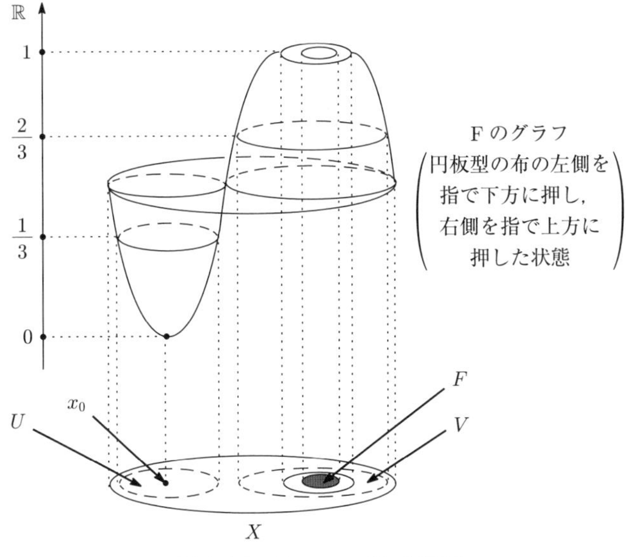

図 6.1.1　$T_{3\frac{1}{2}} \Rightarrow T_3$ の証明

い閉集合 F を任意にとる．このとき，$(X, \mathcal{O})$ は T_1 空間なので，$\{x_0\}$ は閉集合である．$\{x_0\}$ も F も閉集合なので，$(X, \mathcal{O})$ が T_4 空間であることから，$\{x_0\}$ を含む開集合 U と F を含む開集合 V で $U \cap V = \emptyset$ となるようなものが存在する．それゆえ，$(X, \mathcal{O})$ は T_3 空間であることが示される．したがって，$(X, \mathcal{O})$ は正則空間である．(v) も同様に示される．

最後に，(vi) を示そう．$(X, \mathcal{O})$ を距離付け可能な位相空間とし，d を $\mathcal{O}_d = \mathcal{O}$ となるような X 上の距離関数とする．X の互いに交わらない 2 つの閉集合 F_1, F_2 をとる．$d(x, F_i) := \inf_{y \in F_i} d(x, y)$ $(i = 1, 2)$ と定義し，関数 $f : X \to \mathbb{R}$ を

$$f(x) := \frac{d(x, F_1)}{d(x, F_1) + d(x, F_2)} \quad (x \in X)$$

によって定める．このとき，容易に，f が $[0, 1]$ を値域とする $(X, \mathcal{O})$ 上の連続関数であること，および，$f|_{F_1} \equiv 0$, $f|_{F_2} \equiv 1$ が示される（図 6.1.2 を参照）．$U := f^{-1}([0, \frac{1}{2}))$, $V := f^{-1}((\frac{1}{2}, 1])$ とおく．これらは，互いに交わらない開集合であり，$F_1 \subseteqq U$, $F_2 \subseteqq V$ が成り立つ．それゆえ，$(X, \mathcal{O})$ が T_4 空間であることが示される．また，$(X, \mathcal{O})$ は T_1 空間なので，閉集合 F_1 として，

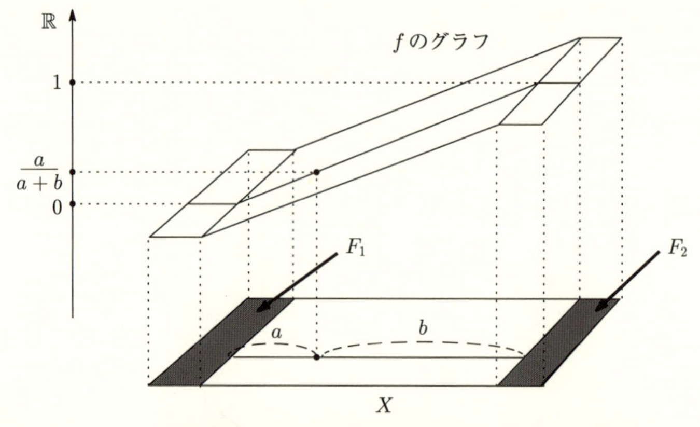

図 6.1.2　距離空間 ⇒ 正規空間の証明で用いられる連続関数

1点集合 $\{x_0\}$ をとることができる．このとき，上述のような連続関数 f が構成できるので，$(X, \mathcal{O})$ が $T_{3\frac{1}{2}}$ 空間であることが示される．それゆえ，$(X, \mathcal{O})$ は完全正則空間かつ，正規空間である．□

これらの分離性を満たす位相空間の部分位相空間に対し，次の事実が成り立つ．

命題 6.1.2

(i)　$i = 1, 2, 3, 3\frac{1}{2}$ とする．$(X, \mathcal{O})$ が T_i 空間ならば，X の任意の空でない部分集合 A に対し，その部分位相空間 $(A, \mathcal{O}|_A)$ も T_i 空間である．

(ii)　$(X, \mathcal{O})$ が T_4 空間ならば，X の任意の空でない閉集合 A に対し，その部分位相空間 $(A, \mathcal{O}|_A)$ も T_4 空間である．

【証明】　(i) $(X, \mathcal{O})$ が T_1 空間であるとする．A の異なる2点 a_1, a_2 を任意にとる．このとき，$(X, \mathcal{O})$ が T_1 空間なので，a_1 の $(X, \mathcal{O})$ における開近傍 $\widetilde{U}$ で，a_2 を含まないものが存在する．$U := \widetilde{U} \cap A$ は a_1 の $(A, \mathcal{O}|_A)$ における開近傍であり，a_2 を含まないので，$(A, \mathcal{O}|_A)$ が T_1 空間であることが示される．

次に，$(X, \mathcal{O})$ がハウスドルフ空間であるとする．A の異なる2点 a_1, a_2 を任意にとる．このとき，$(X, \mathcal{O})$ がハウスドルフ空間なので，a_1 の $(X, \mathcal{O})$ に

おける開近傍 $\widetilde{U}_1$ と a_2 の $(X, \mathcal{O})$ における開近傍 $\widetilde{U}_2$ で，$\widetilde{U}_1 \cap \widetilde{U}_2 = \emptyset$ となるようなものが存在する．$U_i := \widetilde{U}_i \cap A$ $(i = 1, 2)$ は，各々，a_i の $(A, \mathcal{O}|_A)$ における開近傍であり，$U_1 \cap U_2 = \emptyset$ となるので，$(A, \mathcal{O}|_A)$ がハウスドルフ空間であることが示される．

$(X, \mathcal{O})$ が T_3 空間であるとする．A の点 a と a を含まない $(A, \mathcal{O}|_A)$ の閉集合 F を任意にとる．このとき，相対位相の定義より，$(X, \mathcal{O})$ のある閉集合 $\widetilde{F}$ に対し，$\widetilde{F} \cap A = F$ が成り立つことがわかる．$\widetilde{F}$ は a を含まないので，$(X, \mathcal{O})$ が T_3 空間であることより，a の $(X, \mathcal{O})$ における開近傍 $\widetilde{U}$ と $\widetilde{F}$ を含む $(X, \mathcal{O})$ の開集合 $\widetilde{V}$ で $\widetilde{U} \cap \widetilde{V} = \emptyset$ となるようなものが存在する．$U := \widetilde{U} \cap A$, $V := \widetilde{V} \cap A$ とおく．U は a の $(A, \mathcal{O}|_A)$ における開近傍であり，V は F を含む $(A, \mathcal{O}|_A)$ の開集合であり，$U \cap V = \emptyset$ となる．それゆえ，$(A, \mathcal{O}|_A)$ が T_3 空間であることが示される．

最後に，$(X, \mathcal{O})$ が $T_{3\frac{1}{2}}$ 空間であるとする．A の点 a と a を含まない $(A, \mathcal{O}|_A)$ の閉集合 F を任意にとる．このとき，相対位相の定義より，$(X, \mathcal{O})$ のある閉集合 $\widetilde{F}$ に対し，$\widetilde{F} \cap A = F$ が成り立つことがわかる．$\widetilde{F}$ は a を含まないので，$(X, \mathcal{O})$ が $T_{3\frac{1}{2}}$ 空間であることより，$(X, \mathcal{O})$ 上の $[0, 1]$ を値域とする連続関数 $\widetilde{f}$ で，$\widetilde{f}(a) = 0$, $\widetilde{f}|_{\widetilde{F}} \equiv 1$ となるようなものが存在する．$f := \widetilde{f}|_A$ とおく．相対位相の定義より，f は，$(A, \mathcal{O}|_A)$ 上の連続関数になる．また，明らかに，$f(a) = 0$, $f|_F \equiv 1$ が成り立つ．それゆえ，$(A, \mathcal{O}|_A)$ が $T_{3\frac{1}{2}}$ 空間であることが示される．

(ii) $(X, \mathcal{O})$ が T_4 空間であるとし，A をその閉集合とする．$(A, \mathcal{O}|_A)$ の互いに交わらない閉集合 F_1, F_2 をとる．このとき，相対位相の定義より，$(X, \mathcal{O})$ のある閉集合 $\widetilde{F}_i$ $(i = 1, 2)$ に対し，$\widetilde{F}_i \cap A = F_i$ $(i = 1, 2)$ が成り立つことがわかる．$\widetilde{F}_i$ と A は，共に $(X, \mathcal{O})$ の閉集合なので，F_i $(i = 1, 2)$ も $(X, \mathcal{O})$ の閉集合である．しかも，これらは互いに交わらないので，$(X, \mathcal{O})$ が T_4 空間であることより，$(X, \mathcal{O})$ の互いに交わらないような開集合 $\widetilde{U}_1, \widetilde{U}_2$ で，$F_i \subset \widetilde{U}_i$ $(i = 1, 2)$ を満たすようなものが存在する．$U_i := \widetilde{U}_i \cap A$ $(i = 1, 2)$ とおく．U_1, U_2 は，$(A, \mathcal{O}|_A)$ の互いに交わらない開集合であり，$F_i \subset U_i$ $(i = 1, 2)$ を満たす．したがって，$(A, \mathcal{O}|_A)$ が T_4 空間であることが示される． □

6.2　積位相空間の分離性

この節において，積位相空間の分離性について述べることにする．積位相空間の分離性に関して，次の事実が成り立つ．

命題 6.2.1　$i=1,2,3,3\frac{1}{2}$ とする．$(X_\lambda,\mathcal{O}_\lambda)$ $(\lambda\in\Lambda)$ が T_i 空間ならば，これらの直積位相空間 $\left(\prod_{\lambda\in\Lambda}X_\lambda,\prod_{\lambda\in\Lambda}\mathcal{O}_\lambda\right)$ も T_i 空間である．

【証明】　まず，$i=2$ の場合に，主張が正しいことを示す．$(X_\lambda,\mathcal{O}_\lambda)$ $(\lambda\in\Lambda)$ がハウスドルフ空間（つまり，T_2 空間）であるとする．$\prod_{\lambda\in\Lambda}X_\lambda$ の異なる 2 点 $\boldsymbol{x}^1=(x^1_\lambda)_{\lambda\in\Lambda}$ と点 $\boldsymbol{x}^2=(x^2_\lambda)_{\lambda\in\Lambda}$ をとる．$\boldsymbol{x}^1\neq\boldsymbol{x}^2$ なので，ある $\lambda_0\in\Lambda$ に対し，$x^1_{\lambda_0}\neq x^2_{\lambda_0}$ となる．$(X_{\lambda_0},\mathcal{O}_{\lambda_0})$ はハウスドルフ空間なので，$x^1_{\lambda_0}$ の開近傍 U と $x^2_{\lambda_0}$ の開近傍 V で，$U\cap V=\emptyset$ となるようなものが存在する．このとき，明らかに，$W(U),W(V)$ は各々，$\boldsymbol{x}^1,\boldsymbol{x}^2$ の $\left(\prod_{\lambda\in\Lambda}X_\lambda,\prod_{\lambda\in\Lambda}\mathcal{O}_\lambda\right)$ における開近傍であり，これらは互いに交わらない．ここで，$W(U),W(V)$ は，3.5 節の最後で述べた記法に基づいて定義される $\prod_{\lambda\in\Lambda}\mathcal{O}_\lambda$ の元である．それゆえ，$\left(\prod_{\lambda\in\Lambda}X_\lambda,\prod_{\lambda\in\Lambda}\mathcal{O}_\lambda\right)$ がハウスドルフ空間であることが示される．同様に，$i=1$ の場合に，主張が正しいことも示される．

次に，$i=3$ の場合に主張が正しいことを示す．$\prod_{\lambda\in\Lambda}X_\lambda$ の点 $\boldsymbol{x}=(x_\lambda)_{\lambda\in\Lambda}$ と点 $\boldsymbol{x}=(x_\lambda)_{\lambda\in\Lambda}$ を含まない $\left(\prod_{\lambda\in\Lambda}X_\lambda,\prod_{\lambda\in\Lambda}\mathcal{O}_\lambda\right)$ の閉集合 F を任意にとる．3.5 節の最後で述べたように，F は，

$$F=\bigcap_{i\in\mathcal{I}}\left(W(U_{\lambda^i_1})^c\cup\cdots\cup W(U_{\lambda^i_{l_i}})^c\right)$$

$(U_{\lambda^i_j}\in\mathcal{O}_{\lambda^i_j})$ と表される．

$$\boldsymbol{x}\notin F=\bigcap_{i\in\mathcal{I}}\left(W(U_{\lambda^i_1})^c\cup\cdots\cup W(U_{\lambda^i_{l_i}})^c\right)$$

なので，ある $i_0\in\mathcal{I}$ に対し，

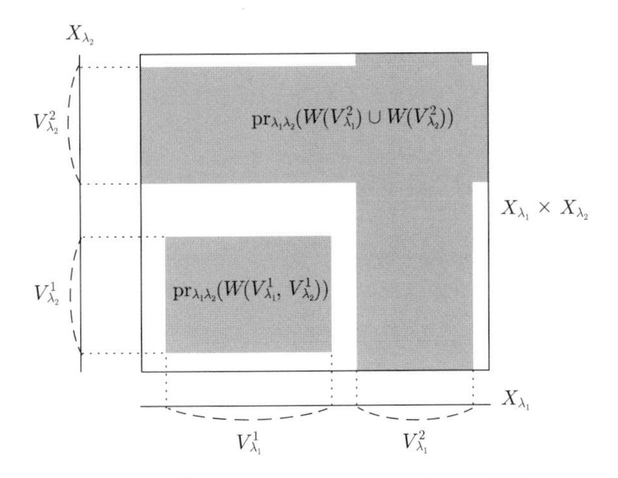

$\mathrm{pr}_{\lambda_1\lambda_2} : \prod_{\lambda\in\Lambda} X_\lambda$ から $X_{\lambda_1} \times X_{\lambda_2}$ への自然な射影

図 6.2.1 $\boldsymbol{W(V^1_{\lambda_1}, V^1_{\lambda_2})}$ と $\boldsymbol{W(V^2_{\lambda_1}) \cup W(V^2_{\lambda_2})}$

$$\boldsymbol{x} \notin W(U_{\lambda_1^{i_0}})^c \cup \cdots \cup W(U_{\lambda_{l_{i_0}}^{i_0}})^c$$

が成り立つ．つまり，

$$x_{\lambda_j^{i_0}} \notin (U_{\lambda_j^{i_0}})^c \quad (j = 1, \ldots, l_{i_0})$$

が成り立つ．$(X_{\lambda_j^{i_0}}, \mathcal{O}_{\lambda_j^{i_0}})$ は T_3 空間なので，$x_{\lambda_j^{i_0}}$ の $(X_{\lambda_j^{i_0}}, \mathcal{O}_{\lambda_j^{i_0}})$ における開近傍 $V^1_{\lambda_j^{i_0}}$ と閉集合 $(U_{\lambda_j^{i_0}})^c$ を含む $(X_{\lambda_j^{i_0}}, \mathcal{O}_{\lambda_j^{i_0}})$ の開集合 $V^2_{\lambda_j^{i_0}}$ で，互いに交わらないようなものが存在する．$W(V^1_{\lambda_1^{i_0}}, \ldots, V^1_{\lambda_{l_{i_0}}^{i_0}})$ は，$\boldsymbol{x}$ の $\left(\prod_{\lambda\in\Lambda} X_\lambda, \prod_{\lambda\in\Lambda} \mathcal{O}_\lambda\right)$ における開近傍であり，$W(V^2_{\lambda_1^{i_0}}) \cup \cdots \cup W(V^2_{\lambda_{l_{i_0}}^{i_0}})$ は，F を含む $\left(\prod_{\lambda\in\Lambda} X_\lambda, \prod_{\lambda\in\Lambda} \mathcal{O}_\lambda\right)$ の開集合であり，これらは互いに交わらないことがわかる（図 6.2.1 を参照）．それゆえ，$\left(\prod_{\lambda\in\Lambda} X_\lambda, \prod_{\lambda\in\Lambda} \mathcal{O}_\lambda\right)$ が T_3 空間であることが示される．

$i = 3\frac{1}{2}$ の場合に，主張が正しいことを示す．$\prod_{\lambda\in\Lambda} X_\lambda$ の点 $\boldsymbol{x}^o = (x^o_\lambda)_{\lambda\in\Lambda}$ と点 $\boldsymbol{x}^o = (x^o_\lambda)_{\lambda\in\Lambda}$ を含まない $\left(\prod_{\lambda\in\Lambda} X_\lambda, \prod_{\lambda\in\Lambda} \mathcal{O}_\lambda\right)$ の閉集合 F を任意にとる．上述のように，F は，

$$F = \bigcap_{i \in \mathcal{I}} \left(W(U_{\lambda_1^i})^c \cup \cdots \cup W(U_{\lambda_{l_i}^i})^c \right)$$

$(U^{\lambda_j^i} \in \mathcal{O}_{\lambda_j^i})$ と表される．

$$\boldsymbol{x}^o \notin F = \bigcap_{i \in \mathcal{I}} \left(W(U_{\lambda_1^i})^c \cup \cdots \cup W(U_{\lambda_{l_i}^i})^c \right)$$

なので，ある $i_0 \in \mathcal{I}$ に対し，

$$\boldsymbol{x}^o \notin W(U_{\lambda_1^{i_0}})^c \cup \cdots \cup W(U_{\lambda_{l_{i_0}}^{i_0}})^c$$

が成り立つ．つまり，

$$x^o_{\lambda_j^{i_0}} \notin (U_{\lambda_j^{i_0}})^c \quad (j = 1, \ldots, l_{i_0})$$

が成り立つ．$(X_{\lambda_j^{i_0}}, \mathcal{O}_{\lambda_j^{i_0}})$ は $T_{3\frac{1}{2}}$ 空間なので，$(X_{\lambda_j^{i_0}}, \mathcal{O}_{\lambda_j^{i_0}})$ 上の連続関数 f_j : $X_{\lambda_j^{i_0}} \to [0,1]$ で，$f_j(x^o_{\lambda_j^{i_0}}) = 0$，$f_j|_{(U_{\lambda_j^{i_0}})^c} \equiv 1$ となるようなものが存在する．$\left(\prod_{\lambda \in \Lambda} X_\lambda, \prod_{\lambda \in \Lambda} \mathcal{O}_\lambda \right)$ 上の関数 f : $\prod_{\lambda \in \Lambda} X_\lambda \to [0,1]$ を

$$f((x_\lambda)_{\lambda \in \Lambda}) := \max \left\{ f_j(x_{\lambda_j^{i_0}}) \,|\, j = 1, \ldots, l_{i_0} \right\} \quad \left((x_\lambda)_{\lambda \in \Lambda} \in \prod_{\lambda \in \Lambda} X_\lambda \right)$$

によって定義する．このとき，明らかに，f は連続であり，$f(\boldsymbol{x}^o) = 0$，$f|_F \equiv 1$ が成り立つ．それゆえ，$\left(\prod_{\lambda \in \Lambda} X_\lambda, \prod_{\lambda \in \Lambda} \mathcal{O}_\lambda \right)$ が $T_{3\frac{1}{2}}$ 空間であることが示される． □

6.3　1の分割

位相空間上で，様々な連続的な大域量を構成する際に，開被覆に従属する1の分割という概念が利用される．それゆえ，その存在性を保証する条件を把握しておくことは重要である．この節において，1の分割を定義し，その存在性に関する事実を述べることにする．

開被覆に従属する1の分割を定義しよう．$\mathcal{U} = \{U_\lambda \,|\, \lambda \in \Lambda\}$ を X の開被覆とする．位相空間 $(X, \mathcal{O})$ 上の非負値連続関数の族 $\{\rho_i\}_{i \in \mathcal{I}}$ で，次の条件を満たすようなものを**$\boldsymbol{\mathcal{U}}$ に従属する1の分割** (**partition of unity subordinating to $\boldsymbol{\mathcal{U}}$**) という：

(P-i)　ρ_i の台 $\operatorname{supp}\rho_i := \overline{\{p \in X \mid \rho_i(p) \neq 0\}}$ は，コンパクトである；

(P-ii)　$\{\operatorname{supp}\rho_i\}_{i \in \mathcal{I}}$ は局所有限である；

(P-iii)　$\sum_{i \in \mathcal{I}} \rho_i = 1$ が成り立つ；

(P-iv)　各 $i \in \mathcal{I}$ に対し，$\operatorname{supp}\rho_i \subsetneqq U_\lambda$ となる $\lambda \in \Lambda$ が存在する．

開被覆に従属する1の分割の存在性について，次の事実が成り立つ．

定理 6.3.1　$(X, \mathcal{O})$ がパラコンパクトなハウスドルフ空間であるとき，X の任意の開被覆に対し，それに従属する1の分割が存在する．

この定理を証明するために，いくつかの補題を準備する．

補題 6.3.2　パラコンパクトなハウスドルフ空間は，正規空間である．

【証明】　$(X, \mathcal{O})$ をパラコンパクトなハウスドルフ空間とする．$(X, \mathcal{O})$ はハウスドルフ空間なので，T_1 空間である．それゆえ，$(X, \mathcal{O})$ が T_4 空間であることを示せばよい．F_1, F_2 を $(X, \mathcal{O})$ の共通部分をもたない閉集合とする．任意に，$x \in F_1$ と $y \in F_2$ をとる．$(X, \mathcal{O})$ は，ハウスドルフ空間なので，x の開近傍 $U_{x,y}$ と y の開近傍 $V_{x,y}$ で $U_{x,y} \cap V_{x,y} = \emptyset$ となるようなものが存在する．$x \notin \overline{V_{x,y}}$ に注意する．明らかに，$\mathcal{V}_x := \{V_{x,y} \mid y \in F_2\} \cup \{X \setminus F_2\}$ は $(X, \mathcal{O})$ の開被覆である．$(X, \mathcal{O})$ がパラコンパクトなので，$\mathcal{V}_x$ の局所有限な細分 $\mathcal{W}_x$ が存在する．ここで，$W \in \mathcal{W}_x$ が $W \cap F_2 \neq \emptyset$ を満たすならば，ある $y_W \in F_2$ に対し，$W \subsetneqq V_{x,y_W}$ が成り立つことを注意しておく．$\mathcal{W}_x$ の部分族 $\mathcal{W}'_x$ を

$$\mathcal{W}'_x := \{W \in \mathcal{W}_x \mid W \cap F_2 \neq \emptyset\}$$

によって定義する．$W_x := \bigcup_{W \in \mathcal{W}'_x} W$ とおく．明らかに，$F_2 \subsetneqq W_x$ が成り立つ．一方，

$$\overline{W_x} = \bigcup_{W \in \mathcal{W}'_x} \overline{W} \subsetneqq \bigcup_{W \in \mathcal{W}'_x} \overline{V_{x,y_W}} \subsetneqq X \setminus \{x\},$$

つまり，$x \in X \setminus \overline{W_x}$ が成り立つ．上式における最初の等号は，$\mathcal{W}_x$ が局所有

限であり，$\mathcal{W}'_x$ がその部分族であることにより成り立つ．$U_x := X \setminus \overline{W_x}$ とおき，$U := \bigcup_{x \in F_1} U_x$ とおく．明らかに，$F_1 \subseteqq U$ が成り立ち，また，$\overline{U} \cap F_2 = \emptyset$，つまり，$F_2 \subseteqq X \setminus \overline{U}$ が成り立つ．$U, X \setminus \overline{U}$ は，互いに交わらない $(X, \mathcal{O})$ の開集合なので，$(X, \mathcal{O})$ が T_4 空間であることが示される．□

正規空間について，次の事実が成り立つ．

補題 6.3.3　$(X, \mathcal{O})$ を正規空間とする．このとき，$F \subseteqq U$ となる $(X, \mathcal{O})$ の閉集合 F と開集合 U に対し，$F \subseteqq V \subseteqq \overline{V} \subseteqq U$ となる $(X, \mathcal{O})$ の開集合 V が存在する．

【証明】　F と U^c は共通部分をもたない閉集合であるので，$(X, \mathcal{O})$ の正規性から，$F \subseteqq V, U^c \subseteqq V'$ となる共通部分をもたない開集合 V, V' が存在する．このとき，

$$\overline{V} \subseteqq \overline{(V')^c} = (V')^c \subseteqq (U^c)^c = U$$

となり，V が，求めるべき $(X, \mathcal{O})$ の開集合であることがわかる．□

補題 6.3.3 を用いて，次の補題を導くことができる．

補題 6.3.4（ウリゾーンの補題 (Urysohn's lemma)）　$(X, \mathcal{O})$ を正規空間とする．このとき，$(X, \mathcal{O})$ の共通部分をもたない任意の閉集合 F_1，F_2 に対し，$(X, \mathcal{O})$ 上の連続関数 f で，$f|_{F_1} = 1$，$f|_{F_2} = 0$, $f(X) \subseteqq [0, 1]$ となるようなものが存在する．

【証明】　F_1, F_2 を $(X, \mathcal{O})$ の共通部分をもたない閉集合とする．$F_1 \subseteqq (F_2)^c$ なので，補題 6.3.3 より，$F_1 \subseteqq V_0 \subseteqq \overline{V}_0 \subseteqq (F_2)^c$ となる開集合 V_0 が存在する．同様に，$\overline{V}_0 \subseteqq (F_2)^c$ なので，補題 6.3.3 より，$\overline{V}_0 \subseteqq V_1 \subseteqq \overline{V_1} \subseteqq (F_2)^c$ となる開集合 V_1 が存在する．同じく，$\overline{V}_0 \subseteqq V_1$ なので，$\overline{V}_0 \subseteqq V_{\frac{1}{2}} \subseteqq \overline{V_{\frac{1}{2}}} \subseteqq V_1$ となる開集合 $V_{\frac{1}{2}}$ が存在する．また，$\overline{V}_0 \subseteqq V_{\frac{1}{2}}$ なので，$\overline{V}_0 \subseteqq V_{\frac{1}{4}} \subseteqq \overline{V_{\frac{1}{4}}} \subseteqq V_{\frac{1}{2}}$ となる開集合 $V_{\frac{1}{4}}$ が存在し，$\overline{V}_{\frac{1}{2}} \subseteqq V_1$ なので，$\overline{V}_{\frac{1}{2}} \subseteqq V_{\frac{3}{4}} \subseteqq \overline{V_{\frac{3}{4}}} \subseteqq V_1$ となる開

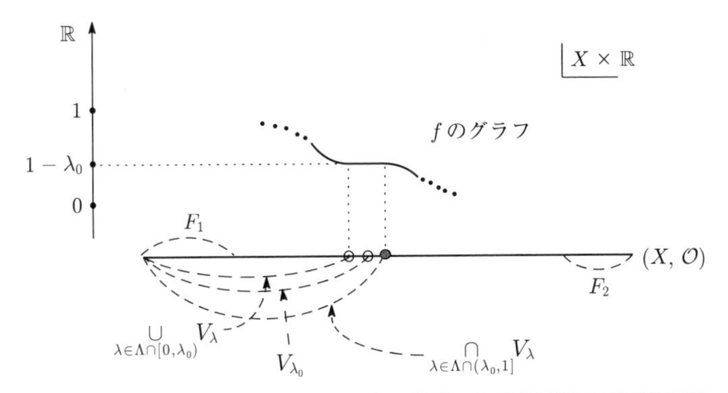

図 6.3.1　ウリゾーンの補題の証明中で構成した連続関数の局所的形状

集合 $V_{\frac{3}{4}}$ が存在する．同じく，$\overline{V}_{\frac{i}{4}} \subsetneqq V_{\frac{i+1}{4}}$ $(i=0,1,2,3)$ より，補題 6.3.3 から，$\overline{V}_{\frac{i}{4}} \subsetneqq V_{\frac{2i+1}{8}} \subsetneqq \overline{V_{\frac{2i+1}{8}}} \subsetneqq V_{\frac{i+1}{4}}$ となる開集合 $V_{\frac{2i+1}{8}}$ が存在することがわかる．以下，帰納的に，開集合 $V_{\frac{2i-1}{2^k}}$ $(k \geqq 4,\ i=1,\ldots,2^{k-1})$ を定義する．

$$\Lambda := \{0,1\} \amalg \left(\coprod_{k=1}^{\infty} \left\{ \frac{2i-1}{2^k} \,\middle|\, i=1,\ldots,2^{k-1} \right\} \right)$$

とおく．X 上の関数 f を

$$f(x) := \begin{cases} 1-\inf\{\lambda \mid x \in V_\lambda\} & (x \in V_1) \\ 0 & (x \in (V_1)^c) \end{cases}$$

によって定義する．このとき，各 $\lambda_0 \in \Lambda$ に対し，

$$\bigcup_{\lambda\in\Lambda\cap[0,\lambda_0)} V_\lambda \subsetneqq V_{\lambda_0} \subsetneqq \bigcap_{\lambda\in\Lambda\cap(\lambda_0,1]} V_\lambda$$

であり，

$$\left(\bigcap_{\lambda\in\Lambda\cap(\lambda_0,1]} V_\lambda \right) \Bigg\backslash \left(\bigcup_{\lambda\in\Lambda\cap[0,\lambda_0)} V_\lambda \right)$$

上で，f は恒等的に $1-\lambda_0$ に値をとることがわかる（図 6.3.1 を参照）．この事実から，f が連続であることがわかる．また，明らかに，$f|_{F_1}=1$, $f|_{F_2}=0$, $f(X) \subsetneqq [0,1]$ が成り立つ（図 6.3.2 を参照）．したがって，f が求めるべき連続関数であることがわかる．□

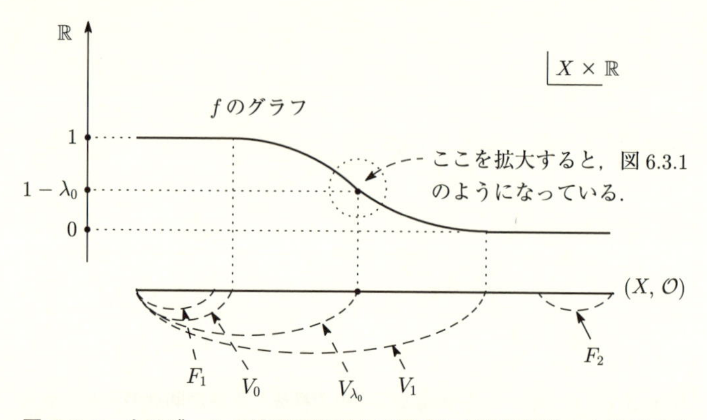

図 6.3.2　ウリゾーンの補題の証明中で構成した連続関数の大域的形状

補題 6.3.5　$(X, \mathcal{O})$ を正規空間とする．このとき，$(X, \mathcal{O})$ の開被覆 $\mathcal{U} = \{U_\lambda \,|\, \lambda \in \Lambda\}$ が局所有限ならば，$(X, \mathcal{O})$ の開被覆 $\mathcal{V} = \{V_\lambda \,|\, \lambda \in \Lambda\}$ で $\overline{V}_\lambda \subseteqq U_\lambda$ $(\lambda \in \Lambda)$ となるようなものが存在する．

【証明】　集合 $\mathcal{S}$ を

$$\mathcal{S} := \left\{ \{V_\lambda \,|\, \lambda \in \Lambda'\} \,\middle|\, \begin{array}{l} \Lambda' \subseteqq \Lambda,\ V_\lambda \in \mathcal{O},\ \overline{V}_\lambda \subseteqq U_\lambda, \\ \left(\bigcup_{\lambda \in \Lambda'} V_\lambda\right) \cup \left(\bigcup_{\lambda \in \Lambda \setminus \Lambda'} U_\lambda\right) = X \end{array} \right\}$$

によって定義し，この集合 $\mathcal{S}$ における順序関係 $\leq$ を

$$\{V_\lambda \,|\, \lambda \in \Lambda'\} \leq \{V'_\lambda \,|\, \lambda \in \Lambda''\} \underset{\text{def}}{\iff} \Lambda' \subseteqq \Lambda'' \ \wedge\ V'_\lambda = V_\lambda\ \ (\lambda \in \Lambda')$$

によって定義する．$\mathcal{C} = \{\{V^\alpha_\lambda \,|\, \lambda \in \Lambda_\alpha\} \,|\, \alpha \in \mathcal{A}\}$ を順序集合 $(\mathcal{S}, \leq)$ の鎖とする．$\Lambda_\mathcal{C} := \bigcup_{\alpha \in \mathcal{A}} \Lambda_\alpha$ とおく．各 $\lambda \in \Lambda_\mathcal{C}$ に対し，$\lambda \in \Lambda_\alpha$ となる $\alpha \in \mathcal{A}$ をとったとき，V^α_λ はそのような α のとり方によらないので，これを V_λ と表すことにし，$\{V_\lambda \,|\, \lambda \in \Lambda_\mathcal{C}\}$ を考える．$\{V_\lambda \,|\, \lambda \in \Lambda_\mathcal{C}\} \in \mathcal{S}$ を示そう．$x \in X \setminus \left(\bigcup_{\lambda \in \Lambda \setminus \Lambda_\mathcal{C}} U_\lambda\right)$ とする．$\mathcal{U}$ は局所有限なので，$\{\lambda \in \Lambda \,|\, x \in U_\lambda\}$ は有限集合で

ある．$\{\lambda \in \Lambda \,|\, x \in U_\lambda\} = \{\lambda_1, \ldots, \lambda_k\}$ とする．$x \in X \setminus \left(\bigcup_{\lambda \in \Lambda \setminus \Lambda_{\mathcal{C}}} U_\lambda \right)$ より，$\{\lambda_1, \ldots, \lambda_k\} \subseteqq \Lambda_{\mathcal{C}}$ がわかる．したがって，ある $\alpha \in \mathcal{A}$ に対し，$\{\lambda_1, \ldots, \lambda_k\} \subseteqq \Lambda_\alpha$ がわかり，それゆえ，$x \notin \bigcup_{\lambda \in \Lambda \setminus \Lambda_\alpha} U_\lambda$ がわかる．一方，$\{V_\lambda^\alpha \ (= V_\lambda) \,|\, \lambda \in \Lambda_\alpha\} \in \mathcal{C} \subseteqq \mathcal{S}$ なので，$\left(\bigcup_{\lambda \in \Lambda_\alpha} V_\lambda \right) \cup \left(\bigcup_{\lambda \in \Lambda \setminus \Lambda_\alpha} U_\lambda \right) = X$ が成り立つ．したがって，

$$x \in \bigcup_{\lambda \in \Lambda_\alpha} V_\lambda \subseteqq \bigcup_{\lambda \in \Lambda_{\mathcal{C}}} V_\lambda$$

が導かれる．それゆえ，

$$X = \left(\bigcup_{\lambda \in \Lambda_{\mathcal{C}}} V_\lambda \right) \cup \left(\bigcup_{\lambda \in \Lambda \setminus \Lambda_{\mathcal{C}}} U_\lambda \right),$$

つまり，$\{V_\lambda \,|\, \lambda \in \Lambda_{\mathcal{C}}\} \in \mathcal{S}$ が示される．したがって，$\mathcal{C}$ は，$\{V_\lambda \,|\, \lambda \in \Lambda_{\mathcal{C}}\}$ を上界としてもつ．このように，$\mathcal{C}$ は上に有界である．したがって，$(\mathcal{S}, \leq)$ の任意の鎖が上に有界なので，ツォルンの補題により，$(\mathcal{S}, \leq)$ は極大元をもつ．その極大元の一つを $\{V'_\lambda \,|\, \lambda \in \Lambda'\}$ とする．仮に，$\Lambda' \subsetneqq \Lambda$ として，$\lambda_0 \in \Lambda \setminus \Lambda'$ をとる．このとき，

$$X = \left(\bigcup_{\lambda \in \Lambda'} V'_\lambda \right) \cup \left(\bigcup_{\lambda \in \Lambda \setminus \Lambda'} U_\lambda \right)$$

なので，

$$F := X \setminus \left(\left(\bigcup_{\lambda \in \Lambda'} V'_\lambda \right) \cup \left(\bigcup_{\lambda \in \Lambda \setminus (\Lambda' \cup \{\lambda_0\})} U_\lambda \right) \right)$$

とおくと，F は，U_{λ_0} に含まれる閉集合なので，補題 6.3.3 により，$F \subseteqq W_{\lambda_0} \subseteqq \overline{W}_{\lambda_0} \subseteqq U_{\lambda_0}$ となる開集合 W_{λ_0} が存在する．このとき，

$$\{V'_\lambda \,|\, \lambda \in \Lambda'\} \cup \{W_{\lambda_0}\} \in \mathcal{S}$$

が示される．これは，$\{V'_\lambda \,|\, \lambda \in \Lambda'\}$ が $(\mathcal{S}, \leq)$ の極大元であることに反する．したがって，$\Lambda' = \Lambda$，つまり，$X = \bigcup_{\lambda \in \Lambda} V'_\lambda$ が示される．それゆえ，$\{V'_\lambda \,|\, \lambda \in \Lambda\}$ は，$(X, \mathcal{O})$ の求めるべき開被覆である．□

これらの補題を用いて，定理 6.3.1 を示そう．

【定理 6.3.1 の証明】　$(X, \mathcal{O})$ の開被覆 $\mathcal{U}$ を任意にとる．$(X, \mathcal{O})$ はパラコンパクトなので，$\mathcal{U}$ の局所有限な細分 $\mathcal{V}$ が存在する．$\mathcal{V} = \{V_\lambda \,|\, \lambda \in \Lambda\}$ とする．$(X, \mathcal{O})$ はパラコンパクトなハウスドルフ空間なので，補題 6.3.2 により，$(X, \mathcal{O})$ は正規空間である．それゆえ，補題 6.3.5 により，$(X, \mathcal{O})$ の開被覆 $\mathcal{W} = \{W_\lambda \,|\, \lambda \in \Lambda\}$ で $\overline{W}_\lambda \subseteqq V_\lambda$ $(\lambda \in \Lambda)$ となるようなものが存在する．$\overline{W}_\lambda$ と V_λ^c は互いに交わらない閉集合なので，ウリゾーンの補題（補題 6.3.4）より，$(X, \mathcal{O})$ 上の連続関数 f_λ で，$f_\lambda|_{\overline{W}_\lambda} = 1$，$f_\lambda|_{V_\lambda^c} = 0$, $f_\lambda(X) \subseteqq [0,1]$ となるようなものが存在する．f_λ の台の内部 $(\mathrm{supp}\, f_\lambda)^\circ$ は V_λ に含まれるので，$\mathcal{V}$ の局所有限性から，$f := \sum_{\lambda \in \Lambda} f_\lambda$ が，X の各点で有限和であることがわかる．それゆえ，f が X 上の連続関数であることがわかる．$\mathcal{W}$ が X の開被覆であることから，X 上で $f \geqq 1$ が成り立つことがわかる．$\rho_\lambda := \dfrac{f_\lambda}{f}$ とおく．このとき，容易に，$\{\rho_\lambda \,|\, \lambda \in \Lambda\}$ は $\mathcal{U}$ に従属する 1 の分割であることが示される．□

6.4　1の分割を用いた連続的大域量の構成法

この節において，1 の分割を用いたパラコンパクトなハウスドルフ空間上の連続的な大域量の構成法について述べることにする．そのために，まず，連続ベクトルバンドルという概念を定義する．$(X, \mathcal{O}_X)$, $(E, \mathcal{O}_E)$ を位相空間とし，π を $(E, \mathcal{O}_E)$ から $(X, \mathcal{O}_X)$ への上への連続写像とする．各点 $x \in X$ に対し，$E_x := \pi^{-1}(x)$ とおく．次の 2 条件が成り立つとする：

(VB-i)　各点 $x \in X$ に対し，x の開近傍 U_x と $\pi^{-1}(U_x)$ から $U_x \times \mathbb{R}^k$ への同相写像 φ_x で，$\mathrm{pr}_1 \circ \varphi_x = \pi|_{\pi^{-1}(U_x)}$ を満たすようなものが存在する．ここで，pr_1 は，$U_x \times \mathbb{R}$ から U_x への自然な射影を表す．

(VB-ii)　$U_x \cap U_y \neq \emptyset$ のとき，各点 $z \in U_x \cap U_y$ に対し，$\varphi_y \circ \varphi_x^{-1} : (U_x \cap U_y) \times \mathbb{R}^k \to (U_x \cap U_y) \times \mathbb{R}^k$ の $\{z\} \times \mathbb{R}^k$ への制限 $(\varphi_y \circ \varphi_x^{-1})|_{\{z\} \times \mathbb{R}^k}$: $\{z\} \times \mathbb{R}^k \to \{z\} \times \mathbb{R}^k$ は，線形同型写像になる．ここで，$\{z\} \times \mathbb{R}^k$ は，$\mathbb{R}^k$ と同一視することにより，k 次元実ベクトル空間とみなしている．

このとき，$\pi : (E, \mathcal{O}_E) \to (X, \mathcal{O}_X)$ を $(X, \mathcal{O}_X)$ 上の**階数 k の連続ベクトルバンドル (continuous vector bundle of rank k)** といい，各 φ_x を**局所自明化写像 (local trivialization)** という．なぜ，ベクトルバンドルとよばれるの

か，説明しよう．条件 (VB-ii) より，$z \in U_x \cap U_y$ のとき，$(\varphi_y \circ \varphi_x^{-1})|_{\{z\}\times\mathbb{R}^k}$ は線形同型写像になるので，$\varphi_x|_{E_x} : E_x \to \{z\} \times \mathbb{R}^k$ を通じて $\mathbb{R}^k$ のベクトル空間の構造から誘導される E_x のベクトル空間の構造と，$\varphi_y|_{E_x} : E_x \to \{z\}\times\mathbb{R}^k$ を通じて $\mathbb{R}^k$ のベクトル空間の構造から誘導される E_x のベクトル空間の構造は一致する．このように，各 E_x に，一意的にベクトル空間の構造が定まり，E はベクトル空間の族 $\{E_x \,|\, x \in M\}$ を束ねた空間とみなされるので，ベクトルバンドル（= ベクトル束）とよばれるわけである．ここで，連続ベクトルバンドルの例を 2 つ与えることにする．

例 6.4.1　単位円 $S^1(1) = \{\boldsymbol{x} = (x_1, x_2) \in \mathbb{R}^2 \,|\, x_1^2 + x_2^2 = 1\}$ $(\subsetneqq \mathbb{R}^2)$ の各点 $\boldsymbol{x} = (x_1, x_2)$ における接線（以下，これを $T_{\boldsymbol{x}}S^1(1)$ と表す）は，数ベクトル空間 $\mathbb{R}^2$ の 1 次元部分ベクトル空間とみなされる．接線の束を次のように定める．

$$TS^1(1) := \coprod_{\boldsymbol{x}\in S^1(1)} (\{\boldsymbol{x}\} \times T_{\boldsymbol{x}}S^1(1)) \ (\subset S^1(1) \times \mathbb{R}^2)$$

$TS^1(1)$ から $S^1(1)$ への写像 π を，$\pi(\boldsymbol{x}, \boldsymbol{v}) := \boldsymbol{x}$ $(\boldsymbol{x} \in S^1(1),\ \boldsymbol{v} \in T_{\boldsymbol{x}}S^1(1))$ によって定義し，$S^1(1)$ に $(\mathbb{R}^2, \mathcal{O}_{d_{\mathbb{E}^2}})$ の相対位相 $\mathcal{O}_{d_{\mathbb{E}^2}}|_{S^1(1)}$ を与え，$TS^1(1)$ に積位相空間 $(S^1(1) \times \mathbb{R}^2, \mathcal{O}_{S^1(1)} \times \mathcal{O}_{d_{\mathbb{E}^2}})$ の相対位相 $(\mathcal{O}_{S^1(1)} \times \mathcal{O}_{d_{\mathbb{E}^2}})|_{TS^1(1)}$ を与える．このとき，$T_{\boldsymbol{x}}S^1(1)$ は，$\boldsymbol{x}$ に関して $\mathbb{R}^2$ の中で連続的に変化することから，$\pi : (TS^1(1), (\mathcal{O}_{S^1(1)} \times \mathcal{O}_{d_{\mathbb{E}^2}})|_{TS^1(1)}) \to (S^1(1), \mathcal{O}_{d_{\mathbb{E}^2}}|_{S^1(1)})$ が連続であることが導かれ，さらに，連続ベクトルバンドルになることが示される（図 6.4.1 を参照）．この連続ベクトルバンドルは，$S^1(1)$ の**接ベクトルバンドル (tangent vector bundle)** とよばれる．

例 6.4.2　単位球面 $S^2(1) = \left\{\boldsymbol{x} = (x_1, x_2, x_3) \in \mathbb{R}^3 \,\middle|\, \sum_{i=1}^{3} x_i^2 = 1\right\}$ $(\subsetneqq \mathbb{R}^3)$ の各点 $\boldsymbol{x} = (x_1, x_2, x_3)$ における接平面（以下，これを $T_{\boldsymbol{x}}S^2(1)$ と表す）は，数ベクトル空間 $\mathbb{R}^3$ の 2 次元部分ベクトル空間とみなさる．接平面の束を次のように定める．

$$TS^2(1) := \coprod_{\boldsymbol{x}\in S^2(1)} (\{\boldsymbol{x}\} \times T_{\boldsymbol{x}}S^2(1))$$

$TS^2(1)$ から $S^2(1)$ への写像 π を，$\pi(\boldsymbol{x}, \boldsymbol{v}) := \boldsymbol{x}$ $(\boldsymbol{x} \in S^2(1),\ \boldsymbol{v} \in T_{\boldsymbol{x}}S^2(1))$

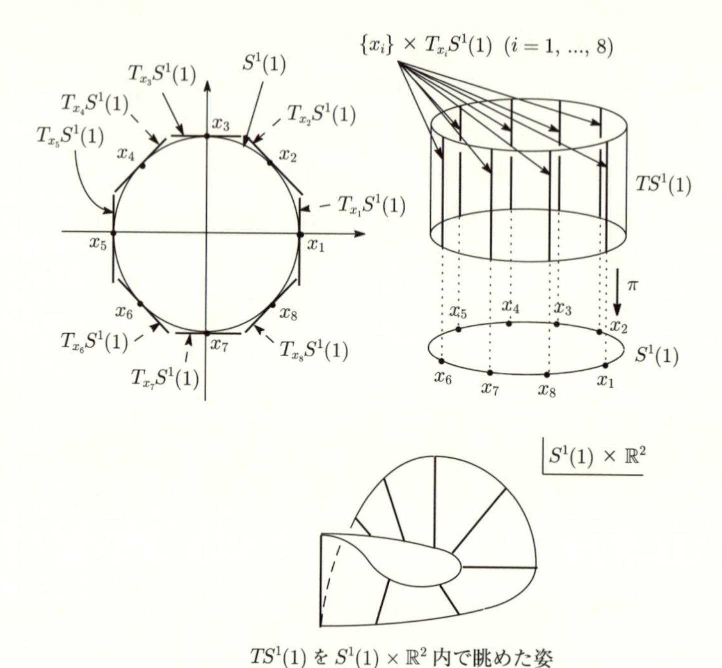

$TS^1(1)$ を $S^1(1) \times \mathbb{R}^2$ 内で眺めた姿

図 6.4.1　単位円の接ベクトルバンドル

によって定義し，$S^2(1)$ に3次元ユークリッド距離位相空間 $(\mathbb{R}^3, \mathcal{O}_{d_{\mathbb{E}^3}})$ の相対位相 $\mathcal{O}_{d_{\mathbb{E}^3}}|_{S^2(1)}$ を与え，$TS^2(1)$ に，積位相空間 $(S^2(1) \times \mathbb{R}^3, \mathcal{O}_{S^2(1)} \times \mathcal{O}_{d_{\mathbb{E}^3}})$ の相対位相 $(\mathcal{O}_{S^2(1)} \times \mathcal{O}_{d_{\mathbb{E}^3}})|_{TS^2(1)}$ を与える．このとき，$T_{\boldsymbol{x}}S^2(1)$ が，$\boldsymbol{x}$ に関して $\mathbb{R}^3$ の中で連続的に変化することから，$\pi : (TS^2(1), (\mathcal{O}_{S^2(1)} \times \mathcal{O}_{d_{\mathbb{E}^3}})|_{TS^2(1)}) \to (S^2(1), \mathcal{O}_{d_{\mathbb{E}^3}}|_{S^2(1)})$ が連続であることが導かれ，さらに，連続ベクトルバンドルになることが示される（図 6.4.2 を参照）．この連続ベクトルバンドルは，$S^2(1)$ の**接ベクトルバンドル** (**tangent vector bundle**) とよばれる．

連続ベクトルバンドルの連続切断を定義しよう．$\pi : (E, \mathcal{O}_E) \to (X, \mathcal{O}_X)$ を連続ベクトルバンドルとする．$(X, \mathcal{O}_X)$ から $(E, \mathcal{O}_E)$ への写像 σ で，$\pi \circ \sigma = \mathrm{id}_X$（つまり，$\sigma(x) \in E_x$ $(x \in X)$）を満たすようなものを，この連続ベクトルバンドルの**切断** (**cross section**) という．特に，σ が $(X, \mathcal{O}_X)$ から $(E, \mathcal{O}_E)$ への連続写像であるとき，σ を**連続切断** (**continuous cross sec-**

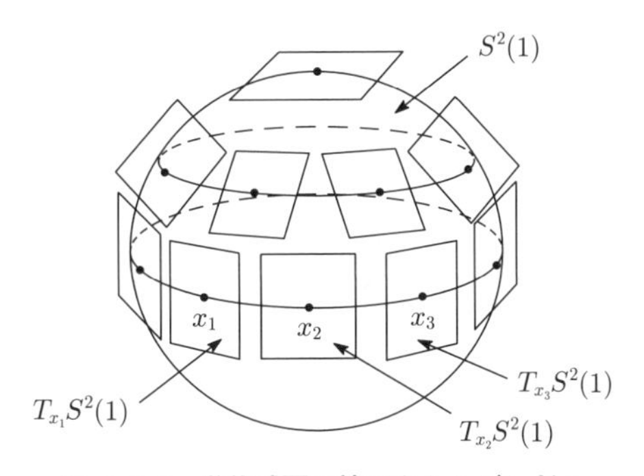

図 6.4.2　単位球面の接ベクトルバンドル

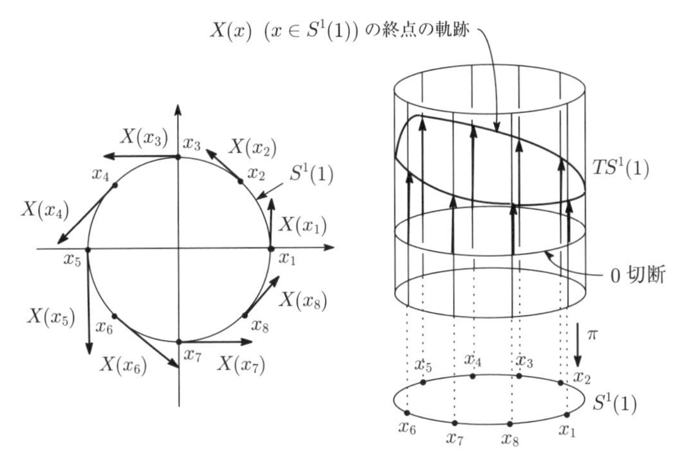

図 6.4.3　$S^1(1)$ 上の連続的な接ベクトル場の例

tion) という．$n = 1, 2$ とする．例えば，$\pi : TS^n(1) \to S^n(1)$ の連続切断 $\boldsymbol{X} : S^n(1) \to TS^n(1)$ は，$\boldsymbol{X}(\boldsymbol{x}) \in T_{\boldsymbol{x}}S^n(1)$ $(\boldsymbol{x} \in S^n(1))$ を満たすようなもの，つまり，各点 $\boldsymbol{x} \in S^n(1)$ に $T_{\boldsymbol{x}}S^n(1)$ の元 $\boldsymbol{X}(\boldsymbol{x})$（これは，$S^n(1)$ の $\boldsymbol{x}$ における接ベクトルとよばれる）を対応させる対応であり，$S^n(1)$ 上の**連続的な接ベクトル場** (**continuous tangent vector field**) とよばれるものになる（図 6.4.3, 6.4.4 を参照）．ここで，$T_{\boldsymbol{x}}S^n(1)$ を $\{\boldsymbol{x}\} \times T_{\boldsymbol{x}}S^n(1)$ と同一視した．

k 次元実ベクトル空間 V において，次の条件 $(*)$ を満たすような性質 (P) を考える．

$(*)$　$\boldsymbol{v}, \boldsymbol{w} \in V$ が性質 (P) をもつものであるならば，任意の正の実数 α, β

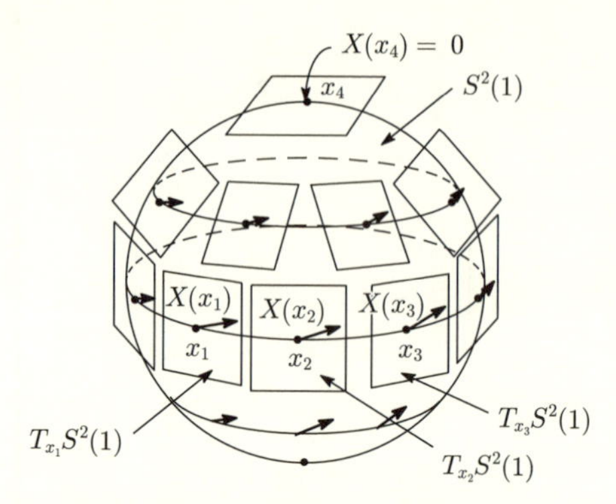

図 6.4.4　$S^2(1)$ 上の連続的な接ベクトル場の例

に対し，$\alpha\boldsymbol{v} + \beta\boldsymbol{w}$ も性質 (P) をもつ．

パラコンパクトなハウスドルフ空間 $(X, \mathcal{O})$ 上の連続ベクトルバンドル $\pi : (E, \mathcal{O}_E) \to (X, \mathcal{O}_X)$ の連続切断 σ で，各点 $x \in X$ に対し，$\sigma(x)$ が（条件 $(*)$ を満たす）性質 (P) をもつようなものを 1 の分割を用いて構成する方法について，説明しよう．まず，各点 $x \in X$ に対し，x の開近傍 U_x 上で定義された連続切断 $\sigma_x : U_x \to E$ で，各点 $y \in U_x$ に対し，$\sigma_x(y)$ $(\in E_y)$ が性質 (P) をもつようなものを構成する．次に，$(X, \mathcal{O})$ の開被覆 $\mathcal{U} = \{U_x \,|\, x \in X\}$ に従属する 1 の分割 $\{\rho_i \,|\, i \in \mathcal{I}\}$，および，各 $i \in \mathcal{I}$ に対し，$\mathrm{supp}\,\rho_i \subsetneqq U_{x_i}$ となる x_i をとり，$\sigma : X \to E$ を $\sigma := \sum_{i \in \mathcal{I}} \rho_i \sigma_{x_i}$ によって定義する．このとき，σ は，各点 $x \in X$ に対し，$\sigma(x)$ $(\in E_x)$ が性質 (P) をもつような連続切断になる．この事実は，次のように示される．まず，$\{\mathrm{supp}\,\rho_i \,|\, i \in \mathcal{I}\}$ は局所有限なので，各点 $x \in X$ に対し，$\sum_{\imath \in \mathcal{I}} \rho_i(x)\sigma_{x_i}(x)$ は有限和になるので，σ は well-defined である．また，$\mathrm{supp}\,\rho_i \subsetneqq U_{x_i}$ なので，各項 $\rho_i \sigma_{x_i}$ は $(U_{x_i})^c$ 上では $\mathbf{0}$ となるような X 上の連続切断とみることができる．それゆえ，σ が X 上の連続切断を与えることがわかる．さらに，各点 $x \in X$ に対し $x \in U_{x_i}$ とすると，$\sigma_{x_i}(x)$ が性質 (P) をもち，有限個の $i \in \mathcal{I}$ に対し $\rho_i(x) > 0$ となり，他の $i \in \mathcal{I}$ に対し，$\rho_i(x) = 0$ となるので，$\sum_{i \in \mathcal{I}} \rho_i(x)\sigma_{x_i}(x)$ も性質 (P) をもつことがわかる．ここで，性質 (P) が条件 $(*)$ を満たすことを用いた．このように，各点 $x \in X$ に対し，$\sigma(x)$ は性質 (P) をもつ．したがって，σ は求めるべき連

続切断を与える．

実ベクトル空間 V の内積 $\langle\ ,\ \rangle$ は，V 上の双線形関数なので，V の双対空間 V^* とそれ自身のテンソル積空間 $V^* \otimes V^*$ の元である．しかも，内積 $\langle\ ,\ \rangle$ は，次の対称性と正定値性を満たす：

（対称性）　$\langle \boldsymbol{v}, \boldsymbol{w} \rangle = \langle \boldsymbol{w}, \boldsymbol{v} \rangle \quad (\boldsymbol{v}, \boldsymbol{w} \in V)$

（正定値性）　$\langle \boldsymbol{v}, \boldsymbol{v} \rangle \geqq 0 \ (\boldsymbol{v} \in V)$ であり，等号成立は，$\boldsymbol{v} = \boldsymbol{0}$ のときに限る．

$g_1, g_2 \ (\in V^* \otimes V^*)$ が対称かつ正定値ならば，任意の正の数 α, β に対し，$\alpha g_1 + \beta g_2$ も対称かつ正定値になる．よって，対称性と正定値性は，上述の条件 $(*)$ を満たす．位相空間 $(X, \mathcal{O})$ 上の階級 k の連続ベクトルバンドル $\pi : (E, \mathcal{O}_E) \to (X, \mathcal{O}_X)$ に対し，$E^* \otimes E^* := \coprod_{x \in X} (E_x^* \otimes E_x^*)$ とし，$\overline{\pi}$ を $E^* \otimes E^*$ から X への自然な射影とする．$E^* \otimes E^*$ には，次のように位相を与えることができる．$\boldsymbol{e}_i := (0, \ldots, 0, \overset{i}{1}, 0, \ldots, 0) \ (i = 1, \ldots, k)$ とおく．ここで，右辺の $\overset{i}{1}$ は，第 i 成分が 1 であることを表す．$\pi : (E, \mathcal{O}_E) \to (X, \mathcal{O}_X)$ の $x \in X$ のまわりの局所自明化写像を $\varphi_x : \pi^{-1}(U_x) \to U_x \times \mathbb{R}^k$ として，$\overline{\varphi}_x : \overline{\pi}^{-1}(U) \to U \times \mathbb{R}^{k^2}$ を

$$\overline{\varphi}_x(g) := (y, (g(\varphi_x^{-1}(y, \boldsymbol{e}_i), \varphi_x^{-1}(y, \boldsymbol{e}_j)))) \quad (y \in U_x,\ \ g \in \overline{\pi}^{-1}(y))$$

によって定義する．ここで，$(g(\varphi_x^{-1}(y, \boldsymbol{e}_i), \varphi_x^{-1}(y, \boldsymbol{e}_j)))$ は，(i, j) 成分が $g(\varphi_x^{-1}(y, \boldsymbol{e}_i), \varphi_x^{-1}(y, \boldsymbol{e}_j))$ であるような k 次正方行列を表す（k 次正方行列全体のなす空間は，$\mathbb{R}^{k^2}$ と同一視される）．$U_x \cap U_y \neq \emptyset$ のとき，$(\varphi_y \circ \varphi_x^{-1})|_{(U_x \cap U_y) \times \mathbb{R}^{k^2}}$ は同相写像になることが示されるので，各 $\overline{\pi}^{-1}(U_x) \ (x \in X)$ を開集合とし，各 $\overline{\varphi}_x \ (x \in X)$ を同相写像とするような $E^* \otimes E^*$ の位相が一意に定まる．この位相を $\mathcal{O}_{E^* \otimes E^*}$ と表す．このとき，$\overline{\pi} : (E^* \otimes E^*, \mathcal{O}_{E^* \otimes E^*}) \to (X, \mathcal{O}_X)$ は，階数 k^2 の連続ベクトルバンドルになることが示される．

各点 $x \in X$ に対し，E_x の内積 g_x を対応させる対応 g は，ベクトルバンドル $\overline{\pi} : (E^* \otimes E^*, \mathcal{O}_{E^* \otimes E^*}) \to (X, \mathcal{O}_X)$ の切断を与える．g が連続切断であるとき，g をベクトルバンドル $\overline{\pi} : (E^* \otimes E^*, \mathcal{O}_{E^* \otimes E^*}) \to (X, \mathcal{O}_X)$ の**連続的ファイバー計量 (continuous fiber metric)** という．

$(X, \mathcal{O}_X)$ がパラコンパクトなハウスドルフ空間であるとき，連続ベクトルバンドル $\overline{\pi} : (E^* \otimes E^*, \mathcal{O}_{E^* \otimes E^*}) \to (X, \mathcal{O}_X)$ の連続的ファイバー計量を，次のように構成することができる．各点 $x \in X$ に対し，x のまわりの局所自明化写像 φ_x を用いて，$g^x : U_x \to E^* \otimes E^*$ を，各 $y \in U_x$ に対し，次式によって定義される $(g^x)_y \in E_y^* \otimes E_y^*$ を対応させる対応として定義する：

$$(g^x)_y(\varphi_x^{-1}(y, \boldsymbol{e}_i), \varphi_x^{-1}(y, \boldsymbol{e}_i)) = \delta_{ij} \quad (1 \leqq i, j \leqq k).$$

明らかに，g^x は，U_x 上の連続切断を与える．これらの連続切断を集めた族 $\{g^x \,|\, x \in X\}$ を考える．また，$(X, \mathcal{O}_X)$ の開被覆 $\{U_x \,|\, x \in X\}$ に従属する1の分割 $\{\rho_i \,|\, i \in \mathcal{I}\}$ をとる．この存在は，$(X, \mathcal{O}_X)$ がパラコンパクトなハウスドルフ空間なので，定理 6.3.1 により保証される．各 $i \in \mathcal{I}$ に対し，$\mathrm{supp}\,\rho_i \subseteqq U_{x_i}$ となる $x_i \in X$ の族 $\{x_i \,|\, i \in \mathcal{I}\}$ をとる．これらを用いて，$g : X \to E^* \otimes E^*$ を $g := \sum_{i \in \mathcal{I}} \rho_i g^{x_i}$ によって定義する．このとき，容易に，g がベクトルバンドル $\overline{\pi} : (E^* \otimes E^*, \mathcal{O}_{E^* \otimes E^*}) \to (X, \mathcal{O}_X)$ の連続切断を与えることが示される．さらに，対称性と正定値性が条件 $(*)$ を満たすので，各点 $x \in X$ に対し，g_x は，E_x の内積を与えることがわかる．したがって，連続ベクトルバンドル g は $\pi : (E, \mathcal{O}_E) \to (X, \mathcal{O}_X)$ の連続的ファイバー計量を与える．

6.5　コンパクト化

この節において，位相空間のコンパクト化について，述べることにする．位相空間のコンパクト化とは，大雑把に述べると，その位相空間を稠密な部分集合としてもつコンパクト空間のことである．2.5 節で述べた距離空間の完備化に類似した概念であるが，完備化とは違い，その一意性が成り立たない．

$(X, \mathcal{O})$ を位相空間とする．$(X, \mathcal{O})$ からあるコンパクト空間 $(\widehat{X}, \widehat{\mathcal{O}})$ への連続単射 f で，f が $(X, \mathcal{O})$ から $(\widehat{X}, \widehat{\mathcal{O}})$ の部分位相空間 $(f(X), \widehat{\mathcal{O}}|_{f(X)})$ への同相写像になり，かつ，$f(X)$ が $(\widehat{X}, \widehat{\mathcal{O}})$ において稠密であるようなものが存在するとき，$(\widehat{X}, \widehat{\mathcal{O}})$（または，$((\widehat{X}, \widehat{\mathcal{O}}), f)$）を $(X, \mathcal{O})$ の**コンパクト化** (**compactification**) という．$(X, \mathcal{O})$ の2つのコンパクト化 $((\widehat{X}_i, \widehat{\mathcal{O}}_i), f_i)$ に対し，$(\widehat{X}_1, \widehat{\mathcal{O}}_1)$ から $(\widehat{X}_2, \widehat{\mathcal{O}}_2)$ への同相写像 ϕ で，$\phi \circ f_1 = f_2$ となるようなものが存在するとき，これら2つのコンパクト化は，本質的に同じものである

とみなす.

コンパクト化の基本的な例を一つ挙げよう.

例 6.5.1 $(\mathbb{R}^n, \mathcal{O}_{d_{\mathbb{E}^n}})$ の部分位相空間 $(\mathring{B}^n(1), \mathcal{O}_{d_{\mathbb{E}^n}}|_{\mathring{B}^n(1)})$ の2種類のコンパクト化を定義しよう. ここで, $\mathring{B}^n(1)$ は, n 次元単位開球体

$$\left\{(x_1, \ldots, x_n) \in \mathbb{R}^n \;\middle|\; \sum_{i=1}^{n} x_i^2 < 1\right\}$$

を表す. $(\mathbb{R}^n, \mathcal{O}_{d_{\mathbb{E}^n}})$ の部分位相空間 $(B^n(1), \mathcal{O}_{d_{\mathbb{E}^n}}|_{B^n(1)})$ を考える. ここで, $B^n(1)$ は, n 次元単位閉球体

$$\left\{(x_1, \ldots, x_n) \in \mathbb{R}^n \;\middle|\; \sum_{i=1}^{n} x_i^2 \leqq 1\right\}$$

を表す. ι を $\mathring{B}^n(1)$ から $B^n(1)$ への包含写像とする. $B^n(1)$ は $(\mathbb{R}^n, d_{\mathbb{E}^n})$ の有界閉集合なので, $(B^n(1), \mathcal{O}_{d_{\mathbb{E}^n}}|_{B^n(1)})$ はコンパクトであり, ι は $(\mathring{B}^n(1), \mathcal{O}_{d_{\mathbb{E}^n}}|_{\mathring{B}^n(1)})$ から, $(B^n(1), \mathcal{O}_{d_{\mathbb{E}^n}}|_{B^n(1)})$ の部分位相空間 $(\iota(\mathring{B}^n(1)), (\mathcal{O}_{d_{\mathbb{E}^n}}|_{B^n(1)})|_{\iota(\mathring{B}^n(1))})$ への同相写像である. また, 明らかに, $\iota(\mathring{B}^n(1))$ は, $(B^n(1), \mathcal{O}_{d_{\mathbb{E}^n}}|_{B^n(1)})$ において稠密である. したがって, $(B^n(1), \mathcal{O}_{d_{\mathbb{E}^n}}|_{B^n(1)})$ が $(\mathring{B}^n(1), \mathcal{O}_{d_{\mathbb{E}^n}}|_{\mathring{B}^n(1)})$ のコンパクト化であることがわかる.

$(\mathring{B}^n(1), \mathcal{O}_{d_{\mathbb{E}^n}}|_{\mathring{B}^n(1)})$ のもう一つのコンパクト化を定義しよう. $(\mathbb{R}^{n+1}, \mathcal{O}_{d_{\mathbb{E}^{n+1}}})$ の部分位相空間 $(S^n(1), \mathcal{O}_{d_{\mathbb{E}^{n+1}}}|_{S^n(1)})$ を考えよう. ここで, $S^n(1)$ は, n 次元単位球面

$$\left\{(x_1, \ldots, x_{n+1}) \in \mathbb{R}^{n+1} \;\middle|\; \sum_{i=1}^{n+1} x_i^2 = 1\right\}$$

を表す. 明らかに, $S^n(1)$ は $(\mathbb{R}^{n+1}, d_{\mathbb{E}^{n+1}})$ の有界閉集合なので, $(S^n(1), (\mathcal{O}_{d_{\mathbb{E}^{n+1}}})|_{S^n(1)})$ はコンパクトである. 写像 $f_1 : \mathring{B}^n(1) \to \mathbb{R}^n$ を

$$f_1(x_1, \ldots, x_n) := \left(x_1 \tan\left(\frac{\pi}{2} \sum_{k=1}^{n} x_k^2\right), \ldots, x_n \tan\left(\frac{\pi}{2} \sum_{k=1}^{n} x_k^2\right)\right)$$
$$((x_1, \ldots, x_n) \in \mathring{B}^n(1))$$

によって定義する．また，写像 $f_2 : \mathbb{R}^n \to S^n(1)$ を

$$f_2(x_1, \ldots, x_n) := \left(\frac{2x_1}{1 + \sum_{k=1}^n x_k^2}, \ldots, \frac{2x_n}{1 + \sum_{k=1}^n x_k^2}, \frac{\sum_{k=1}^n x_k^2 - 1}{1 + \sum_{k=1}^n x_k^2} \right) \qquad ((x_1, \ldots, x_n) \in \mathbb{R}^n)$$

によって定義し，これらの写像の合成 $f := f_2 \circ f_1$ を考える．容易に，f_1 は $(\mathring{B}^n(1), \mathcal{O}_{d_{\mathbb{E}^n}}|_{\mathring{B}^n(1)})$ から $(\mathbb{R}^n, \mathcal{O}_{d_{\mathbb{E}^n}})$ への同相写像であることが示され，また，f_2 は $(\mathbb{R}^n, \mathcal{O}_{d_{\mathbb{E}^n}})$ から $(S^n(1), \mathcal{O}_{d_{\mathbb{E}^{n+1}}}|_{S^n(1)})$ の稠密な部分位相空間

$$(S^n(1) \setminus \{(0, \ldots, 0, 1)\}, \mathcal{O}_{d_{\mathbb{E}^{n+1}}}|_{S^n(1) \setminus \{(0, \ldots, 0, 1)\}})$$

への同相写像であることが示される．それゆえ，f は，$(\mathring{B}^n(1), \mathcal{O}_{d_{\mathbb{E}^n}}|_{\mathring{B}^n(1)})$ から

$$(S^n(1) \setminus \{(0, \ldots, 0, 1)\}, \mathcal{O}_{d_{\mathbb{E}^{n+1}}}|_{S^n(1) \setminus \{(0, \ldots, 0, 1)\}})$$

への同相写像であることが示される．したがって，$(S^n(1), \mathcal{O}_{d_{\mathbb{E}^{n+1}}}|_{S^n(1)})$ が，$(\mathring{B}^n(1), \mathcal{O}_{d_{\mathbb{E}^n}}|_{\mathring{B}^n(1)})$ のコンパクト化であることがわかる．$(B^n(1), \mathcal{O}_{d_{\mathbb{E}^n}}|_{B^n(1)})$ と $(S^n(1), \mathcal{O}_{d_{\mathbb{E}^{n+1}}}|_{S^n(1)})$ の n 次ホモトピー群を比較することにより，これらの空間が同相でないことが示される（ホモトピー群の定義，および，この群が位相不変量であることについては，7.2 節を参照のこと）．それゆえ，$(\mathring{B}^n(1), \mathcal{O}_{d_{\mathbb{E}^n}}|_{\mathring{B}^n(1)})$ のコンパクト化が一意に定まらないことがわかる．

次に，任意のコンパクトでない位相空間に適用できるコンパクト化の一つの構成法として，アレクサンドロフの1点コンパクト化を紹介しよう．コンパクトでない位相空間 $(X, \mathcal{O})$ に対し，X に1点（この点を ∞ と表す）を加えた集合 $\widehat{X} := X \amalg \{\infty\}$ を考える．$\widehat{\mathcal{O}}$ を

$$\widehat{\mathcal{O}} := \mathcal{O} \cup \{V \cup (\{\infty\} \cup (X \setminus K)) \mid V \in \mathcal{O},$$
$$K : (X, \mathcal{O}) \text{ のコンパクト閉部分集合} \}$$

によって定義する．このとき，$\widehat{\mathcal{O}}$ は，$\widehat{X}$ の位相を与え，$(\widehat{X}, \widehat{\mathcal{O}})$ は，$(X, \mathcal{O})$ のコンパクト化を与える．このコンパクト化 $(\widehat{X}, \widehat{\mathcal{O}})$ を $(X, \mathcal{O})$ の**アレクサンド**

ロフの1点コンパクト化 (**Alexandroff's one-point compactification**) という．$(\widehat{X}, \widehat{\mathcal{O}})$ は，$(X, \mathcal{O})$ のコンパクト化を与えることを示そう．まず，$\widehat{\mathcal{O}}$ が $\widehat{X}$ の位相を与えることを示す．$\widehat{\mathcal{O}}$ が位相の条件 (O-i) を満たすことは，明らかである．$\widehat{\mathcal{O}}$ が位相の条件 (O-ii) を満たすことを示そう．簡単のため，$W_K := \{\infty\} \cup (X \setminus K)$ とおく．$\widehat{\mathcal{O}}$ が位相の条件 (O-ii) を満たすことを示すためには，$\widehat{\mathcal{O}}$ の元 $U_1, \ldots, U_k$，$W_{K_1}, \ldots, W_{K_l}$（$U_1, \ldots, U_k \in \mathcal{O}$，$K_1, \ldots, K_l$: $(X, \mathcal{O})$ のコンパクト閉部分集合）に対し，$\left(\bigcap_{i=1}^{k} U_i\right) \cap \left(\bigcap_{j=1}^{l} W_{K_j}\right) \in \widehat{\mathcal{O}}$，および，$\bigcap_{j=1}^{k} W_{K_j} \in \widehat{\mathcal{O}}$ が成り立つことを示せば十分である．K_j は $(X, \mathcal{O})$ の閉集合なので，$X \setminus K_j \in \mathcal{O}$ である．それゆえ，

$$\left(\bigcap_{i=1}^{k} U_i\right) \cap \left(\bigcap_{j=1}^{l} W_{K_j}\right) = \left(\bigcap_{i=1}^{k} U_i\right) \cap \left(\bigcap_{j=1}^{l} (X \setminus K_j)\right) \in \mathcal{O} \subsetneqq \widehat{\mathcal{O}}$$

が示される．また，

$$\bigcap_{j=1}^{l} W_{K_j} = \{\infty\} \cup \left(X \setminus \left(\bigcup_{j=1}^{l} K_j\right)\right)$$

となり，$\bigcup_{j=1}^{l} K_j$ は $(X, \mathcal{O})$ のコンパクト部分集合なので，$\bigcap_{i=1}^{k} W_{K_j} \in \widehat{\mathcal{O}}$ が示される．したがって，$\widehat{\mathcal{O}}$ が位相の条件 (O-ii) を満たすことがわかる．

次に，$\widehat{\mathcal{O}}$ が位相の条件 (O-iii) を満たすことを示そう．このことを示すには，$\widehat{\mathcal{O}}$ の元 W_{K_j} $(j \in \mathcal{J})$（K_j : $(X, \mathcal{O})$ のコンパクト閉部分集合）に対し，$\bigcup_{j \in \mathcal{J}} W_{K_j} \in \widehat{\mathcal{O}}$ が成り立つことを示せば十分である．

$$\bigcup_{j \in \mathcal{J}} W_{K_j} = \{\infty\} \cup \left(X \setminus \left(\bigcap_{j \in \mathcal{J}} K_j\right)\right)$$

となり，$\bigcap_{j \in \mathcal{J}} K_j$ は，コンパクト集合 K_{j_0}（j_0 は $\mathcal{J}$ のある元）の閉部分集合ゆえ，コンパクトになるので，

$$\bigcup_{j \in \mathcal{J}} W_{K_j} \in \widehat{\mathcal{O}}$$

が示される．したがって，$\widehat{\mathcal{O}}$ が位相の条件 (O-iii) を満たすことがわかる．このように，$\widehat{\mathcal{O}}$ が $\widehat{X}$ の位相であることが示される．次に，X が $(\widehat{X}, \widehat{\mathcal{O}})$ において稠密であることを示そう．

$$\{W_K \mid K \text{ は } (X, \mathcal{O}) \text{ のコンパクト閉部分集合}\}$$

は，点 ∞ の基本近傍系であり，$W_K \cap X = X \setminus K \neq \emptyset$ となるので，$\infty \in \mathrm{Cl}(X)$ が示される．よって，X が $(\widehat{X}, \widehat{\mathcal{O}})$ において稠密であることがわかる．

次に，$(\widehat{X}, \widehat{\mathcal{O}})$ がコンパクトであることを示そう．任意に，$(\widehat{X}, \widehat{\mathcal{O}})$ の開被覆 $\mathcal{U}$ をとる．明らかに，

$$\mathcal{U} = \{U_i \mid i \in \mathcal{I}\} \cup \{V_j \cup W_{K_j} \mid j \in \mathcal{J}\}$$
$$(U_i, V_j \in \mathcal{O},\ K_j : (X, \mathcal{O}) \text{ のコンパクト部分集合})$$

と表せる．$\bigcup_{j \in \mathcal{J}} W_{K_j} = W_{\bigcap_{j \in \mathcal{J}} K_j}$ なので，$\bigcap_{j \in \mathcal{J}} K_j \subsetneqq (\bigcup_{i \in \mathcal{I}} U_i) \cup (\bigcup_{j \in \mathcal{J}} V_j)$ をえる．$\{U_i \mid i \in \mathcal{I}\} \cup \{V_j \mid j \in \mathcal{J}\}$ は，コンパクト集合 $\bigcap_{j \in \mathcal{J}} K_j$ の開被覆なので，その有限部分族 $\{U_{i_a} \mid a = 1, \ldots, l\} \cup \{V_{j_b} \mid b = 1, \ldots, \hat{l}\}$ で，$\bigcap_{j \in \mathcal{J}} K_j \subsetneqq (\bigcup_{a=1}^{l} U_{i_a}) \cup (\bigcup_{b=1}^{\hat{l}} V_{j_b})$ となるようなものが存在する．さらに，K_j $(j \in \mathcal{J})$ が閉集合であり，$(\bigcup_{a=1}^{l} U_{i_a}) \cup (\bigcup_{b=1}^{\hat{l}} V_{j_b})$ が開集合なので，$\{K_j \mid j \in \mathcal{J}\}$ の有限部分族 $\{K_{j'_b} \mid b = 1, \ldots, l'\}$ で，$\bigcap_{b=1}^{l'} K_{j'_b} \subsetneqq (\bigcup_{a=1}^{l} U_{i_a}) \cup (\bigcup_{b=1}^{\hat{l}} V_{j_b})$ となるようなものが存在することが示される．したがって，

$$\begin{aligned} \mathcal{U}' = \{U_{i_a} \mid a = 1, \ldots, l\} &\cup \{V_{j_b} \cup W_{K_{j_b}} \mid b = 1, \ldots, l'\} \\ &\cup \{V_{j'_b} \cup W_{K_{j'_b}} \mid b = 1, \ldots, l'\} \end{aligned}$$

は，族 $\mathcal{U}$ の有限部分被覆になる．それゆえ，$(\widehat{X}, \widehat{\mathcal{O}})$ はコンパクトである．したがって，$(\widehat{X}, \widehat{\mathcal{O}})$ は，$(X, \mathcal{O})$ のコンパクト化である．

アレクサンドロフの1点コンパクト化について，次の最小性定理が成り立つ．

定理 6.5.1　$((\widetilde{X}, \widetilde{\mathcal{O}}), f)$ をコンパクトでない位相空間 $(X, \mathcal{O})$ の任意のコンパクト化とし，$\widetilde{X}$ における同値関係 $\sim$ を

$$x \sim y \underset{\text{def}}{\Longleftrightarrow} x = y \ \text{ or } \ x, y \notin f(X)$$

によって定義する．このとき，商位相空間 $(\widetilde{X}/\sim, \widetilde{\mathcal{O}}/\sim)$ は，$(X, \mathcal{O})$ のアレクサンドロフの1点コンパクト化と同相になる．

【証明】 同値関係 $\sim$ に関する商写像を π と表す．$(\widetilde{X}, \widetilde{\mathcal{O}})$ はコンパクトで，$\pi : (\widetilde{X}, \widetilde{\mathcal{O}}) \to (\widetilde{X}/\sim, \widetilde{\mathcal{O}}/\sim)$ は連続なので，$(\widetilde{X}/\sim, \widetilde{\mathcal{O}}/\sim)$ もコンパクトになる．$(\widehat{X}, \widehat{\mathcal{O}})$ $(\widehat{X} = X \amalg \{\infty\})$ を $(X, \mathcal{O})$ のアレクサンドロフの1点コンパクト化とし，$(\widetilde{X}/\sim, \widetilde{\mathcal{O}}/\sim)$ から $(\widehat{X}, \widehat{\mathcal{O}})$ への写像 ϕ を

$$\begin{cases} \phi(C_{f(x)}) := f(x) & (x \in X) \\ \phi(C_{\widetilde{x}}) := \infty & (\widetilde{x} \in \widetilde{X} \setminus f(X)) \end{cases}$$

によって定義する．このとき，この写像 ϕ が同相写像であることが示される（ほぼ明らかなので，証明略）．したがって，主張が示される． □

アレクサンドロフの1点コンパクト化の例を挙げておこう．

例 6.5.2 $(\mathbb{R}^n, \mathcal{O}_{d_{\mathbb{E}^n}})$ の部分位相空間 $(\mathring{B}^n(1), \mathcal{O}_{d_{\mathbb{E}^n}}|_{\mathring{B}^n(1)})$ を $(X, \mathcal{O})$ と表し，そのアレクサンドロフの1点コンパクト化を $(\widehat{X}, \widehat{\mathcal{O}})$ と表す．$(\widehat{X}, \widehat{\mathcal{O}})$ がどのようなコンパクト空間になるか調べよう．写像 $\widetilde{f} : (\widehat{X}, \widehat{\mathcal{O}}) \to (S^n(1), \mathcal{O}_{d_{\mathbb{E}^{n+1}}}|_{S^n(1)})$ を

$$\begin{cases} \widetilde{f}(x_1, \ldots, x_n) := f(x_1, \ldots, x_n) & ((x_1, \ldots, x_n) \in \mathring{B}^n(1)) \\ \widetilde{f}(\infty) := (0, \ldots, 0, 1) \end{cases}$$

によって定義する．ここで，f は例 6.5.1 で定義した写像である．この写

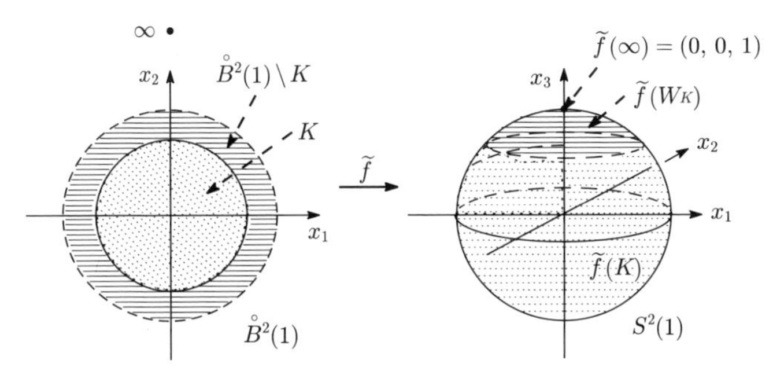

図 6.5.1 $\mathring{B}^2(1)$ のアレクサンドロフの1点コンパクト化

像 $\widetilde{f}$ が同相写像であることを示そう．$\widetilde{f}$ が全単射であることは明らかであり，また，$\widetilde{f}$ が X 上で連続であることは例 6.5.1 ですでに証明済みである．$\widetilde{f}$ が点 ∞ で連続であることを示そう．$\widetilde{f}(\infty)$ $(=(0,\ldots,0,1))$ の，$(S^n(1),\mathcal{O}_{d_{\mathbb{E}^{n+1}}}|_{S^n(1)})$ における開近傍 V を任意にとる．このとき，$X\setminus K \subseteqq \widetilde{f}^{-1}(V)$ となる X のコンパクト部分集合 K が存在する（図 6.5.1 参照）．この K に対し，W_K は点 ∞ の開近傍であり，$\widetilde{f}(W_K) \subseteqq V$ が成り立つ．したがって，$\widetilde{f}$ が点 ∞ で連続であることが示される．このように，$\widetilde{f}$ が $(\widehat{X},\widehat{\mathcal{O}})$ 全体で連続であることが示される．逆写像 $\widetilde{f}^{-1}$ の連続性も同様に示される．したがって，$\widetilde{f}$ は $(\widehat{X},\widehat{\mathcal{O}})$ から $(S^n(1),\mathcal{O}_{d_{\mathbb{E}^{n+1}}}|_{S^n(1)})$ への同相写像であることが示される．このように，$(\mathring{B}^n(1),\mathcal{O}_{d_{\mathbb{E}^n}}|_{\mathring{B}^n(1)})$ のアレクサンドロフの１点コンパクト化は，$(S^n(1),\mathcal{O}_{d_{\mathbb{E}^{n+1}}}|_{S^n(1)})$ と同相であることがわかる．

例 6.5.3　$(\mathbb{R}^3,\mathcal{O}_{d_{\mathbb{E}^3}})$ の部分位相空間 $(S^1(1)\times(-\pi,\pi),\mathcal{O}_{d_{\mathbb{E}^3}}|_{S^1(1)\times(-\pi,\pi)})$ を $(X,\mathcal{O})$ と表し，そのアレクサンドロフの１点コンパクト化を $(\widehat{X},\widehat{\mathcal{O}})$ と表す．$(\widehat{X},\widehat{\mathcal{O}})$ がどのようなコンパクト空間になるか調べよう．$\mathbb{R}^3$ の部分集合 T を

$$T:=\left\{\left(\left(a+b\cos\frac{\varphi}{2}\cos\theta\right)\cos\varphi,\left(a+b\cos\frac{\varphi}{2}\cos\theta\right)\sin\varphi,b\cos\frac{\varphi}{2}\sin\theta\right)\right.$$
$$\left.\mid 0\leqq\theta\leqq 2\pi,\ \ -\pi\leqq\varphi\leqq\pi\right\}$$

$(0<a<b)$ によって定義し，写像 $f:\widehat{X}\to T$ を

$$\begin{aligned}&f(\cos\theta,\sin\theta,t)\\ &:=\left(\left(a+b\cos\frac{t}{2}\cos\theta\right)\cos t,\left(a+b\cos\frac{t}{2}\cos\theta\right)\sin t,b\cos\frac{t}{2}\sin\theta\right)\\ &\qquad\qquad(0\leqq\theta\leqq 2\pi,\ \ -\pi<t<\pi)\end{aligned}$$

および，

$$f(\infty):=(-a,0,0)$$

によって定義する．このとき，f が $(\widehat{X},\widehat{\mathcal{O}})$ から $(T,\mathcal{O}_{d_{\mathbb{E}^3}}|_T)$ への同相写像であることが示される（図 6.5.2 を参照）．このように，$(S^1(1)\times(-\pi,\pi),\mathcal{O}_{d_{\mathbb{E}^3}}|_{S^1(1)\times(-\pi,\pi)})$ のアレクサンドロフの１点コンパクト化は，$(T,\mathcal{O}_{d_{\mathbb{E}^3}}|_T)$

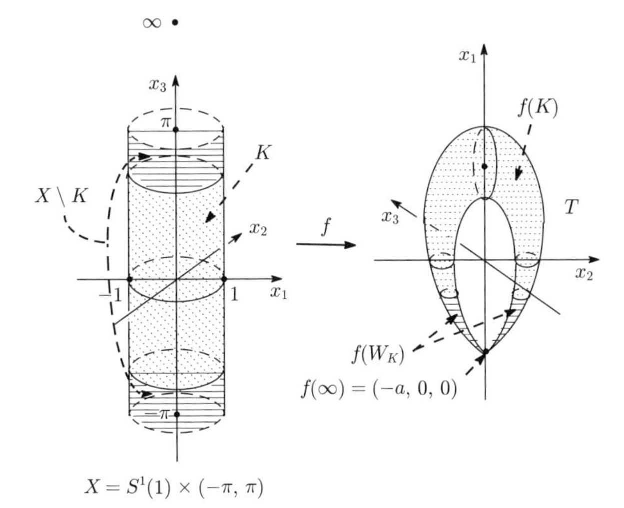

図 6.5.2 $S^1(1) \times (-\pi, \pi)$ のアレクサンドロフの 1 点コンパクト化

に同相である.

次に，コンパクトでない $T_{3\frac{1}{2}}$ 空間にのみ適用できるコンパクト化の一つの構成法を紹介しよう．$(X, \mathcal{O})$ を $T_{3\frac{1}{2}}$ 空間とする．$C_b(X)$ を X 上の有界関数全体のなす集合とし，$\mathcal{B} := \prod_{\rho \in C_b(X)} \overline{\rho(X)}$ とおく．この集合 $\mathcal{B}$ の位相 $\mathcal{O}_{\mathcal{B}}$ を $\mathcal{O}_{\mathcal{B}} := \prod_{\rho \in C_b(X)} \mathcal{O}_{d_{\mathbb{E}^1}}|_{\overline{\rho(X)}}$ によって定義し，写像 $f : X \to \mathcal{B}$ を

$$f(x) := (\rho(x))_{\rho \in C_b(X)} \quad (x \in X)$$

によって定める．明らかに，この写像 f は単射である．$(\overline{\rho(X)}, \mathcal{O}_{d_{\mathbb{E}^1}})$ はコンパクトなので，チコノフの定理（定理 5.1.4′）により，$(\mathcal{B}, \mathcal{O}_{\mathcal{B}})$ はコンパクトである．それゆえ，$f(X)$ の $(\mathcal{B}, \mathcal{O}_{\mathcal{B}})$ における閉包 $\overline{f(X)}$ はコンパクトである．また，$(X, \mathcal{O})$ が $T_{3\frac{1}{2}}$ 空間なので，f が $(X, \mathcal{O})$ から $(f(X), \mathcal{O}_{\mathcal{B}}|_{f(X)})$ への同相写像であることが示される（証明略）．したがって，$((\overline{f(X)}, \mathcal{O}_{\mathcal{B}}|_{\overline{f(X)}}), f)$ は，$(X, \mathcal{O})$ のコンパクト化である．このコンパクト化を，**ストーン・チェックのコンパクト化 (Stone-Čech compactification)** という．

ストーン・チェックのコンパクト化について，次の連続関数拡張可能性定理が成り立つ．

定理 6.5.2　$(X, \mathcal{O})$ を $T_{3\frac{1}{2}}$ 空間とし，$((\widehat{X}, \widehat{\mathcal{O}}), f)$ をそのストーン・チェックのコンパクト化とする．このとき，$(X, \mathcal{O})$ 上の任意の有界連続関数 ρ に対し，$(\widehat{X}, \widehat{\mathcal{O}})$ 上の連続関数 $\widehat{\rho}$ で，$\widehat{\rho} \circ f = \rho$ となるようなものが存在する．

この定理の証明は，略すことにする．

第7章
ホモトピー群

この章では，弧状連結な位相空間の基本的な位相不変量の一つであるホモトピー群を定義し，その基本的な性質について述べることにする．ホモトピー群とは何かについて，大雑把に説明しておく．基点付き k 次元球面 S^k から位相空間 X への連続写像で，S^k の基点を X の基点 x_0 に写すもの全体のなす集合（これを $C^0_{x_0}(S^k, X)$ と表す）を考え，この集合に次のような同値関係 $\sim$ を与える．$f_1, f_2 \in C^0_{x_0}(S^k, X)$ に対し，$C^0_{x_0}(S^k, X)$ 内で f_1 から f_2 へ連続変形できるときに，$f_1 \sim f_2$ とする．このとき，商集合 $C^0_{x_0}(S^k, X)/\sim$ に自然な方法で群演算 $\cdot$ を与えることができ，この群 $(C^0_{x_0}(S^k, X)/\sim, \cdot)$ を，位相空間 X の点 x_0 における k 次ホモトピー群とよび，通常，$\pi_k(X, x_0)$ と表す．この群は，実は，ホモトピー同値不変量であること，つまり，2つの弧状連結な位相空間が同相でなくても，ホモトピー同値ならば，それらの k 次ホモトピー群は，群同型になることが示される．

7.1　基本群

この節において，位相空間の基本群（=1 次ホモトピー群）を定義し，その基本的な性質について述べることにする．以下，閉区間 $[0,1]$ には，$(\mathbb{R}, \mathcal{O}_{d_{\mathbb{E}}})$ の相対位相 $\mathcal{O}_{d_{\mathbb{E}}}|_{[0,1]}$ を与え，直積集合 $X \times [0,1]$ には，積位相 $\mathcal{O}_X \times \mathcal{O}_{d_{\mathbb{E}}}|_{[0,1]}$ を与えておく．まず，ホモトピーを定義しておこう．位相空間 $(X, \mathcal{O}_X)$ から位相空間 $(Y, \mathcal{O}_Y)$ への連続写像の全体を $C^0(X, Y)$ と表すことにする．$f_1, f_2 \in C^0(X, Y)$ に対し，連続写像 $H : X \times [0,1] \to Y$ で，$H(\cdot, 0) = f_1$, $H(\cdot, 1) = f_2$ となるようなものを，f_1 から f_2 への**ホモトピー** (**homotopy**) といい，f_1 から f_2 へのホモトピーが存在するとき，f_1 と f_2 は**ホモトープ** (**homotop**) であるといい，$f_1 \sim f_2$ と表す．$C^0(X, Y)$ におけるこの 2 項関係 $\sim$ が同値関

係であることを示しておこう．$\sim$ が反射律を満たすことは明らかである．$\sim$ が対称律を満たすことを示そう．$f_1 \sim f_2$ とし，H を f_1 から f_2 へのホモトピーとする．このとき，写像 $\hat{H} : X \times [0,1] \to X$ を $\hat{H}(x,t) := H(x, 1-t)$ によって定義する．明らかに，この写像 $\hat{H}$ は，f_2 から f_1 へのホモトピーを与える．よって，$f_2 \sim f_1$ となり，対称律が示される．次に，$\sim$ が推移律を満たすことを示そう．$f_1 \sim f_2$，$f_2 \sim f_3$ とし，H_1, H_2 を，各々，f_1 から f_2 へのホモトピー，f_2 から f_3 へのホモトピーとする．写像 $\check{H} : X \times [0,1] \to X$ を

$$
\check{H}(x,t) := \begin{cases} H_1(x, 2t) & \left((x,t) \in X \times \left[0, \frac{1}{2}\right]\right) \\ H_2(x, 2t-1) & \left((x,t) \in X \times \left[\frac{1}{2}, 1\right]\right) \end{cases}
$$

によって定義する．明らかに，$\check{H}$ は，f_1 から f_3 へのホモトピーを与える．よって，$f_1 \sim f_3$ となり，推移律が示される．したがって，$\sim$ は，$C^0(X,Y)$ における同値関係である．f $(\in C^0(X,Y))$ の属する $\sim$ に関する同値類を，f の属する**ホモトピー類** (**homotopy class**) といい，$[f]$ と表す．

位相空間 $(X, \mathcal{O})$ の点 x_0 を固定する．$c \in C^0([0,1], X)$ で $c(0) = c(1) = x_0$ となるようなものを，$\boldsymbol{x_0}$ **を基点とする連続ループ**といい，その全体を $\Omega_{x_0}(X)$ と表すことにする．この集合 $\Omega_{x_0}(X)$ における2項関係 $\underset{x_0}{\sim}$ を次のように定義する．$c_1, c_2 \in \Omega_{x_0}(X)$ とする．c_1 から c_2 へのホモトピー H で，任意の $u \in [0,1]$ に対し，$H(0,u) = H(1,u) = x_0$ が成り立つようなものが存在するとき，$c_1 \underset{x_0}{\sim} c_2$ と表すことにする．このとき，上述のように，2項関係 $\underset{x_0}{\sim}$ が $\Omega_{x_0}(X)$ における同値関係であることが示される．c の属する $\underset{x_0}{\sim}$ に関する同値類を $[c]_{x_0}$，または，単に $[c]$ と表す．上述の H を，c_1 から c_2 への**基点** $\boldsymbol{x_0}$ **を固定するホモトピー** (**homotopy fixing the base point**) といい，$[c]_{x_0}$ をループ c の属する**ホモトピー類**という．商集合 $\Omega_{x_0}(X)/\underset{x_0}{\sim}$ を $\pi_1(X, x_0)$ と表す．この集合に群演算を与えることにしよう．c_1, $c_2 \in \Omega_{x_0}(X)$ に対し，これらの積 $c_1 \cdot c_2$ $(\in \Omega_{x_0}(X))$ を

$$
(c_1 \cdot c_2)(t) := \begin{cases} c_1(2t) & \left(0 \leqq t \leqq \frac{1}{2}\right) \\ c_2(2t-1) & \left(\frac{1}{2} < t \leqq 1\right) \end{cases}
$$

によって定義し，$[c_1]_{x_0}, [c_2]_{x_0} \in \pi_1(X, x_0)$ の積 $[c_1]_{x_0} \cdot [c_2]_{x_0}$ $(\in \pi_1(X, x_0))$ を $[c_1]_{x_0} \cdot [c_2]_{x_0} := [c_1 \cdot c_2]_{x_0}$ によって定める．$\pi_1(X, x_0)$ におけるこの積演算 $\cdot$ が well-defined であることを示そう．そのためには，$c_i \underset{x_0}{\sim} \bar{c}_i$ $(i = 1, 2)$ として，$[c_1 \cdot c_2]_{x_0} = [\bar{c}_1 \cdot \bar{c}_2]_{x_0}$ が成り立つことを示せばよい．$c_i \underset{x_0}{\sim} \bar{c}_i$ より，c_i から $\bar{c}_i$ への基点 x_0 を固定するホモトピー H_i $(i = 1, 2)$ が存在する．$\hat{H} : [0, 1] \times [0, 1] \to X$ を

$$\hat{H}(t, u) := \begin{cases} H_1(2t, u) & \left((t, u) \in \left[0, \dfrac{1}{2}\right] \times [0, 1]\right) \\ H_2(2t - 1, u) & \left((t, u) \in \left[\dfrac{1}{2}, 1\right] \times [0, 1]\right) \end{cases}$$

によって定義する．容易に，この写像 $\hat{H}$ が，$c_1 \cdot c_2$ から $\bar{c}_1 \cdot \bar{c}_2$ への基点 x_0 を固定するホモトピーであることが示される．よって，$[c_1 \cdot c_2]_{x_0} = [\bar{c}_1 \cdot \bar{c}_2]_{x_0}$ が示され，$\pi_1(X, x_0)$ におけるこの積演算 $\cdot$ が well-defined であることがわかる．$\pi_1(X, x_0)$ におけるこの積演算 $\cdot$ が，結合律を満たすことは明らかである．

次に，単位元の存在を示そう．c_{x_0} を x_0 における停留ループ，つまり，$c_{x_0} \equiv x_0$ によって定義される $\Omega_{x_0}(X)$ の元とする．任意に，$\alpha = [c]_{x_0} \in \pi_1(X, x_0)$ をとる．写像 $H : [0, 1] \times [0, 1] \to X$ を

$$H(t, u) := \begin{cases} c(\frac{2t}{u+1}) & \left(t \in \left[0, \dfrac{u+1}{2}\right]\right) \\ x_0 & \left(t \in \left[\dfrac{u+1}{2}, 1\right]\right) \end{cases}$$

$(u \in [0, 1])$ によって定義する（図 7.1.1 を参照）．容易に，この写像 H が，$c \cdot c_{x_0}$ から c への基点 x_0 を固定するホモトピーであることが示される．よって，$[c \cdot c_{x_0}]_{x_0} = [c]_{x_0} = \alpha$，それゆえ，

$$\alpha \cdot [c_{x_0}]_{x_0} = [c]_{x_0} \cdot [c_{x_0}]_{x_0} = [c \cdot c_{x_0}]_{x_0} = \alpha$$

をえる．同様に，$[c_{x_0}]_{x_0} \cdot \alpha = \alpha$ が示される．したがって，$[c_{x_0}]_{x_0}$ が単位元の役割を果たすことがわかる．以下，$[c_{x_0}]_{x_0}$ を e と表す．

次に，逆元の存在を示そう．任意に，$\alpha = [c]_{x_0} \in \pi_1(X, x_0)$ をとる．c の逆とよばれるループ c^{-1} が $c^{-1}(t) := c(1 - t)$ $(t \in [0, 1])$ によって定義される．写像 $\bar{H} : [0, 1] \times [0, 1] \to X$ を

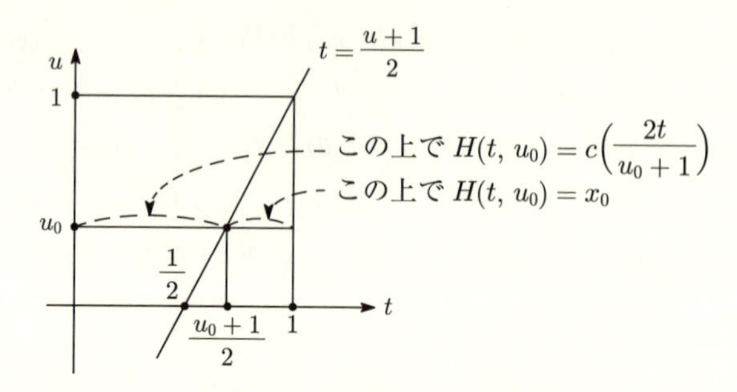

図 7.1.1　$c \cdot c_{x_0}$ から c への基点 x_0 を固定するホモトピー

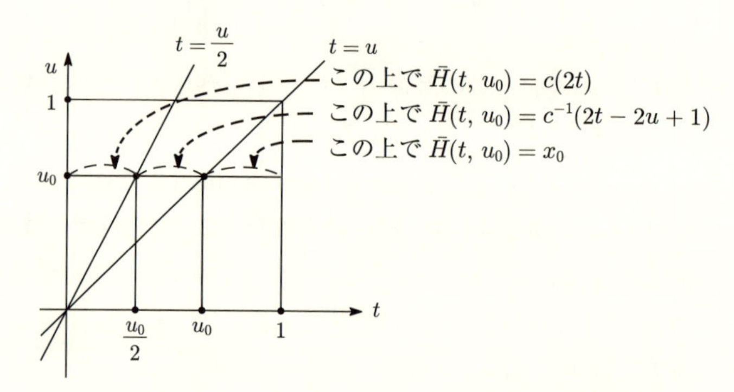

図 7.1.2　c_{x_0} から $c \cdot c^{-1}$ への基点 x_0 を固定するホモトピー

$$\bar{H}(t,u) := \begin{cases} c(2t) & \left(t \in \left[0, \dfrac{u}{2}\right]\right) \\ c^{-1}(2t-2u+1) & \left(t \in \left[\dfrac{u}{2}, u\right]\right) \\ x_0 & (t \in [u,1]) \end{cases}$$

($u \in [0,1]$) によって定義する（図 7.1.2 を参照）．明らかに，この写像 $\bar{H}$ は，c_{x_0} から $c \cdot c^{-1}$ への基点 x_0 を固定するホモトピーである．よって，

$$e = [c_{x_0}]_{x_0} = [c \cdot c^{-1}]_{x_0} = [c]_{x_0} \cdot [c^{-1}]_{x_0} = \alpha \cdot [c^{-1}]_{x_0}$$

が示される．同様に，$[c^{-1}]_{x_0} \cdot \alpha = e$ が示される．よって，$[c^{-1}]_{x_0}$ が α の逆元の役割を果たすことがわかる．以下，$[c^{-1}]_{x_0}$ を α^{-1} と表す．以上のことから，$\cdot$ が $\pi_1(X, x_0)$ における群演算を与えることがわかる．この群 $(\pi_1(X, x_0), \cdot)$ を位相空間 $(X, \mathcal{O})$ の点 x_0 における**基本群** (**fundamental group**)，または，

1次ホモトピー群 (**the first homotopy group**) という．以下，簡単のため，この群を $\pi_1(X, x_0)$ と略記する．特に，$\pi_1(X, x_0)$ が単位群であるとき，$(X, \mathcal{O})$ は，**単連結** (**simply connected**) であるという．

基本群について，次の事実が成り立つ．

> **命題 7.1.1** $(X, \mathcal{O})$ が弧状連結であるとする．このとき，X の任意の2点 x_1, x_2 に対し，$\pi_1(X, x_1)$ と $\pi_1(X, x_2)$ は群同型である．

【証明】 $(X, \mathcal{O})$ は弧状連結なので，x_1 を始点，x_2 を終点とする連続曲線 $\bar{c} : [0,1] \to X$ が存在する．写像 $F_{\bar{c}} : \pi_1(X, x_1) \to \pi_1(X, x_2)$ を

$$F_{\bar{c}}([c]_{x_1}) := [(\bar{c}^{-1} \cdot c) \cdot \bar{c}]_{x_2} \qquad ([c]_{x_1} \in \pi_1(X, x_1))$$

によって定義する．この写像 $F_{\bar{c}}$ が well-defined であることを示そう．$[c_1]_{x_1} = [c_2]_{x_1}$ として，$[(\bar{c}^{-1} \cdot c_1) \cdot \bar{c}]_{x_2} = [(\bar{c}^{-1} \cdot c_2) \cdot \bar{c}]_{x_2}$ が成り立つことを示せばよい．まず，

$$((\bar{c}^{-1} \cdot c_i) \cdot \bar{c})(t) = \begin{cases} \bar{c}^{-1}(4t) & \left(t \in \left[0, \dfrac{1}{4}\right]\right) \\ c_i(4t-1) & \left(t \in \left[\dfrac{1}{4}, \dfrac{1}{2}\right]\right) \\ \bar{c}(2t-1) & \left(t \in \left[\dfrac{1}{2}, 1\right]\right) \end{cases}$$

であることを注意しておく．H を c_1 から c_2 への基点 x_1 を固定するホモトピーとする．このとき，写像 $\hat{H} : [0,1] \times [0,1] \to X$ を

$$\hat{H}(t, u) := \begin{cases} \bar{c}^{-1}(4t) & \left((t, u) \in \left[0, \dfrac{1}{4}\right] \times [0,1]\right) \\ H(4t-1, u) & \left((t, u) \in \left[\dfrac{1}{4}, \dfrac{1}{2}\right] \times [0,1]\right) \\ \bar{c}(2t-1) & \left((t, u) \in \left[\dfrac{1}{2}, 1\right] \times [0,1]\right) \end{cases}$$

によって定義する．容易に，この写像 $\hat{H}$ が，$(\bar{c}^{-1} \cdot c_1) \cdot \bar{c}$ から $(\bar{c}^{-1} \cdot c_2) \cdot \bar{c}$ への基点 x_2 を固定するホモトピーであることが示される．よって，$[(\bar{c}^{-1} \cdot c_1) \cdot \bar{c}]_{x_2}$

$= [(\bar{c}^{-1} \cdot c_2) \cdot \bar{c}]_{x_2}$ が成り立つ．したがって，写像 $F_{\bar{c}}$ は well-defined である．

次に，$F_{\bar{c}}$ が群同型写像であることを示そう．任意に，$\pi_1(X, x_1)$ の 2 元 $\alpha_i = [c_i]_{x_1}$ $(i = 1, 2)$ をとる．このとき，

$$\begin{aligned} F_{\bar{c}}(\alpha_1 \cdot \alpha_2) &= F_{\bar{c}}([c_1 \cdot c_2]_{x_1}) = [(\bar{c}^{-1} \cdot (c_1 \cdot c_2)) \cdot \bar{c}]_{x_2} \\ &= [((\bar{c}^{-1} \cdot c_1) \cdot \bar{c}) \cdot ((\bar{c}^{-1} \cdot c_2) \cdot \bar{c})]_{x_2} \\ &= [(\bar{c}^{-1} \cdot c_1) \cdot \bar{c}]_{x_2} \cdot [(\bar{c}^{-1} \cdot c_2) \cdot \bar{c})]_{x_2} \\ &= F_{\bar{c}}(\alpha_1) \cdot F_{\bar{c}}(\alpha_2) \end{aligned}$$

が示される．よって，$F_{\bar{c}}$ は群準同型写像である．$F_{\bar{c}^{-1}} : \pi_1(X, x_2) \to \pi_1(X, x_1)$ を

$$F_{\bar{c}^{-1}}([c]_{x_2}) := [(\bar{c} \cdot c) \cdot \bar{c}^{-1}]_{x_2} \qquad ([c]_{x_2} \in \pi_1(X, x_2))$$

によって定義する．このとき，$F_{\bar{c}^{-1}}$ が群準同型写像であることが，同様に示される．また，容易に，$F_{\bar{c}^{-1}} \circ F_{\bar{c}} = \mathrm{id}_{\pi_1(X,x_1)}$，および，$F_{\bar{c}} \circ F_{\bar{c}^{-1}} = \mathrm{id}_{\pi_1(X,x_2)}$ が示される．それゆえ，$F_{\bar{c}}, F_{\bar{c}^{-1}}$ が全単射であり，$F_{\bar{c}}^{-1} = F_{\bar{c}^{-1}}$ が成り立つ．よって，$F_{\bar{c}}$ は，群同型写像である．それゆえ，$\pi_1(X, x_1)$ と $\pi_1(X, x_2)$ が群同型である．　□

次に，ホモトピー同値性を定義しよう．f を位相空間 $(X, \mathcal{O}_X)$ から位相空間 $(Y, \mathcal{O}_Y)$ への連続写像とする．$(Y, \mathcal{O}_Y)$ から $(X, \mathcal{O}_Y)$ への連続写像 g で，$g \circ f \sim \mathrm{id}_X$，$f \circ g \sim \mathrm{id}_Y$ となるようなものが存在するとき，f を $(X, \mathcal{O}_X)$ から $(Y, \mathcal{O}_Y)$ への**ホモトピー同値写像** (**homotopy equivalence**) という．位相空間 $(X, \mathcal{O}_X)$ から位相空間 $(Y, \mathcal{O}_Y)$ へのホモトピー同値写像が存在するとき，$(X, \mathcal{O}_X)$ は $(Y, \mathcal{O}_Y)$ と**ホモトピー同値** (**homotopy equivalent**) であるといい，$(X, \mathcal{O}_X) \simeq (Y, \mathcal{O}_Y)$（または，$X \simeq Y$）と表す．位相空間全体のなす集合を $\mathcal{TOP}$ と表す．2 項関係 $\simeq$ は，$\mathcal{TOP}$ における同値関係であることを示そう．$\simeq$ が反射律と対称律を満たすことは，明らかである．$\simeq$ が推移律を満たすことを示そう．$(X_1, \mathcal{O}_{X_1}) \simeq (X_2, \mathcal{O}_{X_2})$，$(X_2, \mathcal{O}_{X_2}) \simeq (X_3, \mathcal{O}_{X_3})$ であるとし，$f_1 : X_1 \to X_2$，$f_2 : X_2 \to X_3$ を各々，ホモトピー同値写像とする．また，$g_1 : X_2 \to X_1$ と $g_2 : X_3 \to X_2$ を各々，$g_1 \circ f_1 \sim \mathrm{id}_{X_1}$，$f_1 \circ g_1 \sim \mathrm{id}_{X_2}$

と $g_2 \circ f_2 \sim \mathrm{id}_{X_2}$，$f_2 \circ g_2 \sim \mathrm{id}_{X_3}$ を満たす連続写像とし，H_2 を $g_2 \circ f_2$ から id_{X_2} へのホモトピーとする．H_2 を用いて，連続写像 $\hat{H}_2 : X_1 \times [0,1] \to X_1$ を

$$\hat{H}_2(x,t) := g_1(H_2(f_1(x),t)) \quad ((x,t) \in X_1 \times [0,1])$$

によって定義する．このとき，

$$\hat{H}_2(x,0) = g_1(H_2(f_1(x),0)) = ((g_1 \circ g_2) \circ (f_2 \circ f_1))(x) \quad (x \in X_1)$$

および，

$$\hat{H}_2(x,1) = g_1(H_2(f_1(x),1)) = (g_1 \circ f_1)(x) \quad (x \in X_1)$$

をえる．よって，$\hat{H}_2$ は，$(g_1 \circ g_2) \circ (f_2 \circ f_1)$ から $g_1 \circ f_1$ へのホモトピーであり，それゆえ，$(g_1 \circ g_2) \circ (f_2 \circ f_1) \sim g_1 \circ f_1 \sim \mathrm{id}_{X_1}$ をえる．同様に，$(f_2 \circ f_1) \circ (g_1 \circ g_2) \sim \mathrm{id}_{X_3}$ が示される．したがって，$f_2 \circ f_1$ は，$(X_1, \mathcal{O}_{X_1})$ から $(X_3, \mathcal{O}_{X_3})$ へのホモトピー同値写像であり，$(X_1, \mathcal{O}_{X_1}) \simeq (X_3, \mathcal{O}_{X_3})$ が示される．よって，$\simeq$ は，推移律を満たす．したがって，$\simeq$ は $\mathcal{TOP}$ における同値関係である．

次に，変位レトラクションを定義しよう．A を位相空間 $(X, \mathcal{O})$ の部分集合とする．$(X, \mathcal{O})$ から $(A, \mathcal{O}|_A)$ への連続写像 r で，$r|_A = \mathrm{id}_A$ となるようなものが存在するとき，A を $(X, \mathcal{O})$ の**レトラクト** (**retract**) といい，r を X から A への**レトラクション** (**retraction**) という．さらに，ι を A から X への包含写像として，$\iota \circ r$ が id_X とホモトープであるとき，r を X から A への**変位レトラクション** (**deformation retraction**) といい，A を X の**変位レトラクト** (**deformation retract**) という．基本的な変位レトラクトションの例を一つ与えよう．積位相空間 $(S^1(1) \times [-1,1], \mathcal{O}_{d_{\mathbb{E}^2}}|_{S^1(1)} \times \mathcal{O}_{d_{\mathbb{E}^1}}|_{[-1,1]})$ からその部分集合 $S^1(1) \times \{0\}$ への写像 r を

$$r((x_1,x_2),t) := ((x_1,x_2),0) \quad ((x_1,x_2),t) \in S^1(1) \times [-1,1])$$

によって定義し，$H : (S^1(1) \times [-1,1]) \times [0,1] \to S^1(1) \times [-1,1]$ を

$$H(((x_1,x_2),t),u) := ((x_1,x_2),(1-u)t)$$
$$((((x_1,x_2),t),u) \in (S^1(1) \times [-1,1]) \times [0,1])$$

によって定義する．明らかに，H は $\mathrm{id}_{S^1(1)\times[-1,1]}$ から $\iota\circ r$ へのホモトピーを与える．ここで，ι は $S^1(1)\times\{0\}$ から $S^1(1)\times[-1,1]$ への包含写像を表す．したがって，r が $S^1(1)\times[-1,1]$ から $S^1\times\{0\}$ への変位レトラクションであることがわかり，それゆえ，$S^1(1)\times\{0\}$ は，$(S^1(1)\times[-1,1],\mathcal{O}_{d_{\mathbb{E}^2}}|_{S^1(1)}\times\mathcal{O}_{d_{\mathbb{E}^1}}|_{[-1,1]})$ の変位レトラクトであることが示される．

f を位相空間 $(X,\mathcal{O}_X)$ から位相空間 $(Y,\mathcal{O}_Y)$ への連続写像とする．このとき，写像 $f_*:\pi_1(X,x_0)\to\pi_1(Y,f(x_0))$ を

$$f_*([c]_{x_0}):=[f\circ c]_{f(x_0)}\quad([c]_{x_0}\in\pi_1(X,x_0))$$

によって定義する．この写像が well-defined であることを示そう．そのためには，$[c]_{x_0}=[\bar{c}]_{x_0}$ として，$[f\circ c]_{f(x_0)}=[f\circ\bar{c}]_{f(x_0)}$ が成り立つことを示さなければならない．H を，c から $\bar{c}$ への基点 x_0 を固定するホモトピーとし，$\bar{H}:=f\circ H$ とおく．このとき，

$$\bar{H}(0,u)=f(H(0,u))=f(x_0),\quad\bar{H}(1,u)=f(H(1,u))=f(x_0),$$
$$\bar{H}(t,0)=f(H(t,0))=(f\circ c)(t),\quad\bar{H}(t,1)=f(H(t,1))=(f\circ\bar{c})(t)$$

となり，$\bar{H}$ が，$f\circ c$ から $f\circ\bar{c}$ への基点 $f(x_0)$ を固定するホモトピーであることがわかる．それゆえ，$[f\circ c]_{f(x_0)}=[f\circ\bar{c}]_{f(x_0)}$ が示される．したがって，f_* は，well-defined である．f_* が群準同型写像であることを示そう．任意に，$\alpha_i=[c_i]_{x_0}\in\pi_1(X,x_0)$ $(i=1,2)$ をとる．このとき，

$$\begin{aligned}f_*(\alpha_1\cdot\alpha_2)&=f_*([c_1\cdot c_2]_{x_0})=[f\circ(c_1\cdot c_2)]_{f(x_0)}=[(f\circ c_1)\cdot(f\circ c_2)]_{f(x_0)}\\&=[f\circ c_1]_{f(x_0)}\cdot[f\circ c_2]_{f(x_0)}=f_*(\alpha_1)\cdot f_*(\alpha_2)\end{aligned}$$

が示されるので，f_* が群準同型写像であることが示される．

基本群のホモトピー同値不変性について，次の事実が成り立つ．

> **定理 7.1.2**　弧状連結な位相空間 $(X,\mathcal{O}_X)$ と $(Y,\mathcal{O}_Y)$ がホモトピー同値ならば，これらの基本群 $\pi_1(X,x_0)$ と $\pi_1(Y,y_0)$ は群同型である．ここで，x_0,y_0 は各々，X,Y の任意の点である．

【証明】　f を $(X,\mathcal{O}_X)$ から $(Y,\mathcal{O}_Y)$ へのホモトピー同値写像とし，$g:Y\to$

X を，$g \circ f \sim \mathrm{id}_X$，$f \circ g \sim \mathrm{id}_Y$ となるような連続写像とする．$f_* : \pi_1(X, x_0) \to \pi_1(Y, f(x_0))$ が群同型写像であることを示そう．$g \circ f \sim \mathrm{id}_X$ なので，id_X から $g \circ f$ へのホモトピー H が存在する．$(X, \mathcal{O}_X)$ における連続曲線 $\bar{c}$ を $\bar{c}(u) := H(x_0, u)$ $(u \in [0,1])$ によって定義する．ここで，$\bar{c}(0) = H(x_0, 0) = x_0$ であることを注意しておく．連続写像 $H_u : X \to X$ を $H_u(x) := H(x, u)$ $(x \in X)$ によって定義する．$F_{(\bar{c}|_{[0,u]})^{-1}} : \pi_1(X, \bar{c}(u)) \to \pi_1(X, x_0)$ を，命題7.1.1の証明中で定義した $F_{\bar{c}}$ と同様に定義される群同型写像とする．任意に，$[c]_{x_0} \in \pi_1(X, x_0)$ をとる．このとき，

$$((F_{\bar{c}^{-1}} \circ g_*) \circ f_*)([c]_{x_0}) = [\bar{c} \cdot (g \circ f \circ c) \cdot \bar{c}^{-1}]_{x_0} = [\bar{c} \cdot (H_1 \circ c) \cdot \bar{c}^{-1}]_{x_0}$$

が示される．ここで，g_* は g の定める $\pi_1(Y, f(x_0))$ から $\pi_1(X, (g \circ f)(x_0))$ への群準同型写像を表す．$\hat{H} : [0,1] \times [0,1] \to X$ を

$$\hat{H}(t, u) := ((\bar{c}|_{[0,u]}) \cdot (H_u \circ c) \cdot (\bar{c}|_{[0,u]})^{-1})(t) \quad ((t, u) \in [0,1] \times [0,1])$$

によって定義する．明らかに，この写像 $\hat{H}$ は，c から $\bar{c} \cdot (H_1 \circ c) \cdot \bar{c}^{-1}$ への基点 x_0 を固定するホモトピーである．したがって，$[\bar{c} \cdot (H_1 \circ c) \cdot \bar{c}^{-1}]_{x_0} = [c]_{x_0}$，それゆえ，

$$((F_{\bar{c}^{-1}} \circ g_*) \circ f_*)([c]_{x_0}) = [c]_{x_0}$$

が示され，さらに，$[c]_{x_0}$ $(\in \pi_1(X, x_0))$ の任意性より，$(F_{\bar{c}^{-1}} \circ g_*) \circ f_* = \mathrm{id}_{\pi_1(X, x_0)}$ がわかる．同様に，$f_* \circ (F_{\bar{c}^{-1}} \circ g_*) = \mathrm{id}_{\pi_1(Y, f(x_0))}$ が示される．よって，f_* が全単射であり，$f_*^{-1} = F_{\bar{c}^{-1}} \circ g_*$ であることが導かれる．したがって，f_* は群同型写像であり，$\pi_1(X, x_0)$ と $\pi_1(Y, f(x_0))$ が群同型であることがわかる．一方，命題7.1.1より，$\pi_1(Y, f(x_0))$ と $\pi_1(Y, y_0)$ が群同型であることが示される．よって，$\pi_1(X, x_0)$ と $\pi_1(Y, y_0)$ は群同型である． □

この定理から，位相空間の基本群が，**ホモトピー同値不変量**（それゆえ，**位相不変量**）であることがわかる．

例 7.1.1 $(\mathbb{R}^n, \mathcal{O}_{d_{\mathbb{E}}})$ $(n \geqq 1)$ の基本群を調べよう．$o := (0, \ldots, 0) \in \mathbb{R}^n$ とおく．任意に，$c \in \Omega_o(\mathbb{R}^n)$ をとる．$c(t) = (c_1(t), \ldots, c_n(t))$ $(t \in [0,1])$ とする．写像 $H : \mathbb{R}^n \times [0,1] \to \mathbb{R}^n$ を

$$H(t,u) := (1-u)c(t) \ \ (= ((1-u)c_1(t), \ldots, (1-u)c_n(t)))$$
$$((t,u) \in [0,1] \times [0,1])$$

によって定義する．明らかに，この写像 H は，c から o における停留ループ c_o への基点 o を固定するホモトピーである．よって，$[c]_o = [c_o]_o = e$ をえる．したがって，$\pi_1(\mathbb{R}^n, o) = \{e\}$ が示される．

例 7.1.2　単位円

$$S^1(1) := \{(x_1, x_2) \in \mathbb{R}^2 \,|\, x_1^2 + x_2^2 = 1\}$$

に，$(\mathbb{R}^2, \mathcal{O}_{d_{\mathbb{E}}})$ の相対位相 $\mathcal{O}_{d_{\mathbb{E}}}|_{S^1(1)}$ を与える．部分位相空間 $(S^1(1), \mathcal{O}_{d_{\mathbb{E}}}|_{S^1(1)})$ の基本群を調べよう．$o := (1,0) \in S^1(1)$ とおく．整数 m に対し，o を基点とする連続ループ $c_m : [0,1] \to S^1(1)$ を

$$c_m(t) := (\cos(2\pi mt), \sin(2\pi mt)) \quad (t \in [0,1])$$

によって定義する．任意に，o を基点とする $S^1(1)$ における連続ループ $c : [0,1] \to S^1(1)$ をとる．c は，$\theta(0) = 0$ となる $[0,1]$ 上のある連続関数 θ を用いて，$c(t) = (\cos\theta(t), \sin\theta(t))$ $(t \in [0,1])$ と表される．このとき，容易に，ある整数 m を用いて，$\theta(1) = 2m\pi$ となることが示される．この整数 m は，c の**回転数 (rotation number)** とよばれる．$H : [0,1] \times [0,1] \to S^1(1)$ を

$$H(t,u) := (\cos((1-u)\theta(t) + u \cdot 2m\pi t), \, \sin((1-u)\theta(t) + u \cdot 2m\pi t))$$
$$((t,u) \in [0,1] \times [0,1])$$

によって定義する．明らかに，H は，c から c_m への基点 o を固定するホモトピーである．よって，$c \underset{o}{\sim} c_m$ をえる．明らかに，任意の整数 m, m' に対し，$c_m \cdot c_{m'}$ の回転数は $m + m'$ であり，それゆえ，直前に示した事実より，$c_m \cdot c_{m'} \underset{o}{\sim} c_{m+m'}$ をえる．また，$m \neq m'$ ならば，$c_m \underset{o}{\sim} c'_m$ でないことが容易に示される．これらの事実から，次式によって定義される写像 $F : \mathbb{Z} \to \pi_1(S^1(1), o)$ が群同型写像であることがわかる：

$$F(m) := [c_m]_o \quad (m \in \mathbb{Z}).$$

このように，$\pi_1(S^1(1), o)$ が $\mathbb{Z}$ に群同型であることが示される．

例 7.1.3　位相空間 $(S^1(1), \mathcal{O}_{d_{\mathbb{E}}}|_{S^1(1)})$ とそれ自身との積位相空間

$$(S^1(1) \times S^1(1), \mathcal{O}_{d_{\mathbb{E}}}|_{S^1(1)} \times \mathcal{O}_{d_{\mathbb{E}}}|_{S^1(1)})$$

の基本群を調べよう．$o := (1,0,1,0) \in S^1(1) \times S^1(1)$ とおく．$\mathrm{pr}_i : S^1(1) \times S^1(1) \to S^1(1)$ $(i = 1,2)$ を

$$\mathrm{pr}_1(x_1,x_2,x_3,x_4) := (x_1,x_2) \quad ((x_1,x_2,x_3,x_4) \in S^1(1) \times S^1(1)),$$
$$\mathrm{pr}_2(x_1,x_2,x_3,x_4) := (x_3,x_4) \quad ((x_1,x_2,x_3,x_4) \in S^1(1) \times S^1(1))$$

によって定義する．整数の組 (m_1, m_2) に対し，o を基点とする連続ループ $c_{m_1,m_2} : [0,1] \to S^1(1) \times S^1(1)$ を

$$c_{m_1,m_2}(t) := (\cos(2\pi m_1 t), \sin(2\pi m_1 t), \cos(2\pi m_2 t), \sin(2\pi m_2 t)) \quad (t \in [0,1])$$

によって定義する．このとき，明らかに，$\mathrm{pr}_1 \circ c_{m_1,m_2}$, $\mathrm{pr}_2 \circ c_{m_1,m_2}$ の回転数は，各々，m_1, m_2 となる．任意に，o を基点とする $S^1(1) \times S^1(1)$ における連続ループ $c : [0,1] \to S^1(1) \times S^1(1)$ をとる．c は，$[0,1]$ 上のある連続関数 θ_1, θ_2 を用いて，次のように表示される：

$$c(t) = (\cos\theta_1(t), \sin\theta_1(t), \cos\theta_2(t), \sin\theta_2(t)) \quad (t \in [0,1]).$$

$\mathrm{pr}_1 \circ c$, $\mathrm{pr}_2 \circ c$ の回転数を，各々，m_1, m_2 とする．このとき，明らかに，$\theta_i(0) = 0$, $\theta_i(1) = 2\pi m_i$ $(i = 1,2)$ が成り立つ．$H : [0,1] \times [0,1] \to S^1(1) \times S^1(1)$ を

$$\begin{aligned} H(t,u) := (&\cos((1-u)\theta_1(t) + u \cdot 2\pi m_1 t),\ \sin((1-u)\theta_1(t) + u \cdot 2\pi m_1 t), \\ &\cos((1-u)\theta_2(t) + u \cdot 2\pi m_2 t),\ \sin((1-u)\theta_2(t) + u \cdot 2\pi m_2 t)) \\ &((t,u) \in [0,1] \times [0,1]) \end{aligned}$$

によって定義する．明らかに，H は，c から c_{m_1,m_2} への基点 o を固定する

ホモトピーである．よって，$c \sim c_{m_1,m_2}$ をえる．また，容易に任意の整数の組 (m_1,m_2), (m_1',m_2') に対し，$\mathrm{pr}_1 \circ (c_{m_1,m_2} \cdot c_{m_1',m_2'})$ の回転数は，$m_1 + m_1'$ であり，$\mathrm{pr}_2 \circ (c_{m_1,m_2} \cdot c_{m_1',m_2'})$ の回転数が，$m_2 + m_2'$ であることが示される．それゆえ，直前に示した事実より，$c_{m_1,m_2} \cdot c_{m_1',m_2'} \sim c_{m_1+m_1',m_2+m_2'}$ をえる．また，$(m_1,m_2) \neq (m_1',m_2')$ ならば，$c_{m_1,m_2} \sim c_{m_1',m_2'}$ でないことが容易に示される．これらの事実から，次式によって定義される写像 $F : \mathbb{Z}^2 \to \pi_1(S^1(1) \times S^1(1), o)$ が群同型写像であることがわかる：

$$F(m_1,m_2) := [c_{m_1,m_2}]_o \quad ((m_1,m_2) \in \mathbb{Z}^2).$$

このように，$\pi_1(S^1(1) \times S^1(1), o)$ が $\mathbb{Z}^2$ に群同型であることが示される．

例 7.1.4　n ($\geqq 2$) 次元単位球面

$$S^n(1) := \left\{ (x_1,\ldots,x_{n+1}) \in \mathbb{R}^{n+1} \;\middle|\; \sum_{i=1}^{n+1} x_i^2 = 1 \right\}$$

に，$(\mathbb{R}^{n+1}, \mathcal{O}_{d_{\mathbb{E}}})$ の相対位相 $\mathcal{O}_{d_{\mathbb{E}}}|_{S^n(1)}$ を与えよう．部分位相空間 $(S^n(1), \mathcal{O}_{d_{\mathbb{E}}}|_{S^n(1)})$ の基本群を調べよう．$o := (0,\ldots,0,1) \in S^n(1)$ とおく．写像 $\mathrm{pr}_{\mathrm{st}} : S^n(1) \setminus \{o\} \to \mathbb{R}^n$ を

$$\mathrm{pr}_{\mathrm{st}}(x_1,\ldots,x_{n+1}) := \left(\frac{x_1}{1-x_{n+1}}, \ldots, \frac{x_n}{1-x_{n+1}} \right)$$
$$((x_1,\ldots,x_{n+1}) \in S^n(1) \setminus \{o\})$$

によって定義する (図 7.1.3 を参照)．この写像 $\mathrm{pr}_{\mathrm{st}}$ は，$(S^n(1) \setminus \{o\}, \mathcal{O}_{d_{\mathbb{E}}}|_{S^n(1)\setminus\{o\}})$ から $(\mathbb{R}^n, \mathcal{O}_{d_{\mathbb{E}}})$ への同相写像であることが示される．この写像 $\mathrm{pr}_{\mathrm{st}}$ は，o を極とする**極射影** (**stereographic projection**) とよばれる．

任意に $c \in \Omega_o(S^n(1))$ をとる．同相写像 $\phi : S^n(1) \to S^n(1)$ を

$$\phi(x_1,\ldots,x_{n+1}) := (x_1,\ldots,x_n,-x_{n+1}) \quad ((x_1,\ldots,x_{n+1}) \in S^n(1))$$

によって定義する．極射影 $\mathrm{pr}_{\mathrm{st}}$ とこの写像を用いて，写像 $H : [0,1] \times [0,1] \to S^n(1)$ を

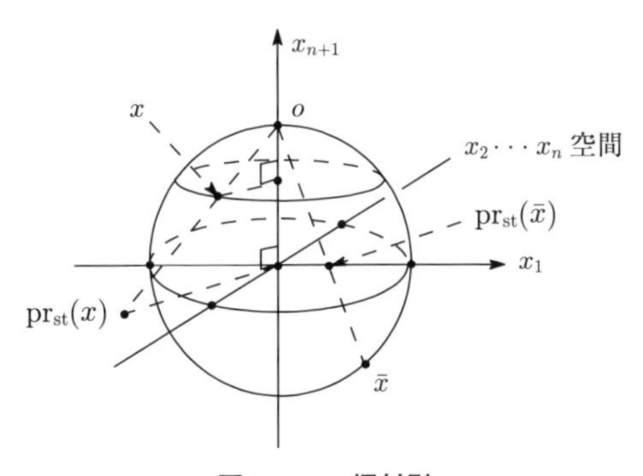

図 7.1.3 極射影

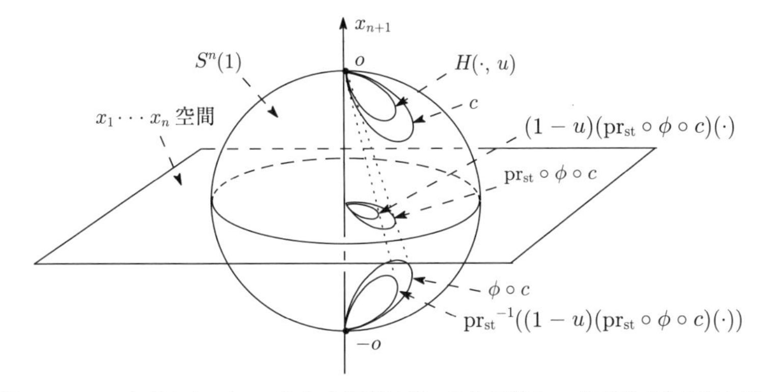

図 7.1.4 $\boldsymbol{\pi_1(S^n(1), o) = \{e\}}$ の証明に用いられる基点 $\boldsymbol{o}$ を固定するホモトピー

$$H(t,u) := (\phi \circ \mathrm{pr_{st}}^{-1})((1-u)(\mathrm{pr_{st}} \circ \phi)(c(t))) \quad ((t,u) \in [0,1] \times [0,1])$$

によって定義する（図 7.1.4 を参照）．容易に，この写像 H が c から o における停留ループ c_o への基点 o を固定するホモトピーであることが示される．よって，$[c]_o = [c_o]_o = e$ をえる．したがって，$\pi_1(S^n(1), o) = \{e\}$ が示される．

$\pi : (\widetilde{X}, \widetilde{\mathcal{O}}) \to (X, \mathcal{O})$ を被覆写像とする（被覆写像の定義については，3.8 節を参照）．特に，$(\widetilde{X}, \widetilde{\mathcal{O}})$ が単連結であるとき，π を**普遍被覆写像** (**universal covering map**) といい，$(\widetilde{X}, \widetilde{\mathcal{O}})$ を $(X, \mathcal{O})$ の**普遍被覆空間** (**the universal covering space**) という．

普遍被覆写像について，次の事実が成り立つ．

定理 7.1.3　$\pi_i : (\widetilde{X}_i, \widetilde{\mathcal{O}}_i) \to (X, \mathcal{O})$ $(i = 1, 2)$ が共に，普遍被覆写像ならば，$(\widetilde{X}_1, \widetilde{\mathcal{O}}_1)$ から $(\widetilde{X}_2, \widetilde{\mathcal{O}}_2)$ への同相写像 ϕ で，$\pi_2 \circ \phi = \pi_1$ となるようなものが存在する．

【証明】　$x_0 \in X$ をとり，$\widetilde{x}_i \in \pi_i^{-1}(x_0)$ $(i = 1, 2)$ をとる．写像 $\phi : \widetilde{X}_1 \to \widetilde{X}_2$ を

$$\phi(\widetilde{x}) := (\pi_1 \circ c^{\widetilde{x}})^L_{\widetilde{x}_2}(1) \quad (\widetilde{x} \in \widetilde{X}_1)$$

によって定義する．ここで，$c^{\widetilde{x}}$ は，$\widetilde{x}_1$ を始点とし，$\widetilde{x}$ を終点とする $(\widetilde{X}_1, \widetilde{\mathcal{O}}_1)$ 上の任意にとった（$[0, 1]$ を定義域とする）連続曲線であり，$(\pi_1 \circ c^{\widetilde{x}})^L_{\widetilde{x}_2}$ は，$\pi_1 \circ c^{\widetilde{x}}$ の $\widetilde{x}_2$ を発するリフトを表す（図 7.1.5 を参照）．この写像 ϕ が well-defined であることを示そう．$\widetilde{x}_1$ を始点とし，$\widetilde{x}$ を終点とする $(\widetilde{X}_1, \widetilde{\mathcal{O}}_1)$ 上の（$[0, 1]$ を定義域とする）連続曲線 $\bar{c}^{\widetilde{x}}$ をもう一つとる．$(\widetilde{X}_1, \widetilde{\mathcal{O}}_1)$ は単連結なので，$c^{\widetilde{x}} \cdot (\bar{c}^{\widetilde{x}})^{-1}$ は，停留曲線 $c_{\widetilde{x}_1}$ とホモトープである．H を $c^{\widetilde{x}} \cdot (\bar{c}^{\widetilde{x}})^{-1}$ から停留曲線 $c_{\widetilde{x}_1}$ へのホモトピーとする．このとき，$\pi_1 \circ H$ は，$(\pi_1 \circ c^{\widetilde{x}}) \cdot (\pi_1 \circ (\bar{c}^{\widetilde{x}})^{-1})$ から停留曲線 c_{x_0} へのホモトピーになる．それゆえ，$\pi_1 \circ c^{\widetilde{x}}$ から $\pi_1 \circ \bar{c}^{\widetilde{x}}$ への両端固定のホモトピー $\hat{H}$ が存在する．$\hat{H}_u$ $(:= \hat{H}(\cdot, u))$ の $\widetilde{x}_2$ を発するリフト $(\hat{H}_u)^L_{\widetilde{x}_2}$ の終点の軌跡 $u \mapsto (\hat{H}_u)^L_{\widetilde{x}_2}(1)$ $(u \in [0, 1])$ は，$(\widetilde{X}_2, \widetilde{\mathcal{O}}_2)$ 上の連続曲線で，$\pi_2^{-1}(\pi_1(\widetilde{x}))$ 内を動く．ゆえに，$\pi_2^{-1}(\pi_1(\widetilde{x}))$ が離散集合であることから，停留曲線であることがわかり，したがって，

$$(\pi_1 \circ c^{\widetilde{x}})^L_{\widetilde{x}_2}(1) = (\hat{H}_0)^L_{\widetilde{x}_2}(1) = (\hat{H}_1)^L_{\widetilde{x}_2}(1) = (\pi_1 \circ \bar{c}^{\widetilde{x}})^L_{\widetilde{x}_2}(1)$$

をえる．この事実から，ϕ が well-defined であることがわかる．また，明らかに，$\pi_2 \circ \phi = \pi_1$ が成り立つ．

ϕ が $(\widetilde{X}_1, \widetilde{\mathcal{O}}_1)$ から $(\widetilde{X}_2, \widetilde{\mathcal{O}}_2)$ への局所同相写像であることを示そう．$\widetilde{x} \in \widetilde{X}_1$ を任意にとり，$x := \pi_1(\widetilde{x})$ とおく．U を x の被覆写像 π_1 に関する標準的な開近傍とし，$\pi_1^{-1}(U)$ の $\widetilde{x}$ を含む連結成分を $\widetilde{U}_1$ とする．このとき，ϕ の定義から，$\phi(\widetilde{U}_1)$ は $\phi(\widetilde{x})$ の開近傍であり，$\phi|_{\widetilde{U}_1}$ は，$(\widetilde{U}_1, \widetilde{\mathcal{O}}_1|_{\widetilde{U}_1})$ から $(\phi(\widetilde{U}_1), \widetilde{\mathcal{O}}_2|_{\phi(\widetilde{U}_1)})$ への同相写像であることが示される．このように，ϕ が局所同相写

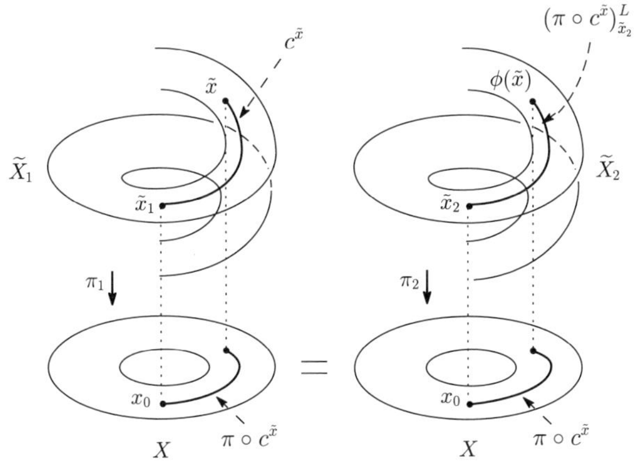

図 7.1.5　ϕ の構成法

像であることがわかる．ϕ に類似して，写像 $\psi : (\widetilde{X}_2, \widetilde{\mathcal{O}}_2) \to (\widetilde{X}_1, \widetilde{\mathcal{O}}_1)$ を

$$\psi(\widetilde{x}) := (\pi_2 \circ \hat{c}^{\widetilde{x}})^L_{\widetilde{x}_1}(1) \quad (\widetilde{x} \in \widetilde{X}_2)$$

によって定義する．ここで，$\hat{c}^{\widetilde{x}}$ は，$\widetilde{x}_2$ を始点とし，$\widetilde{x}$ を終点とする $(\widetilde{X}_2, \widetilde{\mathcal{O}}_2)$ 上の任意にとった（$[0,1]$ を定義域とする）連続曲線である．上の証明を模倣して，この写像 ψ の well-defined 性，および，局所同相性が示される．また，容易に，$\psi \circ \phi = \mathrm{id}_{\widetilde{X}_1}$，$\phi \circ \psi = \mathrm{id}_{\widetilde{X}_2}$ が示され，それゆえ，ϕ, ψ が全単射であり，$\psi = \phi^{-1}$ が成り立つことがわかる．したがって，ϕ が同相写像であり，よって，ϕ が求めるべき写像であることが示される．□

普遍被覆写像について，次の事実が成り立つ．

定理 7.1.4　普遍被覆写像 $\pi : (\widetilde{X}, \widetilde{\mathcal{O}}) \to (X, \mathcal{O})$ の被覆変換群 Γ_π は，基本群 $\pi_1(X, x_0)$ と同型である．

【証明】　x_0 $(\in X)$ を基点とするループ $c : [0,1] \to X$ に対し，写像 $\phi_c : (\widetilde{X}, \widetilde{\mathcal{O}}) \to (\widetilde{X}, \widetilde{\mathcal{O}})$ を次式のように定義する：

$$\phi_c(\widetilde{x}) := (\pi \circ c^{\widetilde{x}})^L_{c^L_{\widetilde{x}_0}(1)}(1) \quad (\widetilde{x} \in \widetilde{X}).$$

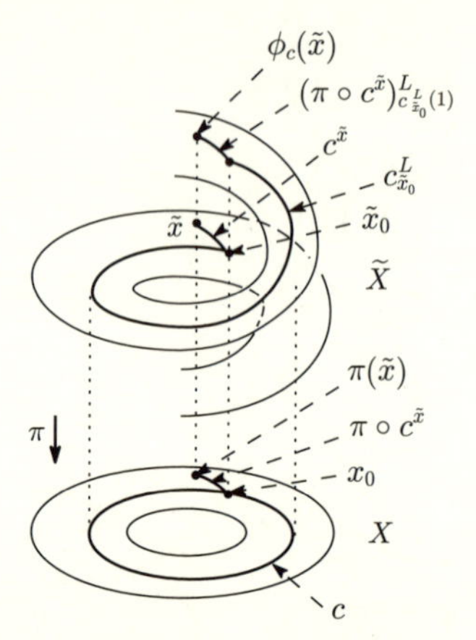

図 7.1.6　ϕ_c の構成法

ここで，$c^{\widetilde{x}}$ は $\widetilde{x}_0$ $(\in \pi^{-1}(x_0))$ を始点とし，$\widetilde{x}$ を終点とする任意にとった（$[0,1]$ を定義域とする）連続曲線である（図 7.1.6 を参照）．この写像 ϕ_c が well-defined であること，および，連続であることは，定理 7.1.3 の証明中で定義した写像 ϕ が well-defined であること，および，連続であることの証明を模倣して示される．さらに，明らかに，$\phi_c \circ \phi_{c^{-1}} = \phi_{c^{-1}} \circ \phi_c = \mathrm{id}_{\widetilde{X}}$ が成り立つので，ϕ_c が同相写像であることが示される．

$\alpha \in \pi_1(X, x_0)$ とし，$c_1, c_2 \in \alpha$ とする．このとき，$\phi_{c_1} = \phi_{c_2}$ が成り立つことを示そう．$c_1 \sim c_2$ より，c_1 から c_2 への両端固定のホモトピー $\check{H}$ が存在する．このとき，$\check{H}_u$ $(: t \mapsto \check{H}(t,u))$ $(t \in [0,1])$ の点 $\widetilde{x}_0$ を発するリフト $(\check{H}_u)^L_{\widetilde{x}_0}$ に対し，その終点の軌跡 $u \mapsto (\check{H}_u)^L_{\widetilde{x}_0}(1)$ $(u \in [0,1])$ は，$(\widetilde{X}, \widetilde{\mathcal{O}})$ 上の連続曲線であり，$\pi^{-1}(\pi(\widetilde{x}))$ 上を動く．よって，$\pi^{-1}(\pi(\widetilde{x}))$ が離散集合であることから，$u \mapsto (\check{H}_u)^L_{\widetilde{x}_0}(1)$ $(u \in [0,1])$ が停留曲線であること，ゆえに，

$$(c_1)^L_{\widetilde{x}_0}(1) = (\check{H}_0)^L_{\widetilde{x}_0}(1) = (\check{H}_1)^L_{\widetilde{x}_0}(1) = (c_2)^L_{\widetilde{x}_0}(1)$$

が示される．したがって，

$$\phi_{c_1}(\widetilde{x}) = (\pi \circ c^{\widetilde{x}})^L_{(c_1)^L_{\widetilde{x}_0}(1)}(1) = (\pi \circ c^{\widetilde{x}})^L_{(c_2)^L_{\widetilde{x}_0}(1)}(1) = \phi_{c_2}(\widetilde{x})$$

が示され，$\widetilde{x}$ の任意性から，$\phi_{c_1} = \phi_{c_2}$ をえる．このように，同相写像 ϕ_c は，ホモトピー類 $\alpha = [c]_{x_0}$ の代表元 c のとり方によらず，ホモトピー類 α によ

って決まることがわかる．以下，この同相写像を ϕ_α と表すことにする．ϕ_α は，その定義から，$\pi \circ \phi_\alpha = \pi$ を満たす，つまり，π の被覆変換である．写像 $\Phi : \pi_1(X, x_0) \to \Gamma_\pi$ を

$$\Phi(\alpha) := \phi_\alpha \quad (\alpha \in \pi_1(X, x_0))$$

によって定義する．Φ が群準同型写像であることを示そう．$\alpha_1, \alpha_2 \in \pi_1(X, x_0)$，および，$c_i \in \alpha_i$ $(i = 1, 2)$ をとる．このとき，任意の $\widetilde{x} \in \widetilde{X}$ に対し，

$$\begin{aligned}
(\Phi(\alpha_1) \circ \Phi(\alpha_2))(\widetilde{x}) &= \Phi(\alpha_1)((\pi \circ c^{\widetilde{x}})^L_{(c_2)^L_{\widetilde{x}_0}(1)}(1)) \\
&= (\pi \circ ((c_2)^L_{\widetilde{x}_0} \cdot (\pi \circ c^{\widetilde{x}})^L_{(c_2)^L_{\widetilde{x}_0}(1)}))^L_{(c_1)^L_{\widetilde{x}_0}(1)}(1) \\
&= (\pi \circ c^{\widetilde{x}})^L_{(c_1 \cdot c_2)^L_{\widetilde{x}_0}(1)}(1) = \phi_{\alpha_1 \cdot \alpha_2}(\widetilde{x}) = \Phi(\alpha_1 \cdot \alpha_2)(\widetilde{x})
\end{aligned}$$

が示される．それゆえ，$\Phi(\alpha_1) \circ \Phi(\alpha_2) = \Phi(\alpha_1 \cdot \alpha_2)$ をえる．したがって，Φ は群準同型写像である．

次に，Φ が単射であることを示そう．$\alpha_1 \neq \alpha_2 \in \pi_1(X, x_0)$ とし，$c_i \in \alpha_i$ $(i = 1, 2)$ をとる．このとき，c_1 と c_2 がホモトープでないことより，$(c_1)^L_{\widetilde{x}_0}(1) \neq (c_2)^L_{\widetilde{x}_0}(1)$ が示されるので，

$$\phi_{\alpha_1}(\widetilde{x}) = (\pi \circ c^{\widetilde{x}})^L_{(c_1)^L_{\widetilde{x}_0}(1)}(1) \neq (\pi \circ c^{\widetilde{x}})^L_{(c_2)^L_{\widetilde{x}_0}(1)}(1) = \phi_{\alpha_2}(\widetilde{x})$$

が導かれる．それゆえ，$\phi_{\alpha_1} \neq \phi_{\alpha_2}$，つまり，$\Phi(\alpha_1) \neq \Phi(\alpha_2)$ をえる．このように，Φ は単射である．

次に，Φ が全射であることを示そう．任意に，$\phi \in \Gamma_\pi$ をとる．$\widetilde{x}_0$ を始点とし，$\phi(\widetilde{x}_0)$ を終点とする連続曲線 $\widetilde{c} : [0, 1] \to \widetilde{X}$ をとり，$\alpha := [\pi \circ \widetilde{c}]$ とおく．このとき，容易に，$\phi = \phi_\alpha = \Phi(\alpha)$ が示される．このように，Φ が全射であることが示される．したがって，Φ は群同型写像である． □

例 7.1.5 $n \geqq 2$ とする．$(n+1)$ 次元数ベクトル空間 $\mathbb{R}^{n+1}$ の 1 次元部分ベクトル空間の全体は，**n 次元（実）射影空間** (**n-dimensional (real) projective space**) とよばれ，$\mathbb{RP}^n$ と表される．$S^n(1)$ から $\mathbb{RP}^n$ への写像 $\widehat{\pi}$ を

$$\widehat{\pi}(x_1, \ldots, x_{n+1}) := \mathrm{Span}\{(x_1, \ldots, x_{n+1})\} \quad ((x_1, \ldots, x_{n+1}) \in S^n(1))$$

によって定義する．ここで，$\mathrm{Span}\{(x_1,\ldots,x_{n+1})\}$ は，$(x_1,\ldots,x_{n+1})$ によって生成される $\mathbb{R}^{n+1}$ の1次元部分ベクトル空間を表す．明らかに，この写像 $\widehat{\pi}$ は全射であり，$\mathbb{RP}^n$ の各点 α $(=\mathrm{Span}\{(a_1,\ldots,a_{n+1})\}$ に対し，

$$\widehat{\pi}^{-1}(\alpha)=\{(a_1,\ldots,a_{n+1}),(-a_1,\ldots,-a_{n+1})\}$$

となり，2点集合であることがわかる．$\mathbb{RP}^n$ に $S^n(1)$ の位相 $\mathcal{O}_{S^n(1)}$ から $\widehat{\pi}$ によって誘導される強位相 $(\mathcal{O}_{S^n(1)})_\pi$ を与える．位相空間 $(\mathbb{RP}^n,(\mathcal{O}_{S^n(1)})_\pi)$ の基本群を調べよう．明らかに，写像 $\widehat{\pi}:(S^n(1),\mathcal{O}_{S^n(1)})\to(\mathbb{RP}^n,(\mathcal{O}_{S^n(1)})_\pi)$ は被覆写像になり，例 7.1.4 によれば，$(S^n(1),\mathcal{O}_{S^n(1)})$ は単連結なので，$\widehat{\pi}$ は普遍被覆写像である．さらに，$\widehat{\pi}$ は $2:1$ 写像なので，その被覆変換群は位数2の巡回群 $\mathbb{Z}_2$ に同型になることがわかる．それゆえ，定理 7.1.4 によれば，$(\mathbb{RP}^n,(\mathcal{O}_{S^n(1)})_\pi)$ の基本群は $\mathbb{Z}_2$ に同型になる．$\bar{o}:=\widehat{\pi}(-1,0,\ldots,0)$ とおく．基本群 $\pi_1(\mathbb{RP}^n,\bar{o})$ の生成元を求めておこう．$c:[0,1]\to S^n(1)$ を

$$c(t):=(\cos(\pi(t-1)),\sin(\pi(t-1)),0,\ldots,0)\quad(t\in[0,1])$$

によって定義し，$\bar{c}:=\widehat{\pi}\circ c$ とおく．$c(0)\neq c(1)$ だが，$\bar{c}(1)=\widehat{\pi}(1,0,\ldots,0)=\widehat{\pi}(-1,0,\ldots,0)=\bar{c}(0)$ となり，$\bar{c}$ は，$\mathbb{RP}^n$ 内の $\bar{o}$ を基点とするループになることがわかる．c は，$\bar{c}$ の $o:=(-1,0,\ldots,0)$ を発するリフトであり，$c(1)\neq o$ なので，定理 7.1.4 の証明中で定義した写像 $\phi_{[\bar{c}]_{\bar{o}}}$ は，$\mathrm{id}_{S^n(1)}$ と異なることがわかる．実際，$\phi_{[\bar{c}]_{\bar{o}}}(\boldsymbol{x})=-\boldsymbol{x}$ となる（図 7.1.7 を参照）．よって，$[\bar{c}]_{\bar{o}}$ が $\pi_1(\mathbb{RP}^n,\bar{o})$ の単位元でないこと，つまり，生成元であることがわかる．

7.2 高次ホモトピー群

この節において，位相空間の k $(\geqq 2)$ 次ホモトピー群を定義し，その基本的な性質について述べることにする．x_1 の正の方向を上方としたときの k 次元上半単位球面

$$\{(x_1,\ldots,x_{k+1})\in S^k(1)\,|\,x_1\geqq 0\}$$

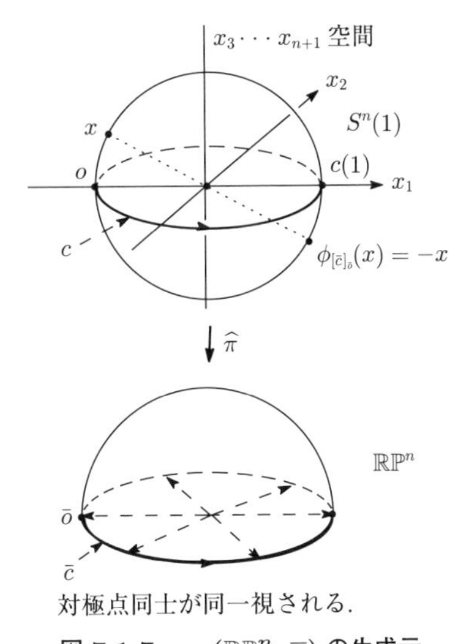

図 7.1.7　$\boldsymbol{\pi_1(\mathbb{RP}^n, \overline{o})}$ の生成元

を $S_+^k(1)$ と表し，x_1 の正の方向を上方としたときの k 次元下半単位球面

$$\{(x_1, \ldots, x_{k+1}) \in S^k(1) \mid x_1 \leqq 0\}$$

を $S_-^k(1)$ と表す．また，

$$S_0^k(1) := \{(x_1, \ldots, x_{k+1}) \in S^k(1) \mid x_1 = 0\}$$

とおく．$o := (0, \ldots, 0, 1) \in S^k(1)$ を基点としてとる．写像 $\mathrm{pr_{st}}$ を o を極とする極射影（例 7.1.4 を参照）とし，写像 $\mathrm{pr_c^{\pm}} : \mathring{S}_\pm^k(1) \to \mathbb{R}^k$ を

$$\mathrm{pr_c^{\pm}}(x_1, \ldots, x_{k+1}) := \left(\frac{x_2}{|x_1|}, \ldots, \frac{x_{k+1}}{|x_1|}\right) \quad ((x_1, \ldots, x_{k+1}) \in \mathring{S}_\pm^k(1))$$

によって定義する（図 7.2.1 を参照）．これらの写像は，**中心射影 (central projection)** とよばれる．$\psi_\pm := \mathrm{pr_{st}^{-1}} \circ \mathrm{pr_c^{\pm}} : \mathring{S}_\pm^k(1) \to S^k(1) \setminus \{o\}$ は，$(\mathbb{R}^{k+1}, d_{\mathbb{E}})$ の部分位相空間 $(\mathring{S}_\pm^k(1), \mathcal{O}_{d_{\mathbb{E}}}|_{\mathring{S}_\pm^k(1)})$ と $(S^k(1) \setminus \{o\}, \mathcal{O}_{d_{\mathbb{E}}}|_{S^k(1)\setminus\{o\}})$ の間の同相写像を与えることが，容易に示される（図 7.2.2 を参照）．以下，$S^k(1)$ には，相対位相 $\mathcal{O}_{d_{\mathbb{E}}}|_{S^k(1)}$ を与える．$(X, \mathcal{O})$ を位相空間とし，$x_0 \in X$ を固定する．$S^k(1)$ から $(X, \mathcal{O})$ への連続写像で，o を x_0 に写すようなもの全体を $\Omega_{x_0}^k(X)$ と表す．この集合 $\Omega_{x_0}^k(X)$ における 2 項関係 $\underset{x_0}{\sim}$ を次のように定

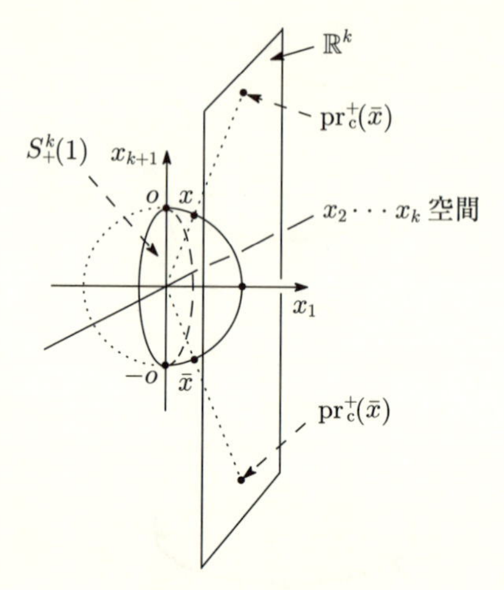

図 7.2.1　中心射影

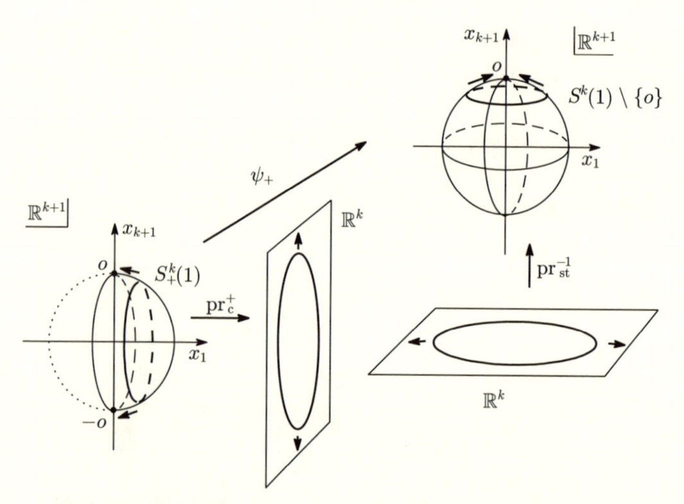

図 7.2.2　同相写像 $\psi_+ : S_+^k(1) \to S^k(1) \setminus \{o\}$ のイメージ

義する．$\sigma_1, \sigma_2 \in \Omega_{x_0}^k(X)$ とする．σ_1 から σ_2 へのホモトピー H で，任意の $u \in [0,1]$ に対し，$H(o,u) = x_0$ が成り立つようなものが存在するとき，$\sigma_1 \underset{x_0}{\sim} \sigma_2$ と表すことにする．このとき，2項関係 $\underset{x_0}{\sim}$ が $\Omega_{x_0}^k(X)$ における同値関係であることが示される．σ の属する $\underset{x_0}{\sim}$ に関する同値類を $[\sigma]_{x_0}$，または，単に，$[\sigma]$ と表す．上述の H を，σ_1 から σ_2 への**基点 $\boldsymbol{x_0}$ を固定するホモトピー (ho-**

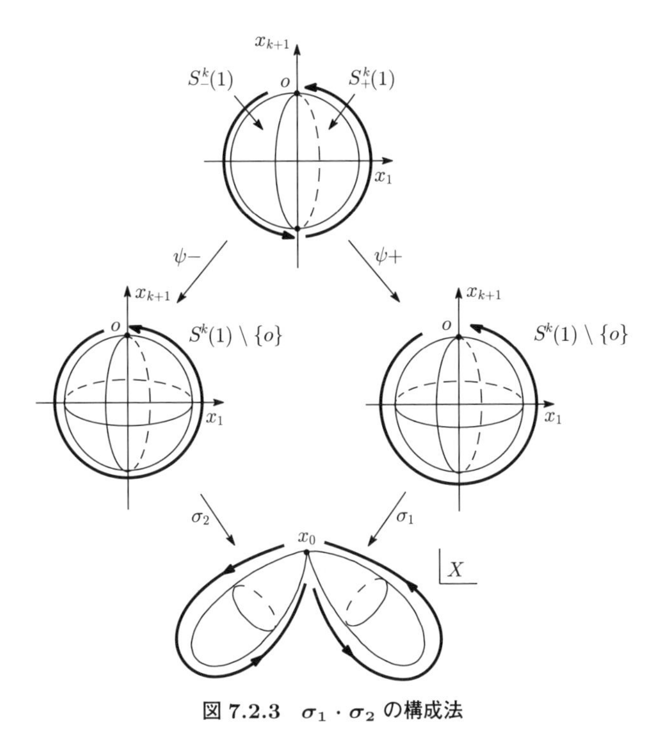

図 7.2.3 $\boldsymbol{\sigma_1\cdot\sigma_2}$ の構成法

motopy fixing the base point) といい，$[\sigma]_{x_0}$ を σ の属する**ホモトピー類**という．商集合 $\Omega^k_{x_0}(X)/\underset{x_0}{\sim}$ を $\pi_k(X,x_0)$ と表す．この集合に群演算を与えることにしよう．$\sigma_1,\sigma_2\in\Omega^k_{x_0}(X)$ に対し，これらの積 $\sigma_1\cdot\sigma_2$ $(\in\Omega^k_{x_0}(X))$ を

$$
(\sigma_1\cdot\sigma_2)(x_1,\dots,x_{k+1})
:=\begin{cases}
(\sigma_1\circ\psi_+)(x_1,\dots,x_{k+1}) & ((x_1,\dots,x_{k+1})\in\mathring{S}^k_+(1))\\
(\sigma_2\circ\psi_-)(x_1,\dots,x_{k+1}) & ((x_1,\dots,x_{k+1})\in\mathring{S}^k_-(1))\\
x_0 & ((x_1,\dots,x_{k+1})\in S^k_0(1))
\end{cases}
$$

によって定義し，$[\sigma_1]_{x_0}$, $[\sigma_2]_{x_0}\in\pi_k(X,x_0)$ の積 $[\sigma_1]_{x_0}\cdot[\sigma_2]_{x_0}$ $(\in\pi_k(X,x_0))$ を $[\sigma_1]_{x_0}\cdot[\sigma_2]_{x_0}:=[\sigma_1\cdot\sigma_2]_{x_0}$ によって定める（図 7.2.3 を参照）．

$\pi_k(X,x_0)$ におけるこの積演算 $\cdot$ が well-defined であることを示そう．そのためには，$\sigma_i\underset{x_0}{\sim}\bar{\sigma}_i$ $(i=1,2)$ として，$[\sigma_1\cdot\sigma_2]_{x_0}=[\bar{\sigma}_1\cdot\bar{\sigma}_2]_{x_0}$ が成り立つことを示せばよい．$\sigma_i\underset{x_0}{\sim}\bar{\sigma}_i$ より，σ_i から $\bar{\sigma}_i$ への基点 x_0 を固定するホモトピー

H_i $(i=1,2)$ が存在する．$(H_i)_u : S^k(1) \to X$ $(u \in [0,1])$ を

$$(H_i)_u(x_1,\ldots,x_{k+1}) := H_i((x_1,\ldots,x_{k+1}),u) \quad ((x_1,\ldots,x_{k+1}) \in S^k(1))$$

によって定義し，$\hat{H} : S^k(1) \times [0,1] \to X$ を

$$\begin{aligned} &\hat{H}((x_1,\ldots,x_{k+1}),u) \\ &:= \begin{cases} ((H_1)_u \circ \psi_+)(x_1,\ldots,x_{k+1}) & ((x_1,\ldots,x_{k+1}) \in \mathring{S}^k_+(1)) \\ ((H_2)_u \circ \psi_-)(x_1,\ldots,x_{k+1}) & ((x_1,\ldots,x_{k+1}) \in \mathring{S}^k_-(1)) \\ x_0 & ((x_1,\ldots,x_{k+1}) \in S^k_0(1)) \end{cases} \end{aligned}$$

$(u \in [0,1])$ によって定める．$\hat{H}_u(S^k_+(1)) = (H_1)_u(S^k(1))$，$\hat{H}_u(S^k_-(1)) = (H_2)_u(S^k(1))$ であることに注意すると，このホモトピーのイメージを摑むことができるであろう．容易に，この写像 $\hat{H}$ は，$\sigma_1 \cdot \sigma_2$ から $\bar{\sigma}_1 \cdot \bar{\sigma}_2$ への基点 x_0 を固定するホモトピーであることが示される．よって，$[\sigma_1 \cdot \sigma_2]_{x_0} = [\bar{\sigma}_1 \cdot \bar{\sigma}_2]_{x_0}$ が示され，$\pi_k(X,x_0)$ における積演算 $\cdot$ が well-defined であることがわかる．$\pi_k(X,x_0)$ における積演算 $\cdot$ が，結合律を満たすことは明らかである．

次に，単位元の存在を示そう．$\sigma_{x_0} : S^k(1) \to X$ を x_0 に値をとる定点写像とする．任意に $\alpha = [\sigma]_{x_0} \in \pi_k(X,x_0)$ をとる．各 $\theta \in \left[0,\dfrac{\pi}{2}\right]$ に対し，$S^k_\theta(1)$ を，

$$S^k_\theta(1) := \begin{cases} \left\{(x_1,\ldots,x_{k+1}) \in S^k(1) \,\middle|\, x_{k+1} \leqq \dfrac{x_1}{\tan\theta} + 1\right\} & \left(0 < \theta < \dfrac{\pi}{2}\right) \\ S^k_+(1) & (\theta = 0) \\ S^k(1) & \left(\theta = \dfrac{\pi}{2}\right) \end{cases}$$

によって定義する（図 7.2.4 を参照）．明らかに，$S^k_+(1)$ は，$S^k_\theta(1)$ の変位レトラクトであり，$S^k(1)$ からそれ自身への同相写像の連続族 $\left\{\varphi_\theta \,\middle|\, \theta \in \left[0,\dfrac{\pi}{2}\right]\right\}$ で，$\varphi_\theta|_{S^k_\theta(1)}$ が $S^k_\theta(1)$ から $S^k_+(1)$ への変位レトラクションを与えるようなものが存在する（図 7.2.5 を参照）．ここで，$\left\{\varphi_\theta \,\middle|\, \theta \in \left[0,\dfrac{\pi}{2}\right]\right\}$ が連続族であるとは，

$$\widetilde{\varphi}(\boldsymbol{x},\theta) := \varphi_\theta(\boldsymbol{x}) \quad \left((\boldsymbol{x},\theta) \in S^k(1) \times \left[0,\frac{\pi}{2}\right]\right)$$

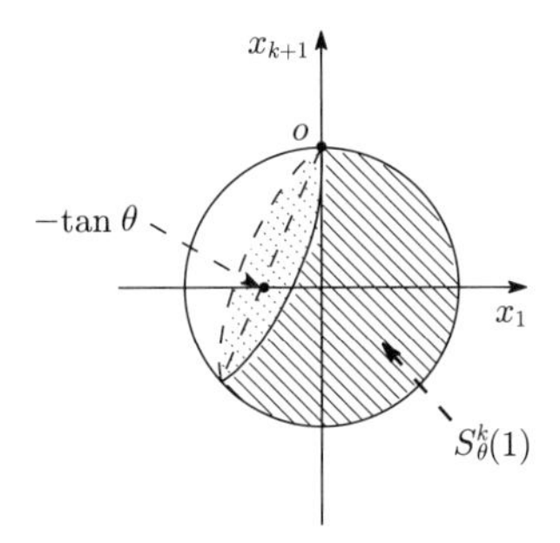

図 7.2.4 $S^k_\theta(1)$ のイメージ

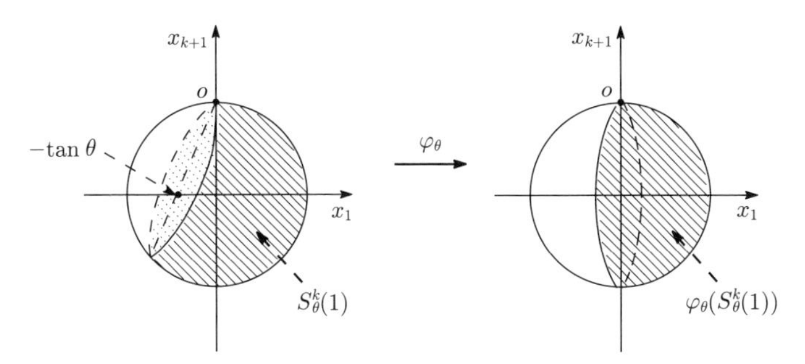

図 7.2.5 φ_θ のイメージ

によって定義される写像 $\widetilde{\varphi}$ が，積位相空間 $\left(S^k(1) \times \left[0, \dfrac{\pi}{2}\right], \mathcal{O}_{d_{\mathbb{E}^{k+1}}}|_{S^k(1)} \times \mathcal{O}_{d_{\mathbb{E}^1}}|_{[0,\frac{\pi}{2}]}\right)$ から $(S^k(1), \mathcal{O}_{d_{\mathbb{E}^{k+1}}}|_{S^k(1)})$ への連続写像になることを意味する．

この写像 φ_θ を用いて，写像 $H : S^k(1) \times [0,1] \to X$ を

$$H(\boldsymbol{x}, u) := \begin{cases} (\sigma \circ \psi_+)\left(\varphi_{\frac{\pi u}{2}}(\boldsymbol{x})\right) & \left(\boldsymbol{x} \in S^k_{\frac{\pi u}{2}}(1)\right) \\ x_0 & \left(\boldsymbol{x} \in S^k(1) \setminus S^k_{\frac{\pi u}{2}}(1)\right) \end{cases}$$

$(u \in [0,1])$ によって定義する．また，$\widetilde{\psi}_+ : S^k(1) \to S^k(1)$ を

$$\widetilde{\psi}_+(\boldsymbol{x}) := \begin{cases} \psi_+(\boldsymbol{x}) & (\boldsymbol{x} \in S^k_+(1)) \\ o & (\boldsymbol{x} \in S^k(1) \setminus S^k_+(1)) \end{cases}$$

によって定義する．このとき，

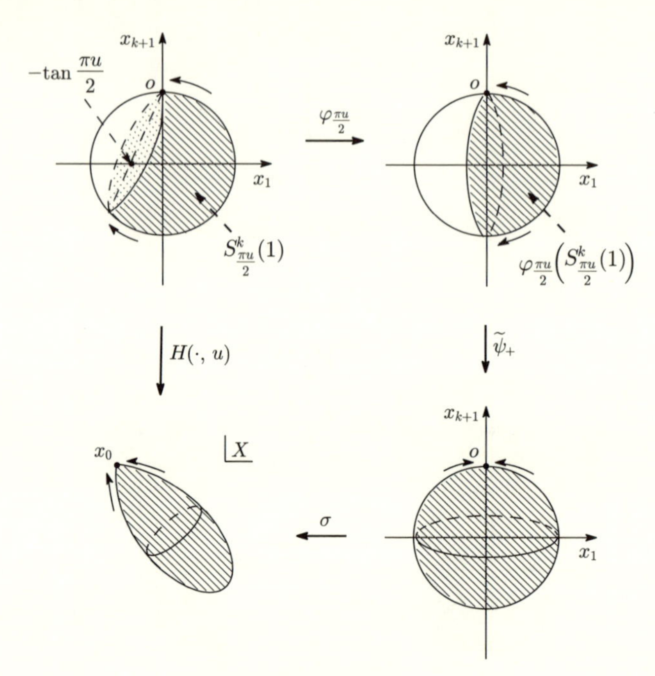

図 7.2.6　写像 H のイメージ

$$H(\boldsymbol{x}, u) := (\sigma \circ \widetilde{\psi}_+ \circ \varphi_{\frac{\pi u}{2}})(\boldsymbol{x}) \quad ((\boldsymbol{x}, u) \in S^k(1) \times [0,1])$$

が成り立つ（図 7.2.6 を参照）．明らかに，この写像 H は，基点 x_0 を固定するホモトピーである．また，$\varphi_0, \varphi_{\frac{\pi}{2}}$ のとり方から，$H_0 \underset{x_0}{\sim} \sigma \cdot \sigma_{x_0}$，および，$H_1 \underset{x_0}{\sim} \sigma$ が示される．それゆえ，

$$\alpha \cdot [\sigma_{x_0}]_{x_0} = [\sigma]_{x_0} \cdot [\sigma_{x_0}]_{x_0} = [\sigma \cdot \sigma_{x_0}]_{x_0} = [\sigma]_{x_0} = \alpha$$

をえる．同様に，$[\sigma_{x_0}]_{x_0} \cdot \alpha = \alpha$ が示される．したがって，$[\sigma_{x_0}]_{x_0}$ が単位元の役割を果たすことがわかる．以下，$[\sigma_{x_0}]_{x_0}$ を e と表す．

次に，逆元の存在を示そう．そのために，いくつかの写像を定義しておく．同相写像 $\phi : S^k(1) \to S^k(1)$ を

$$\phi(x_1, x_2, \ldots, x_{k+1}) := (-x_1, x_2, \ldots, x_k, x_{k+1}) \quad ((x_1, x_2, \ldots, x_{k+1}) \in S^k(1))$$

によって定める．この写像は，$S^k(1)$ の向きを逆にする C^∞ 同型写像とよば

れるものになる．“向きを逆にする C^∞ 同型写像” について，大雑把に説明しておこう．$S^k(1)$ の各点 $\boldsymbol{x}$ に対し，$\boldsymbol{x}$ における接空間 $T_{\boldsymbol{x}}S^k(1)$ が $k=1,2$ の場合と同様に定義される（6.4 節を参照）．6.4 節で述べたように，一般に，$T_{\boldsymbol{x}}S^k(1)$ は k 次元（実）ベクトル空間である．一方，8.4 節で述べるように，（実）ベクトル空間に対し，その向きという概念が定義される（[小池 1] の 4.9 節，[小池 2] の 1.2 節等も参照）．$S^k(1)$ からそれ自身への同相写像 F で，$\mathbb{R}^{k+1}$ からそれ自身への C^∞ 同型写像の $S^k(1)$ への制限として与えられるものは，$S^k(1)$ からそれ自身への C^∞ 同型写像とよばれる．各点 $\boldsymbol{x} \in S^k(1)$ に対し，F の $\boldsymbol{x}$ における微分写像とよばれる $T_{\boldsymbol{x}}S^k(1)$ から $T_{F(\boldsymbol{x})}S^k(1)$ への線形同型写像 $dF_{\boldsymbol{x}}$ が定義され（[小池 1] の 4.3 節，[小池 2] の 3.4 節等を参照），これを用いて，$T_{F(\boldsymbol{x})}S^k(1)$ の向きから $T_{\boldsymbol{x}}S^k(1)$ の向きが定義される（8.4 節を参照）．各点 $\boldsymbol{x} \in S^k(1)$ に対し，$T_{\boldsymbol{x}}S^k(1)$ の向き $O_{\boldsymbol{x}}$ を対応させる連続的な対応 O を，$S^k(1)$ の向きという．各点 $\boldsymbol{x} \in S^k(1)$ に対し，$O_{F(\boldsymbol{x})}$ から $dF_{\boldsymbol{x}}$ を用いて定義される $T_{\boldsymbol{x}}S^k(1)$ の向き $(dF_{\boldsymbol{x}})^*O_{F(\boldsymbol{x})}$ を対応させる対応も，連続的な対応，つまり，$S^k(1)$ の一つの向きを与えることが示される．この $S^k(1)$ の向きを，O から F によって導かれる $S^k(1)$ の向きといい，F^*O と表す（[小池 1] の 4.9 節，[小池 2] の 3.10 節等を参照）．$F^*O = O$ が成り立つとき，F を $S^k(1)$ からそれ自身への**向きを保つ C^∞ 同型写像** (**orientation-preserving C^∞-isomorphism**) といい，$F^*O = O$ が成り立たないとき，F を $S^k(1)$ からそれ自身への**向きを逆にする C^∞ 同型写像** (**orientation-reversing C^∞-isomorphism**) という．

本論に戻ることにする．各 $\theta \in \left[0, \frac{\pi}{2}\right]$ に対し，$S^k_{\pm,\theta}(1)$ を，

$$S^k_{+,\theta}(1) := \begin{cases} \left\{(x_1,\ldots,x_{k+1}) \in S^k_+(1) \,\middle|\, x_{k+1} \geqq -\dfrac{x_1}{\tan\theta} + 1\right\} & \left(0 < \theta < \dfrac{\pi}{2}\right) \\ S^k_+(1) & (\theta = 0) \\ \{o\} & \left(\theta = \dfrac{\pi}{2}\right) \end{cases}$$

および，

$$S^k_{-,\theta}(1) := \begin{cases} \left\{(x_1,\ldots,x_{k+1}) \in S^k_-(1) \,\middle|\, x_{k+1} \geqq \dfrac{x_1}{\tan\theta} + 1\right\} & \left(0 < \theta < \dfrac{\pi}{2}\right) \\ S^k_-(1) & (\theta = 0) \\ \{o\} & \left(\theta = \dfrac{\pi}{2}\right) \end{cases}$$

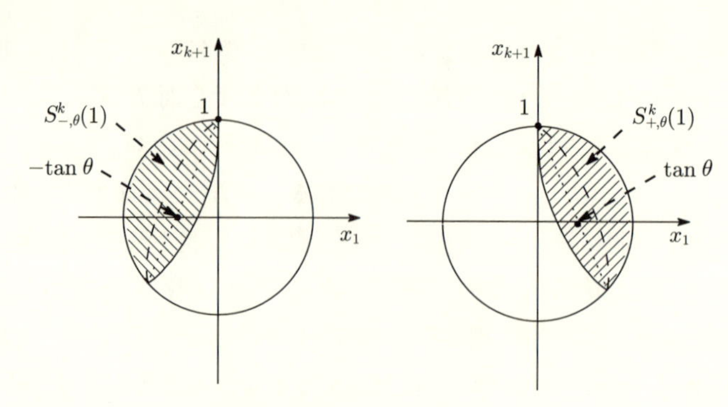

図 7.2.7　$S^k_{\pm,\theta}(1)$ のイメージ

によって定義する（図 7.2.7 を参照）．明らかに，$S^k_{\pm,\theta}(1)$ は，$S^k_{\pm}(1)$ の変位レトラクトであり，$S^k_{\pm}(1)$ から $S^k_{\pm,\theta}(1)$ への変位レトラクションの連続族 $\left\{\varphi^{\pm}_{\theta} \,\middle|\, \theta \in \left[0, \frac{\pi}{2}\right]\right\}$ が存在する．

任意に，$\alpha = [\sigma]_{x_0} \in \pi_k(X, x_0)$ をとる．上述の写像 $\phi, \varphi^{\pm}_{\theta}$，および，前方で定義した写像 $\psi_{\pm}$ $(= \mathrm{pr}_{\mathrm{st}}^{-1} \circ \mathrm{pr}_c^{\pm})$ を用いて，写像 $\bar{H} : S^k(1) \times [0,1] \to X$ を

$$\bar{H}(\boldsymbol{x}, u) := \begin{cases} \left(\sigma \circ \psi_+ \circ \varphi^{+}_{\frac{\pi u}{2}}\right)(\boldsymbol{x}) & (\boldsymbol{x} \in S^k_+(1)) \\ \left(\sigma \circ \phi \circ \psi_- \circ \varphi^{-}_{\frac{\pi u}{2}}\right)(\boldsymbol{x}) & (\boldsymbol{x} \in S^k_-(1)) \end{cases}$$

によって定義する．$\bar{H}_u(S^k_+(1)) = \bar{H}_u(S^k_-(1))$ であるが，$\bar{H}_u|_{S^k_+(1)}$ の定める向きと $\bar{H}_u|_{S^k_-(1)}$ の定める向きが逆であることに注意すると，このホモトピーのイメージを摑むことができるであろう（図 7.2.8 を参照）．明らかに，この写像 $\bar{H}$ は，基点 x_0 を固定するホモトピーであり，$\bar{H}_0 \underset{x_0}{\sim} \sigma \cdot (\sigma \circ \phi)$，および，$H_1 \underset{x_0}{\sim} \sigma_{x_0}$ が示される．それゆえ，

$$\alpha \cdot [\sigma \circ \phi]_{x_0} = [\sigma]_{x_0} \cdot [\sigma \circ \phi]_{x_0} = [\sigma \cdot (\sigma \circ \phi)]_{x_0} = [\sigma_{x_0}]_{x_0} = e$$

をえる．同様に，$[\sigma \circ \phi]_{x_0} \cdot \alpha = e$ が示される．したがって，$[\sigma \circ \phi]_{x_0}$ が α の逆元の役割を果たすことがわかる．以下，$[\sigma \circ \phi]_{x_0}$ を α^{-1} と表す．以上のことから，$\cdot$ が $\pi_k(X, x_0)$ における群演算を与えることがわかる．この群 $(\pi_k(X, x_0), \cdot)$ を位相空間 $(X, \mathcal{O})$ の点 x_0 における **$\boldsymbol{k}$ 次ホモトピー群** (**the $\boldsymbol{k}$-th homotopy group**) という．以下，簡単のため，この群を $\pi_k(X, x_0)$ と略記する．

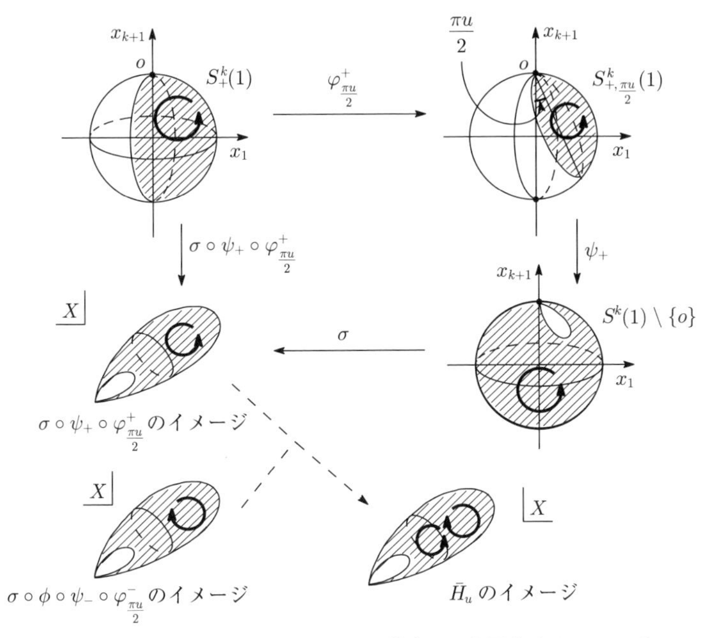

図 7.2.8　$\sigma \cdot (\sigma \circ \phi)$ から σ_{x_0} への基点 x_0 を固定するホモトピー

k 次ホモトピー群について，次の事実が成り立つ．

> **命題 7.2.1**　$(X, \mathcal{O})$ が弧状連結であるとする．このとき，X の任意の 2 点 x_1, x_2 に対し，$\pi_k(X, x_1)$ と $\pi_k(X, x_2)$ は群同型である．

【証明】　$(X, \mathcal{O})$ は弧状連結なので，x_1 を始点，x_2 を終点とする連続曲線 $c : [0, 1] \to X$ が存在する．$\sigma_c : S^k(1) \to X$ を

$$\sigma_c(x_1, \ldots, x_{k+1}) := c(1 - |x_{k+1}|) \quad ((x_1, \ldots, x_{k+1}) \in S^k(1))$$

によって定義する．また，$\widehat{S}^k_\pm(1)$, $\widehat{S}^k_0(1)$ を

$$\widehat{S}^k_+(1) := \{(x_1, \ldots, x_{k+1}) \in S^k(1) \,|\, x_{k+1} \geqq 0\},$$
$$\widehat{S}^k_-(1) := \{(x_1, \ldots, x_{k+1}) \in S^k(1) \,|\, x_{k+1} \leqq 0\},$$
$$\widehat{S}^k_0(1) := \{(x_1, \ldots, x_{k+1}) \in S^k(1) \,|\, x_{k+1} = 0\}$$

によって定め，写像 $\widehat{\mathrm{pr}}^\pm_c : \mathring{\widehat{S}}{}^k_\pm(1) \to \mathbb{R}^k$ を

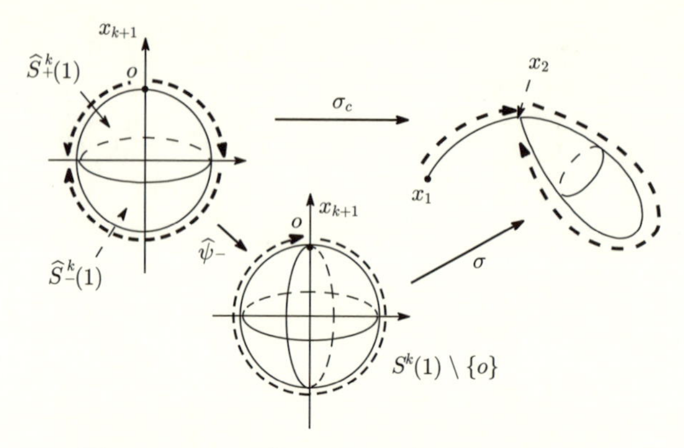

図 7.2.9　$F_c : \Omega^k_{x_2}(X) \to \Omega^k_{x_1}(X)$ のイメージ

$$\widehat{\mathrm{pr}}^{\pm}_{\mathrm{c}}(x_1, \ldots, x_{k+1}) := \left(\frac{x_1}{|x_{k+1}|}, \ldots, \frac{x_k}{|x_{k+1}|} \right) \quad \left((x_1, \ldots, x_{k+1}) \in \mathring{\widehat{S}}{}^k_{\pm}(1) \right)$$

によって定義される中心射影とする．この写像と極射影 $\mathrm{pr}_{\mathrm{st}}$ を用いて，写像 $\widehat{\psi}_{\pm} : \widehat{S}^k_{\pm}(1) \to S^k(1) \setminus \{o\}$ を $\widehat{\psi}_{\pm} := \mathrm{pr}_{\mathrm{st}}^{-1} \circ \widehat{\mathrm{pr}}^{\pm}_{\mathrm{c}}$ と定める．この写像を用いて，写像 $F_c : \Omega^k_{x_2}(X) \to \Omega^k_{x_1}(X)$ を

$$F_c(\sigma)(\boldsymbol{x}) := \begin{cases} \sigma_c(\boldsymbol{x}) & (\boldsymbol{x} \in \widehat{S}^k_+(1)) \\ (\sigma \circ \widehat{\psi}_-)(\boldsymbol{x}) & (\boldsymbol{x} \in \widehat{S}^k_-(1)) \end{cases}$$

$(\sigma \in \Omega^k_{x_2}(X))$ によって定義する（図 7.2.9 を参照）．さらに，この写像 F_c を用いて，写像 $(F_c)_\sharp : \pi_k(X, x_2) \to \pi_k(X, x_1)$ を

$$(F_c)_\sharp([\sigma]_{x_2}) := [F_c(\sigma)]_{x_1} \quad ([\sigma]_{x_2} \in \pi_k(X, x_2))$$

と定義する．この写像 $(F_c)_\sharp$ が well-defined であることを示そう．そのためには，$[\sigma_1]_{x_2} = [\sigma_2]_{x_2}$ として，$[F_c(\sigma_1)]_{x_1} = [F_c(\sigma_2)]_{x_1}$ が成り立つことを示せばよい．

H を σ_1 から σ_2 への基点 x_2 を固定するホモトピーとする．このとき，写像 $\hat{H} : S^k(1) \times [0,1] \to X$ を

$$\hat{H}(\boldsymbol{x}, u) := \begin{cases} \sigma_c(\boldsymbol{x}) & (\boldsymbol{x} \in \widehat{S}^k_+(1)) \\ (H_u \circ \widehat{\psi}_-)(\boldsymbol{x}) & (\boldsymbol{x} \in \widehat{S}^k_-(1)) \end{cases}$$

$(\sigma \in \Omega^k_{x_2}(X))$ によって定義する．容易に，この写像 $\hat{H}$ が，$F_c(\sigma_1)$ から $F_c(\sigma_2)$ への基点 x_1 を固定するホモトピーであることが示される．よって，$[F_c(\sigma_1)]_{x_1} = [F_c(\sigma_2)]_{x_1}$ が成り立つ．したがって，写像 $(F_c)_\sharp$ は well-defined である．また，F_c の定義から，$(F_c)_\sharp$ が群準同型写像であることが示される．$(F_{c^{-1}})_\sharp : \pi_k(X, x_1) \to \pi_k(X, x_2)$ を $(F_c)_\sharp$ と同様に定義する．このとき，$(F_{c^{-1}})_\sharp$ が群準同型写像であり，$(F_{c^{-1}})_\sharp \circ (F_c)_\sharp = \mathrm{id}_{\pi_k(X,x_2)}$，および，$(F_c)_\sharp \circ (F_{c^{-1}})_\sharp = \mathrm{id}_{\pi_k(X,x_1)}$ が示される．それゆえ，$(F_c)_\sharp$ は全単射であり，$(F_c^{-1})_\sharp = (F_{c^{-1}})_\sharp$ が成り立つ．したがって，$(F_c)_\sharp$ は群同型写像である．ゆえに，$\pi_k(X, x_1)$ と $\pi_k(X, x_2)$ が群同型である．□

f を位相空間 $(X, \mathcal{O}_X)$ から位相空間 $(Y, \mathcal{O}_Y)$ への連続写像とする．このとき，写像 $f_* : \pi_k(X, x_0) \to \pi_k(Y, f(x_0))$ を

$$f_*([\sigma]_{x_0}) := [f \circ \sigma]_{f(x_0)} \quad ([\sigma]_{x_0} \in \pi_k(X, x_0))$$

と定める．この写像が well-defined であることを示そう．そのためには，$[\sigma]_{x_0} = [\bar{\sigma}]_{x_0}$ として，$[f \circ \sigma]_{f(x_0)} = [f \circ \bar{\sigma}]_{f(x_0)}$ が成り立つことを示せばよい．H を，σ から $\bar{\sigma}$ への基点 x_0 を固定するホモトピーとし，$\bar{H} := f \circ H$ とおく．このとき，

$$\bar{H}(o, u) = f(H(o, u)) = f(x_0), \quad \bar{H}(x, 0) = f(H(x, 0)) = (f \circ \sigma)(x),$$
$$\bar{H}(x, 1) = f(H(x, 1)) = (f \circ \bar{\sigma})(x)$$

$(x \in X,\ u \in [0, 1])$ となり，$\bar{H}$ が，$f \circ \sigma$ から $f \circ \bar{\sigma}$ への基点 $f(x_0)$ を固定するホモトピーであることがわかる．それゆえ，$[f \circ \sigma]_{f(x_0)} = [f \circ \bar{\sigma}]_{f(x_0)}$ が示される．したがって，f_* は，well-defined である．f_* が群準同型写像であることを示そう．任意に，$\alpha_i = [\sigma_i]_{x_0} \in \pi_1(X, x_0)$ $(i = 1, 2)$ をとる．このとき，

$$\begin{aligned} f_*(\alpha_1 \cdot \alpha_2) &= [f \circ (\sigma_1 \cdot \sigma_2)]_{f(x_0)} = [(f \circ \sigma_1) \cdot (f \circ \sigma_2)]_{f(x_0)} \\ &= [f \circ \sigma_1]_{f(x_0)} \cdot [f \circ \sigma_2]_{f(x_0)} = f_*(\alpha_1) \cdot f_*(\alpha_2) \end{aligned}$$

が示される．それゆえ，f_* が群準同型写像であることがわかる．

k 次ホモトピー群のホモトピー同値不変性について，次の事実が成り立つ．

定理 7.2.2　弧状連結な位相空間 $(X, \mathcal{O}_X)$ と $(Y, \mathcal{O}_Y)$ がホモトピー同値ならば，これらの k 次ホモトピー群 $\pi_k(X, x_0)$ と $\pi_k(Y, y_0)$ は群同型である．ここで，x_0, y_0 は各々，X, Y の任意の点である．

【証明】　f を $(X, \mathcal{O}_X)$ から $(Y, \mathcal{O}_Y)$ へのホモトピー同値写像とし，$g : Y \to X$ を，$g \circ f \sim \mathrm{id}_X$，$f \circ g \sim \mathrm{id}_Y$ となるような連続写像とする．$g \circ f \sim \mathrm{id}_X$ なので，id_X から $g \circ f$ へのホモトピー H が存在する．$(X, \mathcal{O}_X)$ における連続曲線 $\bar{c}$ を $\bar{c}(u) := H(x_0, u)$ $(u \in [0,1])$ によって定義する．ここで，$\bar{c}(0) = H(x_0, 0) = x_0$ であることを注意しておく．連続写像 $H_u : X \to X$ を $H_u(x) := H(x, u)$ $(x \in X)$ によって定義する．$(F_{\bar{c}|_{[0,u]}})_\sharp : \pi_k(X, \bar{c}(u)) \to \pi_k(X, x_0)$ を，命題 7.2.1 の証明中で定義した $(F_{\bar{c}})_\sharp$ と同様に定められる群同型写像とする．任意に，$[\sigma]_{x_0} \in \pi_k(X, x_0)$ をとる．$\hat{H} : S^k(1) \times [0,1] \to X$ を

$$\hat{H}(\boldsymbol{x}, u) := \begin{cases} \sigma_{\bar{c}|_{[0,u]}}(\boldsymbol{x}) & (\boldsymbol{x} \in \widehat{S}^k_+(1)) \\ (H_u \circ \sigma \circ \widehat{\psi}_-)(\boldsymbol{x}) & (\boldsymbol{x} \in \widehat{S}^k_-(1)) \end{cases}$$

$(u \in [0,1])$ と定義する．明らかに，この写像 $\hat{H}$ は，基点 x_0 を固定するホモトピーであり，$\hat{H}_0 \underset{x_0}{\sim} \sigma$，$\hat{H}_1 = F_{\bar{c}}(g \circ f \circ \sigma)$ が成り立つ．それゆえ，$[F_{\bar{c}}(g \circ f \circ \sigma)]_{x_0} = [\sigma]_{x_0}$ をえる．したがって，

$$((F_{\bar{c}})_\sharp \circ g_* \circ f_*)([\sigma]_{x_0}) = [\sigma]_{x_0}$$

が示される．$[\sigma]_{x_0}$ $(\in \pi_k(X, x_0))$ の任意性より，$((F_{\bar{c}})_\sharp \circ g_*) \circ f_* = \mathrm{id}_{\pi_k(X, x_0)}$ をえる．同様に，$f_* \circ ((F_{\bar{c}})_\sharp \circ g_*) = \mathrm{id}_{\pi_k(Y, f(x_0))}$ が示される．よって，f_* が全単射であり，$f_*^{-1} = (F_{\bar{c}})_\sharp \circ g_*$ が成り立つことがわかる．したがって，f_* は群同型写像であり，$\pi_k(X, x_0)$ と $\pi_k(Y, f(x_0))$ が群同型であることが示される．一方，命題 7.2.1 より，$\pi_k(Y, f(x_0))$ と $\pi_k(Y, y_0)$ が群同型であることが示される．よって，$\pi_k(X, x_0)$ と $\pi_k(Y, y_0)$ は群同型である．　□

k $(\geqq 2)$ 次ホモトピー群の可換性について，次の事実が成り立つ．

定理 7.2.3　$\pi_k(X, x_0)$ $(k \geqq 2)$ は，可換群である．

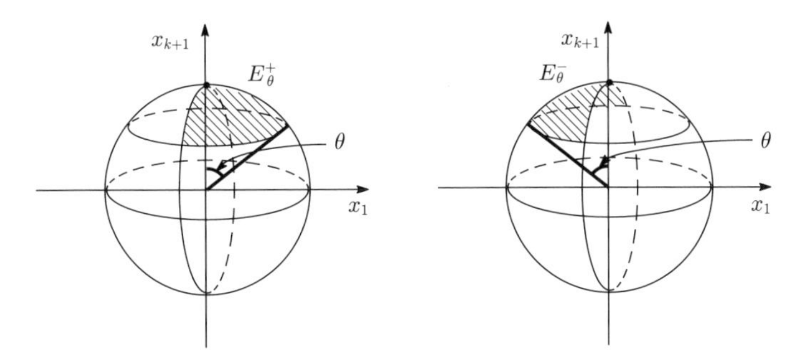

図 7.2.10 集合 $\boldsymbol{E_\theta^\pm}$

【証明】 集合 $E_\theta^\pm$ $(0 \leqq \theta \leqq \pi)$ を

$$E_\theta^\pm := \{\cos t(0,\ldots,0,1) + \sin t(x_1,\ldots,x_k,0) \\ \mid (x_1,\ldots,x_k) \in S_\pm^{k-1}(1),\ 0 \leqq t \leqq \theta\}$$

によって定義する（図 7.2.10 を参照）．また，集合 $S_{++}^k(1)$, $S_{+-}^k(1)$, $S_{-+}^k(1)$, $S_{--}^k(1)$ を

$$S_{++}^k(1) := E_{\frac{\pi}{2}}^+,\ \ S_{+-}^k(1) := S_+^k(1) \setminus \mathring{E}_{\frac{\pi}{2}}^+,\ \ S_{-+}^k(1) := E_{\frac{\pi}{2}}^-,\ \ S_{--}^k(1) := S_-^k(1) \setminus \mathring{E}_{\frac{\pi}{2}}^-$$

と定める．全単射 $\mu_{\theta,\pm} : E_\theta^\pm \to S_\pm^k(1)$ $(0 < \theta \leqq \pi)$ を

$$\mu_{\theta,\pm}(\cos t(0,\ldots,0,1) + \sin t(x_1,\ldots,x_k,0)) \\ := \left(\cos\frac{\pi t}{\theta}(0,\ldots,0,1) + \sin\frac{\pi t}{\theta}(x_1,\ldots,x_k,0)\right) \\ \left((x_1,\ldots,x_k) \in S_\pm^{k-1}(1),\ \ 0 \leqq t \leqq \theta\right)$$

によって定義する（図 7.2.11 を参照）．また，全単射 $\widehat{\mu}_{\theta,\pm} : S_\pm^k(1) \setminus \mathring{E}_\theta^\pm \to S_\pm^k(1)$ $(0 < \theta \leqq \pi)$ を

$$\widehat{\mu}_{\theta,\pm}(\cos t(0,\ldots,0,1) + \sin t(x_1,\ldots,x_k,0)) \\ := \left(\cos\frac{\pi(t-\theta)}{\pi-\theta}(0,\ldots,0,1) + \sin\frac{\pi(t-\theta)}{\pi-\theta}(x_1,\ldots,x_k,0)\right) \\ ((x_1,\ldots,x_k) \in S_\pm^{k-1}(1),\ \ \theta \leqq t \leqq \pi)$$

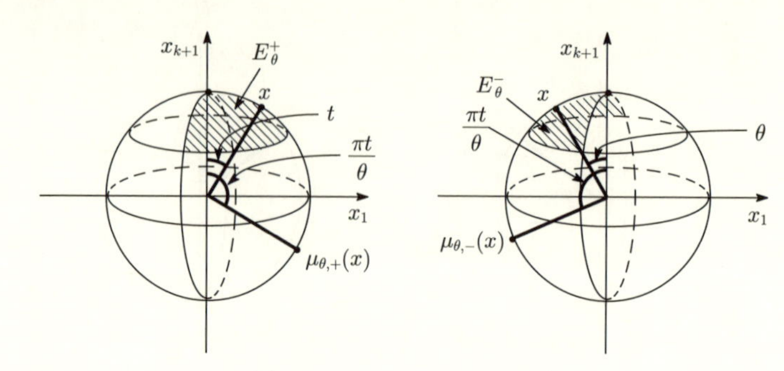

図 7.2.11　$\mu_{\theta,\pm}$ のイメージ

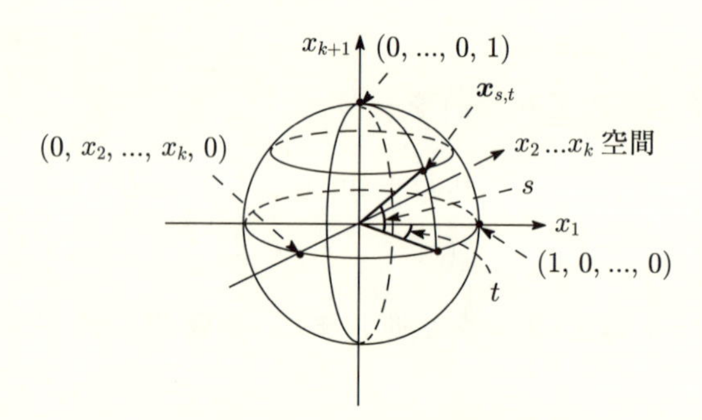

図 7.2.12　$x_{s,t}$ の位置

と定める．

$$
\boldsymbol{x}_{s,t} := (\cos s(\cos t(1,0,\ldots,0) + \sin t(0,x_2,\ldots,x_k,0)) + \sin s(0,\ldots,0,1))
$$
$$
(\boldsymbol{x} = (x_2,\ldots,x_k) \in S^{k-2}(1),\ \ 0 \leqq t \leqq \pi,\ \ 0 \leqq s \leqq \pi)
$$

とおく（図 7.2.12 を参照）．全単射 $\nu_\theta : S^k(1) \to S^k(1)$ $(0 \leqq \theta \leqq \pi)$ を

$$
\nu_\theta(\boldsymbol{x}_{s,t}) := \boldsymbol{x}_{s,t+\theta}
$$
$$
\left(\boldsymbol{x} = (x_2,\ldots,x_k) \in S^{k-2}(1),\ \ 0 \leqq t \leqq \pi,\ -\frac{\pi}{2} \leqq s \leqq \frac{\pi}{2}\right)
$$

により定義する．ここで，$\nu_\pi(S^k_+(1)) = S^k_-(1)$, $\nu_\pi(S^k_-(1)) = S^k_+(1)$ となることを注意しておく．

任意に，$[\sigma_1]_{x_0}$，$[\sigma_2]_{x_0} \in \pi_k(X,x_0)$ をとる．上述の全単射 $\mu_{\theta,\pm}$，$\widehat{\mu}_{\theta,\pm}$，$\nu_\theta$，および，$\psi_\pm$ を用いて，ホモトピー写像 $H : S^k(1) \times [0,1] \to X$ を，

$$H(\boldsymbol{x},u) := \begin{cases} (\sigma_1 \circ \psi_+ \circ \mu_{(1-\frac{3u}{2})\pi,+})(\boldsymbol{x}) & \left(\boldsymbol{x} \in E^+_{(1-\frac{3u}{2})\pi}\right) \\ (\sigma_{x_0} \circ \psi_+ \circ \widehat{\mu}_{(1-\frac{3u}{2})\pi,+})(\boldsymbol{x}) & \left(\boldsymbol{x} \in S^k_+(1) \setminus E^+_{(1-\frac{3u}{2})\pi}\right) \\ (\sigma_{x_0} \circ \psi_- \circ \mu_{\frac{3\pi u}{2},-})(\boldsymbol{x}) & \left(\boldsymbol{x} \in E^-_{\frac{3\pi u}{2}}\right) \\ (\sigma_2 \circ \psi_- \circ \widehat{\mu}_{\frac{3\pi u}{2},-})(\boldsymbol{x}) & \left(\boldsymbol{x} \in S^k_-(1) \setminus E^-_{\frac{3\pi u}{2}}\right) \end{cases}$$

$\left(0 \leqq u \leqq \dfrac{1}{3}\right)$,

$$H(\boldsymbol{x},u) := \begin{cases} (\sigma_1 \circ \psi_+ \circ \mu_{\frac{\pi}{2},+} \circ \nu^{-1}_{(3u-1)\pi})(\boldsymbol{x}) & (\boldsymbol{x} \in \nu_{(3u-1)\pi}(S^k_{++}(1))) \\ (\sigma_{x_0} \circ \psi_- \circ \mu_{\frac{\pi}{2},-} \circ \nu^{-1}_{(3u-1)\pi})(\boldsymbol{x}) & (\boldsymbol{x} \in \nu_{(3u-1)\pi}(S^k_{-+}(1))) \\ (\sigma_{x_0} \circ \psi_+ \circ \widehat{\mu}_{\frac{\pi}{2},+} \circ \nu^{-1}_{(3u-1)\pi})(\boldsymbol{x}) & (\boldsymbol{x} \in \nu_{(3u-1)\pi}(S^k_{+-}(1))) \\ (\sigma_2 \circ \psi_- \circ \widehat{\mu}_{\frac{\pi}{2},-} \circ \nu^{-1}_{(3u-1)\pi})(\boldsymbol{x}) & (\boldsymbol{x} \in \nu_{(3u-1)\pi}(S^k_{--}(1))) \end{cases}$$

$\left(\dfrac{1}{3} \leqq u \leqq \dfrac{2}{3}\right)$，および，

$$H(\boldsymbol{x},u) := \begin{cases} (\sigma_1 \circ \psi_+ \circ \mu_{\frac{\pi}{2},+} \circ \nu_\pi \circ \mu^{-1}_{\frac{\pi}{2},-} \circ \mu_{\frac{\pi}{2}(3u-1),-})(\boldsymbol{x}) \\ \qquad\qquad \left(\boldsymbol{x} \in E^-_{\frac{\pi}{2}(3u-1)}\right) \\ (\sigma_{x_0} \circ \psi_- \circ \mu_{\frac{\pi}{2},-} \circ \nu_\pi \circ \mu^{-1}_{\frac{\pi}{2},+} \circ \mu_{\frac{\pi}{2}(3u-1),+})(\boldsymbol{x}) \\ \qquad\qquad \left(\boldsymbol{x} \in E^+_{\frac{\pi}{2}(3-3u)}\right) \\ (\sigma_{x_0} \circ \psi_+ \circ \widehat{\mu}_{\frac{\pi}{2},+} \circ \nu_\pi \circ \widehat{\mu}^{-1}_{\frac{\pi}{2},-} \circ \widehat{\mu}_{\frac{\pi}{2}(3u-1),-})(\boldsymbol{x}) \\ \qquad\qquad \left(\boldsymbol{x} \in S^k_-(1) \setminus E^-_{\frac{\pi}{2}(3u-1)}\right) \\ (\sigma_2 \circ \psi_- \circ \widehat{\mu}_{\frac{\pi}{2},-} \circ \nu_\pi \circ \widehat{\mu}^{-1}_{\frac{\pi}{2},+} \circ \widehat{\mu}_{\frac{\pi}{2}(3u-1),+})(\boldsymbol{x}) \\ \qquad\qquad \left(\boldsymbol{x} \in S^k_+(1) \setminus E^+_{\frac{\pi}{2}(3-3u)}\right) \end{cases}$$

$\left(\dfrac{2}{3} \leqq u \leqq 1\right)$ によって定義する．このとき，容易に，

$$H(\boldsymbol{x},0) = (\sigma_1 \cdot \sigma_2)(\boldsymbol{x}), \quad H(\boldsymbol{x},1) = (\sigma_2 \cdot \sigma_1)(\boldsymbol{x}), \quad H(o,u) = x_0 \ (0 \leqq u \leqq 1)$$

が成り立つこと，つまり，H が $\sigma_1 \cdot \sigma_2$ から $\sigma_2 \cdot \sigma_1$ への基点 x_0 を固定するホモトピーであることが示される．よって，

$$[\sigma_1]_{x_0} \cdot [\sigma_2]_{x_0} = [\sigma_1 \cdot \sigma_2]_{x_0} = [\sigma_2 \cdot \sigma_1]_{x_0} = [\sigma_2]_{x_0} \cdot [\sigma_1]_{x_0}$$

となり，$\pi_k(X,x_0)$ が可換であることが示される． □

注意　上述の証明における H がどのようなホモトピーであるか説明しておく．H の定義から，

$$H\left(\boldsymbol{x}, \frac{1}{3}\right) := \begin{cases} (\sigma_1 \circ \psi_+ \circ \mu_{\frac{\pi}{2},+})(\boldsymbol{x}) & (\boldsymbol{x} \in S^k_{++}(1)) \\ (\sigma_{x_0} \circ \psi_+ \circ \widehat{\mu}_{\frac{\pi}{2},+})(\boldsymbol{x}) & (\boldsymbol{x} \in S^k_{+-}(1)) \\ (\sigma_{x_0} \circ \psi_- \circ \mu_{\frac{\pi}{2},-})(\boldsymbol{x}) & (\boldsymbol{x} \in S^k_{-+}(1)) \\ (\sigma_2 \circ \psi_- \circ \widehat{\mu}_{\frac{\pi}{2},-})(\boldsymbol{x}) & (\boldsymbol{x} \in S^k_{--}(1)), \end{cases}$$

$$H\left(\boldsymbol{x}, \frac{2}{3}\right) := \begin{cases} (\sigma_1 \circ \psi_+ \circ \mu_{\frac{\pi}{2},+} \circ \nu_\pi)(\boldsymbol{x}) & (\boldsymbol{x} \in S^k_{-+}(1)) \\ (\sigma_{x_0} \circ \psi_- \circ \mu_{\frac{\pi}{2},-} \circ \nu_\pi)(\boldsymbol{x}) & (\boldsymbol{x} \in S^k_{++}(1)) \\ (\sigma_{x_0} \circ \psi_+ \circ \widehat{\mu}_{\frac{\pi}{2},+} \circ \nu_\pi)(\boldsymbol{x}) & (\boldsymbol{x} \in S^k_{--}(1)) \\ (\sigma_2 \circ \psi_- \circ \widehat{\mu}_{\frac{\pi}{2},-} \circ \nu_\pi)(\boldsymbol{x}) & (\boldsymbol{x} \in S^k_{+-}(1)) \end{cases}$$

となることがわかる．それゆえ，

$$H_{\frac{1}{3}}(S^k_{++}(1)) = \sigma_1(S^k(1)),\ H_{\frac{1}{3}}(S^k_{--}(1)) = \sigma_2(S^k(1)),$$
$$H_{\frac{1}{3}}(S^k_{+-}(1)) = H_{\frac{1}{3}}(S^k_{-+}(1)) = \{x_0\},$$

および，

$$H_{\frac{2}{3}}(S^k_{-+}(1)) = \sigma_1(S^k(1)),\ H_{\frac{2}{3}}(S^k_{+-}(1)) = \sigma_2(S^k(1))$$
$$H_{\frac{2}{3}}(S^k_{++}(1)) = H_{\frac{2}{3}}(S^k_{--}(1)) = \{x_0\}$$

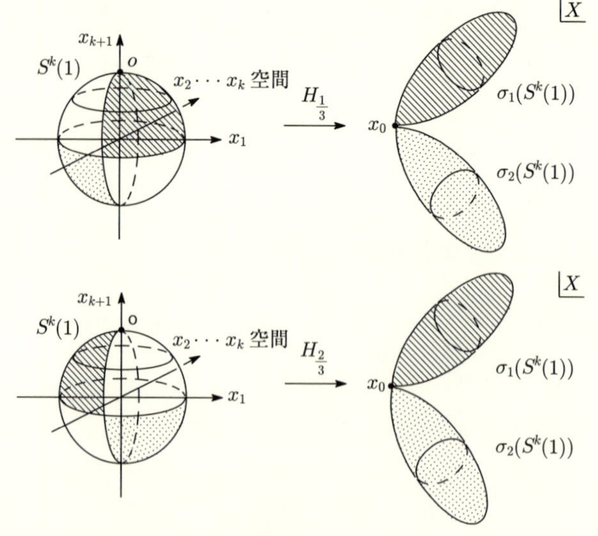

図 7.2.13　定理 7.2.3 の証明中のホモトピー H のイメージ

となる．これらの事実から，H がどのようなホモトピーであるか，そのイメージを摑むことができるであろう（図 7.2.13 を参照）．

最後に，n 次元球面 $S^n(1)$ のホモトピー群について次の事実が成り立つことを述べておく．

$$\pi_k(S^n(1)) = \begin{cases} \{\boldsymbol{e}\} & (1 \leqq k \leqq n-1) \\ \mathbb{Z} & (k = n). \end{cases}$$

第8章
ホモロジー群・コホモロジー群

前節で，弧状連結な位相空間の基本的な位相不変量の一つであるホモトピー群について述べた．この章では，位相空間 $(X, \mathcal{O})$ のもう一つの基本的な位相不変量であるホモロジー群，および，コホモロジー群を定義し，その基本的な性質について述べることにする．ここで，位相空間 $(X, \mathcal{O})$ は弧状連結である必要はないことを注意しておく．

ホモロジー群とは何かについて，大雑把に説明しておく．各非負の整数 k に対し，X 内で，k チェインとよばれるコンパクトな（向きづけられた）k 次元図形（実際には，k 次元よりも小さい次元の図形も含まれる）を考え，それらの全体で生成される自由 $\mathbb{F}$ 加群を $C_k(X, \mathbb{F})$ と表す．ここで，$\mathbb{F}$ は環を表す．特に，k チェインで，境界をもたないようなものを k サイクルとよび，それらの全体で生成される自由 $\mathbb{F}$ 加群を $Z_k(X, \mathbb{F})$ と表す．例えば，3 次元ユークリッド空間 $(\mathbb{R}^3, \mathcal{O}_{d_{\mathbb{E}}})$ 内の閉曲面（球面や，輪環面等）は境界をもたないので 2 サイクルであり，$(\mathbb{R}^3, \mathcal{O}_{d_{\mathbb{E}}})$ 内の上半球面（赤道を含む）は，赤道を境界としてもつので 2 サイクルではない．また，k $(\geqq 1)$ チェインにその境界（これは，$(k-1)$ サイクルになる）を対応させる対応は，$C_k(X, \mathbb{F})$ から $C_{k-1}(X, \mathbb{F})$ への $\mathbb{F}$ 加群準同型写像を引き起こす．この $\mathbb{F}$ 加群準同型写像を ∂_k と表し，境界作用素という．$\mathrm{Ker}\,\partial_k = Z_k(X, \mathbb{F})$ であることを注意しておく．$\partial_k(C_k(X, \mathbb{F}))$ を $B_{k-1}(X, \mathbb{F})$ と表す．$(k+1)$ チェインの境界は k サイクルになるので，$B_k(X, \mathbb{F}) \subseteqq Z_k(X, \mathbb{F})$ となり，$\partial_k \circ \partial_{k+1} = 0$ が成り立つことがわかる．それゆえ，商 $\mathbb{F}$ 加群 $Z_k(X, \mathbb{F})/B_k(X, \mathbb{F})$ $(= \mathrm{Ker}\,\partial_k / \mathrm{Im}\,\partial_{k+1})$ が定義される．この商 $\mathbb{F}$ 加群は，$(X, \mathcal{O})$ 内の k サイクルで $(k+1)$ チェインの境界とならないようなものが本質的にどのぐらいあり，それらがどのような関係にあるかを表す加群である．これは，$(X, \mathcal{O})$ の $\mathbb{F}$ 係数の k 次ホモロジー群とよばれ，$H_k(X,\mathbb{F})$ と表される．一方，$C_k(X,\mathbb{F})$ の双対空間を $C^k(X,\mathbb{F})$ と表し，∂_{k+1} を用いて定義される $C^k(X,\mathbb{F})$ から $C^{k+1}(X,\mathbb{F})$ への $\mathbb{F}$ 加群準同型写像を余境界作用素といい，δ_k で表す．このとき，$\delta_k \circ \delta_{k-1} = 0$ が成り立つ．商 $\mathbb{F}$ 加群 $\mathrm{Ker}\,\delta_k/\mathrm{Im}\,\delta_{k-1}$ を $(X,\mathcal{O})$ の $\mathbb{F}$ 係数の k 次コホモロジー群といい，$H^k(X,\mathbb{F})$ と表す．ホモロジー群，および，コホモロジー群は，位相空間のホモトピー同値不変量になる．

8.1　環・整域・加群

この節において，次節以降で位相空間の3種のホモロジー群・コホモロジー群を定義するための準備として，代数学における概念である環，整域，および，加群の定義を述べることにしよう．$+$, $\cdot$ を集合 R における演算で，次の3条件を満たすようなものとする：

(i)　$(R,+)$ は，可換群である；
(ii)　$(\forall\,(a_1,a_2,a_3)\in R^3)[(a_1\cdot a_2)\cdot a_3 = a_1\cdot(a_2\cdot a_3)]$;
(iii)　$(\exists\, e\in R)[(\forall\, a\in G)[a\cdot e = e\cdot a = a]]$;
(iv)　$(\forall\,(a_1,a_2,a_3)\in R^3)[(a_1+a_2)\cdot a_3 = a_1\cdot a_3 + a_2\cdot a_3]$;
(v)　$(\forall\,(a_1,a_2,a_3)\in R^3)[a_1\cdot(a_2+a_3) = a_1\cdot a_2 + a_1\cdot a_3]$.

このとき，$(R,+,\cdot)$ を**環** (**ring**) という．(ii) における e は一意に定まり，環 $(R,+,\cdot)$ の**単位元** (**identity element**) とよばれ，通常，1 と表される．可換群 $(R,+)$ の単位元は，環 $(R,+,\cdot)$ の**零元** (**zero element**) とよばれ，通常，0 と表される．環 $(R,+,\cdot)$ が，

(CR)　$$(\forall\, a,b\in R)[a\cdot b = b\cdot a]$$

を満たすとき，$(R,+,\cdot)$ を**可換環** (**commutative ring**) という．一方，環 $(R,+,\cdot)$ が，

(SF)　$$(\forall\, a\in R)[(\exists\, b)[a\cdot b = b\cdot a = e]]$$

を満たすとき，$(R,+,\cdot)$ を**斜体** (**skew field**) という．$(R,+,\cdot)$ が可換環であり，かつ，斜体であるとき，$(R,+,\cdot)$ を**体** (**field**) という．

環 $(R,+,\cdot)$ の部分集合 S が次の条件を満たしているとする：

(SR) $$(\forall (a,b) \in S^2)[a+b \in S \ \& \ a \cdot b \in S].$$

このとき，S を環 $(R,+,\cdot)$ の**部分環** (**subring**) という．ここで，$(S, +|_{S\times S}, \cdot|_{S\times S})$ はそれ自身一つの環になることを注意しておく．さらに，S が次の条件を満たしているとする：

(LI) $$(\forall (a,b) \in R \times S)[a \cdot b \in S].$$

このとき，S を環 $(R,+,\cdot)$ の**左イデアル** (**left ideal**) という．また，S が次の条件を満たしているとする：

(RI) $$(\forall (a,b) \in S \times R)[a \cdot b \in S].$$

このとき，S を環 $(R,+,\cdot)$ の**右イデアル** (**right ideal**) という．S が左イデアルかつ右イデアルであるとき，S を**両側イデアル** (**two-sided ideal**) という．$a \in R$ に対し，

$$\left\{ \sum_{i=1}^{k} b_i a c_i \,\middle|\, b_i,\ c_i \in R,\ k \in \mathbb{N} \right\}$$

は a を含む最小の両側イデアルになる．この両側イデアルを a の生成する**単項イデアル** (**monomial ideal**)，または，**主イデアル** (**principal ideal**) といい，(a) で表す．一般に，R の部分集合 S に対し，S を含む最小のイデアルを ***S* の生成するイデアル** (**the ideal generated by *S***) といい，(S) と表すことにする．$S = \{a_1, \ldots, a_k\}$ であるときは，$(a_1, \ldots, a_k)$ と表すことにする．

次に，単項イデアル整域を定義することにする．環 $(R,+,\cdot)$ の元 a に対し，$a \cdot b = 0$ となる零元でない R の元 b が存在するとき，a を $(R,+,\cdot)$ の**左零因子** (**left zero divisor**) といい，$b \cdot a = 0$ となる零元でない R の元 b が存在するとき，a を $(R,+,\cdot)$ の**右零因子** (**right zero divisor**) という．左零因子と右零因子をまとめて単に**零因子** (**zero divisor**) という．零因子をもたない自明でない可換環を，**整域** (**integral domain**) という．整域 $(R,+,\cdot)$ の任意のイデアルが単項イデアルであるとき，$(R,+,\cdot)$ を**単項イデアル整域** (**monomial ideal domain**)，または，**主イデアル整域** (**principal ideal domain**) とい

う．$(R,+,\cdot)$ が体であるとき，そのイデアルは (0) と $(1)=R$ しかないことが示され，それゆえ，体が単項イデアル整域であることが示される．体でない単項イデアル整域の最も基本的な例は，整数環 $(\mathbb{Z},+,\cdot)$，および，その商環 $\mathbb{Z}/(k)$ $(=\mathbb{Z}_k)$ $(k\in\mathbb{N})$ である．ここで，

$$(k)=k\mathbb{Z}=\{kz\,|\,z\in\mathbb{Z}\},\quad \mathbb{Z}_k=\{C_0,C_1,\ldots,C_{k-1}\}$$

(C_a は, a の属する剰余類 $a+(k)$ を表す) であることを注意しておく. $(\mathbb{Z},+,\cdot)$，および，$\mathbb{Z}_k$ が単項イデアル整域であることを説明しよう．これらの環が整域であることは明らかである．$\mathbb{Z}$ の部分集合 S の生成するイデアル (S) は，S に属する元たちの最大公約数を m_S として単項イデアル (m_S) に等しくなることが示され，$\mathbb{Z}_k$ の部分集合 $\hat{S}=\{C_{a_1},\ldots,C_{a_l}\}$ の生成するイデアルは，単項イデアル $\left(C_{m_{\{a_1,\ldots,a_l,k\}}}\right)$ に等しくなることが示されるので，これらの環が単項イデアル整域であることがわかる．

I が環 $(R,+,\cdot)$ の両側イデアルであるとき，R における同値関係 $\sim$ を

$$a\sim b \underset{\text{def}}{\Longleftrightarrow} a-b\in I$$

によって定義することができ，この同値関係に関する商集合を R/I と表す．さらに，R/I における演算 $\bar{+},\bar{\cdot}$ を

$$C_a\bar{+}C_b=C_{a+b},\quad C_a\bar{\cdot}C_b:=C_{a\cdot b}\quad (a,b\in R)$$

によって定義することができ，$(R/I,\bar{+},\bar{\cdot})$ は環になることが示される．この環を，R を I で割った**商環** (**quotient ring**)，または，**剰余環** (**factor ring**) という．

2 つの環 $(R_i,+_i,\cdot_i)$ $(i=1,2)$ に対し，直積集合 $R_1\times R_2$ における演算 $+,\cdot$ を

$$(a_1,a_2)+(b_1,b_2):=(a_1+_1 b_1,a_2+_2 b_2),$$
$$(a_1,a_2)\cdot(b_1,b_2):=(a_1\cdot_1 b_1,a_2\cdot_2 b_2)\quad (a_i,\,b_i\in R_i)$$

によって定義する．このとき，$(R_1\times R_2,+,\cdot)$ は，環になる．この環を環 $(R_1,+_1,\cdot_1)$ と環 $(R_2,+_2,\cdot_2)$ の**直和** (**direct sum**) といい，$R_1\oplus R_2$ と表す．

次に，環を対象 (object) とする圏 (category) における射 (morphism) の役

割を果たす（環）準同型写像を定義しよう．環 $(R_1, +_1, \cdot_1)$ から環 $(R_2, +_2, \cdot_2)$ への写像 f が次の条件を満たしているとする：

$$f(a +_1 b) = f(a) +_2 f(b), \quad f(a \cdot_1 b) = f(a) \cdot_2 f(b) \quad (a, b \in R_1).$$

このとき，f を，環 $(R_1, +_1, \cdot_1)$ から環 $(R_2, +_2, \cdot_2)$ への**準同型写像** (**homomorphism**)，または，**環準同型写像** (**ring homomorphism**) という．さらに，f が全単射であるとき，f を環 $(R_1, +_1, \cdot_1)$ から環 $(R_2, +_2, \cdot_2)$ への**同型写像** (**isomorphism**)，または，**環同型写像** (**ring isomorphism**) という．環 $(R_1, +_1, \cdot_1)$ から環 $(R_2, +_2, \cdot_2)$ への同型写像が存在するとき，環 $(R_1, +_1, \cdot_1)$ と環 $(R_2, +_2, \cdot_2)$ は，**同型** (**isomorphic**) である，または，**環同型** (**ring isomorphic**) であるという．

次に，ベクトル空間の一般概念である加群を定義しよう．$(R, +_R, \cdot_R)$ を環とする．集合 M に加法演算 $+$ と写像 $\Phi : R \times M \to M$ が与えられていて（以下，$\Phi(a, x)$ を ax と表す），次の5つの条件が成り立っているとする：

(i)　$(M, +)$ は，可換群である；

(ii)　$a(x + y) = ax + ay \quad (\forall\, x, y \in M,\ \forall\, a \in R)$;

(iii)　$(a +_R b)x = ax + bx \quad (\forall\, x \in M,\ \forall\, a, b \in R)$;

(iv)　$(a \cdot_R b)x = a \cdot (b \cdot x) \quad (\forall\, x \in R,\ \forall\, a, b \in R)$;

(v)　$1_R x = x \quad (\forall\, x)$

（1_R : 環 $(R, +_R, \cdot_R)$ の単位元）．このとき，M は **$\boldsymbol{R}$ 上の加群** (**module over $\boldsymbol{R}$**)，または，**$\boldsymbol{R}$ 加群** (**$\boldsymbol{R}$-module**) とよばれる．R や商環 R/I は，R 加群であることを注意しておく．R 加群 $(M_1, +_1)$ と $(M_2, +_2)$ に対し，直積集合 $M_1 \times M_2$ における演算 $+$ と R 倍を

$$(x_1, x_2) + (y_1, y_2) = (x_1 +_1 y_1, x_2 +_2 y_2),$$

$$a(x_1, x_2) = (ax_1, ax_2) \quad ((x_1, x_2), (y_1, y_2) \in M_1 \times M_2,\ a \in R)$$

によって定義する．このとき，$M_1 \times M_2$ は R 上の加群になる．この R 加群を R 加群 $(M_1, +_1)$ と $(M_2, +_2)$ の直和といい，$M_1 \oplus M_2$ と表す．R 加群 $(M, +)$ の部分集合 N が次の条件を満たすとする：

(i) $(\forall(x,y) \in N^2)\ [x+y \in N]$,

(ii) $(\forall a \in R)(\forall x \in N)\ [ax \in N]$.

このとき，$(N,+)$ を R 加群 $(M,+)$ の**部分 $\boldsymbol{R}$ 加群**という．ここで，$(N,+)$ はそれ自身1つの R 加群になることを注意しておく．N が R 加群 $(M,+)$ の部分加群であるとき，R における同値関係 $\sim$ を

$$x \sim y \underset{\text{def}}{\Longleftrightarrow} x - y \in N$$

によって定義することができ，この同値関係に関する商集合を M/N と表す．M/N における演算 $\hat{+}$ と R 倍を

$$C_x \mathbin{\hat{+}} C_y = C_{x+y}, \quad aC_x = C_{ax} \quad (x, y \in M,\ a \in R)$$

$(C_\bullet = \bullet + N)$ によって定義することができ，$(M/N, \hat{+})$ は R 加群になる．この R 加群を M を N で割った**商 R 加群**という．

次に，R 上の加群を対象とする圏における射の役割を果たす R 準同型写像を定義しよう．R 加群 $(M_1, +_1)$ から R 加群 $(M_2, +_2)$ への写像 f が次の条件を満たしているとする：

$$f(x +_1 y) = f(x) +_2 f(y), \quad f(ax) = af(x) \quad (a \in R,\ x, y \in M_1).$$

このとき，f を R 加群 $(M_1, +_1)$ から R 加群 $(M_2, +_2)$ への**準同型写像 (homomorphism)**，または，**$\boldsymbol{R}$ 準同型写像 ($\boldsymbol{R}$-homomorphism)** という．さらに，f が全単射であるとき，f を R 加群 $(M_1, +_1)$ から R 加群 $(M_2, +_2)$ への**同型写像 (isomorphism)**，または，**$\boldsymbol{R}$ 同型写像 ($\boldsymbol{R}$-isomorphism)** という．R 加群 $(M_1, +_1)$ から R 加群 $(M_2, +_2)$ への同型写像が存在するとき，R 加群 $(M_1, +_1)$ と R 加群 $(M_2, +_2)$ は，**同型 (isomorphic)** である，または，**$\boldsymbol{R}$ 同型 ($\boldsymbol{R}$-isomorphic)** であるという．

単項イデアル整域上の有限生成加群の構造定理を述べておこう．

定理 8.1.1 R を単項イデアル整域とする．このとき，任意の有限生成 R 加群は，次の形の R 加群と R 同型になる：

$$(\oplus^r R) \oplus R/(a_1) \oplus \cdots \oplus R/(a_l) \quad (a_i | a_{i+1} \ (i = 1, \ldots, l-1)). \quad (8.1.1)$$

ここで，$a_i | a_{i+1}$ は $a_{i+1} = a_i \cdot b$ となる $b \in R$ が存在することを表す.

上述の式 (8.1.1) の単項イデアル整域において，r はその**階数** (**rank**)，$\oplus^r R$ はその**自由部分** (**free part**)，$R/(a_1) \oplus \cdots \oplus R/(a_l)$ はその**ねじれ部分** (**torsion part**) とよばれる.

8.2　特異ホモロジー群

この節において，位相空間の特異ホモロジー群・特異コホモロジー群を定義しよう．まず，ホモロジー代数学の範疇で抽象的に定義されるチェイン複体，コチェイン複体，さらに，それらに付随して定義されるホモロジー群，およびコホモロジー群を定義しておこう．R を単項イデアル整域とする．R 加群の間の R 準同型写像の系列

$$\mathcal{C} : \cdots \xrightarrow{\partial_{k+1}} C_k \xrightarrow{\partial_k} C_{k-1} \xrightarrow{\partial_{k-1}} \cdots \xrightarrow{\partial_3} C_2 \xrightarrow{\partial_2} C_1 \xrightarrow{\partial_1} C_0 \xrightarrow{0} \{\mathbf{0}\}$$

が，$\partial_{k-1} \circ \partial_k = 0$ $(k \in \mathbb{N})$ を満たすとき，この系列 $\mathcal{C}$ を**チェイン複体** (**chain complex**) という.

$$Z_k(\mathcal{C}) := \{c \in C_k \mid \partial_k(c) = 0\}, \quad B_k(\mathcal{C}) := \{\partial_{k+1}(c) \mid c \in C_{k+1}\}$$

とおく．C_k は ***k* 次チェイン群** (***k*-th chain group**) とよばれ，その各元は ***k* チェイン** (***k*-chain**) とよばれる．また，$Z_k(\mathcal{C})$ の各元は ***k* 輪体** (***k*-cycle**) とよばれ，$B_k(\mathcal{C})$ の各元は ***k* 境界輪体** (***k*-boundary**) とよばれる．$\partial_{k-1} \circ \partial_k = 0$ $(k \in \mathbb{N})$ が成り立つので，$B_k(\mathcal{C})$ が $Z_k(\mathcal{C})$ の部分 R 加群であることが示される．商 R 加群 $Z_k(\mathcal{C})/B_k(\mathcal{C})$ は，チェイン複体 $\mathcal{C}$ の ***k* 次ホモロジー群** (***k*-th homology group**) とよばれ，$H_k(\mathcal{C})$ と表される.

同様に，R 加群の間の R 準同型写像の系列

$$\widehat{\mathcal{C}} : \{\mathbf{0}\} \xrightarrow{0} C^0 \xrightarrow{\delta_0} C^1 \xrightarrow{\delta_1} C^2 \xrightarrow{\delta_2} \cdots \xrightarrow{\delta_{k-1}} C^k \xrightarrow{\delta_k} C^{k+1} \xrightarrow{\delta_{k+1}} \cdots$$

が，$\delta_k \circ \delta_{k-1} = 0$ $(k \in \mathbb{N})$ を満たすとき，この系列 $\widehat{\mathcal{C}}$ を**コチェイン複体** (**cochain complex**) という.

$$Z^k(\widehat{\mathcal{C}}) := \{\rho \in C^k \mid \delta_k(\rho) = 0\}, \quad B^k(\widehat{\mathcal{C}}) := \{\delta_{k-1}(\rho) \mid \rho \in C^{k-1}\}$$

とおく．C^k は **k 次コチェイン群** (**k-th cochain group**) とよばれ，その各元は **k コチェイン** (**k-cochain**) とよばれる．また，$Z^k(\widehat{\mathcal{C}})$ の各元は **k 余輪体** (**k-cocycle**) とよばれ，$B^k(\widehat{\mathcal{C}})$ の各元は **k 余境界輪体** (**k-coboundary**) とよばれる．$\delta_k \circ \delta_{k-1} = 0$ $(k \in \mathbb{N})$ が成り立つので，$B^k(\widehat{\mathcal{C}})$ が $Z^k(\widehat{\mathcal{C}})$ の部分 R 加群であることが示される．商 R 加群 $Z^k(\widehat{\mathcal{C}})/B^k(\widehat{\mathcal{C}})$ は，コチェイン複体 $\widehat{\mathcal{C}}$ の **k 次コホモロジー群** (**k-th cohomology group**) とよばれ，$H^k(\widehat{\mathcal{C}})$ と表される．

次に，位相空間の特異ホモロジー群，および特異コホモロジー群を定義しよう．X を位相空間とし，R を単項イデアル整域とする．

$$\triangle^k := \left\{ (x_0, \ldots, x_{k+1}) \in \mathbb{R}^{k+1} \,\middle|\, \sum_{i=1}^{k+1} x_i = 1,\ x_i \geqq 0\ \ (i = 1, \ldots, k+1) \right\}$$

とおく．これを**標準 k 単体** (**standard k-simplex**) といい，$\triangle^k$ から X への連続写像 σ を，X における**特異 k 単体** (**singular k-simplex**) という．特異 k 単体の形式的有限和 $c := \sum\limits_{i=1}^{r} a_i \sigma_i$ （σ_i ： X における特異 k 単体，$a_i \in R$）を，一般に，X における **R 係数の特異 k チェイン** (**singular k-chain of R-coefficient**) という．$\mathbb{Z}$ 係数の特異 k チェインの幾何学的イメージについては，図 8.2.1, 8.2.2 を参照のこと．X における R 係数の特異 k チェインの全体のなす自由 R 加群を $C_k(X, R)$ と表し，X の **R 係数 k 次特異チェイン群** (**k-th singular chain group of R-coefficient**) という．$\varepsilon_i^k : \triangle_{k-1} \to \triangle_k$ $(i = 0, 1, \ldots, k)$ を

$$\varepsilon_i^k(x_0, x_1, \ldots, x_{k-1}) := (x_0, x_1, \ldots, x_{i-1}, 0, x_i, \ldots, x_{k-1})$$
$$((x_0, x_1, \ldots, x_{k-1}) \in \triangle_{k-1})$$

によって定義し，特異 k 単体 σ に対し，特異 $(k-1)$ 単体 $\partial_k(\sigma)$ を

$$\partial_k(\sigma) := \sum_{i=0}^{k} (-1)^i (\sigma \circ \varepsilon_i^k)$$

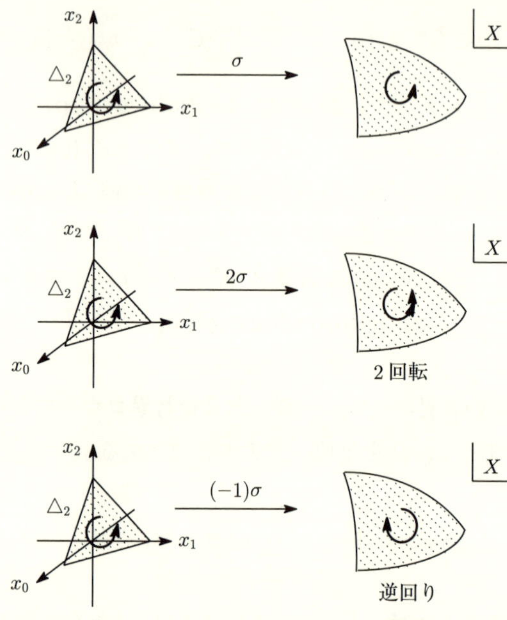

図 8.2.1　$\mathbb{Z}$ 係数の特異チェインの幾何学的イメージ I

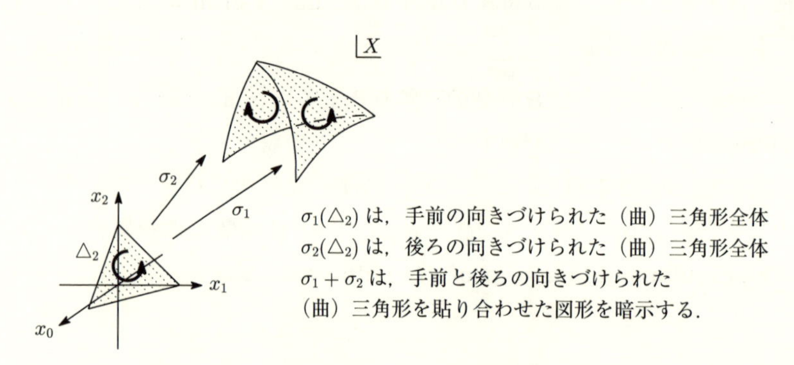

図 8.2.2　$\mathbb{Z}$ 係数の特異チェインの幾何学的イメージ II

によって定義する．これを **$\boldsymbol{\sigma}$ の境界** (**the boundary of $\boldsymbol{\sigma}$**) という（図 8.2.3 を参照）．R 準同型写像 $\partial_k : C_k(X, R) \to C_{k-1}(X, R)$ を

$$\partial_k(c) := \sum_{i=1}^{r} a_i \partial_k(\sigma_i) \quad \left(c = \sum_{i=1}^{r} a_i \sigma_i \in C_k(X, R) \right)$$

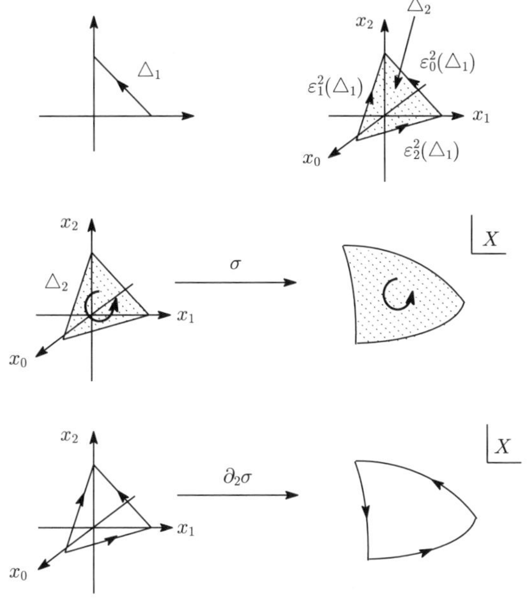

図 8.2.3 特異単体の境界

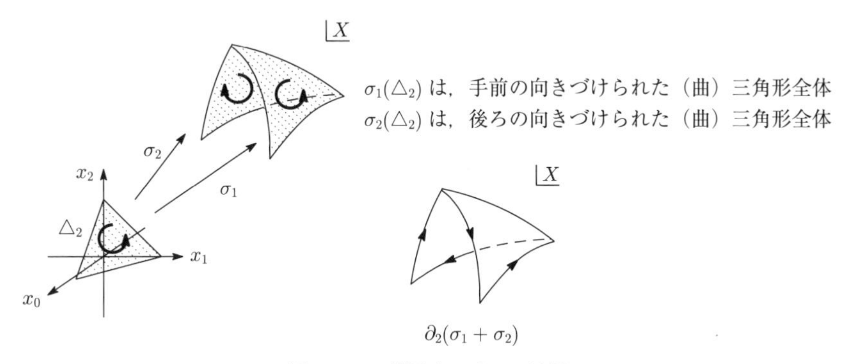

図 8.2.4 特異チェインの境界

によって定義する（図 8.2.4 を参照）．この R 準同型写像 ∂_k を**境界作用素** (**boundary operator**) という．境界作用素たちの間に，$\partial_{k-1} \circ \partial_k = 0$ が成り立つ．この関係式を示そう．特異 k 単体 σ に対し，$(\partial_{k-1} \circ \partial_k)(\sigma) = 0$ が成り立つことを示せばよい．定義より，

$$
\begin{aligned}
&(\partial_{k-1} \circ \partial_k)(\sigma) \\
&= \partial_{k-1} \left(\sum_{i=0}^{k} (-1)^i (\sigma \circ \varepsilon_i^k) \right) \\
&= \sum_{i=0}^{k} (-1)^i \sum_{j=0}^{k-1} (-1)^j ((\sigma \circ \varepsilon_i^k) \circ \varepsilon_j^{k-1}) \\
&= \sum_{i=0}^{k} \sum_{j=0}^{k-1} (-1)^{i+j} (\sigma \circ \varepsilon_i^k \circ \varepsilon_j^{k-1}) \\
&= \sum_{0 \leqq j < i \leqq k} (-1)^{i+j} (\sigma \circ \varepsilon_i^k \circ \varepsilon_j^{k-1}) + \sum_{0 \leqq i < j \leqq k-1} (-1)^{i+j} (\sigma \circ \varepsilon_i^k \circ \varepsilon_j^{k-1}) \\
&\quad + \sum_{i=0}^{k-1} (\sigma \circ \varepsilon_i^k \circ \varepsilon_i^{k-1}) \\
&= \sum_{0 \leqq j < i \leqq k} (-1)^{i+j} (\sigma \circ \varepsilon_i^k \circ \varepsilon_j^{k-1}) + \sum_{0 \leqq j < i \leqq k-1} (-1)^{i+j} (\sigma \circ \varepsilon_j^k \circ \varepsilon_i^{k-1}) \\
&\quad + \sum_{i=0}^{k-1} (\sigma \circ \varepsilon_i^k \circ \varepsilon_i^{k-1})
\end{aligned}
$$

が示される．一方，

$$
\sigma \circ \varepsilon_i^k \circ \varepsilon_j^{k-1} = \sigma \circ \varepsilon_j^k \circ \varepsilon_{i-1}^{k-1} \quad (j < i)
$$

が示される．これらの関係式から，$(\partial_{k-1} \circ \partial_k)(\sigma) = 0$，つまり，$\partial_{k-1} \circ \partial_k = 0$ が導かれる．それゆえ，

$$
\begin{gathered}
\cdots \xrightarrow{\partial_{k+1}} C_k(X, R) \xrightarrow{\partial_k} C_{k-1}(X, R) \xrightarrow{\partial_{k-1}} \cdots \\
\cdots \xrightarrow{\partial_3} C_2(X, R) \xrightarrow{\partial_2} C_1(X, R) \xrightarrow{\partial_1} C_0(X, R) \xrightarrow{0} \{\mathbf{0}\}
\end{gathered}
$$

は，チェイン複体を与える．このチェイン複体の k 次ホモロージー群を X の **R 係数の k 次特異ホモロジー群** (**k-th singular homology group of R-coefficient**) といい，本書では，$H_k^{\mathrm{sing}}(X, R)$ と表す．以下，非負の各整数 k に対し，$H_k^{\mathrm{sing}}(X, R)$ が R 加群として有限生成であるとする．このとき，定理 8.1.1 によれば，$H_k^{\mathrm{sing}}(X, R)$ は，（R 同型を除いて）次の形で表される：

$$H_k^{\mathrm{sing}}(X,R) = (\oplus^r R) \oplus R/(a_1) \oplus \cdots \oplus R/(a_l) \\ (a_i | a_{i+1} \ \ (i = 1, \ldots, l-1)). \tag{8.2.1}$$

$H_k^{\mathrm{sing}}(X,\mathbb{Z})$ が，（$\mathbb{Z}$ 同型を除いて）次の形で表されているとする：

$$H_k^{\mathrm{sing}}(X,\mathbb{Z}) = \mathbb{Z}^r \oplus \mathbb{Z}_{a_1} \oplus \cdots \oplus \mathbb{Z}_{a_l} \\ (a_i | a_{i+1} \ \ (i = 1, \ldots, l-1)). \tag{8.2.2}$$

このとき，実ベクトル空間 $H_k^{\mathrm{sing}}(X,\mathbb{R})$ は r 次元，つまり，$\mathbb{R}^r$ と線形同型であることが示される．

$\mathbb{Z}$ 加群 $H_k^{\mathrm{sing}}(X,\mathbb{Z})$ の階数（つまり，$H_k^{\mathrm{sing}}(X,\mathbb{R})$ の次元）を，X の **k 次ベッチ数** (**k-th betti number**) といい，$b_k(X)$ と表す．それらの交代和 $\sum_{k=0}^{\infty}(-1)^k b_k(X)$ を X の**オイラー標数** (**Euler characteristic**) といい，$\chi(X)$ と表す．特に，X がコンパクトならば，すべての非負の整数 k に対し，$H_k^{\mathrm{sing}}(X,R)$ は有限生成になり，そのオイラー標数が定義される．

次に，特異コホモロジー群を定義しよう．$C_k(X,R)$ の双対空間，つまり，$C_k(X,R)$ から R への R 準同型写像全体のなす R 加群 $C_k(X,R)^*$ を $C^k(X,R)$ と表す．R 準同型写像 $\delta_k : C^k(X,R) \to C^{k+1}(X,R)$ を $\delta_k(\rho) = \rho \circ \partial_{k+1}$ $(\rho \in C^k(X,R))$ によって定義する．この R 準同型写像 δ_k を**余境界作用素** (**coboundary operator**) という．このとき，容易に，$\delta_k \circ \delta_{k-1} = 0$ が示され，それゆえ，

$$\{\mathbf{0}\} \xrightarrow{\delta_0} C^1(X,R) \xrightarrow{\delta_1} C^2(X,R) \xrightarrow{\delta_2} \cdots \\ \cdots \xrightarrow{\delta_{k-1}} C^k(X,R) \xrightarrow{\delta_k} C^{k+1}(X,R) \xrightarrow{\delta_{k+1}} \cdots$$

は，コチェイン複体を与える．このコチェイン複体の k 次コホモロジー群を X の **R 係数の k 次特異コホモロジー群** (**k-th singular cohomology group of R-coefficient**) といい，本書では，$H^k_{\mathrm{sing}}(X,R)$ と表す．ここで，$\rho \in C^k(X,R)$ は，形式的無限和 $\sum_{\sigma} \rho(\sigma)\sigma$ と同一視されることを注意しておく．ここで，$\sum_{\sigma}$ は σ が X の k 次特異単体全体からなる集合上を動き回る範囲で和をとることを意味する．このように，$C_k(X,R)$ は，$C^k(X,R)$ の部分 R 加群とみなされる．この事実から，特異ホモロジー群 $H_k^{\mathrm{sing}}(X,R)$ と特異コホモロ

ジー群 $H^k_{\mathrm{sing}}(X,R)$ の違いを認識してもらえるであろう．

8.3　CW ホモロジー群

この節において，閉包有限性（略して，C 性）と弱位相性（略して，W 性）とよばれる 2 つの性質をもつ，胞体分割可能な位相空間の CW ホモロジー群とよばれる加群を定義しよう．X をハウスドルフ空間とする．

$$D^k := \left\{ (x_1,\ldots,x_k) \in \mathbb{R}^k \,\middle|\, \sum_{i=1}^k x_i^2 \leqq 1 \right\},$$

$$\mathring{D}^k := \left\{ (x_1,\ldots,x_k) \in \mathbb{R}^k \,\middle|\, \sum_{i=1}^k x_i^2 < 1 \right\},$$

$$\partial D^k := \left\{ (x_1,\ldots,x_k) \in \mathbb{R}^k \,\middle|\, \sum_{i=1}^k x_i^2 = 1 \right\}$$

$(k \geqq 1)$ とし，$D^0 = \mathring{D}^0 = \{0\}$, $\partial D^0 = \emptyset$ とする．σ が D^k から X への連続写像で，σ の $\mathring{D}^k$ への制限 $\sigma|_{\mathring{D}^k}$ が $\mathring{D}^k$ から X の部分位相空間 $e := \sigma(\mathring{D}^k)$ への同相写像を与えるようなものであるとき，e（または，組 (e,σ)）を **k 胞体** (**k-cell**) といい，σ をその**特性写像** (**characteristic map**) という．また，k はその次元とよばれ，$\dim e$ と表される．$\sigma(D^k)$ は，e の X における閉包 $\overline{e}$ と一致することが，定理 5.1.3 と定理 5.3.1 を用いて容易に示される．組 $(X, \{(e_\lambda,\sigma_\lambda)\,|\,\lambda\in\Lambda\})$ が次の 3 条件を満たすとする：

(CC-i)　各 $\lambda\in\Lambda$ に対し，$(e_\lambda,\sigma_\lambda)$ は X における胞体である；

(CC-ii)　$X = \coprod_{\lambda\in\Lambda} e_\lambda$（直和）が成り立つ；

(CC-iii)　$k_\lambda := \dim e_\lambda$ $(\lambda\in\Lambda)$ とし，$X^{(k)} := \coprod_{k_\lambda \leqq k} e_\lambda$ として，$\sigma_\lambda(\partial D^{k_\lambda}) \subseteqq X^{(k_\lambda - 1)}$ $(\lambda\in\Lambda)$ が成り立つ．

このとき，$(X, \{(e_\lambda,\sigma_\lambda)\,|\,\lambda\in\Lambda\})$ を**胞体複体** (**cell complex**) といい，X の分割 $X = \coprod_{\lambda\in\Lambda} e_\lambda$ を X の**胞体分割** (**cell decomposition**) という．また，$X^{(k)}$ は，**k 骨格** (**k-skelton**) とよばれる．胞体分割を許容するハウスドルフ空間を**胞体分割可能な位相空間** (**cell decomposable topological space**) という．λ の部分集合 Λ' で

$$\left(\coprod_{\lambda\in\Lambda'} e_\lambda, \{(e_\lambda,\sigma_\lambda)\,|\,\lambda\in\Lambda'\}\right)$$

が胞体複体を与えるとき，この胞体複体を $(X,\{(e_\lambda,\sigma_\lambda)\,|\,\lambda\in\Lambda\})$ の**部分胞体複体** (**cell subcomplex**) という．例えば，各 $k \geqq 1$ に対し，$(X^{(k)},\{(e_\lambda,\sigma_\lambda)\,|\,\lambda\in\Lambda \text{ s.t. } k_\lambda \leqq k\})$ は，$(X,\{(e_\lambda,\sigma_\lambda)\,|\,\lambda\in\Lambda\})$ の部分胞体複体になる．Λ が有限集合であるとき，$(X,\{(e_\lambda,\sigma_\lambda)\,|\,\lambda\in\Lambda\})$ を**有限胞体複体** (**finite cell complex**) という．明らかに，有限胞体複体はコンパクトになる．

例 8.3.1 n 次元単位球面 $(S^n(1),\mathcal{O}_{d_{\mathbb{E}}}|_{S^n(1)})$ は，胞体分割可能な位相空間である．実際に，その胞体分割を与えよう．$\sigma_\pm^k : D^k\to S^n(1)$ $(k=1,\ldots,n)$ を

$$\sigma_\pm^k(x_1,\ldots,x_k) := \left(x_1,\ldots,x_k,\pm\sqrt{1-\sum_{i=1}^k x_i^2},0,\cdots,0\right)$$
$$((x_1,\ldots,x_k)\in D^k)$$

によって定義し，$\sigma_\pm^0 : D^0 \to S^n(1)$ を $\sigma_\pm^0(0) = (\pm1,0,\ldots,0)$ と定める．$e_\pm^k := \sigma_\pm^k(\mathring{D}^k)$ $(k=0,1,\ldots,n)$ とおく．このとき，

$$S^n(1) = \left(\coprod_{k=0}^n e_+^k\right) \amalg \left(\coprod_{k=0}^n e_-^k\right)$$

は，$S^n(1)$ の胞体分割を与える（$n = 2$ の場合については，図 8.3.1 を参照）．

$S^n(1)$ から n 次元実射影空間 $\mathbb{R}P^n$ への自然な射影を π で表す．$\widehat{\sigma}_k : D^k \to \mathbb{R}P^n$ $(k=1,\ldots,n)$ を $\widehat{\sigma}_k := \pi\circ\sigma_+^k$ によって定義する．$\widehat{\sigma}_0 : D^0 \to \mathbb{R}P^n$ を $\widehat{\sigma}_0(0) = [1:0:\cdots:0]$ と定める．$\widehat{e}^k := \widehat{\sigma}_k(\mathring{D}^k)$ $(k=0,1,\ldots,n)$ とおくと，$\mathbb{R}P^n = \coprod_{k=0}^n \widehat{e}^k$ は，$\mathbb{R}P^n$ の胞体分割を与える（$n=2$ の場合については，図 8.3.1 を参照）．

例 8.3.2 ハウスドルフ空間 $S^n(1)$ のもう一つの胞体分割を与えよう．$\sigma_n : D^n \to S^n(1)$ を

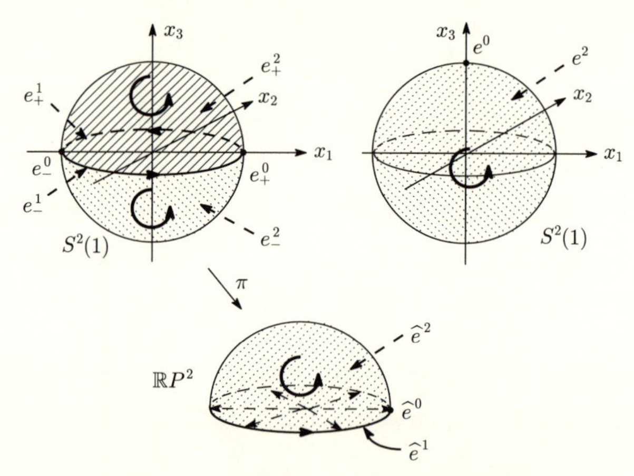

図 8.3.1　単位球面・射影平面の胞体分割

$$\sigma_n(x_1,\ldots,x_n) := \left(\frac{2\rho(x_1,\ldots,x_n)x_1}{\rho(x_1,\ldots,x_n)^2\sum_{i=1}^n x_i^2+1},\ldots,\right.$$
$$\left.\frac{2\rho(x_1,\ldots,x_n)x_n}{\rho(x_1,\ldots,x_n)^2\sum_{i=1}^n x_i^2+1},\ \frac{\rho(x_1,\ldots,x_n)^2\sum_{i=1}^n x_i^2-1}{\rho(x_1,\ldots,x_n)^2\sum_{i=1}^n x_i^2+1}\right)$$
$$\left(\rho(x_1,\ldots,x_n) := \tan\left(\frac{\pi}{2}\sum_{i=1}^n x_i^2\right)\right)$$

によって定義し，$\sigma_0 : D^0 \to S^n(1)$ を $\sigma_0(0) = (0,\ldots,0,1)$ と定める．$e^n := \sigma_n(\mathring{D}^n)$, $e^0 := \sigma_0(\mathring{D}^0)$ とおく．このとき，$e^n = S^n(1)\setminus\{(0,\ldots,0,1)\}$, $e^0 = \{(0,\ldots,0,1)\}$ となり，$S^n(1) = e^n \amalg e^0$ が $S^n(1)$ の胞体分割を与えることがわかる（$n=2$ の場合については，図 8.3.1 を参照）.

積位相空間の胞体分割可能性について，次の事実が成り立つ.

定理 8.3.1　$(X,\mathcal{O}_X)$, $(Y,\mathcal{O}_Y)$ が胞体分割可能ならば，積位相空間 $(X\times Y,\mathcal{O}_X\times\mathcal{O}_Y)$ も胞体分割可能である.

【証明】　$X = \coprod_{\lambda\in\Lambda_X} e_\lambda^X$, $Y = \coprod_{\mu\in\Lambda_Y} e_\mu^Y$ を，各々，$(X,\mathcal{O}_X)$, $(Y,\mathcal{O}_Y)$ の胞体分割とし，σ_λ^X を e_λ^X の特性写像，σ_μ^Y を e_μ^Y の特性写像とする．このとき，命題 6.2.1 によれば，積位相空間 $(X\times Y,\mathcal{O}_X\times\mathcal{O}_Y)$ もハウスドルフ空間になる.

分割

$$X \times Y = \coprod_{(\lambda,\mu) \in \Lambda_X \times \Lambda_Y} (e_\lambda^X \times e_\mu^Y) \tag{8.3.1}$$

を考える．この分割が，$(X \times Y, \mathcal{O}_X \times \mathcal{O}_Y)$ の胞体分割を与えることを示そう．$k_\lambda^X := \dim e_\lambda^X$，$k_\lambda^Y := \dim e_\lambda^Y$ とおき，

$$(X \times Y)^{(k)} := \coprod_{(\lambda,\mu) \in \Lambda_X \times \Lambda_Y \text{ s.t. } k_\lambda^X + k_\mu^Y \leqq k} (e_\lambda^X \times e_\mu^Y)$$

とおく．胞体 $e_\lambda^X \times e_\mu^Y$ の特性写像は，σ_λ^X と σ_μ^Y の積写像 $\sigma_\lambda^X \times \sigma_\mu^Y$ によって与えられる．実際，この積写像は，$D^{k_\lambda^X} \times D^{k_\mu^Y}$（これは $D^{k_\lambda^X + k_\mu^Y}$ と同一視される）から $X \times Y$ への連続写像を与え，その制限 $(\sigma_\lambda^X \times \sigma_\mu^Y)|_{D^{k_\lambda^X + k_\mu^Y}}$ は $(X \times Y, \mathcal{O}_X \times \mathcal{O}_Y)$ の部分位相空間 $(\sigma_\lambda^X \times \sigma_\mu^Y)((D^{k_\lambda^X} \times D^{k_\mu^Y})^\circ) = e_\lambda^X \times e_\mu^Y$ への同相写像であり，$(\sigma_\lambda^X \times \sigma_\mu^Y)(D^{k_\lambda^X} \times D^{k_\mu^Y})$ は，$\overline{e_\lambda^X \times e_\mu^Y}$ に等しくなる．さらに，

$$(\sigma_\lambda^X \times \sigma_\mu^Y)(\partial(D^{k_\lambda^X} \times D^{k_\mu^Y})) \subset (X \times Y)^{(k_\lambda^X + k_\mu^Y - 1)}$$

が成り立つことが容易に示される．したがって，分割 (8.3.1) が，$(X \times Y, \mathcal{O}_X \times \mathcal{O}_Y)$ の胞体分割を与えることが導かれる． □

胞体複体

$$(X \times Y, \{(e_\lambda^X \times e_\mu^Y, \sigma_\lambda^X \times \sigma_\mu^Y) \,|\, (\lambda, \mu) \in \Lambda_X \times \Lambda_Y\})$$

を $(X, \{(e_\lambda^X, \sigma_\lambda^X) | \lambda \in \Lambda_X\})$ と $(Y, \{(e_\lambda^Y, \sigma_\lambda^Y) | \lambda \in \Lambda_Y\})$ の**積胞体複体** (**product cell complex**) という．

次に，胞体複体の閉包有限性と弱位相性を定義する．胞体複体 $(X, \{(e_\lambda, \sigma_\lambda) \,|\, \lambda \in \Lambda\})$ に対し，次の 2 つの条件を考える：

(C) X の各点 p に対し，p を含む $(X, \{(e_\lambda, \sigma_\lambda) \,|\, \lambda \in \Lambda\})$ の有限部分胞体複体が存在する；

(W) A を X の任意の部分集合とする．各 $\lambda \in \Lambda$ に対し，$A \cap \overline{e}_\lambda$ が部分位相空間 $\overline{e}_\lambda$ の閉集合であることと A が X の閉集合であることは，同値である．

(C) は**閉包有限性条件** (**closed finiteness condition**) とよばれ，(W) は

弱位相性条件 (**weak topology condition**) とよばれる．胞体複体 $(X, \{(e_\lambda, \sigma_\lambda) \mid \lambda \in \Lambda\})$ がこれらの2つの条件を満たすとき，この胞体複体を **CW 複体** (**CW-complex**) といい，X の分割 $X = \coprod_{\lambda \in \Lambda} e_\lambda$ を X の **CW 分割** (**CW-decomposition**) という．

CW 分割可能な位相空間の CW ホモロジー群を定義する前に，一般に，位相空間 Y とその部分集合 B に対し，"B を1点に潰してえられる空間" とよばれる位相空間を定義しておく．Y における同値関係 $\sim$ を

$$p \sim q \ :\underset{\text{def}}{\Longleftrightarrow} \ p = q \quad \text{or} \quad p, q \in B$$

によって定義する．この同値関係 $\sim$ に関する商位相空間 $Y/\sim$ を Y/B と表し，***B* を1点に潰してえられる空間**という．$(X, \{(e_\lambda, \sigma_\lambda) \mid \lambda \in \Lambda\})$ を CW 複体とし，R を単項イデアル整域とする．以下，CW 複体 $(X, \{(e_\lambda, \sigma_\lambda) \mid \lambda \in \Lambda\})$ を X と略記し，胞体 $(e_\lambda, \sigma_\lambda)$ を e_λ と略記する．この CW 複体の k 胞体の形式的有限和 $c := \sum_{i=1}^{r} a_i e_{\lambda_i}$ （e_{λ_i} : k 胞体，$a_i \in R$）を，一般に，CW 複体 X の ***R* 係数の *k* チェイン** (***k*-chain of *R*-coefficient**) という．X の R 係数の k チェインの全体のなす自由加群を $C_k(X, R)$ と表し，X の ***R* 係数 *k* 次チェイン群** (***k*-th chain group of *R*-coefficient**) という．各 $k \in \mathbb{N}$ に対し，D^k から $D^k/\partial D^k$ への商写像を π_k と表す．明らかに，$D^k/\partial D^k$ は $S^k(1)$ と同相である．e_λ を X の k 胞体とし，e_μ を X の $(k-1)$ 胞体とする．$\widehat{\pi}_\mu$ を $X^{(k-1)}$ から $X^{(k-1)}/(X^{(k-1)} \setminus e_\mu)$ への商写像とする．明らかに，$X^{(k-1)}/(X^{(k-1)} \setminus e_\mu)$ は $S^{k-1}(1)$ と同相である．e_μ の特性写像 σ_μ は，$\sigma_\mu(\partial D^{k-1}) \subsetneqq X^{(k-2)} \subsetneqq X^{(k-1)} \setminus e_\mu$ を満たすので，$\overline{\sigma_\mu} \circ \pi_{k-1} = \widehat{\pi}_\mu \circ \sigma_\mu$ となるような写像 $\overline{\sigma_\mu} : D^{k-1}/\partial D^{k-1} \to X^{(k-1)}/(X^{(k-1)} \setminus e_\mu)$ が矛盾なく定義される．容易に，この写像 $\overline{\sigma_\mu}$ は同相写像であることが示される（ここで，$D^{k-1}/\partial D^{k-1}$, $X^{(k-1)}/(X^{(k-1)} \setminus e_\mu)$ には商位相を与える）．

$$\chi_{\lambda\mu} := \overline{\sigma_\mu}^{-1} \circ \widehat{\pi}_\mu \circ \sigma_\lambda|_{\partial D^k} : \partial D^k = S^{k-1}(1) \to D^{k-1}/\partial D^{k-1} = S^{k-1}(1)$$

の写像度を $\deg(\chi_{\lambda\mu})$ と表す．ここで，$\chi_{\lambda\mu}$ の写像度とは，$\chi_{\lambda\mu}$ を（∂D^k を $\partial \triangle^k$ と同一視することにより）$S^{k-1}(1)$ の特異 $(k-1)$ 輪体とみなしたとき，その属する特異ホモロジー類 $[\chi_{\lambda\mu}]$ $(\in H^{k-1}_{\text{sing}}(S^{k-1}(1), \mathbb{Z}) \cong \mathbb{Z})$ の表す整数

のことである．ここで，$H_{\mathrm{sing}}^{k-1}(S^{k-1}(1), \mathbb{Z}) \cong \mathbb{Z}$ は，後方で述べる例 8.3.3 と定理 8.4.2 から導かれることを注意しておく．CW 複体 X の k 胞体全体からなる集合を $\{e_\lambda \mid \lambda \in \Lambda_k\}$ とする．k 胞体 e_λ に対し，$(k-1)$ 胞体 $\partial_k(e_\lambda)$ を

$$\partial_k(e_\lambda) := \sum_{\mu \in \Lambda_{k-1}} \deg(\chi_{\lambda\mu}) e_\mu$$

によって定義する．$\deg(\chi_{\lambda\mu})$ を e_λ と e_μ の**結合係数**といい，$[e_\lambda, e_\mu]$ と表す．X が条件 (C) を満たすことより，右辺の和が有限和であること，つまり，$\partial_k(e_\lambda)$ が $(k-1)$ チェインであることがわかる．これを $\boldsymbol{e_\lambda}$ **の境界**という．R 準同型写像 $\partial_k : C_k(X, R) \to C_{k-1}(X, R)$ を

$$\partial_k(c) := \sum_{i=1}^{r} a_i \partial_k(e_{\lambda_i}) \quad \left(c = \sum_{i=1}^{r} a_i e_{\lambda_i} \in C_k(X, R) \right)$$

によって定義する．この R 準同型写像 ∂_k を**境界作用素**という．このとき，容易に，$\partial_{k-1} \circ \partial_k = 0$ が示され，それゆえ，

$$\cdots \xrightarrow{\partial_{k+1}} C_k(X, R) \xrightarrow{\partial_k} C_{k-1}(X, R) \xrightarrow{\partial_{k-1}} \cdots$$
$$\cdots \xrightarrow{\partial_3} C_2(X, R) \xrightarrow{\partial_2} C_1(X, R) \xrightarrow{\partial_1} C_0(X, R) \xrightarrow{0} \{\mathbf{0}\}$$

は，チェイン複体を与える．このチェイン複体の k 次ホモロージー群を X の $\boldsymbol{R}$ **係数の** $\boldsymbol{k}$ **次 CW ホモロジー群** ($\boldsymbol{k}$**-th CW-homology group of** $\boldsymbol{R}$**-coefficient**) といい，本書では，$H_k^{\mathrm{CW}}(X, R)$ と表す．このホモロジー群は，X の CW 分割のとり方によらないことが示される．

例 8.3.3 例 8.3.1 における胞体複体 $(S^n(1), \{(e_\varepsilon^k, \sigma_\varepsilon^k) \mid \varepsilon = \pm, k = 0, 1, \ldots, n)\})$ は CW 複体であることが容易に示される．$S^n(1)$ のこの CW 分割を用いて，$S^n(1)$ の CW ホモロジー群を計算しよう．以下，$\varepsilon = \pm$, $k = 1, \ldots, n$ とする．$\widehat{\pi}_{k,\varepsilon}$ を，$(S^n(1))^{(k)}$ から $(S^n(1))^{(k)}/((S^n(1))^{(k)} \setminus e_\varepsilon^k)$ への商写像とし，$\overline{\sigma_\varepsilon^k}$ を $\overline{\sigma_\varepsilon^k} \circ \pi_k = \widehat{\pi}_{k,\varepsilon} \circ \sigma_\varepsilon^k$ を満たす $D^k/\partial D^k$ から $(S^n(1))^{(k)}/((S^n(1))^{(k)} \setminus e_k^\varepsilon)$ への写像とし，写像

$$\chi_{k\varepsilon_1,(k-1)\varepsilon_2} : \partial D^k = S^{k-1}(1) \to D^{k-1}/\partial D^{k-1} = S^{k-1}(1)$$

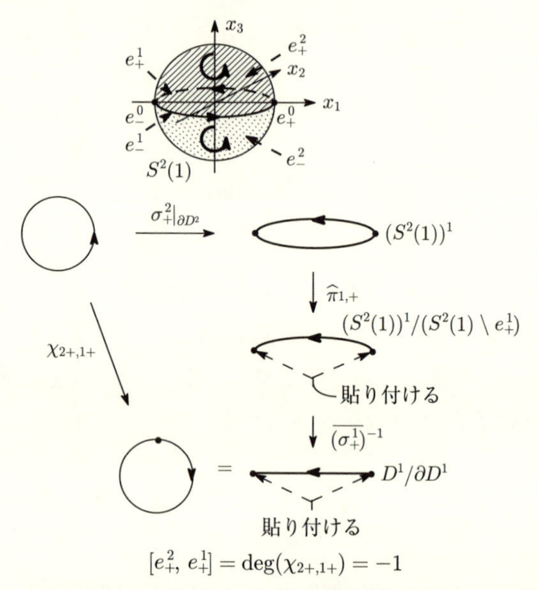

図 8.3.2　単位球面の CW 分割における境界作用素の結合係数（その 1）

を

$$\chi_{k\varepsilon_1,(k-1)\varepsilon_2} := (\overline{\sigma^{k-1}_{\varepsilon_2}})^{-1} \circ \widehat{\pi}_{k,\varepsilon_1} \circ \sigma^k_{\varepsilon_1}|_{\partial D^k}$$

によって定義する．このとき，$\chi_{k\varepsilon_1,(k-1)\varepsilon_2}$ の写像度が次のようになることが示される：

$$\deg(\chi_{k+,(k-1)+}) = (-1)^{k-1}, \ \deg(\chi_{k+,(k-1)-}) = (-1)^k,$$
$$\deg(\chi_{k-,(k-1)+}) = (-1)^{k-1}, \ \deg(\chi_{k-,(k-1)-}) = (-1)^k \quad (k = 1, \ldots, n)$$

（$n = 2$ の場合については，図 8.3.2〜8.3.5 を参照）．それゆえ，各結合係数は次のようになる：

$$[e^k_+, e^{k-1}_+] = (-1)^{k-1}, \ [e^k_+, e^{k-1}_-] = (-1)^k,$$
$$[e^k_-, e^{k-1}_+] = (-1)^{k-1}, \ [e^k_-, e^{k-1}_-] = (-1)^k \quad (k = 1, \ldots, n).$$

ゆえに，

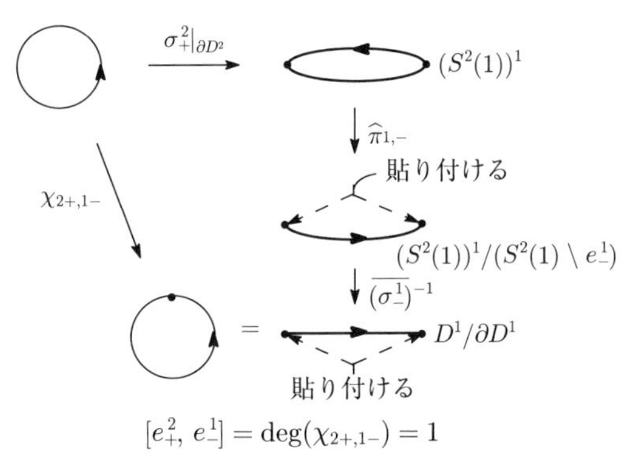

図 8.3.3 単位球面の CW 分割における境界作用素の結合係数（その 2）

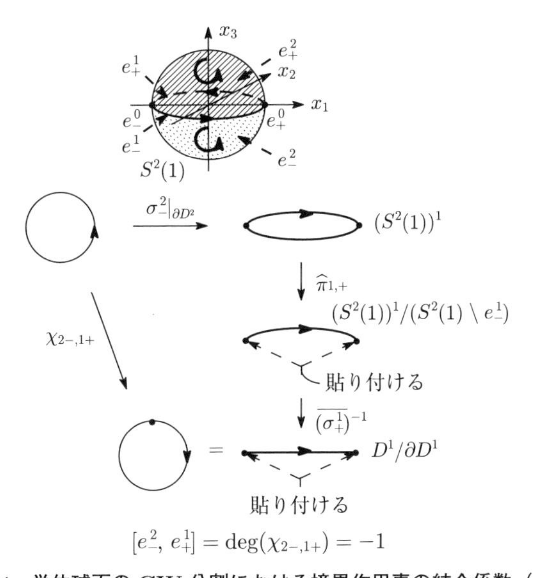

図 8.3.4 単位球面の CW 分割における境界作用素の結合係数（その 3）

$$\operatorname{Ker}\partial_k = \operatorname{Span}_R\{e^k_+ - e^k_-\} \cong R \quad (k = 1, \ldots, n),$$

$$\operatorname{Im}\partial_{k+1} = \operatorname{Span}_R\{e^k_+ - e^k_-\} \cong R \quad (k = 0, \ldots, n-1),$$

$$\operatorname{Ker}\partial_0 = \operatorname{Span}_R\{e^0_+, e^0_-\} \cong R \oplus R, \quad \operatorname{Im}\partial_{n+1} = \{\mathbf{0}\}$$

となり，

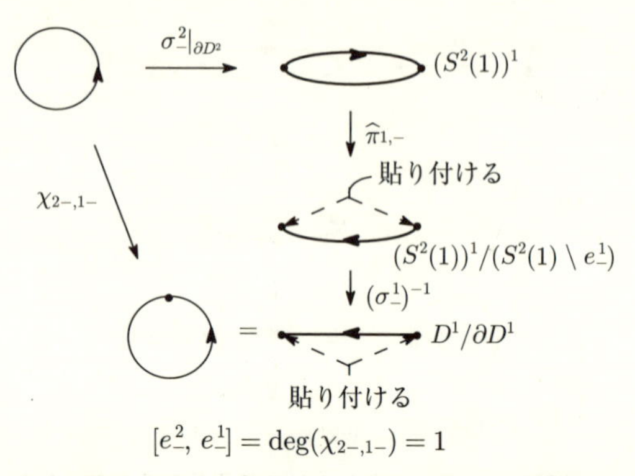

図 8.3.5　単位球面の CW 分割における境界作用素の結合係数（その 4）

$$H_k^{\mathrm{CW}}(S^n(1), R) \cong \{\mathbf{0}\} \quad (k = 1, \ldots, n-1),$$
$$H_0^{\mathrm{CW}}(S^n(1), R) \cong R, \quad H_n^{\mathrm{CW}}(S^n(1), R) \cong R$$

が示される．

例 8.3.4　例 8.3.1 における胞体複体 $(\mathbb{R}P^n, \{(\hat{e}^k, \hat{\sigma}_k) \mid k = 0, 1, \ldots, n\})$ は CW 複体であることが容易に示される．$\mathbb{R}P^n$ のこの CW 分割を用いて，$\mathbb{R}P^n$ の CW ホモロジー群を計算しよう．以下，$k = 1, \ldots, n$ とする．$\widehat{\pi}_k$ を，$(\mathbb{R}P^n)^{(k)}$ から $(\mathbb{R}P^n)^{(k)}/((\mathbb{R}P^n)^{(k)} \setminus \widehat{e}_k)$ への商写像，$\overline{\widehat{\sigma}_k}$ を $\overline{\widehat{\sigma}_k} \circ \pi_k = \widehat{\pi}_k \circ \widehat{\sigma}_k$ を満たす $D^k/\partial D^k$ から $(\mathbb{R}P^n)^{(k)}/((\mathbb{R}P^n)^{(k)} \setminus \widehat{e}^k)$ への写像とし，写像

$$\chi_{k,k-1} : \partial D^k = S^{k-1}(1) \to D^{k-1}/\partial D^{k-1} = S^{k-1}(1)$$

を

$$\chi_{k,k-1} := (\overline{\widehat{\sigma}_{k-1}})^{-1} \circ \widehat{\pi}_k \circ \widehat{\sigma}_k|_{\partial D^k}$$

によって定義する．このとき，$\chi_{k,k-1}$ の写像度が次のようになることが示される：

$$\deg(\chi_{k,k-1}) = \begin{cases} 2 & (k : \text{偶数}) \\ 0 & (k : \text{奇数}). \end{cases}$$

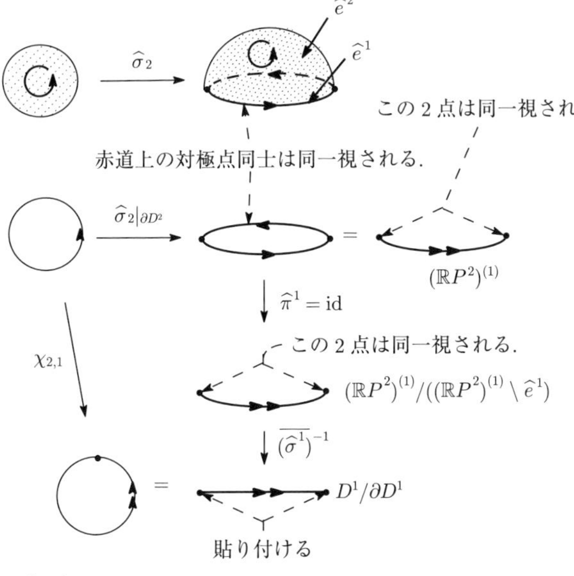

図 8.3.6 射影空間の CW 分割における境界作用素 ∂_2 の結合係数は 2 である.

($k = 2, 3$ の場合については，図 8.3.6, 8.3.7 を参照). それゆえ，各結合係数は次のようになる：

$$[\widehat{e}^k, \widehat{e}^{k-1}] = \begin{cases} 2 & (k : \text{偶数}) \\ 0 & (k : \text{奇数}). \end{cases}$$

したがって，

$$\mathrm{Ker}\,\partial_k = \begin{cases} \mathbf{0} & (k : 0 \text{ 以外の偶数}) \\ \mathrm{Span}_R\{\widehat{e}^k\}\ (\cong \mathbb{Z}) & (k : \text{奇数，または，} k = 0), \end{cases}$$

および，

$$\mathrm{Im}\,\partial_k = \begin{cases} \mathrm{Span}_R\{2\widehat{e}^k\}\ (\cong 2\mathbb{Z}) & (k : \text{偶数}) \\ \mathbf{0} & (k : \text{奇数}), \end{cases}$$

となり，

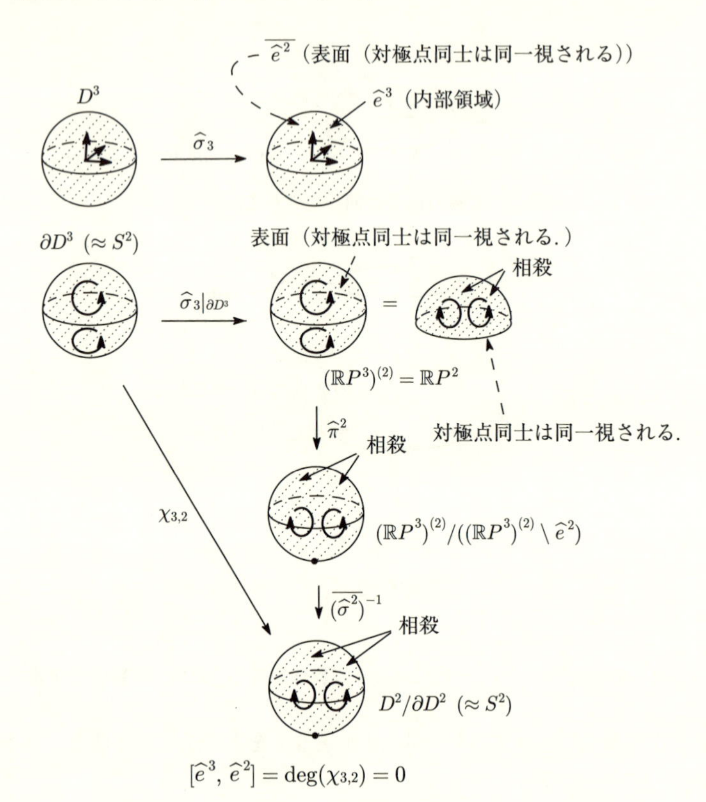

図 8.3.7　射影空間の CW 分割における境界作用素 ∂_3 の結合係数は 0 である．

$$H_k^{\mathrm{CW}}(\mathbb{R}P^n, R) \cong \begin{cases} \mathbb{Z}/2\mathbb{Z}\ (\cong \mathbb{Z}_2) & (k : (n-1)\ \text{以下の奇数}) \\ \mathbf{0} & (k : 0\ \text{以外の偶数}) \\ \mathbb{Z} & (k = 0) \\ \mathbb{Z} & (k = n\ (n : \text{奇数})) \end{cases}$$

となる．

次に，CW 分割可能な位相空間の CW コホモロジー群を定義しよう．$C_k(X, R)$ の双対空間，つまり，$C_k(X, R)$ から R への R 準同型写像全体のなす R 加群 $C_k(X, R)^*$ を $C^k(X, R)$ と表す．R 準同型写像 $\delta_k : C^k(X, R) \to C^{k+1}(X, R)$ を $\delta_k(\rho) = \rho \circ \partial_{k+1}$ $(\rho \in C^k(X, R))$ によって定義する．この R 準同型写像 δ_k を**余境界作用素**という．このとき，容易に，$\delta_k \circ \delta_{k-1} = 0$ が示

され，それゆえ，

$$\{\mathbf{0}\} \xrightarrow{\delta_0} C^1(X,R) \xrightarrow{\delta_1} C^2(X,R) \xrightarrow{\delta_2} \cdots$$
$$\cdots \xrightarrow{\delta_{k-1}} C^k(X,R) \xrightarrow{\delta_k} C^{k+1}(X,R) \xrightarrow{\delta_{k+1}} \cdots$$

は，コチェイン複体を与える．このコチェイン複体の k 次コホモロジー群を X の **$\boldsymbol{R}$ 係数の $\boldsymbol{k}$ 次 CW コホモロジー群** (**$\boldsymbol{k}$-th CW-cohomology group of $\boldsymbol{R}$-coefficient**) といい，本書では，$H^k_{\mathrm{CW}}(X,R)$ と表す．

8.4 単体ホモロジー群

この節において，まずアフィン空間内で単体的複体を定義する．そして，単体的複体を構成する単体たちの和集合（これはアフィン空間の部分集合）に，アフィン空間の距離位相の相対位相を与えたものと同相な位相空間として，単体分割可能な位相空間を定義する．その後，単体的複体のホモロジー群・コホモロジー群を定義し，それを用いて，単体分割可能な位相空間の単体ホモロジー群・単体コホモロジー群を定義する．

まず，アフィン空間を定義しよう．V を n 次元（実）ベクトル空間とする．集合 $\mathbb{A}$ と写像 $\Phi : \mathbb{A}\times\mathbb{A} \to V$ の組 $(\mathbb{A},\Phi)$ を考える．$p,\, q \in \mathbb{A}$ に対し，$\Phi(p,q)$ を $\overrightarrow{pq}$ と表す．Φ が次の 3 条件を満たすとする：

(i) $\overrightarrow{pq} + \overrightarrow{qr} = \overrightarrow{pr} \quad (\forall\, p,q,r \in \mathbb{A})$;

(ii) $\overrightarrow{pq} = -\overrightarrow{qp} \quad (\forall\, p,q \in \mathbb{A})$;

(iii) 各点 $p \in \mathbb{A}$ に対し，

$$\Phi_p : \mathbb{A} \to V \ (\underset{\mathrm{def}}{\Longleftrightarrow}\ \Phi_p(q) := \overrightarrow{pq} \quad (q \in \mathbb{A}))$$

は全単射である．

このとき，$(\mathbb{A},\Phi)$，または，$\mathbb{A}$ を **$\boldsymbol{V}$ に付随するアフィン空間** (**the affine space associated to $\boldsymbol{V}$**) という．$o \in \mathbb{A}$ を基点としてとり，固定する．このとき，全単射 $\Phi_o : \mathbb{A} \to V$ により，$\mathbb{A}$ が V と同一視される．以下，Φ_0 を $\boldsymbol{r}$ と表すことにする．$\boldsymbol{r}(p) = \overrightarrow{op}$ は，（o を基点とする）p の**位置ベクトル** (**position vector**) とよばれる．

n 次元数ベクトル空間 $\mathbb{R}^n$ に付随するアフィン空間を $\mathbb{A}^n$ で表す．$o \in \mathbb{A}^n$ を

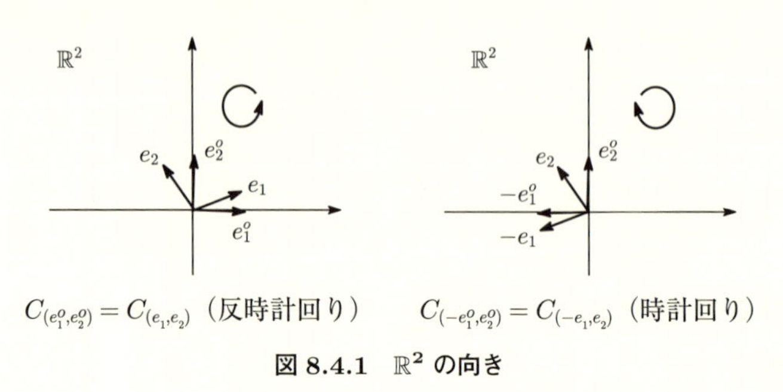

$C_{(e_1^o,e_2^o)} = C_{(e_1,e_2)}$（反時計回り）　　$C_{(-e_1^o,e_2^o)} = C_{(-e_1,e_2)}$（時計回り）

図 8.4.1　$\mathbb{R}^2$ の向き

基点としてとるとき，$\boldsymbol{r}$ $(= \Phi_o)$ を通じて，点の集まりである $\mathbb{A}^n$ がベクトルの集まりである $\mathbb{R}^n$ と同一視される．それゆえ，$\overrightarrow{op} = (p_1, \ldots, p_n)$ のとき，点 p も $(p_1, \ldots, p_n)$ と表してしまう．数ベクトル空間 $\mathbb{R}^n$ の向きを定義しよう．$\mathbb{R}^n$ の基底全体からなる集合を $\mathcal{F}(\mathbb{R}^n)$ と表し，この集合における同値関係 $\sim$ を

$$(\boldsymbol{e}_1, \ldots, \boldsymbol{e}_n) \sim (\bar{\boldsymbol{e}}_1, \ldots, \bar{\boldsymbol{e}}_n) :\underset{\text{def}}{\Longleftrightarrow} \det(a_{ij}) > 0$$
$$\left(\bar{\boldsymbol{e}}_i = \sum_{j=1}^{n} a_{ij}\boldsymbol{e}_j \ (i = 1, \ldots, n)\right)$$

によって定義する．$\boldsymbol{e}_i^o := (0, \ldots, 0, \overset{i}{1}, 0, \ldots, 0)$ $(i = 1, \ldots, n)$ とおく．ここで，$\overset{i}{1}$ は i 成分が 1 であることを意味する．このとき，任意の $(\boldsymbol{e}_1, \ldots, \boldsymbol{e}_n) \in \mathcal{F}(\mathbb{R}^n)$ に対し，$(\boldsymbol{e}_1, \ldots, \boldsymbol{e}_n) \sim (\boldsymbol{e}_1^o, \ldots, \boldsymbol{e}_n^o)$，または，$(\boldsymbol{e}_1, \ldots, \boldsymbol{e}_n) \sim (-\boldsymbol{e}_1^o, \boldsymbol{e}_2^o, \ldots, \boldsymbol{e}_n^o)$ のいずれかが成り立つ．それゆえ，

$$\mathcal{F}(\mathbb{R}^n)/\sim = \{C_{(\boldsymbol{e}_1^o, \ldots, \boldsymbol{e}_n^o)},\ C_{(-\boldsymbol{e}_1^o, \boldsymbol{e}_2^o, \ldots, \boldsymbol{e}_n^o)}\}$$

となる．$\mathcal{F}(\mathbb{R}^n)/\sim$ の各元を $\mathbb{R}^n$ の**向き (orientation)** といい，通常は，$C_{(\boldsymbol{e}_1^o, \ldots, \boldsymbol{e}_n^o)}$ を $\mathbb{R}^n$ の**正の向き (positive orientation)** といい，$C_{(-\boldsymbol{e}_1^o, \boldsymbol{e}_2^o, \ldots, \boldsymbol{e}_n^o)}$ を $\mathbb{R}^n$ の**負の向き (negative orientation)** という．特に，$\mathbb{R}^2$ の正の向き $C_{(\boldsymbol{e}_1^o, \boldsymbol{e}_2^o)}$ を**反時計回り (counterclockwise)** といい，$\mathbb{R}^2$ の負の向き $C_{(-\boldsymbol{e}_1^o, \boldsymbol{e}_2^o)}$ を**時計回り (clockwise)** という（図 8.4.1 を参照）．また，$\mathbb{R}^3$ の正の向き $C_{(\boldsymbol{e}_1^o, \boldsymbol{e}_2^o, \boldsymbol{e}_3^o)}$ を**右手系 (right-handed system)** といい，$\mathbb{R}^3$ の負の向き $C_{(-\boldsymbol{e}_1^o, \boldsymbol{e}_2^o, \boldsymbol{e}_3^o)}$ を**左手系 (left-handed system)** という（図 8.4.2 を参照）．F を $\mathbb{R}^n$ の線形変換とする．$\mathbb{R}^n$ の向き $O = C_{(e_1, \ldots, e_n)}$ に対して，$\mathbb{R}^n$ の向き

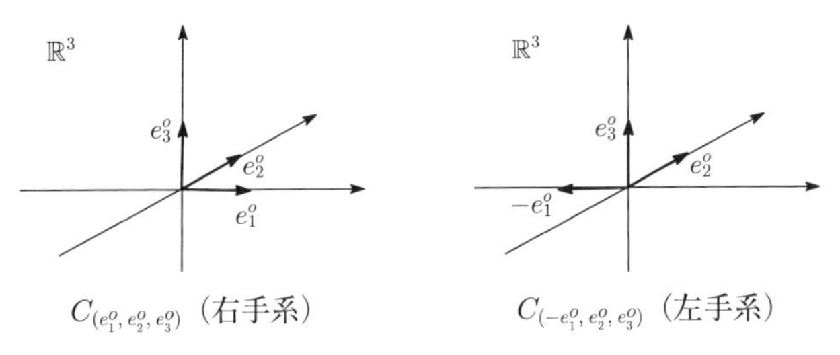

$C_{(e_1^o,\,e_2^o,\,e_3^o)}$（右手系）　　$C_{(-e_1^o,\,e_2^o,\,e_3^o)}$（左手系）

図 8.4.2　$\mathbb{R}^3$ の向き

$C_{(F(e_1),\ldots,F(e_n))}$ を O から F によって**誘導される向き**といい，F^*O と表す．$F^*O = O$ であるとき，F を**向きを保つ線形変換**といい，$F^*O \neq O$ であるとき，F を**向きを逆にする線形変換**という．

n 次元アフィン空間 $\mathbb{A}^n$ 内で，単体的複体という概念を定義しよう．そのために，上述のように，$\mathbb{A}^n$ の 1 点 o を基点として固定し，$\boldsymbol{r} : \mathbb{A}^n \to \mathbb{R}^n$ を $\boldsymbol{r}(p) := \overrightarrow{op}$ $(p \in \mathbb{A}^n)$ によって定義する．$\mathbb{A}^n$ の $(k+1)$ $(\leqq n+1)$ 個の点 $p_0, p_1, \ldots, p_k$ に対し，$\overrightarrow{p_0p_1}, \ldots, \overrightarrow{p_0p_k}$ が 1 次独立であるとき，$p_0, p_1, \ldots, p_k$ は**アフィン的に独立である (affinely independent)** という．$\mathbb{A}^n$ の部分集合 $|p_0p_1 \cdots p_k|$ を

$$|p_0p_1 \ldots p_k| := \left\{ \boldsymbol{r}^{-1}(t_0\overrightarrow{op_0} + t_1\overrightarrow{op_1} + \cdots + t_k\overrightarrow{op_k}) \;\middle|\; t_i \geqq 0 \ (i = 0, 1, \ldots, k) \ \& \ \sum_{i=0}^{k} t_i = 1 \right\}$$

と定義する（図 8.4.3 を参照）．この集合 $|p_0p_1 \ldots p_k|$ を $p_0, p_1, \ldots, p_k$ を頂点とする **k 単体 (k-simplex)** または **k 次元単体 (k-dimensional simplex)** という．$|p_0p_1 \ldots p_k|$ に向き $C_{(\overrightarrow{p_0p_1}, \ldots, \overrightarrow{p_0p_k})}$ を与えたものを $(p_0p_1 \cdots p_k)$ と表し，$p_0, p_1, \ldots, p_k$ を頂点とする**向きづけられた k 単体 (oriented k-simplex)** または**向きづけられた k 次元単体 (oriented k-dimensional simplex)** という（図 8.4.3 を参照）．$\{0, 1, \ldots, k\}$ の部分集合 $\{i_0, i_1, \ldots, i_l\}$ に対し，l 単体 $|p_{i_0}p_{i_1} \cdots p_{i_l}|$ を，$|p_0p_1 \cdots p_k|$ の **l 次元面 (l-face)** という（図 8.4.3 を参照）．

$\mathbb{A}^n$ の単体からなる集合 K で次の 3 条件を満たすようなものを考える；

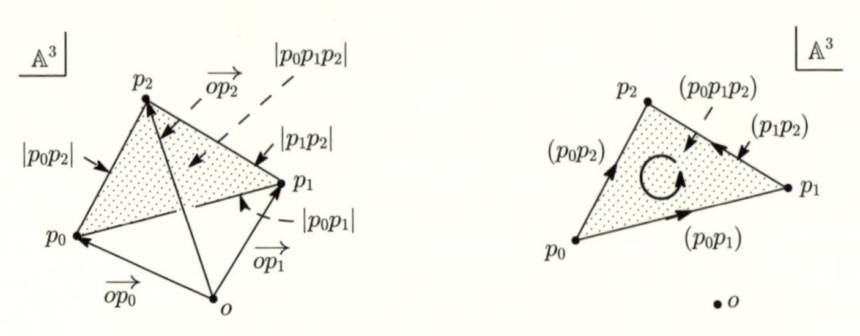

図 8.4.3　単体，単体の面，および，向きづけられた単体

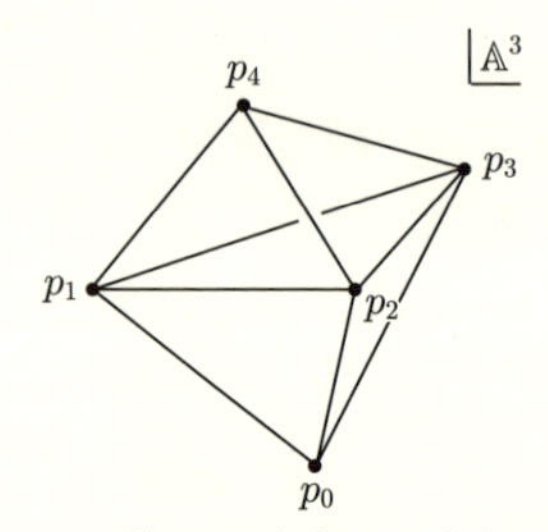

$$K = \{|p_0p_1p_2|, |p_0p_2p_3|, |p_0p_1p_3|, |p_1p_2p_4|\\ |p_2p_3p_4|, |p_1p_3p_4|, |p_0p_1|, |p_0p_2|, |p_0p_3|,\\ |p_1p_2|, |p_2p_3|, |p_3p_1|, |p_1p_4|, |p_2p_4|,\\ |p_3p_4|, |p_0|, |p_1|, |p_2|, |p_3|, |p_4|\}$$

図 8.4.4　単体複体

(i)　K の任意の元 σ に対し，σ の面はすべて K の元である；

(ii)　σ_1, σ_2 が K の元で $\sigma_1 \cap \sigma_2 \neq \emptyset$ ならば，$\sigma_1 \cap \sigma_2$ は，σ_1, σ_2 の面である；

(iii)　各 $\sigma \in K$ に対し，σ を面にもつ K の元は有限個しかない．

このような単体からなる集合 K を**単体複体** (**simplicial complex**) という (図 8.4.4 を参照)．K に属する単体の次元の最大値が m であるとき，K を $\boldsymbol{m}$ **次元単体複体** ($\boldsymbol{m}$**-dimensional simplicial complex**) という．また，$\sharp K < \infty$ のとき，K を**有限単体複体** (**finite simplicial comlex**) という．

$\mathbb{A}^n$ には，全単射 $\boldsymbol{r} : \mathbb{A}^n \to \mathbb{R}^n$ を通じて，$\mathbb{R}^n$ と同一視することにより，位相 $\mathcal{O}_{d_{\mathbb{E}^n}}$ を与える．正確に述べると，$\mathbb{A}^n$ には，位相

$$\mathcal{O}_{\mathbb{A}^n} := \{\boldsymbol{r}^{-1}(U) \,|\, U \in \mathcal{O}_{d_{\mathbb{E}^n}}\}$$

を与える．K が $\mathbb{A}^n$ 内で定義された単体複体であるとき，$\mathbb{A}^n$ の部分集合 $|K|$ を $|K| := \bigcup_{\sigma\in K} \sigma$ によって定義する．この部分集合 $|K|$ を**多面体** (**polyhedron**) といい，この集合 $|K|$ には，$\mathcal{O}_{\mathbb{A}^n}$ の相対位相 $\mathcal{O}_{\mathbb{A}^n}|_{|K|}$ を与える．明らかに，K が $\mathbb{A}^n$ 内で定義される有限単体的複体であるとき，多面体 $(|K|, \mathcal{O}_{\mathbb{A}^n}|_{|K|})$ はコンパクトになる．位相空間 $(X, \mathcal{O})$ に対し，$(X, \mathcal{O})$ からある多面体 $(|K|, \mathcal{O}_{\mathbb{A}^n}|_{|K|})$ への同相写像 φ が存在するとき，$(X, \mathcal{O})$ は**単体分割可能** (**simplicial decomposable**) であるといい，X の分割 $X = \bigcup_{\sigma\in K} \varphi^{-1}(\sigma)$ を X の**単体分割** (**simplicial decomposition**) という．

n 次元単体複体 K の部分集合 L が単体複体であるとき，L を K の**部分単体複体** (**simplicial subcomplex**) という．例えば，各 $k \leqq n-1$ に対し，

$$K^{(k)} := \{\sigma \in K \,|\, \dim \sigma \leqq k\}$$

は K の部分単体複体になる．この部分単体複体を K の $\boldsymbol{k}$ **骨格**という．

単体分割可能な位相空間の例をいくつか挙げよう．

例 8.4.1 $\mathbb{A}^3$ 内の単体の集まり K' を

$$\begin{aligned} K' = \{&|(1,0,0)(0,1,0)(0,0,1)|,\ |(0,1,0)(-1,0,0)(0,0,1)|,\\ &|(-1,0,0)(0,-1,0)(0,0,1)|,\ |(0,-1,0)(1,0,0)(0,0,1)|,\\ &|(1,0,0)(0,1,0)(0,0,-1)|,\ |(0,1,0)(-1,0,0)(0,0,-1)|,\\ &|(-1,0,0)(0,-1,0)(0,0,-1)|,\ |(0,-1,0)(1,0,0)(0,0,-1)|\} \end{aligned}$$

によって定義し，K' と K' に属する 2 単体の面全体からなる集合との和集合を K と表す（図 8.4.5 を参照）．容易に，K が 2 次元単体的複体であることが示される．写像 $\psi : |K| \to S^2(1)$ を

$$\psi(x_1, x_2, x_3) := \left(\frac{x_1}{\|\boldsymbol{x}\|_{\mathbb{E}}}, \frac{x_2}{\|\boldsymbol{x}\|_{\mathbb{E}}}, \frac{x_3}{\|\boldsymbol{x}\|_{\mathbb{E}}}\right) \quad (\boldsymbol{x} = (x_1, x_2, x_3) \in |K|)$$

と定める．明らかに，この写像 ψ は $(|K|, \mathcal{O}_{\mathbb{A}^3}|_{|K|})$ から $(S^2(1), \mathcal{O}_{d_{\mathbb{E}^3}}|_{S^2(1)})$ への同相写像である．それゆえ，$\varphi := \psi^{-1}$ は，$(S^2(1), \mathcal{O}_{d_{\mathbb{E}^3}}|_{S^2(1)})$ の単体分

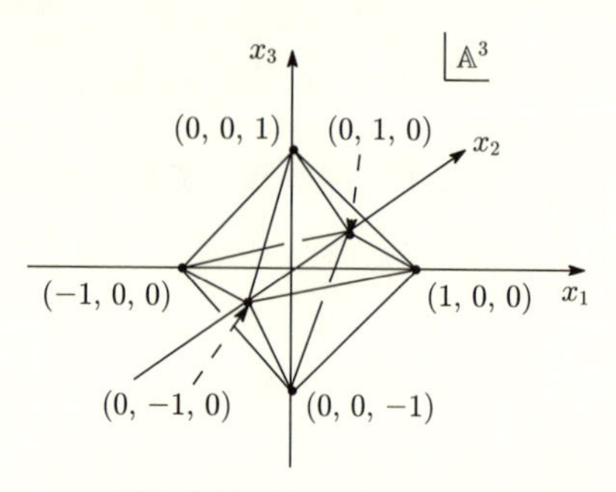

図 8.4.5　単体分割可能な位相空間の例（その 1）

割 $S^2(1) = \bigcup_{\sigma \in K} \psi(\sigma)$ を与える．このように，$(S^2(1), \mathcal{O}_{d_{\mathbb{E}^3}}|_{S^2(1)})$ は単体分割可能な位相空間である．

例 8.4.2　$\mathbb{A}^3$ 内の単体の集まり K' を

$$
\begin{aligned}
K' = &\{|(i,j,0)(i+1,j,0)(i+1,j+1,0)| \mid (i,j) \in \{0,1,2\}^2 \setminus \{(1,1)\}\} \\
&\amalg \{|(i,j,0)(i,j+1,0)(i+1,j+1,0)| \mid (i,j) \in \{0,1,2\}^2 \setminus \{(1,1)\}\} \\
&\amalg \{|(i,j,3)(i+1,j,3)(i+1,j+1,3)| \mid (i,j) \in \{0,1,2\}^2 \setminus \{(1,1)\}\} \\
&\amalg \{|(i,j,3)(i,j+1,3)(i+1,j+1,3)| \mid (i,j) \in \{0,1,2\}^2 \setminus \{(1,1)\}\} \\
&\amalg \{|(i,j,0)(i,j+1,0)(i,j+1,3)| \mid (i,j) \in \{0,3\} \times \{0,1,2\}\} \\
&\amalg \{|(i,j,0)(i,j,3)(i,j+1,3)| \mid (i,j) \in \{0,3\} \times \{0,1,2\}\} \\
&\amalg \{|(i,j,0)(i+1,j,0)(i+1,j,3)| \mid (i,j) \in \{0,1,2\} \times \{0,3\}\} \\
&\amalg \{|(i,j,0)(i,j,3)(i+1,j,3)| \mid (i,j) \in \{0,1,2\} \times \{0,3\}\} \\
&\amalg \{|(1,j,0)(2,j,0)(2,j,3)| \mid j \in \{1,2\}\} \\
&\amalg \{|(1,j,0)(1,j,3)(2,j,3)| \mid j \in \{1,2\}\} \\
&\amalg \{|(i,1,0)(i,2,0)(i,2,3)| \mid i \in \{1,2\}\} \\
&\amalg \{|(i,1,0)(i,1,3)(i,2,3)| \mid i \in \{1,2\}\}
\end{aligned}
$$

と定義し，K' と K' に属する 2 単体の面全体からなる集合との和集合を K と表す（図 8.4.6 を参照）．容易に，K が 2 次元単体的複体であることが示される．多面体 $|K|$ は，

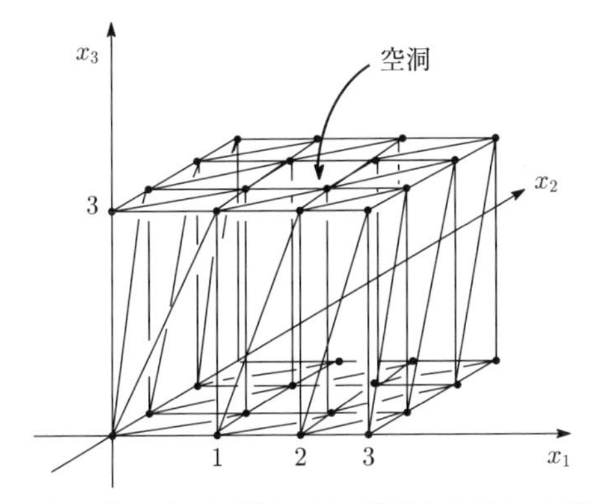

裏側の外側面，空洞側の面を分割する辺を一部略している

図 8.4.6 単体分割可能な位相空間の例（その 2）

$$\begin{aligned}
&\big(([0,3]^2 \setminus [1,2]^2) \times \{0\}\big) \cup \big(([0,3]^2 \setminus [1,2]^2) \times \{3\}\big) \ (\text{上面と底面}) \\
&\cup (\{0\} \times [0,3] \times [0,3]) \cup (\{3\} \times [0,3] \times [0,3]) \ (\text{左右の外側面}) \\
&\cup ([0,3] \times \{0\} \times [0,3]) \cup ([0,3] \times \{3\} \times [0,3]) \ (\text{手前と裏側の外側面}) \\
&\cup ([1,2] \times \{1\} \times [0,3]) \cup ([1,2] \times \{2\} \times [0,3]) \ (\text{空洞側の前後の側面}) \\
&\cup (\{1\} \times [1,2] \times [0,3]) \cup (\{2\} \times [1,2] \times [0,3]) \ (\text{空洞側の左右の側面})
\end{aligned}$$

(この集合は，1 辺の長さ 3 の立方体から 1 辺の長さ 1 の正方形を底面とする高さ 3 の小直方体をくり抜いてできる立体の表面である）に等しい．このことから，多面体 $|K|$ は例 1.4.4 で述べた図形

$$S{:=}\{((\alpha{+}\beta\cos\theta)\cos\varphi, (\alpha{+}\beta\cos\theta)\sin\varphi, \beta\sin\theta) \mid 0{\leqq}\theta{<}2\pi,\ 0{\leqq}\varphi{<}2\pi\}$$

$(\alpha > \beta)$ と同相であること，正確に述べると，$(\mathbb{A}^3, \mathcal{O}_{\mathbb{A}^3})$ の部分位相空間 $(|K|, \mathcal{O}_{\mathbb{A}^3}|_{|K|})$ が $\mathbb{E}^3$ の部分位相空間 $(S, \mathcal{O}_{d_{\mathbb{E}^3}}|_S)$ に同相であることがわかる．φ を $(S, \mathcal{O}_{d_{\mathbb{E}^3}}|_S)$ から $(|K|, \mathcal{O}_{\mathbb{A}^3}|_{|K|})$ への同相写像とすると，$(S, \mathcal{O}_{d_{\mathbb{E}^3}}|_S)$ の単体分割 $S = \bigcup_{\sigma \in K} \varphi^{-1}(\sigma)$ がえられる．このように，$(S, \mathcal{O}_{d_{\mathbb{E}^3}}|_S)$ は単体分割可能である．

単体的複体 K_i $(i = 1, 2)$ が $\mathbb{A}^{n_i}$ 内で定義されているとする．$\mathbb{A}^{n_1}$, $\mathbb{A}^{n_2}$, $\mathbb{A}^{n_1+n_2}$ の基点をとり，それらを共通の文字 o で表す．$\boldsymbol{r} : \mathbb{A}^{n_1+n_2} \to \mathbb{R}^{n_1+n_2}$ を $\boldsymbol{r}(p) := \overrightarrow{op}$ $(p \in \mathbb{A}^{n_1+n_2})$ により定義する．$\mathbb{A}^{n_1}$ の各点 p と $\mathbb{A}^{n_2}$ の点 q に対し，$\mathbb{A}^{n_1+n_2}$ $(= \mathbb{A}^{n_1} \times \mathbb{A}^{n_2})$ の点 P_{pq} を $P_{pq} := \boldsymbol{r}^{-1}(\overrightarrow{op}, \overrightarrow{oq})$ により定義す

る．$\sigma_1 = |p_0 \cdots p_k| \in K_1$ と $\sigma_2 = |q_0 \cdots q_l| \in K_2$ に対し，$\mathbb{A}^{n_1+n_2}$ 内の $(k+l)$ 次元単体的複体 $K(\sigma_1 \times \sigma_2)$ を

$$K(\sigma_1 \times \sigma_2) := \coprod_{\alpha=0}^{k+l} \{|P_{p_{i_0} q_{j_0}} \cdots P_{p_{i_\alpha} q_{j_\alpha}}| \mid 1 \leqq i_0 \leqq \cdots \leqq i_\alpha \leqq k, \quad 1 \leqq j_0 \leqq \cdots \leqq j_\alpha \leqq l\}$$

によって定めることができる．多面体 $(|K(\sigma_1 \times \sigma_2)|, \mathcal{O}_{\mathbb{A}^{n_1+n_2}}|_{|K(\sigma_1 \times \sigma_2)|})$ は，$(\sigma_1 \times \sigma_2, \mathcal{O}_{\mathbb{A}^{n_1}}|_{\sigma_1} \times \mathcal{O}_{\mathbb{A}^{n_2}}|_{\sigma_2})$ に同相であることを注意しておく．$\mathbb{A}^{n_1+n_2}$ 内の $(k+l)$ 次元単体的複体 $K_1 \cdot K_2$ を $\bigcup_{(\sigma_1,\sigma_2) \in K_1 \times K_2} K(\sigma_1 \times \sigma_2)$ を含む最小の $(k+l)$ 次元単体的複体として定義する．この単体的複体 $K_1 \cdot K_2$ を K_1 と K_2 の**積単体的複体** (**product simplicial complex**) という．明らかに，多面体 $(|K_1 \cdot K_2|, \mathcal{O}_{\mathbb{A}^{n_1+n_2}}|_{|K_1 \cdot K_2|})$ は，積位相空間 $(|K_1| \times |K_2|, \mathcal{O}_{\mathbb{A}^{n_1}}|_{|K_1|} \times \mathcal{O}_{\mathbb{A}^{n_2}}|_{|K_2|})$ と同相になる．

積位相空間の単体分割可能性について，次の事実が成り立つ．

定理 8.4.1　$(X, \mathcal{O}_X)$, $(Y, \mathcal{O}_Y)$ が単体分割可能ならば，積位相空間 $(X \times Y, \mathcal{O}_X \times \mathcal{O}_Y)$ も単体分割可能である．

【証明】　$(X, \mathcal{O}_X)$, $(Y, \mathcal{O}_Y)$ が単体分割可能であるとする．このとき，$(X, \mathcal{O}_X)$ からある多面体 $(|K_1|, \mathcal{O}_{\mathbb{A}^{n_1}}|_{|K_1|})$ への同相写像 φ_1 と，$(Y, \mathcal{O}_Y)$ からある多面体 $(|K_2|, \mathcal{O}_{\mathbb{A}^{n_2}}|_{|K_2|})$ への同相写像 φ_2 が存在する．K_1 と K_2 の積単体的複体 $K_1 \cdot K_2$ の定める多面体 $(|K_1 \cdot K_2|, \mathcal{O}_{\mathbb{A}^{n_1+n_2}}|_{|K_1 \cdot K_2|})$ は，積位相空間 $(|K_1| \times |K_2|, \mathcal{O}_{\mathbb{A}^{n_1}}|_{|K_1|} \times \mathcal{O}_{\mathbb{A}^{n_2}}|_{|K_2|})$ と同相なので，積位相空間 $(X \times Y, \mathcal{O}_X \times \mathcal{O}_Y)$ とも同相である．したがって，$(X \times Y, \mathcal{O}_X \times \mathcal{O}_Y)$ が単体分割可能であることがわかる．　□

単体的複体のホモロジー群を定義しよう．K を単体的複体とし，R を単項イデアル整域とする．K の向きづけられた k 単体の形式的有限和 $c := \sum_{i=1}^{r} a_i \overrightarrow{\sigma_i}$（$\overrightarrow{\sigma_i}$: K の向きづけられた k 単体，$a_i \in R$）を，一般に，K の ***R* 係数の *k* チェイン**という．K の R 係数の k チェインの全体のなす自由加群を $C_k(K, R)$ と表し，K の ***R* 係数 *k* 次チェイン群**という．K の向きづけられた k 単体

$\overrightarrow{\sigma} = (p_0 p_1 \cdots p_k)$ に対し，K の $(k-1)$ チェイン $\partial_k \overrightarrow{\sigma}$ を

$$\partial_k \overrightarrow{\sigma} := \sum_{i=0}^{k} (-1)^i (p_0 \cdots p_{i-1} p_{i+1} \cdots p_k)$$

によって定義する．これを用いて，R 準同型写像 $\partial_k : C_k(K,R) \to C_{k-1}(K,R)$ を

$$\partial_k(c) := \sum_{i=1}^{r} a_i \partial_k \overrightarrow{\sigma_i} \quad \left(c = \sum_{i=1}^{r} a_i \overrightarrow{\sigma_i} \in C_k(K,R) \right)$$

と定める．この R 準同型写像 ∂_k を**境界作用素**という．このとき，容易に，$\partial_{k-1} \circ \partial_k = 0$ が示され，それゆえ，

$$\cdots \xrightarrow{\partial_{k+1}} C_k(K,R) \xrightarrow{\partial_k} C_{k-1}(K,R) \xrightarrow{\partial_{k-1}} \cdots$$
$$\cdots \xrightarrow{\partial_3} C_2(K,R) \xrightarrow{\partial_2} C_1(K,R) \xrightarrow{\partial_1} C_0(K,R) \xrightarrow{0} \{\mathbf{0}\}$$

は，チェイン複体を与える．このチェイン複体の k 次ホモロジー群を K の **$\boldsymbol{R}$ 係数の $\boldsymbol{k}$ 次ホモロジー群**といい，本書では，$H_k(K,R)$ と表す．位相空間 $(X,\mathcal{O})$ が単体分割可能であるとき，$(X,\mathcal{O})$ と同相な多面体を $(|K|, \mathcal{O}_{\mathbb{A}^n}|_{|K|})$ として，$H_k(K,R)$ を $(X,\mathcal{O})$ の **$\boldsymbol{R}$ 係数の $\boldsymbol{k}$ 次単体ホモロジー群** (**$\boldsymbol{k}$-th simplicial homology group of $\boldsymbol{R}$-coefficient**) といい，$H_k^{\mathrm{simp}}(X,R)$ と表す．

次に，単体的複体のコホモロジー群を定義しよう．$C_k(K,R)$ の双対空間，つまり，$C_k(K,R)$ から R への R 準同型写像全体のなす R 加群 $C_k(K,R)^*$ を $C^k(K,R)$ と表す．R 準同型写像 $\delta_k : C^k(K,R) \to C^{k+1}(K,R)$ を $\delta_k(\rho) = \rho \circ \partial_{k+1}$ $(\rho \in C^k(K,R))$ によって定義する．この R 準同型写像 δ_k を**余境界作用素**という．このとき，容易に，$\delta_{k+1} \circ \delta_k = 0$ が示され，それゆえ，

$$\{\mathbf{0}\} \xrightarrow{\delta_0} C^1(K,R) \xrightarrow{\delta_1} C^2(K,R) \xrightarrow{\delta_2} \cdots$$
$$\cdots \xrightarrow{\delta_{k-1}} C^k(K,R) \xrightarrow{\delta_k} C^{k+1}(K,R) \xrightarrow{\delta_{k+1}} \cdots$$

は，コチェイン複体を与える．このコェイン複体の k 次コホモロジー群を K の **$\boldsymbol{R}$ 係数の $\boldsymbol{k}$ 次コホモロジー群**といい，$H^k(K,R)$ と表す．位相空間 $(X,\mathcal{O})$ が単体分割可能であるとき，$(X,\mathcal{O})$ と同相な多面体を $(|K|, \mathcal{O}_{\mathbb{A}^n}|_{|K|})$ として，$H^k(K,R)$ を $(X,\mathcal{O})$ の **$\boldsymbol{R}$ 係数の $\boldsymbol{k}$ 次単体コホモロジー群** (**$\boldsymbol{k}$-th simplicial

cohomology group of *R*-coefficient) といい，$H^k_{\mathrm{simp}}(X, R)$ と表す．

特異（コ）ホモロジー群，CW（コ）ホモロジー群，および，単体（コ）ホモロジー群について，次の事実が成り立つ．

定理 8.4.2

(i) 任意の CW 分割可能な位相空間 X と任意の 0 以上の整数 k に対し，$H_k^{\mathrm{sing}}(X, R)$ と $H_k^{\mathrm{CW}}(X, R)$ は同型であり，$H^k_{\mathrm{sing}}(X, R)$ と $H^k_{\mathrm{CW}}(X, R)$ も同型である．

(ii) 任意の単体分割可能な位相空間 X と任意の 0 以上の整数 k に対し，$H_k^{\mathrm{sing}}(X, R)$ と $H_k^{\mathrm{simp}}(X, R)$ は同型であり，$H^k_{\mathrm{sing}}(X, R)$ と $H^k_{\mathrm{simp}}(X, R)$ も同型である．

この定理の証明は略すことにする．この定理によれば，位相空間 X が CW 分割可能である場合，X の特異（コ）ホモロジー群を計算する代わりに，X を CW 分割して，その CW（コ）ホモロジー群を計算すればよいことがわかる．同様に，位相空間 X が単体分割可能である場合，X の特異（コ）ホモロジー群を計算する代わりに，X を単体分割して，その単体（コ）ホモロジー群を計算すればよいことがわかる．

参考文献

[石川] 石川剛郎，位相のあたま，共立出版，2018.

[加藤] 加藤十吉，位相幾何学，裳華房，1988.

[川﨑] 川﨑徹郎，位相空間 例と演習，共立出版，2020.

[小池 1] 小池直之，理論物理に潜む部分多様体幾何—一般相対性理論・ゲージ理論との関わり—，共立出版，2021.

[小池 2] 小池直之，積分公式で啓くベクトル解析と微分幾何学—ストークスの定理から変分公式まで—，共立出版，2022.

[小山] 小山 晃，位相空間論—現代数学への基礎—，森北出版，2021.

[斎藤] 斎藤 毅，集合と位相，東京大学出版会，2009.

[庄田] 庄田敏宏，集合・位相に親しむ，現代数学社，2010.

[藤岡] 藤岡 敦，手を動かして学ぶ集合と位相，裳華房，2020.

[藤田] 藤田博司，位相空間のはなし—やわらかいイデアの世界—，日本評論社，2022.

[長澤] 長澤壯之，ルベーグ流 測度論と積分論，共立出版，2021.

索　引

英欧字・数字

あ　行

か 行

さ　行

た　行

な　行

は　行

ま　行

や　行

ら　行

わ　行

memo

memo

〈著者紹介〉

小池　直之（こいけ　なおゆき）

1991 年　東京理科大学大学院 理学研究科数学専攻 博士課程修了
専　門　微分幾何学
現　在　東京理科大学 理学部第一部数学科 教授
著　書『平均曲率流—部分多様体の時間発展』（共立出版，2019）
　　　『理論物理に潜む部分多様体幾何—一般相対性理論・ゲージ理論との関わり』（共立出版，2021）
　　　『積分公式で啓くベクトル解析と微分幾何学—ストークスの定理から変分公式まで』（共立出版，2022）

位相空間の道標
—基礎から位相不変量まで—

Signpost of Topological Space
—From Foundation to
Topological Invariant—

2025 年 4 月 5 日　初版 1 刷発行

著　者　小池直之　© 2025
発行者　南條光章
発行所　**共立出版株式会社**
〒112-0006
東京都文京区小日向 4-6-19
電話番号　03-3947-2511（代表）
振替口座　00110-2-57035
www.kyoritsu-pub.co.jp

印　刷　大日本法令印刷
製　本　加藤製本

検印廃止
NDC 415.2

一般社団法人
自然科学書協会
会員

ISBN 978-4-320-11576-7

Printed in Japan